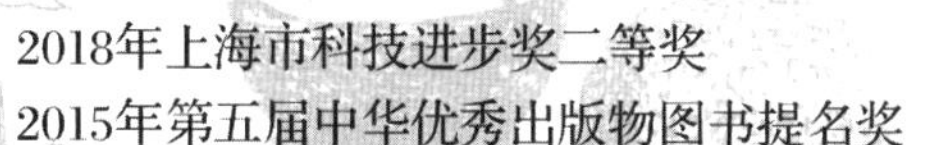

2018年上海市科技进步奖二等奖　2017年上海科普教育创新奖科普成果奖一等奖

2015年第五届中华优秀出版物图书提名奖　2014年全国优秀科普作品

中国古代机械文明史

陆敬严　著

同济大学出版社
TONGJI UNIVERSITY PRESS

内容提要

本书综述中国古代机械的发展，全书以历史发展年代为经，透过适当的分期，呈现中国古代机械的发展规律，并以机械分类及重要人物为纬，加以叙述评论，清晰地描摹出从远古至近代中国机械在各时期的发展状况、主要特点和互动关系，并作深入的分析与总结。本书所用考古和复原研究资料丰富翔实，综合运用近代机械科学、科学史和传统史学的研究方法，反映中国古代机械文明史研究的最新成果。

本书可供机械工程专业和科技史专业的研究人员参考，也可供其他工程技术人员和科技爱好者阅读。

图书在版编目（CIP）数据

中国古代机械文明史 / 陆敬严著. -- 上海 : 同济大学出版社, 2012.5（2019.5重印）

ISBN 978-7-5608-4857-0

Ⅰ. ①中… Ⅱ. ①陆… Ⅲ. ①机械—技术史—中国—古代 Ⅳ. ①TH-092

中国版本图书馆CIP数据核字(2012)第077084号

上海科普图书创作出版专项资助

上海文化发展基金会图书出版专项基金资助

中国古代机械文明史

陆敬严　著

责任编辑　张平官　李小敏　责任校对　徐春莲　装帧设计　陈益平

出版发行　同济大学出版社　www.tongjipress.com.cn

（地址：上海四平路1239号 邮编：200092 电话：021-65985622）

经　销　全国各地新华书店

印　刷　上海叶大印务发展有限公司

开　本　787mm × 1092mm　1/16

印　张　25

字　数　560000

版　次　2012年5月第1版　　2019年5月第3次印刷

书　号　ISBN 978-7-5608-4857-0

定　价　98.00 元

谨将本书献给同济大学工程教育百年

序

中国是历史悠久的文明古国，在人类文明进步中有许多杰出的创造发明，其中古代机械的成就尤其突出，丰富多彩。遗憾的是长期以来，有关这方面的著作不多，这与中国古代高度文明不相称。这一情况，引起前辈学者刘仙洲院士的关注和重视，他义无反顾地在这一几近荒芜的园地里辛勤开拓、耕耘，并于1962年出版了《中国机械工程发明史（第一编）》。之后因“文化大革命”运动，中断了他的编著工作，而后因病怅然离世，给世界留下文明古国只有半部机械史的尴尬局面，也给世人留下了深深的遗憾。直到2000年，陆敬严、华觉明两位教授主编了《中国机械史》，刘仙洲院士去世留下的遗憾得到一定的弥补。除此之外，机械史的编著方面还出现了一些其他著作，使机械史的研究与出版初步呈现出繁荣与兴旺的局面。今天，陆敬严教授又撰成《中国古代机械文明史》，将机械史研究向文化内涵方向拓展，使得这一研究工作又展现出一片新园地。

陆教授与我一样，同是工程界的，深知工程界人士的习性与喜好，因而本书的编写适合这一领域人的阅读口味，用词精炼，引文简洁明朗，力避晦涩难懂、言辞含混之处。他的文笔流畅、简练，插图新颖有趣、醒目，尤为可贵的是，有些图是他与他夫人共同绘制完成，图文并茂地说明问题，又增添了阅读兴味。

我与陆敬严教授交往数十年，当年他还年轻，教学、科研齐头并进，干劲很足。正当他得心应手并屡有所得时，因患脑瘤不得不停止写作。据《三国演义》说，曹操患偏头痛，华佗要给他开颅，曹顿时心生猜忌，竟然把一代名医给杀了。可是陆教授的胆量比曹操“大”多了，四年内两次开颅取瘤，病情极为严重，家属一再接到病危通知单，他也曾接受医生提示，写下遗嘱。手术后有严重的后遗症，右半肢体几近瘫痪。他以顽强的毅力战胜病魔，并学会用左手吃饭、写字、做一切事。他曾书下《咏怀》一诗明志：“痛定思痛犹堪用，劫后肝胆尚有丹。”大难不死的他又忙着工作。由于过于劳累，久坐少动，2006年又得了肠癌，他自嘲说：“机器老了，又该‘大修’了，‘修’好了或许还能运转一段时间。”经手术、化疗，如今再次看到了他的新作（前年他出版了《中国悬棺研究》，也是我写的序），每看到他的新作问世我特别欣喜，说明他果然“大修”好了，又正常运转起来，而且运转的速度也不算慢。

我常说：处事要“问心无愧”，待人需“与世无争”。陆敬严教授可说正是这样的人。

杨槱

2012年5月

（杨槱先生系上海交通大学教授、中国科学院院士）

目录

目录

目录

目录

目录

第一章
总　论

第一节　中国机械文明史研究综述

第二节　中国历史概况

第三节　中国机械文明史的分期

第一节 中国机械文明史研究综述

一、中国机械文明史研究的对象

要说清中国机械文明史的研究对象，首先须明确机械是什么。理解了什么是机械，就更有助于了解它在历史上所起的巨大作用。

机械是机器与机构的总称，应具有以下三个特征：

（1）是多个实物的组合体；

（2）各实物间具有确定的相对运动；

（3）能转换机械能，或完成有效的机械功。

凡具有以上之全部特征的是机器，如果仅具有以上（1）（2）两条特征的是机构。

1. 孔子得意门生子贡给出了“机械”的最早定义

关于机械的最早定义，可见于《庄子·外篇·天地》，该文讲了一个有趣的故事：孔子的学生子贡等人南游，经过汉水南岸，遇到一位老丈正忙碌着浇灌菜园（图1-1）。见他从开凿的隧道下到井底，用瓮

图1-1 汉阴丈人“凿隧而入井，抱瓮而出灌”

图1-2 山东嘉祥汉武梁祠画像石上的桔槔图

（陶罐）盛满水，然后抱着不断外溢水的瓮出来浇菜，费时又费力。子贡便热心地向他介绍了桔槔及其结构（图1-2），告诉他可以“一日浸百畦，用力寡而见功多”，效率很高。此时子贡给机械下了个定义：能使人“用力寡而见功多”。子贡所生活的年代大致为公元前5世纪。但从《庄子》书中记载看来，“汉阴丈人”（取水老人）对子贡的好意非但不领情，反而给予一顿奚落。这位老人忿然变色道：“有机械者必有机事，有机事者必有机心，机心存于胸中，则纯白不备；纯白不备，则神生不定；神生不定者，道之所不载也。吾非不知，羞而不为也。”意思说：“有了机械之类的东西必定会出现机巧之类的事，有了机巧之类的

事必定会出现机变之类的心思，机变的心思存在胸中，便不能保全纯洁空明；不能保全纯洁空明，便心神不定；心神不定，便不能循规蹈矩。你说的东西我不是不知道，只不过是感到羞耻而不愿意去做。”汉阴丈人在得知他是孔子的学生后，更说了一番让子贡郁闷的话：你连自身都不能治理，你哪有闲暇去治理天下呀！你走吧，不要耽误我做事。这番话说得子贡怅然若失，一时竟无言以对，走了很久才缓过劲来。回到鲁国，他就此事请教老师，孔子的回答很客观，说汉阴丈人“识其一，不识其二；治其内；不治其外”，有着主观片面的毛病。

这段记载为后世留下了机械的最早定义，也记述了科技史上保守者反对、斥责、批评革新者和发明者的典型事例，是段很有价值的史料。

子贡，卫国人。复姓端木，名赐，子贡是他的字，他是孔子的学生，比孔子小31岁。能言善辩，善于经商，是春秋时期著名的富商。他擅长外交，曾任相，在齐、吴、越、晋等国间游说，使吴伐齐，从而保全鲁国。他与子路两人一文一武，如同孔子的左膀右臂，孔子对他的器重仅次于颜回。师生情同父子，在孔子死后，子贡守墓六年。

2. 古代“机械”的其他定义

古代“机械”还有不同的含义，有时只指某种特定的机械。

以“机”表示弩机，如东汉时产生的最早字典《说文解字》上说：“主发谓之机。”

《尚书》上说，“机”即是与轴配合的转动件。《管子·形势解》看法与此相同，说它是车上的器械。

汉代司马迁的《史记》上有“二女下机”的话，这显然是指织布机——机杼。南北朝时《木兰辞》上更清楚：“唧唧复唧唧，木兰当户织。不闻机杼声，惟闻女叹息。”

《战国策·宋卫策》里有“公输般（即鲁班）为楚设机，将以攻宋”的话，这里“机”显然是指进攻器械，可能是指云梯。

而南朝萧子显的《南齐书·祖冲之传》中说，在公元5世纪时，刘宋平定关中后，得到一种指南车，“有外形而无机巧”，这里的“机”显然指的是指南车的内部机械。

综上所述，可以得知，自古以来机械有如下特征：

（1）机械的目的是省力、提高效率。

（2）机械是机巧的发明，绝不意味死板。

以后机械一词也被引申为机会、机要、机兆、机关、机遇、机智、机巧、机敏、机灵、机警等；有时也说机诈、机权等，虽然褒贬不一，但都有灵活、巧妙的共同点。有些人误将“机械”一词比作“死板”的意思，则实在有违于“机械”一词的原意，应当为“机械”恢复名义。

在古代还常将机械称之为“奇器”（攲器），也意味着机械是神奇巧妙的发明。创“奇器”者必为“奇人”，即古代的一批发明家。历史上的这些“奇器”、“奇人”都为历史的发展作出了巨大贡献，他们都是机械史的研究对象。

3. 古代机械内容与分类

著名的科技史专家、英国李约瑟博士在其巨著《中国科学技术史》的第一卷“总论”中，曾列举了中国古代传到欧洲、影响巨大的发明26种，老博士风趣地说：“廿六个英文字母都已经用完，可是还可举出许多例子，甚至是重要的例子。”这是确实的，如其中就没有指南车、记里鼓车，因为这些帝王应用的东西并未传到国外去；再如秦陵铜车马也没有，不仅因它也是帝王应用，更因为在博士写“总论”时，秦陵铜车马还未出土。在书中所举的26种发明中，机械占有18种之多，从而可以看到：古代机械发明是多么丰富。其种类和数量之多，影响之巨大，占当时世界机械的比例远高于现代中国机械在世界所占的比例。

为研究方便，本书将机械分门别类地加以归纳整理。由于研究的问题不同，分类也就不尽相同。

按照中国机械的发展过程及使用的时间，将其分为远古机械、古代机械、近代机械与现代机械等。

按照功能，将其分为动力机械、传动机械、起重（物料搬运）机械、运输机械、加工（粉碎）机械等。

按服务的行业，将其分为农业机械、矿山机械、纺织机械、交通机械、工程机械等。

按工作原理，将其分为热力机械、流体机械、电力机械、仿生机械等。

按其工作过程，又可分为机械科研、机械设计、机械制造、机械应用与维修等。

按其复杂的程度，又可分为简单机械与复杂机械两大类。习惯上，简单机械有尖劈、杠杆、滑轮、轮轴和螺旋五种。而复杂机械由原动机、传动机和工作机三个部分组成。

以上这些分类方法相互关联，相互交叉，反映出某一机械的水平及特点。因中国机械种类繁多、数量庞大、内容丰富，发展过程较长，形成了完整的发展体系，有着区别于其他国家和地区的传统及特色，各地区情况也互有不同。

4. 工具是不是机械

对这一问题目前存有不同的看法。一种意见认为：工具并不是多个实物的组合，它不符合机械的特征。也有人认为：任何工具在工作时都由人来掌握，如果把工具、人体和配合工作的其他实物作为一个系统来看待的话，那么，此系统就符合机械所应具有的三个特征了。可以说，工具是一种特殊的简单机械。它是一切机械的起点，一切复杂的机械都是工具发展的必然结果，因此，工具也是本书讨论的对象。

5. 机械几乎与各行各业都有关系

可以说机械与各行各业有千丝万缕的关系，只是程度上有所不同，在有的行业，机械成了其主体，如制造行业、农业生产、交通运输、起重设备、机械自动装置等；在另一些行业中，机械只为生产过程提供设备，整个生产流程与机械的关系并不大，如纺织、陶瓷、印刷、天文等，机械在这些部门中只占了一定的比例；还有些部门中机械所占的比例更小些，如建筑、桥梁、水利、造纸、医疗等。有时它们只是使用了一些简单的工具。在举世闻名的四大发明指南针、造纸术、火药、活字印刷中，还有万里长城、秦陵兵马俑以及一些重大创造如赵州桥、都江堰等的建造，都或多或少与机械有一定的关系，其中有些是影响重大的发明或创造，在本书中也将予以介绍。

6. 机械与文明

机械与文明是否有关联？有人认为这是毫不相干的两回事。这要从文明的定义说起，“文明”也即文化。从广义上讲，文明是指人类在历史发展过程中所创造的物质财富和精神财富的总和，也就是物质文明和精神文明。“精神文明”一词，即包含了意识形态、制度、组织机构、法律、科技、经济、文学、艺术和各种知识。而古代机械为古代的物质财富与精神财富都作出了重大贡献。机械就包含在文明之中，机械也即是文明的因素之一，机械文明史是着重反映机械在人类文明进程中所起的作用，从文明进步的角度来阐述机械。李约瑟博士的巨著《中国科学技术史》，其英文书名*Science & Civilisation in China*，如直译应为《中国的科学与文明》，本书名为《中国古代机械文明史》，亦能够深化人们思考，帮助我们认识到“机械”与“文明”绝非是两不相干。

回顾机械的发展过程就能知道，其有着极为丰富的内容，关键是要努力发掘其内涵，有人误认为“机械”就意味着“死板”，那是因为没有发掘其丰富内涵，才变得干枯无味。人一旦唯拥有物质财富而没有精神财富，人与人之间便只剩下赤裸裸的金钱关系，人际关系也就变得索然无味。与文明相对的是野蛮，一个缺乏文明的人就会成为蛮不讲理、没有灵魂的野人 。

人既要有精神财富又要拥有物质财富，才算真正的富有，心灵就会充实、开朗、阳光。人一生渴求知识、有理想、有追求，就会变得有智慧、有修养、有趣味，更有力量。

二、中国机械文明史研究的作用

机械科学是一个整体，机械文明史是其中不可缺少的组成部分。研究和学习机械文明史的意义和作用，可归纳为以下三个方面。

1. 探索发展过程，改进各项工作

事物都有其发展规律，它们之间有着必然的内在联系。搞清机械的发展过程，可以从中找出规律，借鉴历史，分析现状，改进当前工作，预测未来，推动今后发展。

机械与其他行业甚至整个科学技术之间，机械与社会发展之间，从古到今都有一定的联系。有了中国机械文明史研究的充分基础，就有条件进一步研究中国机械与整个科技及社会发展、人类文明之间的相互影响、相互作用和相互推进，并作出较为全面、正确的分析和论断，为有关部门制订政策提供参考和依据。如弄清中国机械领先于世界的时间，根本目的是为了增强国人的自信，加快科学技术的前进步伐，使国家更强盛。

2. 古为今用，让传统机械科技为今天服务

一些古代的发现、发明，直到今天仍有其应用的价值，它在我国天文、地理、农业、建筑、中医等学科中较多，在机械方面也有。例如约为战国时期成书的《墨子》上记载着人造飞行器，在天上飞行能够“三日不下”；战国时期的著作《列子》上，形象地记载着一个能歌善舞、与真人毫无二致的机器人，他甚至能勾引国王的侍妾……这些设想在古代当然不可能实现，但这些新奇的思想却十分可贵，在几千年后它们终成事实。这就提醒我们，古代有些成果的巨大价值，不是马上就能被人

们所认识和接受的，但切莫因此而将其忽视。

显然，不能单纯地以其能否马上应用来衡量古代机械的价值，甚至导致对机械史的轻视。对古为今用应有全面客观的分析，有些学科直接应用的内容多些，有些学科则少些，但绝非没有，机械学科就如此，从本书中当能看到许多新鲜的事例。此外，可以直接应用的机械成果要少些，间接应用的要多些；近、现代的机械成果可用的要多些，古代的则少些；专业技术直接应用的较多，而属基础研究领域的要少些；有些内容可能以后有用……这就需要我们从全局出发，用长远的观点来看待问题，用战略的眼光来认识其重要性。

3. 重视人才的巨大作用

通过机械史上的许多事例，使人们认识到科学家对发展科技、促进社会进步、增强国力的巨大作用。通过机械史上许多创造发明的生动事例，充分认识这些科学先辈的丰功伟绩，学习他们的献身精神、创造精神、顽强奋斗和刻苦钻研的品质，唤起人们献身科学的巨大热情，激励人们努力克服困难，不断前进。

充分认识这些机械科学家的生平事迹，了解他们的成长条件，探索他们的成长规律，创造人才成长所需的条件。科学前辈的理想、信念、道德以及严谨的治学态度与方法，永远是后人的学习榜样，应当有意识地创造出培养优秀人才所需的环境。

进行中国机械文明史的研究工作，总结历史上的发现、发明的生动事例，也丰富了教学内容，为科普教育提供了素材，反对落后、愚昧、迷信等形形色色的糊涂观念，鼓励人们更好地为社会发展服务。

文明的个人属性异常鲜明，每个人的文明程度、修养和魅力，影响到事业的成败。譬如一群人他们的处世原则、是非标准、业务能力大体相差不大，但办事作风、待人接物、知识多寡、性格修养可能会千差万别，办相同的事情效果会截然不同。有的人获得成功，有的人遭到失败，这取决于个人的魅力、工作作风，也应与个人的文明素养有关。认识到这一点，勉励人们自觉地长期努力提高自己的文明素养。由众多单个人组成了行业、组成了社会，每个人的文明素养提高了，才能组成文明的行业、文明的社会，社会也就和谐。

三、中国机械文明史研究的依据

中国机械文明史研究及宣传的一个难题，是如何收集史料，其中近、现代机械史料还多些，可以通过查阅档案、书籍、报刊，调查现场，访问当事人来收集。古代机械史料则主要来自古籍及考古，通过考察现场、访问有关人员也可获取部分资料。

1. 从古籍中收集机械史料

（1）文字史

现在还很难说中国文字（这里指汉字）是由何人、于何时发明，所谓伏羲氏或仓颉发明文字之说，是在战国及秦汉才出现的，而且只是一种传说，并非信史。公元1899年，从河南安阳小屯村发现了一些带有文字的龟甲，所刻文字被称为甲骨文。后经有组织地大规模挖掘、收集，共得数万片，据统计有4500多个字。这一事实说明中国文字应有3500年以上的历史。

大约从公元前14—前13世纪起，商朝已在青铜器上铸字或刻字，它被称为金文。金文以西周到战国时最多。

大约从春秋时起，也把文字刻在石头上，现存最早石刻文字遗存是将文字刻在石鼓上，称为石鼓文，多数人认为它产生于周平王（即公元前8世纪）时。刻在石块上的文字也不少。

在这些甲骨文、金文、石鼓文中，有不少珍贵的史料。

（2）书史

中国最早的书籍是由竹简或木牍制成，用毛笔在狭长的竹片或木板上写字，而后用绳带穿连成书册。据《尚书》记载，商朝就“有典有册”了。到春秋战国以及秦汉时，这类书籍已有不少。

大约在春秋战国时，也在丝织品上写字——缣帛，写成后卷成一束称为卷。它也可折叠起来收藏。

书的普及是蔡侯纸发明以后的事。从陕西西安出土的汉武帝时的古代纸的残片可知，我国纸的发明很早，大约在公元前2世纪—公元前1世纪时，蔡伦扩大了造纸原料来源，改进了造纸方法，才使纸得以推广，纸的质量也有很大提高。现在可看到的我国最早的纸写书，是公元4世纪时晋朝的残卷。中国的造纸技术，大约是从公元3世纪中叶，传到朝鲜、越南、日本、印度、阿拉伯等地，对世界文明作出了重大贡献。

中国印刷术可说是起源于印章，约在3000年前，就有了印章，大约在南北朝时已出现了石刻拓印。而在8世纪时的唐代肯定已用雕版印书，这种方法一直到现代仍有应用。到11世纪时的北宋，毕升发明了活字印刷，这在世界上也是最早的，可惜长期应用不够广泛。

随着书籍的不断增多，西汉成帝（公元前32年—公元前6年）曾下令进行了第一次编目工作，把书籍分为七类，即辑略、六艺略、诸子略、诗赋略、兵书略、术数略和方技略，称为七略。因辑略只是目录，故也将这种分类法称为六略。下分38种，图书603种，有13219卷，这是我国最早的图书分类。其中“诸子”中的“墨”、“杂”，“兵书”中的“技巧”，“术数”中的“天文”等内，机械史料多些。

到晋朝时，又出现了一种新的分类法，把图书分为经、史、子、集四类。这种分类法应用得更多些。在“子类”中的“墨”、“杂”、“兵”、“天文”等机械史料多些。

（3）古籍情况

现按时间来分，1911年前的为古籍，其数量估计约有8万～10万种之多。古籍数量虽十分庞大，但与机械有关的科技专著并不多。值得我们注意的有以下几种：春秋末年成书的《考工记》，是汇总了当时各种手工业的技术小结，制造技术方面讲得较详；明代宋应星的《天工开物》，被誉为中国17世纪的百科全书；元代薛景石的《梓人遗制》，是古籍中难得一见的工匠长期经验的总结，可惜未见完篇；宋代苏颂的《新仪象法要》，是他研制天文机械的最高成就——水运仪象台的技术说明书，内有60多篇机械制图；到明代才出现了第一本机械专著《诸器图说》，该书内容可能已受到西方科学技术的影响。此外，战国《墨子》、宋代沈括《梦溪笔谈》、宋代曾公亮《武经总要》、明代茅元仪《武备志》等书中，科学技术也占有一定比例。其他各类史书（如正史、别史、杂史等）、四书、五经及数量较大的天文、农业、军事、建筑等学科的书籍中，也有与机械有关的内容。

古代还有几种工具书，可供收集机械史料，或了解机械发展的有关背景。

类书：这是古代分类汇编材料以供查阅的工具书，与现代的百科全书略有相似。三国时的《皇览》，是我国最早的类书，为皇帝而编撰。宋代宋太宗时李昉等编的《太平御览》、明代明成祖时解缙等编的《永乐大典》、清代康熙时陈梦雷编的《古今图书集成》等是几部较有影响的大型类书。

字典：中国最早的字典是东汉许慎所编的《说文解字》。之后有南北朝时顾野王的《玉篇》，明末张自烈的《正字通》等。到清代张玉书等编的《康熙字典》收字最多，达49174个，内容也最丰富。

词典：中国最早的词典是汉初的《尔雅》，之后有东汉刘熙的《释名》问世，三国时张揖的《广雅》，清代张玉书等的《佩文韵府》都较有影响。现代的综合性大型词典则有《辞源》、《辞海》等。

古籍都是繁体字，甚至还有些异体字，如能掌握繁体字，则阅读较为方便。此外，古籍中的人名、地名、朝代等，也可借用各种工具书及地名、人名、年表等专门词典。

古籍中的科技著作，大多是不精通科技的文人撰写，一般又过于简略，且不重视插图，兼之多有夸大或错误之处，流传、抄写中也常出现差错，往往与善本差别很大。最好用善本，或用不同版本与之对照或相互核对，才比较可靠。比较起来，现代、时间较近的版本，错误较少。

2. 从考古资料中收集机械史料

中国古代金石学发端甚早，基于这一基础，在20世纪初我国兴起了近代考古学，尤其是近几十年里有了较快的发展。中国地下埋藏着丰富的古代遗存，已经调查和发掘的古代遗址遍及各地，还有很多遗址有待发掘。考古中发掘出来的大量遗物，给历史研究提供了珍贵的实物史料，这些史料往往比古籍记载更具体、更可靠。只是考古工作花费较大，而且不一定每一处都会发现有价值的物质，因此需要有坚实的财力支持。

（1）有关的考古资料

考古资料中提供了一些机械史料，尤应注意以下几点：

· 不同时间、地区、民族使用的各种生产工具等；

· 生产遗址和生产设备，如矿井、冶铸场、造币场等；

· 一些机械零件，如金属齿轮、金属轴瓦、兵器、弩机、车马器等；

· 有代表性、铸造复杂的青铜器；

· 一些壁画、字画等，也能反映出当时机械的情况。

由于考古工作者具备的机械专业知识有限，有时难免对一些机械专业的史料不够重视，有时也因考古学中一些专业名称及术语与机械专业不同，造成误解，值得引起人们的注意。

（2）收集考古史料的方法

在研究与学习中国机械文明史时，可通过以下途径收集有关史料：

· 争取亲身参加一些考古现场的考察与发掘，参加一些文物的断代、技术鉴定与修复，有些专业问题只有亲临现场才能发现并弄清；

·注意考察现存的传统机械的结构、使用及制作等；

·及时注意考古动态，经常阅读考古类杂志，以及专门的发掘报告、文物选集等；

·从各地历史和专业博物馆中收集机械史料。

3. 其他方法

除通过古籍及考古外，还可通过其他方法收集有关史料。

注意口头科技史，采访近现代科技史上一些当事人，搞清近现代机械史上的一些重点。对古代机械则要注意一些研究者的新动态、新发展和新观点。如指南车、木牛流马、地动仪、悬棺等，就不断有人提出不少新观点。

也应注意发展都市考古，有不少机械与城市的发展相关，需及时注意了解，收集一些淘汰的陈旧过时的机械设备，丰富有关资料。

四、中国机械文明史研究的概况

1. 中国学者的研究

（1）良好的开端

中国学者认真地、科学地研究中国机械史，源自20世纪30年代。张荫麟先生首先涉足这一领域，他翻译了英国学者摩尔的名篇，并将其文章定名为《宋燕肃、吴德仁指南车造法考》。后又有刘仙洲先生先在有关杂志连载，后于1935年出版了《中国机械工程史料》一书，首次对中国机械史料进行了归纳和整理。王振铎先生在1937年发表《指南车记里鼓车之考证与模制》一文，并首次将指南车、记里鼓车复原成功。此后刘仙洲、王振铎等学者在中国机械史这片园地上辛勤耕耘，做了大量工作。刘仙洲先生发表了一系列论文，对中国机械史的许多重要问题，如古代原动力、传动件、齿轮、计时器等都有精辟论述。王振铎先生除理论上有不少建树外，又将许多古代影响巨大的机械成果复原成功，如水运仪象台、指南车、记里鼓车、地动仪等，为中国机械史研究的繁荣与发展作出了重大贡献。刘仙洲先生还于1962年出版了《中国机械工程发明史（第一编）》，于1963年出版了《中国古代农业机械发明史》，不仅将个人研究集其大成，也将此前的中国机械史研究做了阶段性总结，使中国机械史的研究，初步有一个良好的局面。刘仙洲先生堪称中国机械史研究的奠基人（图1–3）。

（2）曲折的经历

正当中国机械史的研究不断深入之际，“文化大革命”的浪潮席卷中

图1-3 刘仙洲院士（左二）在1956年出席第八届国际科学史会议与李约瑟博士（左三）等参观达·芬奇故居时合影

国大陆，在十年浩劫中，如同其他工作一样，大陆的中国机械史研究工作也遭到严重破坏。“四人帮”出于政治上的需要，大搞影射史学，完全违背了实事求是的原则，败坏了学术研究风气，把中国机械史的研究工作引上了唯心主义的邪路，其研究目的、研究内容、研究方法都是不足取的。许多学者也受到人身迫害：刘仙洲先生写就《中国机械工程发明史（第二编）》编写提纲后，于1975年10月含恨而亡；王振铎先生也在“文革”中失去了健康，无法正常工作。

（3）“文革”结束之后

“文革”结束后，中国机械史研究才又出现了新局面。研究人员有所增加，发表了大量研究论文。王振铎先生在1985年出版了《科技考古论丛》，书中介绍了他多年的复原研究成果。同年，清华大学科技史研究所出版了刘仙洲先生生前所收集的《中国科技史资料选编》。郭可谦、陆敬严在1986年合编出版了《中国机械史讲座》一书，有了中国机械史的完篇，只是此书篇幅不大。1986年，台湾出版了万迪棣先生撰写的《中国机械科技之发展》。1992年张柏春先生出版了《中国近代机械史简编》，首次对中国近代机械史做了归纳。在此期间，《当代中国的机械工业》、《当代中国的农业机械》、《中国汽车工业史》等书相继出版。另外，陆敬严在同济大学多年从事复原研究工作，主持复原90多种古代机械（图1-4）。1999年9月，由陆敬严、华觉明主编，10名学者共同参编的《中国科学技术史·机械卷》出版。随着该书出版，文明古国才有了较详的机械史完篇。在2003年3月，越吟出版社（台北市）出版了陆敬严撰写的《中国机械史》，与1999年出版的《中国科学技术史·机械卷》在编排程序、作者多少、篇幅大小、基础高低等方面都有较明显的不同，各有特色。《中国科学技术史·机械卷》有利于提高业务水平，《中国机械史》简练明快，通俗易懂，适应面广，尤其适合求知欲旺盛的青少年读者。

1988年9月，许绍高、华觉明、郭可谦、陆敬严等发起并筹建中国机械史学会，1990年2月中国机械史学会正式成立，首任理事长为李永新先生。次年，中国科学院雷天觉院士出任理事长。该学会已举行了数次国际

图1-4 同济大学复原制作的宋代城垣攻防模型

及全国性学术会议。此外，有些省也成立了省机械史学会。

中国国家博物馆、中国军事博物馆、中国科技馆及中国农业博物馆等单位都曾进行了复原研究的工作，收到了很好的效果。其中中国国家博物馆的工作尤为引人注目，该馆中由王振铎先生主持复原的指南车、记里鼓车、地动仪、水运仪象台等，结构可信，造型精美，在国内外学者和普通观众中引起了巨大的反响，也为古代杰出科技成就赢得了很高赞誉。但是，随着时间的流逝和人员的更迭，许多单位的复原研究工作每况愈下。近几十年来，同济大学机械复原的成果引人注目，该校在1982年设立了中

国古代机械研制室（图1–5），从事中国古代机械的复原研究工作，在陆敬严的主持下复原古代机械包括农业机械、手工业机械、交通起重机械、战争器械及自动机械等五大类模型达90多种，约百余件，形象地反映了中国古代机械发展的盛况，在学术交流、宣传教育等方面都发挥了良好的作用。2005年，陆敬严在宇达集团公司支持和协助下在山西省正式建成国内外第一座中国古代科技馆（图1–6），并对外开放，获得了极好的社会反响。

在20世纪90年代，一些著名学者开展了传统机械的调查研究工作，这一工作属于中国传统技术综合研究课题。中国的传统工艺源远流长，技艺精湛，具有丰厚的科学技术和文化内涵，影响遍及各个方面，是中国古代灿烂多姿文明的重要组成部分，对社会和民族的发展起着重要的作用。该课题的《传统机械调查研究》一书已于2006年出版，该书记载了传统机械的存在和使用情况（图1–7），较全面地记录了传统技术细节，并利用照片和测绘图记录这些机械的设计思路、制作方法、技术决策，为这些机械的复原研究提供了较为完整的技术信息。传统机械调查的范围包括翻土的犁，播种的耧，灌溉的水车，动力机械风车，粮食加工机械的磨、碓、碾、风扇车以及鼓风的风箱，榨油和糖的榨车，杆秤和天文机械等。

从1986年起，先后有北京航空航天大学、同济大学、中科院自然科学史研究所、上海交通大学、成功大学（台湾）等单位培养了机械史方向的博士、硕士研究生，有些院校还开设了本科生的课程。

2. 外国学者的研究

引人注目的中国古代科技的巨大成果，很早就引起了国外学者的关

图1–5 美国科学院顾问程贞一教授在同济大学中国古代机械研制室

图1–6 建在山西的中国古代科技馆

注与重视，纷纷展开了研究与考察。有的问题的研究与探讨，是由国外先兴起的，在19世纪后期已取得了一定的成就，这股研究势头久盛不衰，并不断取得新的成就。先后看到国外学者在指南车、记里鼓车、水运仪象台、地动仪、木牛流马等方面的研究论述和复原模型，以及对《考工记》、《梦溪笔谈》、《天工开物》、《梓人遗制》等古籍的研究论著发表，国外不少博物馆陈列有中国古代机械研究成果，这种局面也激励了中国学者克服困难，不断探索研究的信心。

英国学者李约瑟博士编成七卷本的《中国科学技术史》，其中1965年出版的第四卷第二分册，即是一部完整的中国机械史。李约瑟博士既运用了大量的中文资料和研究成果，也参考了很多外文资料，并对研究工作进行了对比和交流，很有价值。

美国科学院顾问、加州大学圣地亚哥分校终身教授、同济大学顾问教授、为公研究院（国际学术组织）院长程贞一教授在美国和中国香港两次举办了国际中国科技史学术会议，为弘扬中国古代科技成果作出了巨大贡献。

图1-7 甘肃兰州市水车外形图（采自《传统机械调查研究》）

五、中国机械文明史研究的今后任务

中国机械文明史研究工作虽已取得了很大成绩，但也面临着艰巨的任务，相对中国古代机械曾作出的巨大贡献来说，今天的研究工作显得逊色多了。

1. 中国机械文明史的科研

中国机械文明史的科研工作，是中国机械史编著与教育工作的基础，科研为编著和教育提供资料。

中国科技曾有很长时间领先于世界，留下了宝贵的文字史料与考古资料。对文献要予以考证、校勘，明确有关术语的含义；尤应重视考古资料中与机械科技有关的内容，为中国机械文明史研究打下良好的基础。

中国机械史上的许多问题甚至是有些重要问题没有触及，如某些机械的起源、机制工艺、加工方法等；有些问题则分歧很大，如指南车、木牛流马、地动仪等，这些问题越来越引起人们的关注，所见研制的模型也更多。本着“实事求是、不卑不亢”的原则，进行深入的研究，畅所欲言，力求搞清事实，还历史的本来面目。

在社会发展的过程中，都有一批科学家在默默无闻、孜孜不倦地工作，为社会发展做出了杰出的贡献，应发现并重视他们，要对他们加强研究，收集遗存资料，尽量搞清他们的生平和事迹，作出恰当的评价。

重视复原研究工作，对中国机械史上的重要成果，要形象地给以表现，使其发挥出更大的作用。努力解决经费上的困难，克服急功近利的思想，坚守这一重要的研究阵地。

由于各地区的发展不平衡，许多古代、近代机械仍有应用，并在发挥着一定作用。但由于科技发展及木材的短缺，一些机械处于迅速淘汰之中。有些古、近、现代档案，不同程度都记载着有关科技与机械的内容，这些内容都亟需整理与抢救。已展开的传统机械考察工作意义巨大，应继续进行下去。

2. 中国机械文明史的编著

科研成果要通过编著予以反映。过去，中国机械曾为世界文明的进步作出了巨大的贡献，今天中国机械史的编著，也应遵循这一原则为世界文明作出新的贡献。相对这一要求，中国机械史方面的编著太少了。作为幅员辽阔的泱泱大国应有更多的论文和不同风格、不同体例的编著问世，既有按问题、事件叙述，也有按时间顺序编写；有反映整个国家发展的，也有着重阐述某一地区的，呈现出百花齐放、多姿多彩、丰富生动的局面。

机械种类很多，需分门别类地加以归纳和整理。刘仙洲先生生前曾出版了古代农业机械方面的专业机械史，我们可效法这一范例，更详细地反映某专门机械的发展过程，也更清楚地反映出某种机械与某一专业发展的关系，并提出一些带有规律性的看法。

3. 中国机械文明史的宣传教育

任何专业论著读者都是有限的，优秀的科普与文艺作品有多而广的读者群，如许多人知道木牛流马是通过小说《三国演义》，而不是《三国志》或专门的论著为世人知晓。专业论著为宣传教育提供丰富生动的内容，而宣传教育工作则可使研制工作发挥更大的作用，它们原本就是同一事物的两个方面，是源和流的关系。这提醒我们，要高度重视科普与文艺作品的传播作用，重视专业论著和宣传教育的相互关系。诚然，科普作品也应努力提高其科学性。

以往，有些学者忙于科研，对科研成果的宣传教育作用重视不够，无暇顾及甚至不屑一顾，限制了科研成果发挥出更大的作用。要改变这一局面，应努力把科研工作与当前的宣传教育工作联系起来，防止中间脱节。希望有作为的学者重视科普教育的重要性，直接参与这一方面工作。同时也要积极地把中国机械史的研究工作推向市场，使之发挥更大的作用，也可为中国机械史的研究工作筹措经费，使这个领域的研究工作坚实地向前发展。

第二节　中国历史概况

中国地处北半球、欧亚大陆东部、大平洋西岸，陆地面积有960万平方公里，幅员辽阔，东、东南、南面有渤海、黄海、东海和南海环抱，西和西南有青藏高原、云贵高原为天然屏障，北有蒙古高原雄踞塞外。高山、平原、丘陵、盆地、江河、湖泊星罗棋布。从北到南，地跨温带、亚热带及热带，气候温和、湿润，资源相当丰富。中华民族就在这片富饶肥沃的土地上生息繁衍。在长期的奋斗中，发展了生产力，提高了劳动技能，科学技术知识逐步丰富，创造了卓越的成果（包括机械科技成果），为世界文明作出了贡献。

一、中国原始社会的情况

中国的原始社会是从我国古人类的起源到夏代建立。

1. 旧石器时代

在云南元谋、陕西蓝田、北京周口店等地都曾出土过早期古人类的化石，其中以元谋人为最早（图1-8）。1965年在元谋县上那蚌村发现了两颗古代人牙化石，经研究是成年猿人的牙齿，距今约已170万年之久，目前确定这是中国古人类的起源。从那时起始，也即翻开了中国机械文明史。

十几万年之前的人有：陕西蓝田人、北京周口店人、山西芮城人、云南元谋人、河南三门峡人、安徽和县人、广东马坝人、湖北长阳人、山西丁村人和湖北大治人等。

1万年到10年之间的有：内蒙古河套人、北京山顶洞人、广西柳江人、四川资阳人、山西峙峪人、内蒙古札赉诺尔人等。

当时的古人类使用石器、木棒等随手可得的简单物进行采集、狩猎等劳动，史称旧石器时代。

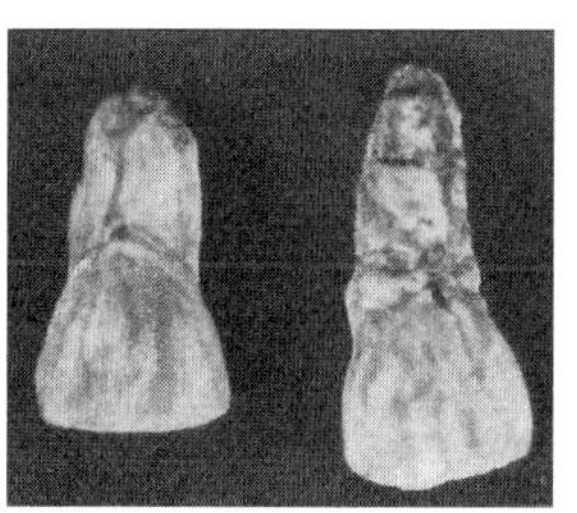

图1-8 云南元谋发现的人类起源时期猿人门齿化石

2. 新石器时代

大约1万年前，中国古人类进入了新石器时代（图1-9），生产技术与生产工具都有明显的进步。这与新石器时代先民走向定居密切相关。

目前，已发现这一阶段的遗址很多，当这些遗址的年代、地区和自然环境不同时，发展水平也不同，其生产技术、生产工具、居住情况和生活用具等方面都有不同，各有其不同的特点。在考古学上，用其中典型的文化遗址来命名，以区别其他的地区和特点，其中比较著名的有河姆渡文化（浙江余姚河姆渡）、仰韶文化（河南渑池仰韶村）、屈家岭文化（湖北京山屈家岭）、半坡文化（陕西西安半坡村，图1-10）、大汶口文化（山东泰安大汶口）、龙山文化（山东章丘龙山镇）和齐家文化（甘肃和政齐家坪）等。从遗物中可以看出这些文化既有其各自特点，又互相影响。

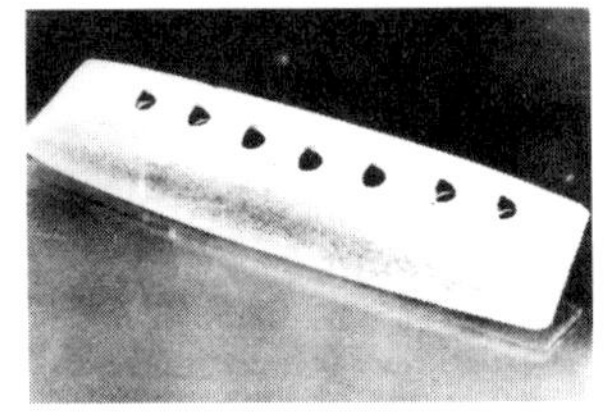

图1-9 出土的新石器时代精美石刀

有种看法认为，在旧石器时代与新石器时代之间存有中石器时代；也有人认为还有细石器时代，细石器时代可以反映出有些文化的特点。但也要看到，细石器文化不一定是一个独立的时代，而可能只是一个过渡期。同时，细石器文化也有其地区性，只是局部地区的一种表现。

考古资料证明，中国早期是世界文明的发源地，在石器时代，中国古人类已在使用火，之后也能取火，并相继发明了抛石器、弓箭，中国也是养蚕取丝的最早地区，农牧、天文、医药、制陶等也都发展很早。

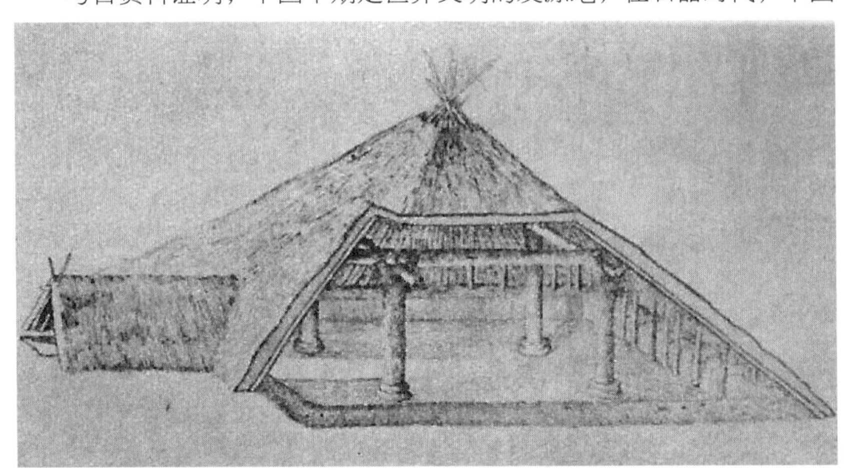

图1-10 陕西西安半坡村新石器时代遗址住房复原图（采自《中国古代科学技术展览》）

后期，随着生产力的发展，经济逐渐发达，开始有了剩余物品，出现了私有财产，中国奴隶社会拉开了序幕。

二、中国奴隶社会的情况

中国的奴隶社会应是从传说中的炎黄大战开始。一般所说中国有5000年的历史，就是由此而来。到东周时的春秋战国之交，奴隶社会告结束。

在中国石器时代的末期，劳动技能与劳动工具都有了较大进步，生产发展较快，劳动所得，除保障基本生活之外，开始有了剩余、私有，在这一时期，现今考古发掘的许多遗址中都发现有遗存的谷物。贫富差别、劳动分工都已出现，并逐步扩大。在陕西西安半坡、山东曲阜西夏侯等处，可看到死者的姿态、随葬品的质量与数量都不同，明显地标志着死者的不同身份，说明贫富的差别在扩大，阶级已形成并在不断发展，原始社会行将崩溃。

就在此时爆发了炎帝与黄帝（图1-11）的一场大战，黄帝获胜后，建立了统一的国家。我们常说的炎黄子孙由此而来。在黄帝之后，相继是尧、舜、禹三帝，皆是各部族公推的首领，史称禅让制。在禹逝世之后，禹的儿子启继承了王位，此后世袭制便取代了禅让制。夏代是我国历史上的第一个奴隶制王朝，时间约为公元前21世纪。

图1-11 明代《历代古人像赞》中的黄帝像

夏代从禹创立到桀灭亡，历时400多年，到公元前16世纪结束。夏代先后建都安邑（现山西夏县）、阳翟（现河南禹州），奠定了中国奴隶社会的基础。

在公元前15世纪时，汤灭了夏桀，改国号为商，历时600多年。商代先建都于亳（现河南商丘），后多次迁都，至盘庚时（公元前14世纪）迁都至殷（现河南安阳小屯一带），所以此后商朝也称殷或殷商。中国的奴隶制社会继续有了发展。

至公元前11世纪，周武王消灭了商纣王，原建都于镐（现陕西西安西南），史称西周，其历时300多年。

西周本是个强盛的奴隶制国家，经济发达、国力强大。到西周末期，奴隶制已渐显没落之势。到公元前771年时，周幽王被杀，周平王继承了王位，之后东迁至洛邑（现河南洛阳西），史称东周。东周衰微，诸侯纷争。东周包括春秋、战国两个时期，分界线为公元前475年。春秋及战国政治情况并无明显不同，但也有学者认为战国时即已开始了中国的封建社会。

奴隶制虽是人类历史上的第一个剥削制度，却是社会发展的必然现象。中国在夏、商、周三代的奴隶社会时，产生了社会分工，发展了农业，兴起并初步发展了手工业，建设了城市，出现并发展了文字。冶铸技术及青铜的普及（图1-12），生产工具、兵器得到改进与推广，制陶、纺织、建筑等领域继续大发展，天文、数学、医学等学科相继出现……为今后继续发展准备了条件，所有这一切，都是此前原始社会所无法比拟的。

图1-12 湖北随州出土的周代编钟（采自《中国古代金属技术》）

三、中国封建社会的情况

中国封建社会的开始时间很早很长，时长约为2000多年。

在奴隶社会的后期，铁器出现，农业、手工业生产力和生产技术都有了很大进步，为小农经济的出现和发展创造了条件。封建制出现前后，又大大地发展了生产力，各项科学技术都有重大进步，涌现了一大批思想家、科学家，如孔子、老子、墨子等史称的诸子百家，其中墨子、荀子、孙子与机械都有一定关系。他们思想活跃、争鸣绽放，出现了许多新观点、新思想、新成就，科学技术得到了迅速的发展。

战国时的诸侯纷争局面，约从公元前475年开始，历时200多年。在公元前221年时，秦始皇嬴政吞并六国，建立了统一的、多民族的封建制帝国——秦。秦建都咸阳（现陕西咸阳）。秦始皇行郡县、兴水利、通河渠、筑驰道、修长城，统一制度、律令、文字、历法、轨距和度量衡，发展了生产和科学技术；但秦代暴政酷吏，滥用人力物力，残酷剥削与压迫农民，禁锢文化知识，焚书坑儒，实行严厉的思想统治，以致天怨人怒、官逼民反，农民揭竿起义；加上被秦吞灭的六国残余势力的反抗，使貌似强大的秦代仅传二世，15年而亡。

继之是楚汉相争，楚霸王项羽，中了刘邦的“十面埋伏”计，大败后于乌江自刎（图1-13）。结束争斗，汉高祖刘邦于公元前206年建立了汉代，建都长安，史称西汉，长达400多年。西汉采取了一系列措施巩固政权、发展经济、休养生息，提倡农桑，增殖人口，出现了西汉初年“文景之治”（汉文帝刘恒、汉景帝刘启）的繁荣景象。之后的汉武帝刘彻十分重视农业和水利，并积极兴办官学，选拔和培养人才，使经

图1-13 项羽失败后乌江自刎

济和科技发展都较迅速。但汉武帝好大喜功，连年征战，人力、财力、物力消耗很大，他又强化思想统治：废黜百家，独尊儒术，给经济和科技的发展带来了不利的影响。

到西汉末年，王莽篡权，建立新朝，时为公元 9 年。但新朝时间很短，引发了社会动乱，到公元25年时，刘秀重建汉朝，并建都洛阳（现河南洛阳），史称东汉。东汉对各项政策作了些调整，有利于经济与科技的发展。

秦汉时期是中国科学技术发展的第一个高潮，开始在世界上处于领先地位。这时期出现的重大发明和重要科学家很多。

到东汉末年，朝政腐朽，战乱纷呈，出现武装割据的混战局面，之后形成了魏、蜀、吴三分天下的三国时期。魏：公元220—265年，建都洛阳（现河南洛阳）；蜀：公元221—263年，建都成都（现四川成都）；吴：公元222—280年，先建都武昌（现湖北武汉），后建都建业（现江苏南京）。

公元265年，司马炎（晋武帝）灭魏称帝，结束了分裂局面，一统天下建立晋朝，建都洛阳（现河南洛阳）。以后又呈现出诸侯混战局面，司马睿于公元317年在南方重建晋朝，建都建康（现江苏南京），史称东晋。东晋于公元420年灭亡。

东晋之后，中国有300多年的时间长期处于分裂局面，相继成立了许多国家，时间也长短不一，史称南北朝。这种割据、混战的局面，当然对经济和科技发展都有不利的影响，但百姓在大迁徙、大汇合的流离失所中，也促进了文化和科技的交流，制造技术、天文、数学、起重、运输、冶铸、兵器等方面都有进步。

在公元581年，杨坚夺取政权，建立隋朝，建都于大兴（现陕西西安），从而结束了长期分裂的局面。但隋朝仅传二世，历时38年即告灭亡。

在公元618年，李渊在其子李世民等人的协助下，消灭了隋，建立中国封建社会的盛世——唐朝（图1-14），版图之大达到了中国历史上最高峰。时间约300年，直到公元907年。唐初，李氏政权就进行了一系列改革，缓和各种矛盾，发展生产，使经济基础比较厚实，法律制度比较完善，文学艺术蓬勃发展，巩固了唐代的封建统治基础，各方面呈现出

图1-14 唐代大明宫含元殿复原图（采自《中国古代科学技术展览》）

一片繁荣昌盛景象。唐诗佳作名篇流传千古，至今广为人们喜爱。唐代商业发达，交通顺畅，不同地区、不同民族，甚至不同国家间的交往频繁，关系空前密切。从隋代开始的科举选才，到唐代得到了完善。唐代科学技术也有新的发展，为以后的发展打下了坚实的基础。

由于唐代加强了藩镇的武力，唐朝由盛转衰，到晚期对边塞逐渐失去了控制，形成了藩镇割据的局面，导致战乱频仍，纷争时间长达半个多世纪，即公元907—960年，史称五代十国。

赵匡胤在公元960年结束了这种分裂的局面，建立了宋朝，建都汴京（现河南开封），史称北宋（图1-15）。1127年汴京被金人攻占，宋朝京城南迁临安（现浙江杭州），史称南宋。宋代很注意在经济上进行改革，使生产发展。南方农业由于劳力充沛、农具先进，实行精耕细作，发展迅速；又通过科举扩大了知识分子队伍。宋政权还采取了增俸赏赐与奖励政策，此时的重大发明及重要科学家都比较多。当时商业繁

荣，纸币流通，交通发达，商业及科技交流更广泛。科学技术达到了前所未有的高度，出现了又一个高潮。

图1-15 宋朝开国皇帝赵匡胤陈桥兵变夺取政权

公元1279年，蒙古人经过长期的战争后，终于征服了中原，建立了元朝，建都大都（现北京）。蒙古人征服的地域很广，远至欧洲。元代重视手工业生产，使战争中破坏的经济得以较快恢复，也促进了民族之间的交流与融合，科学技术的发展并未受到大的不利影响。但在异族的统治下，民族矛盾日益尖锐，秘密会社活动此起彼落，一直没有平息，终于导致元朝在公元1368年灭亡。

朱元璋推翻了元朝后建立明王朝，建都南京。明初，朱元璋针对元末连年战争的情况，发展生产、鼓励桑麻、减轻赋税，又积极发展贸易及交通运输；但同时又强化封建统治及思想控制，使明政权得到了巩固和发展。朱元璋的儿子朱棣经过一番争夺，继承了皇位，并迁都北京（现北京）。这时期明代有两项引得举世惊叹的壮举：宦官郑和率领庞大的船队七下西洋；重修万里长城（图1-16）。大约到15世纪时，由于长期封建统治等原因，中国的发展显现迟缓，而此时的西方在轰轰烈烈的文艺复兴运动后得到了突飞猛进的发展。从西方耶稣会传教士带来的西方科技著作中即可看出，中国已失去了科技领先的地位。明代也曾出现了两部重要的学术著作：《天工开物》和《本草纲目》，以及一批重要科学家，但终难挽回颓势，与先进国家的差距变大了。

明末农民起义领袖李自成曾一度攻占北京，但由于明代余逆顽抗及起义军内部少数首领的腐化和内讧，李自成的称帝时间很短便失败了。

由于明末的战乱，满族乘机入关，并于公元1644年建立了清王朝，建都北京（图1-17）。清代仍沿袭前朝各项政策，强化了极权统治。清初，也执行了旨在缓和矛盾的怀柔政策，但到雍正当政时，对内强化统治，镇

图1-16 万里长城

图1-17 清代故宫

压反清势力，大兴文字狱，导致了专事考证的乾（隆）嘉（庆）学派的产生与发展；对外则造成“闭关自守”的局面，严重阻碍了经济与科学技术的发展与交流，与西方差距进一步扩大，终于在公元1840年爆发的鸦片战争中一败涂地。

四、中国半殖民地半封建社会的情况

经历2000多年的封建统治，到19世纪中叶，清廷已经腐朽不堪，西方列强向中国大量走私鸦片，掠夺财产，致使社会混乱，矛盾激化。公元1840年时，因鸦片走私受到了清廷禁烟派的抵制，爆发了鸦片战争，接着西方列强又对中国发动了一连串的战争，腐败的朝廷签订了一系列的丧权辱国的不平等条约，被迫割地赔款，中国就此沦为半殖民地半封建社会，封建剥削加剧，又加上外来列强的巧取豪夺，人民处于重重压迫的水深火热之中。

鸦片战争之后，中国的国门被打开了，西方的近代科技及各种机械设备大量地涌进中国。清政府在内外交困的形势下，从19世纪60年代开始的30多年中，出现了以李鸿章、曾国藩为代表的洋务派，大量引进西方科技，希图用西方科技及洋枪洋炮来挽救衰落的清政权。公元1894年中日甲午战争中，洋务派一手兴建的北洋水师毁于一旦，洋务运动惨遭失败。

19世纪后期，中国社会出现了改良主义思潮，他们既反对洋务派的投降政策，也反对封建主义的束缚，认为只有发展资本主义才能使中国富强。改良主义者以康有为、梁启超为代表，发动了戊戌变法，并积极寻找政治上的代表人物。光绪年间，清廷分裂为两派：主张变法的帝党（光绪皇帝为首）和反对变法的后党（以慈禧太后为首）。西方列强也插手中国趁火打劫，妄图瓜分中国。鉴于形势紧迫，光绪在公元1898年（戊戌年）6月11日颁布“明定国是诏”，实行新法。是年 9 月21日，慈禧太后收回朝政、废止新法，改良主义者由于自身的软弱，归于失败。新法历时103天，史称“戊戌变法”或“百日维新”。

到1911年10月10日，孙中山领导下的同盟会，发动了全国性的辛亥革命，推翻了清王朝，中国从此结束了延续了2000多年的封建帝制，于1912年1月1日在江苏南京组成中华民国临时政府，孙中山就任临时大总统。由于中国资产阶级的软弱和妥协，政权很快落入以袁世凯为首的北洋军阀之手，此后，军阀连年混战，西方列强加紧侵略，中国仍处于战乱之中，半殖民地半封建的社会性质并未改变。

20世纪初，中国兴起了旨在反帝反封建的新文化运动。并于1919年在北京爆发了声势浩大的“五四运动”。1921年中国共产党成立，1924年与孙中山所领导的国民党实现了第一次国共合作，成功地进行了北伐战争。眼看日本军国主义虎视眈眈地觊觎着中国，1936年在西安发生了“西安事变”，以张学良为代表的东北军和以杨虎城为代表的西北军，在西安扣留了蒋介石，内战一触即发，中国共产党出面积极斡旋，震惊中外的“西安事变”得以和平解决，促成了国共两党第二次合作，建立了抗日民族统一战线。1937年7月7日，日军发动了“卢沟桥”事变，中华民族伟大艰苦的八年抗战正式爆发。到1945年 8 月15日，日本无条件投降。中国取得抗日战争的伟大胜利，但面对胜利果实，国共两党合作破裂，内战烽烟再次燃起。四年后，内战以国民党偏安台湾而告结束。

五、中国社会主义革命与“一国两制”的情况

1949年10月 1 日，以毛泽东为主席的中华人民共和国正式成立，定都北京。标志着中国人民从此站起来了，中国历史也翻开了新的篇章，近代中国人民受压迫、受侵略的历史一去不复返了，一个独立自主的中国屹立在东方。

在400多年前澳门被划归葡萄牙人管辖；在100多年前香港又沦为英国殖民地；台湾由国民党等管理，这些地区都与大陆实行不同的政治制度，在此时期里各自也都得到了一定的发展。根据“一国两制”的构想，香港于1997年回归祖国，澳门于1999年回归祖国，继续执行原来的法令，实行原来的制度，并又有新的发展。

关于各朝代及其纪年，可参看表1-1。

表1-1　　　　　　　中国历史年鉴

<table>
<tr><th>社会分期</th><th colspan="3">主要朝代</th><th>建都地</th></tr>
<tr><td rowspan="2">原始社会
（约170万年前
—前21世纪）</td><td rowspan="2">石器时代</td><td colspan="2">旧石器时代
（约170万年前—1万年前）</td><td></td></tr>
<tr><td colspan="2">新石器时代
（约1万年前—前21世纪）</td><td></td></tr>
<tr><td rowspan="4">奴隶社会
（前21世纪
—前476）</td><td colspan="3">夏（前21世纪—前16世纪）</td><td>安邑（山西夏县）</td></tr>
<tr><td colspan="3">商（前16世纪—前11世纪）</td><td>亳（河南商丘）
般（河南安阳）</td></tr>
<tr><td rowspan="3">周</td><td colspan="2">西周（前1027—前771）</td><td>镐　（陕西西安）</td></tr>
<tr><td rowspan="2">东周
（前770—前221）</td><td>春秋
（前770—前476）</td><td>洛邑（河南洛阳）等地</td></tr>
<tr><td rowspan="8">封建社会
（前476
—1846）</td><td>战国
（前475—前221）</td><td>咸阳（陕西咸阳）等地</td></tr>
<tr><td colspan="3">秦（前221—前206）</td><td>咸阳（陕西咸阳）</td></tr>
<tr><td rowspan="3">汉</td><td colspan="2">西汉（前206—8）</td><td>长安（陕西西安）</td></tr>
<tr><td colspan="2">新朝（9—23）</td><td>长安（陕西西安）</td></tr>
<tr><td colspan="2">东汉（25—220）</td><td>洛阳（河南洛阳）</td></tr>
<tr><td>三国</td><td colspan="2">魏（220—265）
蜀（221—263）
吴（222—280）</td><td>魏：洛阳（河南洛阳）
蜀：成都（四川成都）
吴：武昌（湖北武昌）
建业（江苏南京）</td></tr>
<tr><td rowspan="2">晋</td><td colspan="2">西晋（265—316）</td><td>洛阳（河南洛阳）</td></tr>
<tr><td colspan="2">东晋（317—420）</td><td>建康（江苏南京）</td></tr>
</table>

续表

<table>
<tr><td rowspan="10">封建社会（前476—1846）</td><td colspan="2">南北朝（420—589）</td><td>南京（江苏南京）等地</td></tr>
<tr><td colspan="2">隋（589—618）</td><td>大兴（陕西西安）</td></tr>
<tr><td colspan="2">唐（618—907）</td><td>长安（陕西西安）</td></tr>
<tr><td colspan="2">五代十国（907—960）</td><td>洛阳（河南洛阳）等地</td></tr>
<tr><td rowspan="2">宋</td><td>北宋（960—1126）</td><td>汴京（河南开封）</td></tr>
<tr><td>南宋（1127—1279）及辽、金</td><td>临安（浙江杭州）等地</td></tr>
<tr><td colspan="2">元（1271—1368）</td><td>大都（北京）</td></tr>
<tr><td colspan="2">明（1368—1644）</td><td>南京（江苏南京）
北京</td></tr>
<tr><td colspan="2">清（1644—1911）</td><td>盛京（辽宁沈阳）
北京</td></tr>
<tr><td>半殖民地半封建社会（1840—1949）</td><td colspan="2">中华民国（1911—1949）</td><td>南京（江苏南京）</td></tr>
<tr><td>社会主义与一国两制（1949— ）</td><td colspan="2">中华人民共和国（1949— ）</td><td>北京</td></tr>
</table>

第三节　中国机械文明史的分期

研究中国机械史，需要妥善解决中国机械史分期问题。恰当的分期可以较为清楚地反映出各个时期中国机械的发展水平、主要特点、互相联系和发展规律。将纷繁的研究内容加以归纳整理，使之清晰而有条理，有利于中国机械史研究工作的开展，也才能进一步研究中国乃至世界的文明史。要反映各时期机械的发展水平和主要特点，应从动力、材料、结构和制造工艺等方面进行分析，注意机械的生产方式和实际效能。据此，将中国机械史分为四个时期：远古机械（简单机械工具）时期、古代机械时期、近代机械时期和现代机械时期，每个时期又有不同的发展阶段。

一、远古机械（即简单机械工具）时期

简单工具时期的时间，大体相当于历史上的原始社会，亦即石器时代。

从广义上讲，任何简单工具都是机械。现已发现在大约170万年前，中国云南元谋人已使用了石器。随着考古上的继续发掘，时间或许会有所提前。这些石器标志着中国机械史的序幕。简单工具使用的时间很长，一直延续至今。从大量的出土文物中，可以看出这个时期的工具使用情况，可将其分粗制和精制两个阶段。

1. 粗制工具阶段

粗制工具阶段相当于旧石器时代。

在这个阶段，主要利用天然石块和木棒制作工具，之后也用蚌壳和兽骨制作（图1-18）。石块经过敲砸和初步修整，后来还能进行磨制和钻孔，使工具的结构较为合理，使用起来更为方便，也更美观，反映了当时人们已具有初步的生产经验和加工技术。不过当时工具的种类还比较少，较早只有砍砸器、刮削器、尖状器、石球、石矛和木棒等。以后种类陆续有些增加。大约在10万年前出现了抛石器；在28000年前时出现弓箭，这些东西都比一般工具复杂，反映出生产经验和加工技术有了较为明显的提高。

图1-18 旧石器时代猿人制作石器的情况（采自《中国原始社会参考图集》）

总的来讲，这一阶段的工具还比较粗糙，改进速度缓慢，生产力水平也不高。

2. 精制工具阶段

精制工具时代相当于新石器时代。

古人在这个阶段已能利用热胀冷缩的原理开采石料来制作工具，蚌壳、兽骨使用得多了一些，后来也用陶制作工具，还能利用铜，工具的种类增多，并发展了专用工具。当时的工具有多种：原始耕田器、刀、锄、斧、凿、锯、钻、锉、矛、镞、网坠、纺轮和滚子等几十种，可以较为有效地用来从事农业、狩猎、渔业、建筑和纺织等方面的生产劳动。在这一阶段的后期，出现了原始的纺织机、制陶转轮、原始犁等简单的古代机械。其中制陶转轮已具有车削加工的雏形。这一阶段的工具都经过较为精细的加工磨制，结构更加合理，表面也较为光洁，工具改进速度明显加快，生产力也比以前迅速提高，有力地推动了原始社会向奴隶社会发展。在旧石器时代与新石器时代之间有一个相当长的过渡期，也有人称为中石器时代，有些地方还按出土石器的特点定名细石器时代。分析这一时期的工具，可以看出当时人们已能在生产中广泛利用杠杆、尖劈、惯性和弹力等基本原理，生产知识不断丰富，加工能力不断提高，这就为较为复杂的古代机械的出现创造了条件。

二、古代机械时期

这个时期大约从4000多年前直到19世纪40年代，相当于中国历史上的奴隶社会和封建社会（前中期）两个时代。在此期间，中国古代机械经历了一个迅速发展—成熟并持续前进—缓慢前进的过程。

1. 迅速发展阶段

古车的出现并得到广泛的应用，可看作是进入这一时期的标志。接着一批古代机械相继出现。原来的简单工具，有许多变成了古代机械上执行工作的部分，反映出古代机械是工具发展的必然结果，它们比工具复杂和先进，比工具更省力；使用这些机械的结果，提高了生产率。古代机械的出现是机械发展的一次飞跃。

当时，机械加工方法和工具日渐完善，除木材外，广泛地应用了铜。约公元前8世纪的西周晚期，已有了最早的人工冶炼的铁，以后铁应用也日渐广泛。用金属既可制作高效工具，又可制作机械的一些重要零件。原动力方面，大约近4000年前用牛拉车，3000年前开始用牛耕地，约在3000多年前开始利用马力。畜力应用日渐广泛，并可能已开始利用水力。犁已出现并不断得到改进。提升重物和灌溉方面已有辘轳、滑轮、桔槔和绞车。在兵器方面出现了射程较远的弩机。战车（图1-19）得到了广泛的应用。

图1-19 夏商周三代的战车在行进中

在此阶段，机械的种类由少到多，结构由简到繁，制作技术由粗到精，发展速度加快。尤其是到战国时，奴隶制度崩溃，封建制度在一些诸侯国相继建立，出现了百家争鸣的学术风气，思想活跃、人才辈出，更促使科学技术迅速发展。就在当时，在科学技术史上出现了有重大价值的专著《考工记》，它总结了多种手工业的生产经验，可看作是一部手工业生产的技术规范书。这也反映出当时手工业的生产水平已相当高了。

2. 成熟并持续前进阶段

大约到秦汉时期，中国古代机械的发展已趋于成熟。

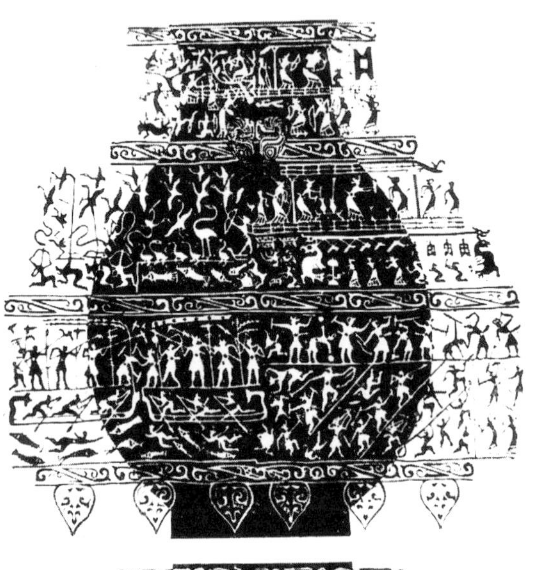

图1-20 四川出土的铜壶上战国时的水陆攻战图

当时，金属材料的冶炼、铸造和制造水平都已很高（图1-20），利用水排和马排鼓风，提高了金属冶炼的炉温和质量；铁对生产的意义很大，冶铁技术发展尤快，并创造了叠铸技术，大大提高了铸造生产率，使铁的应用更广，工具更加有力而高效。当时，不但可以更充分地利用畜力，并开始广泛利用水力和风力来进行农业及其他多种生产。迅速发展了齿轮、绳带和链条传动，当时的一些机械上，已出现了复杂的齿轮传动和控制系统。犁也不断地得到改进，又出现了三脚耧，将播种工作提到很高的水平。灌溉上出现了连续提水的龙骨水车，还出现了用于清洗粮食的风扇车。独轮车的出现有助于车的小型化，增强了车辆的适应性。纺织方面出现了手摇纺车，织机也得到较大的改进，并出现了提花织机。在造船方面，橹、舵和帆等部件都渐完善，并已能制造高大楼船和战船。

此时还出现了一批复杂精美的古代机械，如制作异常困难的被中香炉，它已有陀罗仪的雏形。更值得一提的是还出现了指南车、记里鼓车和一些精密天文与计时仪器等杰出的科技成果。从秦始皇陵出土了震惊中外的兵马俑（图1-21）和铜车马，尤其是铜车马，其结构合理而复杂，外形美观、制作精良。当时的冷热加工技术已相当精湛，反映出秦

图1-21 秦陵出土的兵马俑是世界文化史上的奇迹

代机械加工的水准已经很高了。东汉出现的水力鼓风设备——水排，系由水轮、绳带传动、杆传动和鼓风器等组成，已具备了（马克思提出的）"发达的机器"所必须具有的三个组成部分，即原动机、传动机构和工作机或工具机。发达的机器在中国已出现，形成了中国机械史上的一个高潮，使中国古代机械发展到了领先于世界的地位。

此后，中国古代机械保持着这一个高水平继续迅速发展。例如三国时出现了一弩十矢的连弩、引燃的纵火箭和新型织机；两晋时出现了自动机械磨车、舂车、水磨（图1-22）和水碾；南北朝时出现了明轮船，到唐代犁又有重大改进，还出现了垂直提水的水车，在兵器方面则出现了床子弩及许多攻坚器械，包括结构完善的云梯。

到宋、元时，在中国古代机械史上又出现了一个高潮。尤其在天文仪器方面，出现了水运仪象台、莲花漏、简仪等重要发明，使中国的天文仪器达到了前所未有的水平。在苏颂的水运仪象台中，集浑仪（观察天象用）、浑象（演示天象用）、更漏（计时用）、自动报时装置于一体，有复杂的齿轮传动系统，先于世界各国应用了先进的擒纵装置。而郭守敬的简仪则简化了天文仪器，使它制造简便、更利于观察，并已应用了滚动支承。火药自宋代开始已用于实战，

图1-22 宋人绘画《闸口盘车图》中的水磨（采自《传统机械调查研究》，原画存于上海博物馆）

出现了火炮和多种火器。此外，宋代出现了活塞木风箱，元代出现了水力大纺车等，都是极重要的发明。从汉到宋的各代中，有十几个人研究过指南车；《宋史》中还保存有宋代指南车和记里鼓车的内部构造及主要尺寸的记载，留下了中国机械史研究的重要资料。

在这一阶段还出现了一批杰出的科技人物：张衡、马钧、祖冲之、燕肃、吴德仁、苏颂和郭守敬等，为中国古代机械的发展作出了重要贡献。这一阶段中国创造发明的古代机械种类多、水平高、价值大，处于世界科技领先的地位，其中如一些农机、冶金、兵器、纺织、陶瓷、造纸和印刷技术等被传到国外，对许多国家产生过影响。遗憾的是，相对这种古代机械繁荣昌盛的局面而言，留下的史料实在是过于少了。

在整个科学技术领域里，明代重修万里长城（图1-23）及郑和七下西洋，影响很大，可视为这一阶段的总结。此后，就很少有影响的重大发明了，在机械方面也是如此。

图1-23 明代重修的万里长城壮观景象

3. 缓慢前进阶段

明代以后，由于封建集权统治进一步加强的原因，既限制了资本主义萌芽的发展，也阻碍了科学技术的前进。明代到19世纪40年代的几百年间，除少数传统工艺和设备仍然保持了较高的水准外，个别的专业还稍有发展，但是在与机械有关的范围内，很少见有重大价值的发明。需要一提的是，在17世纪出现了宋应星著的《天工开物》，它总结了此前中国长期以来的生产经验，成为一本百科全书式的著作，在科技史上有着重要的地位。

正在此时，资本主义制度在西欧一些国家相继建立，科学技术有了迅速发展，并出现了哥白尼、伽利略和牛顿等伟大的科学家。在18和19

世纪，英、美、法、俄诸国先后进行了产业革命和技术革命，迅速发展的机械是产业革命和技术革命的重要保证。大约在15—16世纪后，西方机械科学技术水平已明显超过中国。

在16—18世纪，正当我国明清两代，一批耶稣会传教士来到中国，带来了西方先进的科学技术，其中所描述的机械，已明显地超过中国古代机械的水准。然而，由于当时统治集团对西方科学技术的传入采取不当的方针，致使其传播范围很小，除在天文和数学方面有一定的影响外，就机械方面而言，当时西方科学技术几乎没有对中国产生明显的影响和实际的效益。从清代雍正到道光的百余年间，更是采取闭关自守的政策，拒绝西方科学技术的传入，中国机械科学技术与西方的差距越来越大了。

总的来看，中国古代机械时期的内容非常丰富、异常灿烂辉煌，后来发展道路又很曲折，它为我们在科学技术上古为今用、研究科学技术发展规律、研究科学技术与社会与教育的关系、进行爱国主义教育、进行科学思想与道德教育等方面，提供了极为重要的材料。

三、近代机械时期

公元1840年的鸦片战争，打破了清代的闭关自守政策堡垒，随之开始了中国机械史上的近代机械时期。

在这一时期，清廷及外资都办有企业，私营企业也已陆续出现。同时，西方资本主义各国纷纷对中国进行渗透，实行经济侵略和军事侵略，近代科学技术和近代机械，随同外国势力一起涌入中国。在19世纪中后期，蒸汽机在中国迅速推广；传入了先进的钢铁冶炼技术和大型高炉、转炉、平炉等设备，以及先进的锻压、铸造、车削、钻削和螺纹加工等各种近代机械加工设备，建立了近代机械和兵器制造业，还兴建铁路、制造轮船；同时也传入了纺织、造纸、印刷、卷烟和食品加工等各种机械及生产技术。开始时限于在沿海和长江中下游一带建立厂区。至此，中国机械面貌改观，近代机械工业在中国出现。

到20世纪，中国近代机械在依赖西方的技术和设备的基础上继续发展，机械产品的品种和数量有所增加，其性能和水准有所提高，建厂地区范围也有所扩大。

大约从19世纪末起，中国派出了较多的留学生到西方科学技术发达的国家学习，接着出现了像詹天佑这样卓越的工程技术专家。国内相继也办起了一批高等和中等技术学堂。1905年废除科举，办新学，机械工程教育

图1-24 设立在江南造船厂的翻译处

逐渐有了发展。20世纪初，工程技术学会和工程技术期刊也相继出现。在一些企业中，涌现出一批机械工程技术人员和机械工人骨干（图1-24）。这些对中国机械的发展都起过一定的作用。

可以看出，在这很短时间里，中国从古代机械发展到近代机械，由手工业作坊发展到工厂，由传统生产技术发展到近代生产技术，机械的理论与实验研究和机械的理论设计也逐渐增多。这个过程中，可归纳出以下明显特点：

首先，中国近代机械的发展具有中国半殖民地的社会性质，处处适应西方列强经济和政治侵略的需要，有很大的依赖性。中国近代机械工业除制造一些小型和简单的机械设备外，主要围绕组装和修配进行生产，布局和结构很不合理，科研和设计能力十分薄弱，这些都给以后机械工业和科学技术的发展带来了很不利的影响。

其次，中国科学技术与世界科学技术的关系日益密切，中国科学技术大量吸收了世界科学技术的内容。但在此期间，在世界科学技术的洪流中，中国科学技术一直是跟在西方的后面蹒跚而行、缓慢前进。在机械方面也未能作出重大贡献。

再次，与此同时，中国依靠西方科学技术发展了近代机械，它与中国古代机械及传统生产技术缺少内在联系，这种情况造成近代和现代的生产设备及生产技术与机械职工的队伍的实际情况脱节，也给继承中国古代机械科技遗产带来了困难。

这一时期时间不长，它是一个急速变化的时期，是中国机械史上的一次大转折，其成败、得失、经验与教训，是值得我们深入研究的。

四、现代机械时期

1949年，中华人民共和国诞生了。在此同时，世界上电子、原子能和计算机技术等现代科学技术出现并迅速发展，这两方面的因素，推动了中国机械进入现代机械时期。

中国的机械工业和科学技术迅速摆脱依赖发达国家的局面，大力纠正原来的布局、结构和比例上的不合理现象，建立独立自主的机械工业。中国很快就能自己生产飞机、轮船、机车、汽车、机床和各种工程机械，并进一步建立门类较为齐全的机械工业体系，为许多行业部门提供成套机械设备，也有力地支援了农业、国防工业和尖端科学技术的发展，还生产了一批大型精密的机械产品（图1-25）。

图1-25 江南造船厂制造的12000吨水压机

在我国广大城乡，各行各业、许多部门迅速实现了机械化，大量繁重的体力劳动被机械代替，机械工业和机械科学技术为中国的经济建设作出了重大贡献。

中国的机械工业系统拥有庞大的队伍，并已形成自己的机械研究、设计和制造力量，解决了机械工业中许多重大科研课题。很多科研成果和机械产品已达到较高的水准。紧跟着现代科学技术潮流，许多新兴学科和边缘学科也在中国兴起，在某些学科上已取得了重大进展。

中国的机械工程教育蓬勃发展，培养了一大批优秀的机械科学技术人才。通过职工培训和业余教育，广大职工知识更新，技术水平和文化素养都有所提高，在工作中作出了贡献。

此外，中国机械工程学会和其他学术团体积极开展工作，学术活动十分活跃，办了多种学术期刊和科普期刊，编辑出版了许多教材、专著和科普读物。这一切对机械科学技术水平的提高起了很大的作用。

在这个时期，中国机械工业和科学技术取得了巨大成就，发展速度超过了历史上任何时期，中国机械科学技术水平与工业发达的国家的差距在迅速缩小，局面有不少的变化。

由于各种复杂的原因，在这个时期中国的机械工业和科学技术的发展并非一帆风顺，其各阶段的情况也并不相同。在1957年以前，主要是打基础的阶段。直到1966年发展较快，机械工业趋于完善，发挥了较大的作用。在1966年开始的十年“文化大革命”中，由于轻视技术、轻视知识分子和管理混乱等原因，整个机械领域都受到了干扰和破坏。粉碎“四人帮”后，拨乱反正，实行改革开放的政策。机械工业积极采取措施，根据“调正、改革、整顿、提高”的方针，调整服务方向，调整机构，改革体制，改进经营管理，并进行技术改造，又从工业先进国家引进科学技术，使机械工业和科学技术获得新的发展。

在这一时期里，也曾出现过一些问题，致使中国的机械工业、机械科学技术和机械工程教育未能更快地发展。这一时期的经验与教训更具有重要的现实意义，是值得认真总结的。

五、关于机械史分期的几点说明

1. 各地区各行业间发展不平衡

机械史的分期，主要根据机械发展的实际水准。中国是一个幅员辽阔、人口众多的大国，在同一时期里，不同地区和不同行业间的发展很不平衡，机械生产面貌及机械科学技术水平往往相差悬殊。例如在近代机械乃至现代机械时期，中国农村仍有使用牛耕，少数边远地区甚至还在使用刀耕火种，但并不能以此来决定机械史的分期，而应以当时对国民经济起决定性作用的机械作为分期的依据。另一方面，也应对这种发展不平衡给予应有的注意和重视，解决这种差别，从而促进机械本身和国民经济的发展。

2. 机械史分期与朝代更迭

机械史的分期要根据机械本身发展过程所反映的实质性变化而定，它不能跟随于朝代的更迭，与社会史和科学史的分期也不一定完全相同。例如春秋战国之交，中国开始进入封建社会，而从春秋到战国，中国古代机械看不到有什么质的变化。再如有学者认为中国近、现代历史是以“五四运动”为分界线的，机械史也应跟随分期，但是1919年前后的机械似乎并无明显的不同。应看到机械史与社会史和科学史之间有密切的关系，要重视它们之间的相互影响和作用。从机械史的角度而言，尤应注意研究影响机械发展的各方面的因素，以便能全面地探索机械发展规律。

3. 史料不够充分

机械史的分期还应以大量的史料为基础。目前已发现的中国机械史料还不多。在中国古代文献及考古中，有关天文、数学、农业、医学、建筑和军事等的内容还比较多见，而机械史料却大都零星分散，收集这些史料需要的工作量很大。近代和现代机械史的原始资料虽然较多，但收集和整理也很不够，这是研究中国机械史分期的主要困难之一。

对中国机械史分期的研究，本书只能提出这些不成熟的看法，旨在抛砖引玉，引起讨论，并希望通过讨论来解决中国机械史分期问题，以利于推动中国机械史的研究工作。

第二章

远古时期的中国机械文明

（公元前21世纪之前）

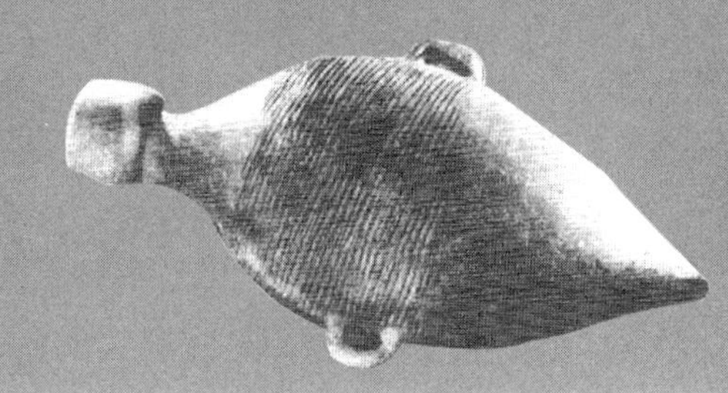

创造工具、使用工具是人类区别于其他动物的重要标志。约170万年前的云南元谋人是目前发现的中国最早的古人类，他们创造、使用工具，揭开了中国机械史的序幕，从此开始了中国机械史上的远古时期。这一时期主要是简单工具时期，其后期才有了较复杂机械的萌芽。

这个时期可分为粗制工具及精制工具两个阶段，其中大部分时间是粗制工具阶段，即人类历史上的旧石器时代。大约在1万年前，才进入精制工具阶段。在这一阶段的后期出现的机械仍不复杂，但任何复杂的机械都是由简单的机械发展而成的，这是事物发展的规律。

第一节　粗制工具阶段

一、人类的起源

人是由类人猿进化而成的。猿和人的本质区别在于猿只会利用自然界的恩赐，而人除此之外还会千方百计地改变大自然。人在改造大自然时需要劳动，劳动则是从制造工具开始的。

在整个远古时期，人类社会是母系社会，当时生产水准低下，生产技术简单，生产工具进展缓慢，在粗制工具阶段尤其如此。在劳动的过程中，人类逐渐积累了生产经验，加深了对工具的原理和发展规律的认识，工具的发展便逐渐加快。

人类最早制造工具、使用工具的情况，是无法用可靠的证据来予以说明的，但能设想当时的情景。原始人类在恶劣的环境下谋求生存，必是从使用自己容易得到的石块、木棒开始。古人发现带有锋利刃口的石块较利于砍、刮或割；而长的树木枝棒较利于采摘、勾取。通过实践又学会进一步加工这些石块、木棒，使它们用起来更为有效，从而发明了制造工具的方法。这些工具虽然很粗糙、简单，但是能有意识、有目的地这样做，就是人类历史上的重要发明和进步。

在世界的很多地方，都发现有原始工具，其分布面遍布了所有大陆。但哪里为最早呢？即什么地方是人类的起源呢？现有非洲说、欧洲说、亚洲说三种，至今不能统一。在我国，发现旧石器时代的遗址大约有几十处之多，其中以云南元谋人的生活遗址为最早，在那里发现了元谋人的牙齿化石，以及他们当时使用的石质工具和用火痕迹。古人类就是用这些简单工具从事着简单的劳动。他们用石质工具来狩猎和捕鱼，用木棒来采集植物的果实，艰难地谋求生存。

二、粗制工具阶段的典型工具

现今发现这一阶段的石质工具，即旧石器时代的工具，虽数量相当多，但种类较少，且形状很不规则（图2-1），石料的质地也很不一致，大都有一物多用的性质。可能只有砍砸器、刮削器、尖状器及石球等几种。旧石器时代的石质工具，粗看与天然石块区别不大，但仔细观察便会发现上面有人工敲砸的征状，一般工具上还留有人使用过的痕迹，专业研究人员正是根据这些征状和痕迹，确定为是古人的工具。

图2-1 旧石器时代的典型石器

所发现的粗制工具，也即旧石器时代的工具有如下几类。

1. 砍砸器

砍砸器可用来砍砸猎物和树木之类。这种石器有不同的形状和重量，以发挥不同的作用。重量可在几两到三四市斤之间，刃口的角度有大有小。如图2-2所示即为北京周口店出土的砍砸器，其刃口角度约在60～75度，左右大体相对称，可用于两面砍砸。也有的左右不对称，只能一面砍砸。刃口角度过大，则不够锋利，工作起来也较费力；而刃口角度过小又不够牢固，当然，这也和所用材质的强度有关。各地所出土的砍砸器，常是当地古人生产经验的总结。

图2-2 旧石器时代的砍砸器

2. 刮削器

这类工具可用来加工猎物与树木，也可用来挖地。其体积大小和重量可相差很大，既可左右对称适于两面工作，也可左右不对称，适于一面工作。但一般刃口都较薄，使刃口较为锋利。刃口的形状可以是圆刃、直刃或凹刃。如图2-3所示即为北京周口店出土的圆刃对称的刮削器。

图2-3 旧石器时代的刮削器

3. 尖状器

尖状器的用途和刮削器相近，其尖端比刮削器锋利，切割时比刮削器更有力和方便。另一端的大小、形状也更便于用手握紧，操作起来使得上力。图2-4即是山西省襄汾县丁村出土的尖状器。

图2-4 旧石器时代的尖状器

4. 石球

目前已出土了不少在旧石器时代的石球（图2-1）。石球用来投掷、杀伤猎物（野兽、鸟类或敌人），可以用手投掷，也可以借助于器械，如棍棒、绳索等投掷，当然也可以用石球敲砸制作其他工具。

5. 棍棒

在粗制工具阶段，应用较为广泛的工具，除石器外便是棍棒了，上述

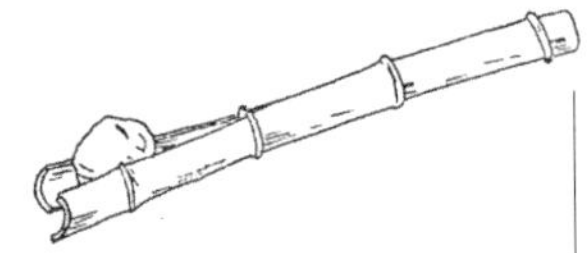
图2-5 棍棒投石器示意图

石器的一个重要用途，就是加工树木、竹竿制作棍棒。棍棒既可在对付猎物时加大打击力量和控制范围，又可在采集果实时用以延长人的手臂（图2-5）。

三、粗制工具的发展

在旧石器时代的工具，一般并不经过仔细修整，也不磨制。其加工方法主要是敲砸，经过反复敲砸、选择与修理，制作方法比较简单，石矛（图2-6）与石镞形状则比较复杂，是粗制工具阶段后期较好的石器。后来的金属矛、镞就是石矛、石镞的发展。当时石矛、石镞的使用，是在后面加上木杆，连接方法是用绳索捆绑而成的。石矛、石镞的出现标志着制作技术的进步，也是经长时间的总结与提高的结果。

图2-6 旧石器时代后期的石矛

我国弓箭的发明时间，大约距今28000年。箭是利用弓弦的弹力发射的，弓箭的出现也是弹力利用的开始（图2-7）。

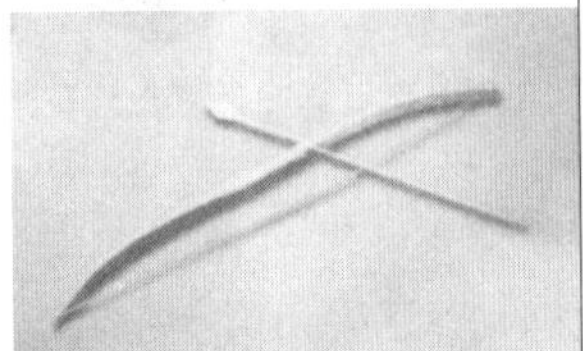
图2-7 现所看到的最简单的弓箭

随着制作技术的不断进步，在旧石器时代的晚期，不但石器更加复杂而精致，而且出现了磨制技术，骨器也得到了应用。在北京周口店附近的山顶洞人的遗物中，发现有18000年前的、经过磨制的骨针与装饰品——带孔的石珠（图2-8），反映了我国旧石器时代的高度技术成就，也为远古机械时期从粗制工具阶段向精制工具阶段发展打下基础。

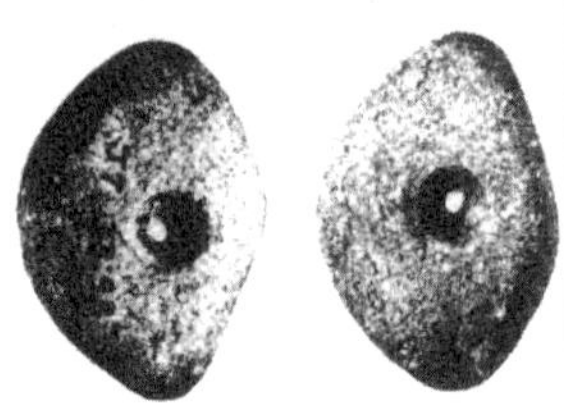
图2-8 早期的带孔石珠

第二节 精制工具阶段

一、石器时代的重大改变——定居

在石器时代中发生了一个重大变化——人类定居，这不但大大改变了古人类的生活，也促使人类由旧石器时代进入了新石器时代，即机械史上的精制工具阶段。

首先是定居以后有了建造固定房屋的条件，关于建筑物本身的变化，这是建筑史上的课题，但修建工具的变化发展，则是机械史上的问题。木结构的建筑施工技术则由此时开始，还出现并发展了建房用的木工工具。

人类定居以后，生活与生产方式上发生了改变。首先是形成并发展了农业。原来居住不固定，只是在住地附近从事采集，不可能从事种植和收获。定居以后就有了这种条件，进行种植和收获，促成了农业耕作收获及粮食加工工具的发展。在定居之前只能打猎，即猎取野生动物，来源很有限，定居之后，出现了原始的畜牧业，先后驯养了狗、猪、牛、羊等动物。

定居造成古人生产条件与工具的改进，生产力的发展，社会的进步，使得古人类的劳动果实可能产生剩余，多种生产方式的需要，使社会的分工出现并逐渐明显，促进了社会发展和进步。

二、精制工具阶段的典型工具

由于生产的需要，工具的种类多了，数量也多了，还出现了不少专用工具，制作也远比过去精良，尤以黄河流域、长江流域为多。如有名的仰韶文化（河南渑池仰韶村等地）、大汶口文化（山西泰安大汶口一带）、龙山文化（山东章丘龙山镇一带）、齐家文化（甘肃和政齐家坪一带）、马家窑文化（甘肃临洮马家窑）、半山–马厂文化（甘肃和政半山和青海民和马厂塬），就都属于黄河流域。而河姆渡文化（浙江余姚河姆渡村一带）、屈家岭文化（湖北京山屈家岭一带）、青莲岗文化（江苏淮安青莲岗）、良渚文化（浙江杭州良渚）则处于长江流域。以上这些地方所留下的工具，在结构及形状上稍有不同，图2–9是部分典型石器。我们依照其功用将其分类，则可分为六类三十几种。

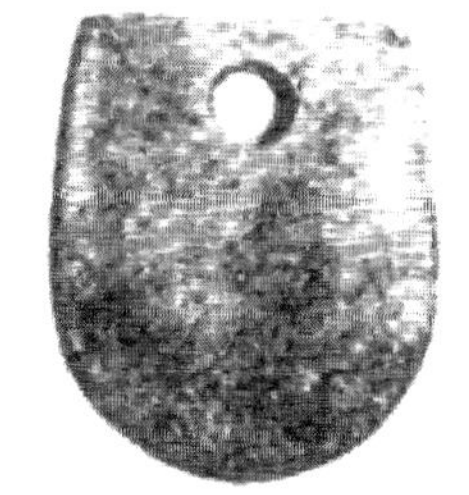

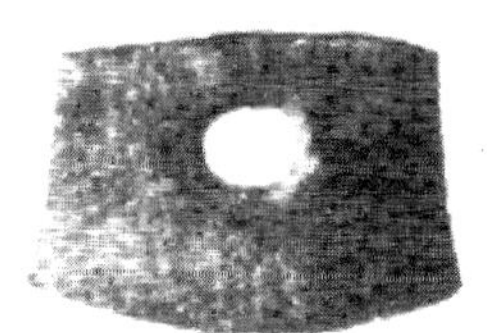

图2–9 新石器时代的部分典型石器

1. 农业生产工具

这类工具的种类及数量都比较多，反映出当时从事农业生产的人员较多。

（1）翻地工具

木棒（图2–10a）。这约是原始农业出现时最简单的翻地工具，下端削尖，以利刺土。

耒耜（图2–10b）。使下端面积加大，翻土效率较高。木柄下还加一横木，以供脚蹬，增加向下刺土的力量，下为石质或木质。

耒耜（图2–10c）。在木棒上装有开叉的木板，既可提高翻土的效率，又减少了向下刺土的阻力。

铲（图2–10d）。木棒下端的铲子可用石或骨制造，其翻土的效率显然大些。

对翻土工具，尤其是原始的翻土工具，形状有很大不同，名称也很不统一。

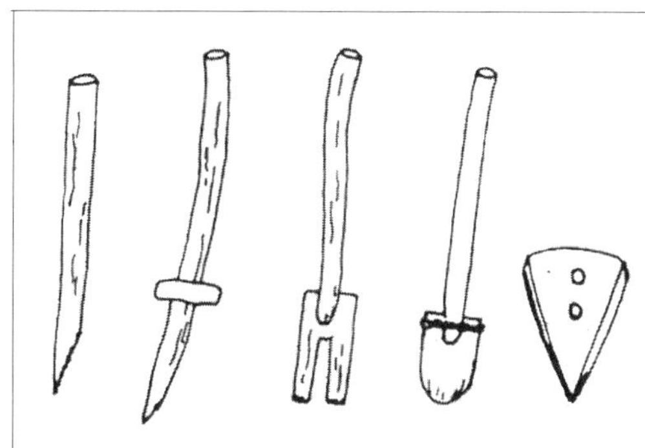

图2–10 新石器时代使用的翻地工具

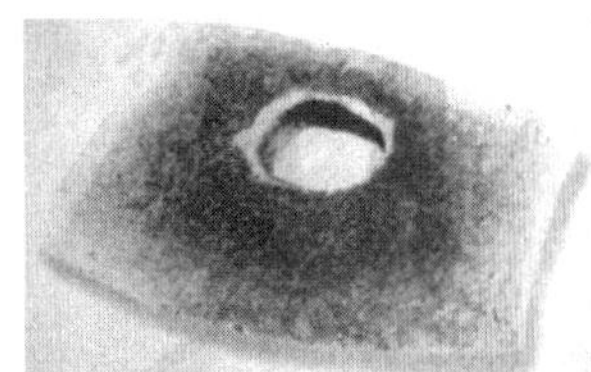
图2-11 新石器时代的石锄

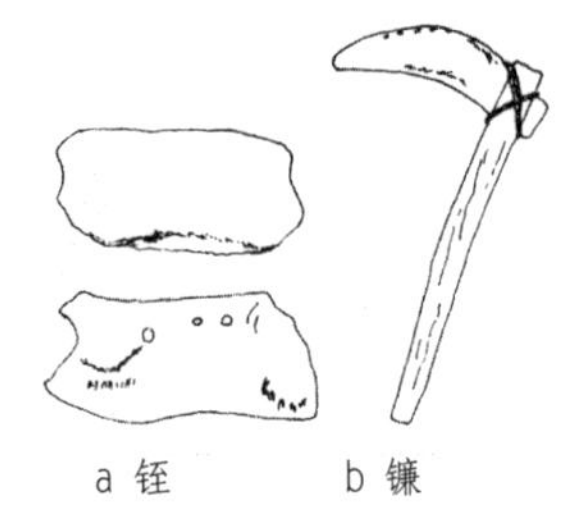

图2-12 新石器时代的收割工具

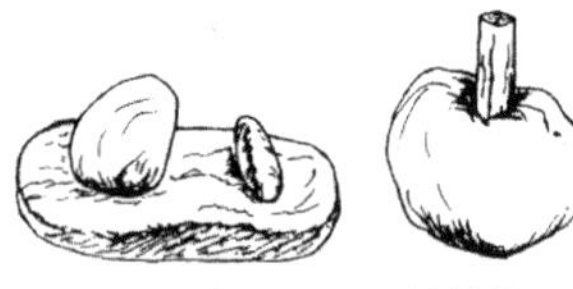

图2-13 新石器时代的粮食加工工具

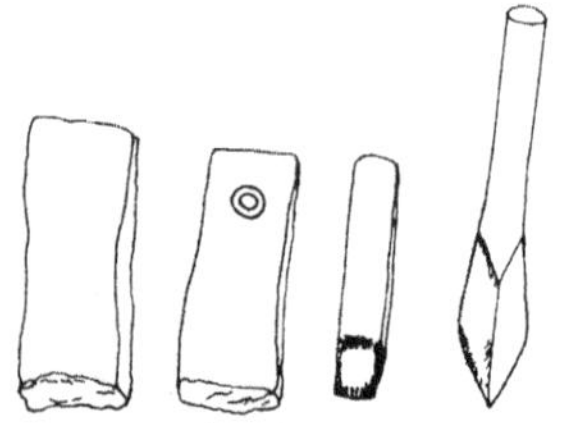

图2-14 新石器时代的木工工具

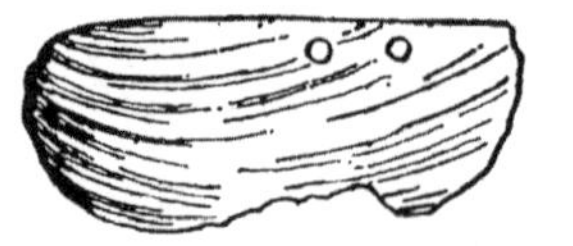
图2-15 新石器时代的锯

图2-16 新石器时代的陶锉

原始犁（耕田器，图2-10e）。在新石器时代的后期，已有原始的犁出现，当时的犁铧（刺入土内的部分）尚为石质。在江苏、浙江、内蒙古等地都有这种石质原始犁铧出土。

石锄（图2-11）。用以向后翻土，工作起来比较省力，早期锄也用木制作。

木质翻土工具容易腐烂，故未见有实物出土。但可从古籍记载及绘画资料中得知其具体结构及形状。

（2）收割工具

铚（图2-12a）。这种工具可用石或骨、陶、蚌壳制成。它大约只用于从上部割掉作物的果实。其上边直接握在手中，下边有时有很多齿，以利于割断作物。

镰（图2-12b）。早期一般用石制，但也有用蚌壳制作的，使用时，绑在木棒上，从下部割断作物。

（3）粮食加工工具

碾磨（图2-13a）。这种器具在旧石器时代晚期就已出现。它由石碾和石盘组成，用于碾磨谷物。

原始杵臼（图2-13b）。由石臼和木杵组成，用于压捣谷物，效率约比碾磨稍高。

2. 木工和建筑工具

石斧（图2-14a）。石制的斧头，用绳索将其捆绑着木柄，用于砍削木头。

石锛（图2-14b）。头部与斧头相近，但木柄与头部垂直，用来向后砍削木头。用法略同于农业工具中翻土的锄。

石凿（图2-14c）。用石或骨做，可用它在木头上凿出矩形孔或矩形剖面的槽。在浙江余姚河姆渡的有些建筑木结构接合处，就凿有加工精良的榫孔，足见当时已达相当高的木加工水准。

石钻（图2-14d）。一般用石制，前面呈三棱形，有锋利的边，以利切削，略同现在的扁钻，用于在木料及骨料上钻孔，也可在石上钻孔。

锯（图2-15）。见有用石、骨、蚌壳及用陶制做，略同于当时农业工具收割用的铚。锯断木、骨用。

锉（图2-16）。当时所用的锉是用陶制作的，上面带有许多的齿，用以锉削木料等。

雕刻刀。在我国出土过石质雕刻刀，可知在旧石器时代，我国已开始雕刻。在新石器时代的更在多处见到。

3. 打猎工具

用作击打猎物的棍棒仍继续使用。石矛、石镞、石球的应用也更广泛，加工更精良，形状规则而合理，外观更光滑。这一阶段用于击杀、加工猎物的刀，用石、骨及蚌壳制作，也更利于切割。

4. 捕鱼工具

鱼钩（图2-17a）。一般用骨制作，但结构与形状都与现代使用的金属鱼钩相似，弯头的前端有倒钩刺。从新石器时代出土的鱼钩看，一般形状相当规则，外观都很精巧。

鱼枪、鱼镖（图2-17b）。一般用骨制作，前端很锐利，开有倒钩刺。将其捆绑在木棒上成为鱼枪便可握着它刺鱼。也可将其捆在绳索上投击射出。而后将它连同鱼一起拉回。

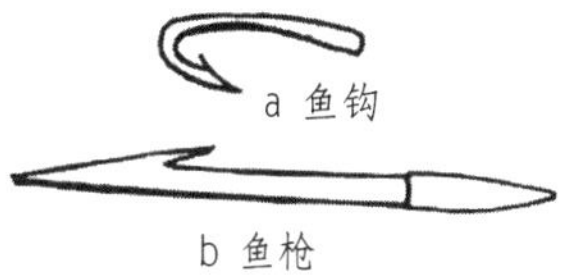

图2-17 新石器时代的捕鱼工具

还在多处出土了鱼网上的坠，坠用石、骨或陶制作，可见我国用于鱼网捕鱼的历史也很悠久。从而可以看出，新石器时代已采用鱼网、鱼钩、鱼枪、鱼镖等多种方法捕鱼。

5. 纺织工具

纺锤（纺缚，图2-18a）。它是现代纺锭的鼻祖。古代手工纺纱即通过纺锤转动拧紧纱线。出土的纺锤很多，用石、骨或陶制作，形呈轮状，中间有孔，转动时有较大转动惯量，可稳定转动较长时间（图2-19）。

针（图2-18b）。多为骨针，也见有石制。北京山顶洞已有骨针出土，可见骨针应用很广，它长82毫米，直径3.5毫米，针体光滑，针尖锋利，针眼狭长。

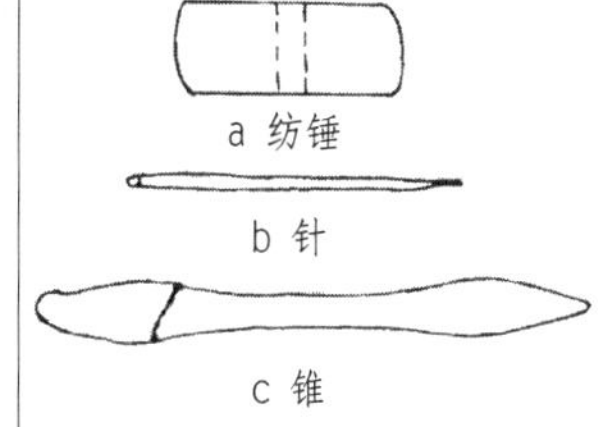

图2-18 新石器时代的纺织工具

锥（图2-18c）。也用骨制。比骨针粗大些，

此时，已出现了原始织机，江苏吴县出土了新石器时代的纺织物残片，这将在后面讲述。

三、精制工具的制作

工具的制作技术使设计思想得以实现，也是工具继续发展的保证。我们讨论的只是石质精制工具的制作。对这一阶段的其他材质（如

图2-19 石纺锤工作时的情况

骨、蚌壳、木棒等）的工具，则不讨论了，这是因为这一阶段石质工具多，制作也最典型。

在粗制工具阶段，石器一般只经敲砸和修整以得到预想的形状及尺寸，在后期虽也可磨制、钻孔等，但采用不多，而且较粗糙。到了精制工具阶段，对工具的设计和制造较有经验，事先做了比较仔细的构思，应经历选料、取料、成形、磨制、钻孔、雕刻等一整套工艺，有的还要联接组装。

选料：这一阶段出土的石器，主要是以石英为主的砂岩、燧石等制成。石英质地坚实，硬度很高，是制作石质工具的好材料。一般工具越好，选料就越坚硬。在内蒙古赤峰出土过纯石英的钻头，反映出古人已对制作工具的石料有一定的知识，并能作出合理的选择。

取料：当时从山岩或巨石上取下一定大小的石料，已有多种方法。简单的方法是用石块敲砸，此外也有用石器、石斧等工具进行开采。尤其使人惊讶的是，当时已用热胀冷缩的方法取材，在内蒙古呼和浩特、山西怀仁、海南南海都发现人类使用过这种方法。在海南南海新石器时代的采石场山洞中，看到大量石片和灰烬、炭屑，洞壁上也有火烧过和石料剥离的痕迹。由此可推测，当时采石方法是先用火烧，使岩石温度猛增，而后再突然浇上冷水，使岩石骤冷开裂，用工具沿裂缝撬下石料。

成形：加工制作工具毛坯所需的形状。一般经过敲砸即可，在粗制工具阶段，石料采用这种方法，即为最后的加工了。

磨制：它是这一阶段制作石器的重要工序。其做法是选一专门磨制石器的砺石（即磨石），掺上沙子和水，加以一定压力，反复磨制工具毛坯。从原理上讲，是一种磨料磨损，通过这种加工，可使石质工具形状合理、尺寸合适、表面光滑、刃口锋利。许多石器在这道工序后就可工作了。

制孔：有些石器上需要开孔，可能因工作需要（如针），也可能是因装配需要（如石犁），也可能是为美观（如装饰品）。当时加工孔的方法很多，要视待加工的原料的软硬而定，如用锥子锥，或用钻头钻，也可磨，有时还可逐步扩孔，有的孔可能要用专门孔加工工具。

雕刻：在精制工具阶段，已有了原始雕刻艺术，用来装饰一些工具或美化环境。例如江苏吴江曾出土过新石器时代的匕首，手柄上刻有花纹，既便于握紧（增加了手与手柄间的摩擦），也更美观。又如江苏连云港的将军崖上保存有新石器时代的石刻岩画，是描绘现实生活、美化生活环境的艺术作品，反映了人类爱美的天性。

联接：对于由几个零件组成的工具，就要在各零件制成后，把它们联接起来。在新石器时代所用的联接方法比较多，最早是用绳索捆绑，如石矛、骨镞、石铲、石镰等物与木柄的联接。有的工具是在石质零件上钻孔，把木柄插入其中，为使配合牢固，一般应带有一定量的过盈。在浙江余姚河姆渡所见建筑物木构架接头处的方木榫，也是这种联接。所见的这一阶段的石质犁铧，有几个销孔，可知它与木犁架是用几个销子实现联接的。销子也可用于石质零件与木柄的联接，以增加联接强度。在石刃骨刀上，骨槽与石片的联接是通过天然黏结剂实现的。

四、精制工具的精品

精制工具阶段为我们留下了许多有巨大价值的文物，现仅介绍石刃骨刀与小口大腹尖底壶两种。它们的设计原理与制作都有很高的水准。

1. 石刃骨刀

1973年，在我国甘肃永昌鸳鸯池的新石器时代遗址中曾出土了三把石刃骨刀（图2-20），其中的一把较短的应是匕首。三把石刃骨刀制法相同，它选择坚固的兽骨做刀体，在骨头的两侧或一侧开出细长槽，用经过打磨后的石片嵌入骨刀体的槽中。它利用了骨头的坚固、耐用，又利用石质的坚硬、锋利，做成了性能优良的刀具精品。其出现的时间迄今约5000年。

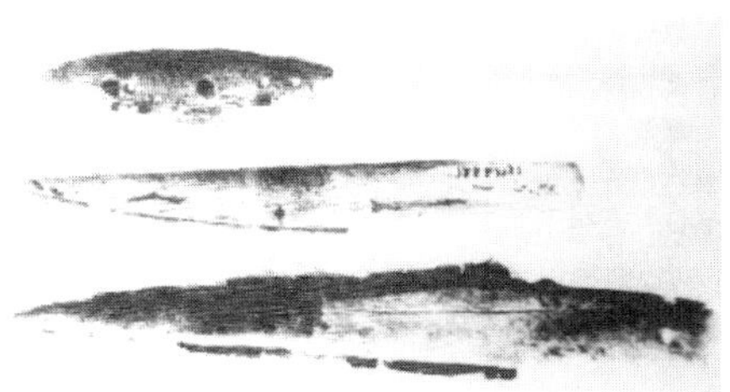

图2-20 新石器时代的石刃骨刀

此前及此后都发现过石刃骨刀，据知也有些石刃骨刀流散国外，引起了国内外学者的注意。还曾出土过等待装配的骨体及刀片，反映了这种刀具应用之多。晚些时候还曾发现过以骨为刀体、以铜为刃的铜刃骨刀，表明这种刀具在不断发展。

在这类刀具中，都成功地应用了局部品质的原则，可见机械制造上的这一重要原则，在中国5000年前已为人所知，并被付诸实现。它和以后局部品质原则的其他应用，当有一定的本质联系。

2. 小口大腹尖底壶

在陕西西安附近半坡村的仰韶文化遗址中，还发现了一种在井中取水的“奇器”——小口大腹尖底壶（图2-21），从名称上可知其形状特点。用这种壶打水，有着意想不到的优点。它在盛水前，空壶的重心较高，两

图2-21 新石器时代后期的小口大腹尖底壶

提耳做得更高，空壶仍可向下，尖底易于进入水中。入水后放松绳索，空壶因其重心较高便倾斜，水进入壶中。随着壶中水不断涌入，重心便逐渐下移，壶即逐渐变正。当壶内水过多时，重心又不断增高，壶又略有倾斜，倒掉多余的水。这种“奇器”能自动控制壶内水的量，也就控制了用它打水的力量。可知用这种壶打水很省事，也不费力。

小口大腹尖底壶的设计极为巧妙，制作水准也比较高，如壶的形状，两耳位置都较合理、统一，基本上可达到上述效果。

第三节　古代机械开始萌芽

在远古时期的精制工具阶段，原始的机械已经出现，虽然还不够典型，但它为以后的发展提供了基础。

一、犁

犁是我国重要的农业翻土机械，对人类的生活有巨大的影响。犁的应用很多，自古以来的研究也较多，研究者虽都认为犁是由最初的农业上的翻田工具发展而成，但又有两种不同的说法。

1. 认为犁是由向前翻土的耒耜发展而成的

有较多的学者认为其发展过程如图2-22所示。

a 耒耜　b 耦耕　c 原始犁

图2-22 认为犁是由向前翻土的耒耜发展而成的

第一步：耒耜翻土。耒耜的形状已如前示（图2-10），操作时以手握耒耜柄，脚踏横木，使耒耜刺入土中，利用手臂力量向前翻土。

第二步：两三个人共同翻土。为了提高效率，可由耒耜后的一人专以使耒耜入土中，再由一两人在前用绳拉耒耜翻土，耒耜可比原来大些，每次翻土数量较多。两三个人共同翻土的情况，历史上称为“耦耕”，这种耕种方法，在现代的中国仍有采用（图2-23）。

第三步：连续翻土。这是由耒耜到犁的关键的一步，是犁形成的重要突破。由间歇动作变成连续动作，效率显著提高，翻土器的结构发生较大变化：入土部分更向前，耜板就成了犁铧，翻土器的强度大得多了，操作也更方便了。初始，刺土的犁铧为石质，后为金属。

图2-23 现代中国仍有采用耦耕方法耕种（采自刘仙洲《中国古代农业机械发明史》）

至此，犁大体形成。

2. 认为犁是由向后翻土的锄发展而成的

其发展过程当能从图2-24中看出。

第一步：最早的木锄当是树杈，用以向后翻土。

第二步：锄只可间歇翻土，这一步加大了翻土面积，提高了效率，同时提高了翻土器的强度与刚度。

第三步：犁形成。经过改进，角度更合理，强度与刚度都更高，刺土部分的前端形成了犁铧。

a 树杈 b 木、石锄 c 原始犁

图2-24 认为犁是由向后翻土的锄发展而成的

二、独木舟

在浙江余姚河姆渡的遗址中，发现有距今7000年左右的木桨。在浙江杭州、江苏武进、福建连江等地都曾发现过独木舟或木桨。独木舟有不同的式样，如图2-25所示，它们既可作为水上交通工具，又可使古人渔猎的活动范围扩大。

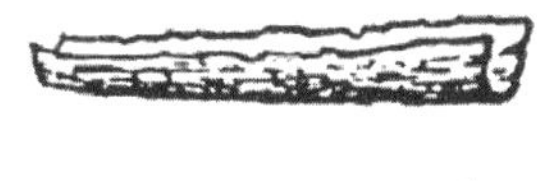

图2-25 出土的早期独木舟

古人在利用大木制造独木舟时，应用了石斧、石凿、锯等工具，判断还用火烧去多余的部分，用泥把意欲保留的部分保护起来（图2-26）。之后在独木舟四边加上木板，防止水进入，逐渐发展成船，如图2-27所示。

图2-26 古人在制作独木舟

图2-27 由独木舟发展成船

三、孔加工与钻木取火

考古工作者曾出土过一些新石器时代晚期钻有细长孔的石器和玉器，如甘肃永昌鸳鸯池就出土过一个管状石器，上面的孔直径不足1厘米，而长达22厘米，这种细长孔不大可能用手直接操作而加工出来，需用专门工具。而对于所用工具的工作原理与组成尚须专门考证，但参考已知的古代钻孔工具有助于这一问题的解决。

古代常用舞钻及牵钻两种钻孔工具，钻头的形状前已绘出。

舞钻（图2–28a）。这种钻上有钻杆，钻杆下装钻头，上面有个大木块，转动惯性较大，能起到飞轮的作用。钻杆上面套有横木杆，允许其在钻杆轴的方向上下往复。工作时，钻头对准钻孔位置，操作人员不断用两手推动横杆上下，横杆即通过皮条带动钻杆往复转动，钻头旋转下行钻孔。

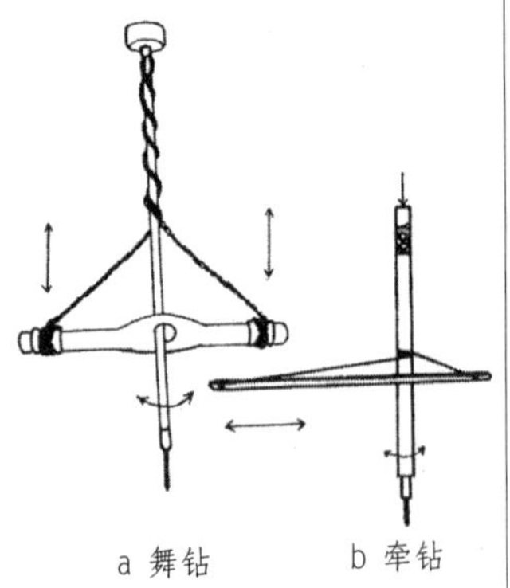

图2–28 古代的两种钻孔工具

牵钻（图2–28b）。这种钻杆上无大木块，其他略同舞钻。钻杆与横木杆原来并不相联，用横木杆上的绳索缠绕钻杆。工作时，将钻头对准钻孔位置，而后操作人员一手向下揿住钻杆，另一手左右牵动横木杆，横木杆之绳索就带动钻杆往复转动，钻头即行钻孔（图2–29）。

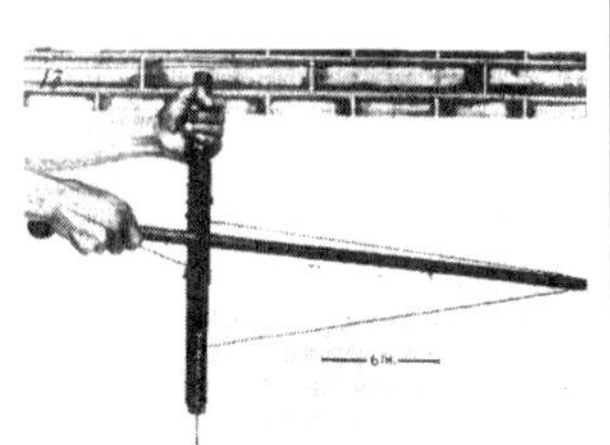
图2–29 中国木工正在操作牵钻（采自李约瑟《中华科学文明史》）

上述钻具发明的时间难以准确论定，但可推断：钻具出现很早，它不但和孔加工技术的发展直接有关，可能还与古代“钻木取火”的技术有关。

四、织布与踞织机

估计最早织布是由编织箩筐发展而成的，使用藤条或竹子编织箩筐等物时，必须有相互垂直交错的植物，发展成了织物的经线和纬线。图2–30所示即为早期织物的编织方法，这种方法是将经线挂在树上，纬线由人工操作。

踞织机是最简单的织布机。这种织机没有机架，操作的人坐在地上或竹榻上织布，所以叫踞织机。“踞”就是坐着或蹲着的意思，但它必须具有织布的功能，图2–31是踞织机织布的示意图。织布人的脚用力蹬直经线，而其左右手交替着打纬织布，这种织机的效率应当说相当低。在我国现代边远地区，还可看到用踞织机织布。

五、陶器的出现与制陶转轮

现从考古资料得知，我国制陶业已有7000～8000年的历史，为后世

图2-30 早期织物的编织方法

图2-31 最简单的织布机——踞织机

留下了大量精美珍贵的陶器，也为瓷器的出现创造了条件，因而也为我国赢得了陶瓷之邦的美名。

陶器的出现可能源于意外，古人发现经过高温烧制的黏土，就会变得异常坚韧，而且不易透水，开始时古人在木制的容器外面涂抹泥土或泥浆，经过烧制以后，泥土变得坚韧，而且具有原来容器的形状，而原来容器已经烧毁，清除原容器的残留后，就变成原始的陶器了（图2-32）。

图2-32 制陶业的发生是在藤条编结的容器上涂抹黏土烧制而成的（采自《中国原始社会参考图集》）

陶器出现以后，发展成了手制陶器，制陶时，只是徒手制作，把陶坯捏成所需形状，或用陶土先搓成条，再用泥条盘制成坯，外表用稀泥涂抹，使其更加光滑，而后烧制而成（图2-33）。

图2—33 古代手制陶器示意图（采自《中国原始社会参考图集》）

随着制陶业的发展，制作陶胎的黏土，经过选择、加工方法不断改进，材质更加细腻均匀。早期的陶器没有上釉，以后为了使陶器的外表更光滑，采用了釉，陶器色泽明亮更美观（图2-34），烧制的温度也比原来要高，达到1000度以上。

以后在加工制作圆形陶坯时，普遍运用了制陶转轮，原始的制陶转轮的结构应很简单，大约是在地上打个洞，转轮下连着一个垂直的轴，插入这个洞中。转轮工作情况如图2-35所示，将陶坯放到转轮上，让陶坯随着转轮一齐转动，用手或器皿将陶坯加工成

图2-34 山东省出土的新石器时代后期精美陶器——黑陶高足杯

图2-35 古代人正在操作制陶转轮

形。但也有专家估计，原始的制陶转轮应是两个人操作，一个人手握木柄，平衡住身体，脚用力踩踏转轮，使其不断转动；另一个人俯身用手专注地操作着陶胎。一个人或两个人操作都是可行的，视具体情况而定。现有不少学者还提出制作陶器的转轮有快轮和慢轮之别，实际上这是无法区分的，因为陶轮的转动直接由人力驱动的，中间并无传动装置。因而转轮转动的快慢完全由制陶工人控制，快与慢随心所欲，因此快轮与慢轮无结构上的差别。

制陶技术的成就，与日后金属冶炼业的产生与迅速发展密切有关。

第三章
古代机械文明迅速发展

（公元前21世纪－公元前3世纪）

新石器时代的后期，社会的发展明显加快，这首先得益于材料水平与制造技术的明显提高。

第一节　材料的发展

在这一阶段，机械制造所用的材料，发生了极大的变化，先是铜器得到普及，随后铁器开始应用，引起整个机械行业的大发展。

一、铜的加工与使用

目前考古发掘得到的最早的铜遗物，是在陕西西安临潼新石器时代仰韶文化遗址中的原始黄铜片，迄今约有6700年的历史。之后，石器与铜器并用，铜器逐渐增多，最终取代了石器。

1. 铜的冶炼

人们最早使用的铜，应是始于天然铜。天然铜有良好的延展性，易于加工成形，但比较软，强度不高。继而人们掌握了人工冶炼技术，开始时，冶炼铜的强度、硬度依然不高，随着冶炼技术的不断提高，冶炼的配方也不断改进，使金属铜的强度、硬度、耐磨性也较为理想了。现经测定，对红铜：布氏硬度为HB＝35。而青铜：含锡量为5%～7%时，硬度为HB＝60～65；含锡量为9%～10%时，硬度达HB＝70～100。

到夏代，中国的青铜制品逐渐增多，形成了一定的规模，河南偃师的二里头遗址是这一时期的代表，后人称为“二里头文化”。这一遗址在宫殿旁，说明当时冶铸业发展是直接为皇室服务。除青铜礼器外，也有很多兵器以及生活用品。从成品看，这时期的冶铸已形成了自己的特色，有重要的价值。其他地方，如山西夏县、山东牟平、河北唐山、甘肃玉门等地，都曾发现过冶铸遗址。总的看来，这些遗址水准还不够高，正处于发展阶段，但它与夏朝的经济、文化和技术有一定的联系。所以《史记》说，“虞夏”之时，九牧贡金，禹铸九鼎。

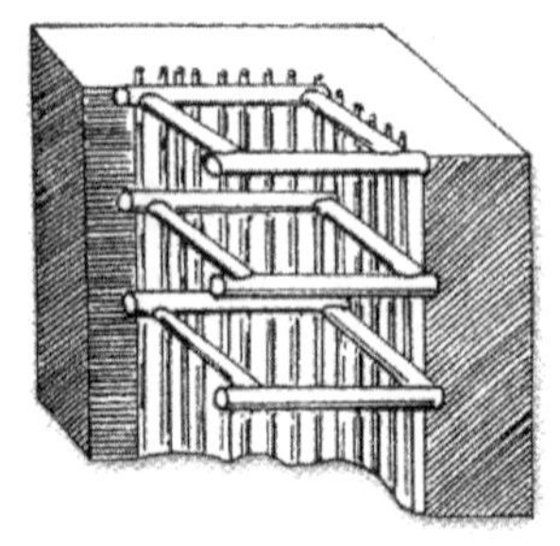

图3-1　江西瑞昌商代中期青铜矿的竖井支架

商代可说是青铜冶铸业发展的鼎盛时期。现从当时的青铜矿遗址（图3-1）中可以看到，当时冶铸业从采矿、选矿、冶铸、浇铸等水准都很高，规模很大，趋于成熟，可以判断是有组织地进行的。商朝的铸模，主要为陶质，少数为石质。商代已应用了分铸法，用榫接、铆接等方式，对铸件上的不同部位分开铸造，因此能够铸造很复杂的铸件。还可断定，商朝的有些青铜兵器、工具都经过了锻打，以使其刃口的强度和硬度都得到提高。

周代继承商代的基础，有些方面继续有所发展。编钟是古代青铜器中有极大影响的代表。编钟约于西周中期出现（图1-12），到春秋中期编钟形制最复杂，制作技术也最高超。到春秋战国时，铸件更轻便，也更实用。尤其是在春秋时出现了失蜡法制作蜡质铸模，可以浇铸更加复杂的铸件，铸件外形也更精美。失蜡法到战国时得到更多的应用。战国时也应用金属制作铸模。当时还出现了叠铸法，用这种方法制造钱币，一次可铸出很多铸件。周朝青铜器的锻打也应用得更多了，这都有助于钢铁业的发展，也使钢铁于西周末年登上了历史舞台，发展也较快，较多地取代了铜。

我国青铜冶铸所以发展这么快，是因它既与社会有一定的联系，又吸收了各行各业的精华，尤其与我国制陶业水准高有密切的关系，制陶在提高炉温、制模、美化铸件等方面，都为青铜业的发展提供了有用的经验。

2. 青铜精品

在夏、商、周三代，尤其是商、周两代，为后世留下了大量青铜器，这些精美的器皿，融当时的技艺、文化、艺术于一体，精华荟萃、美轮美奂，又有鲜明的民族与时代的特色，是民族的瑰宝，世界文化史上的骄傲。这一时期的许多重要的历史事件，如社会发展、经济文化、语言文字、名物制度、风土人情等，都与青铜器有一定联系，也与当时的机械发展水准密切有关。

阴阳五行“金、木、水、火、土”之说，影响巨大。此说源于夏代《尚书》：“一曰水，二曰火，三曰木，四曰金，五曰土。”《国语》、《左传》中也有记载。这种情况显示五行之说反映了社会实际，是一种自然发生的理论。在五行中的金，当时指的就是铜。

青铜器皿可分为如下几类:礼器、兵器、生活用品、生产工具及机械零件，分类介绍如下：

（1）礼器

在所见青铜器中，礼器的数量最多，它在青铜器中所占的比重最大，也最能代表当时所达到的精湛的技术成就。礼器在我国奴隶社会中广泛使用，是当时奴隶主贵族在祭神、祭祖或举行大型宴会时使用的器物，借以显示自己的权威和尊严，具有体现身份高下、维护等级制度的作用。

在祭器中，鼎、簋等专门用于盛放食物。在河南安阳出土过一尊商代晚期的司母戊大鼎（图3-2），重达875千克，是目前世界上最大的青铜器。当时冶铸它时，用铜当在1吨以上，必须用几个熔炉依次熔炼铜汁浇

图3-2 河南安阳出土的司母戊大鼎（采自《中国古代金属技术》）

图3-3 湖南宁乡出土的商代四羊方尊（采自《中国古代金属技术》）

图3-4 湖北随州出土的曾侯乙盘（采自《中国古代金属技术》）

铸，才能铸成，技术要求很高。

在祭器中，爵、尊、斝、觚等专门用于盛酒，在湖南宁乡出土过一尊商代四羊方尊（图3-3），造型奇特，当用分铸法铸成。先铸出四周的羊头，然后再浇出尊身，这一青铜器堪称是最杰出的青铜制品之一。商代的青铜酒器很多，数量达到空前。在西周建国之后，禁止群饮酗酒，青铜酒器也就明显减少。

大约从西周开始，盛行在青铜器上铸出或刻上字，甚至铸刻长篇铭文，其内容多为颂扬祖先。在河北平山出土的战国中期的中山王青铜盂鼎上，铭文竟长达469个字，是目前所见的青铜器上最长的铭文。

在湖北随州出土了一个战国时代的曾侯乙盘（图3-4），造型端庄优美，纹饰精巧复杂，尤以口沿附饰的蟠螭云彩透空花纹，盘旋重叠，于繁复中见条理，有极高的艺术水准，是现已出土的青铜器中最复杂、精美的珍品之一。可以确认，该青铜盘即是用失蜡法铸造的，是失蜡法铸造已经成熟的标志。

编钟约起源于西周中期，到春秋中期达于完美，不但在乐器史上占有重要地位，也在冶铜业中占有重要地位。它是商周时代用礼乐制度来确定各人等级的见证。制礼作乐成为施行政教的大事，正如《史记》所说“乐所以内辅正心，而外异等级”，是指音乐的作用，可以对内帮人“正心”，对外可以区分等级，所以编钟是贵族权势的标志。目前所发现的编钟，不但数量多，而且造型华美，有的铭文很长，音域宽广，音律和谐，优美动听。编钟常用以给舞蹈伴奏（图3-5）。编钟的尺寸、音律、铸造方法都经过严格的计划，编钟的生产极受重视，它常荟萃工艺精华，代表了当时的冶铸业水平。

（2）兵器

据传轩辕黄帝在战争中发明了许多兵器。在冶铜业发明后，许多兵器都用铜来制造，使兵器大有改进。

图3-5 从战国青铜器的图案上所见编钟奏乐跳舞形象（采自《中国古代金属技术》）

在冶铁业兴起之前，有适当配比的青铜，强度、硬度都是当时最高，是制造兵器的最好材料。夏、商、周三代时，盛行车阵战，战斗人员乘在战车上，双方相距较远时，用弓箭互射；双方战车交错时，用戈、矛、戟等长柄武器进行格斗；战斗人员还佩带着剑防身，因而青铜箭镞、戈、矛、戟、剑出土较多（图3-6）。此外，也有刀、斧、钺等（图3-7）。当时战车及战斗人员数量很多，战争也很频繁，制造兵器的数量很大，消耗的铜也很多，所造兵器常很讲究，质量很高。当时已有一批带有传奇色彩的冶金大师。

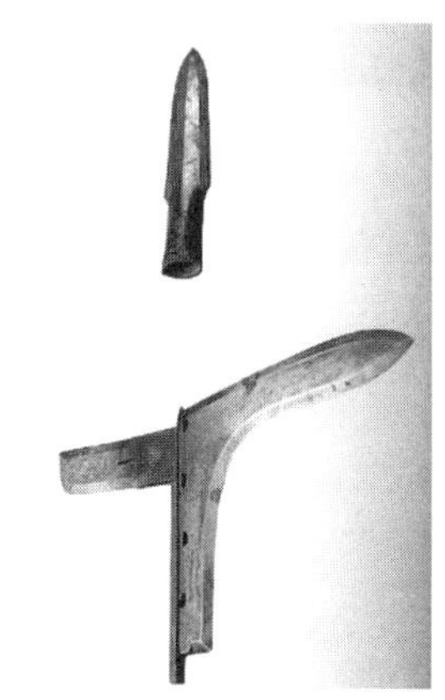

图3-6 出土的春秋时的戟

剑的质量尤其受到人们的重视，这也因剑还有装饰外表、借以炫耀身份的作用。现有多把春秋时越王、吴王等的剑出土。尤其是在湖北江陵出土的那把越王勾践剑（图3-8），全长55.7厘米，出土时完好如新，刃口锋利、制作精美。

图3-7 山东青州出土的商代晚期大斧

弩是由机械控制、可以延时发射的弓，起源于新石器时代，周时即用青铜来制造弩机。战国时的弩已被复原了出来（图3-9）。

图3-8 湖北江陵出土的越王勾践剑

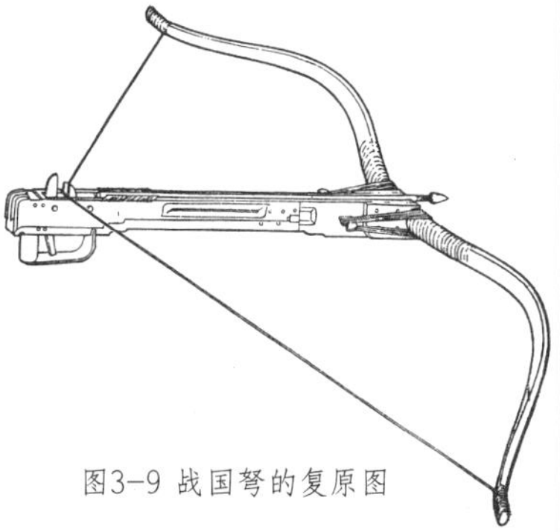

图3-9 战国弩的复原图

3. 生活用品

人民生活同青铜冶铸业密切有关的东西有钱币（图3-10）、青铜镜（图3-11）及一些殉葬品。这些东西也会打上时代的烙印。

图3-10 春秋时流行的布币

4. 生产工具与机械零件

三代的冶铸业也生产了不少与机械发展密切有关的东西，即生产工具、机械零件等，当时这些东西都较简单，不像礼器那样引人注目。从冶铸业的生产水准来考察这些东西，可知其水准并不算高，但它们对机械的发展很是重要。

在生产工具（包括农具）方面，目前所见的青铜农具不少，商周时有耒、耜、锸、铲（图3-12）、铚、镰、犁铧等，这些都是由石质农具发

图3-11 河南安阳出土的商代晚期的青铜镜

图3-12 湖北江陵出土的青铜铲（采自《中国古代金属技术》）

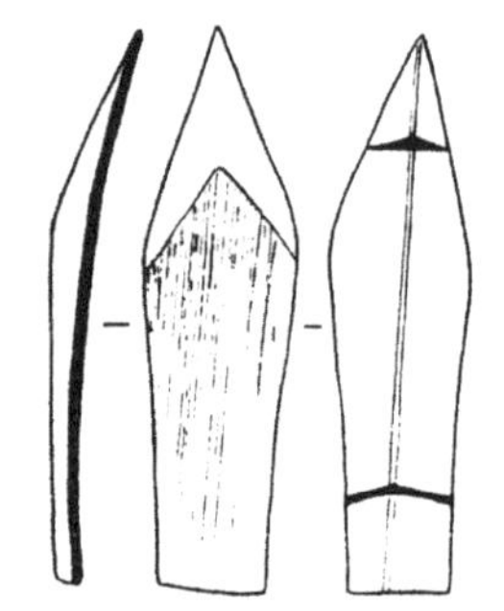
图3-13 广东出土的青铜篾刀（采自《中国古代金属技术》）

图3-14 早期的青铜轴瓦

图3-15 春秋时期的铜车軎

展而来，形状和石器相似。其他生产工具，商周时有锥、刀、凿、斧、锛、削、铝、锯等，很多为木工工具，这是因古代一般机械、建筑构架多以木竹等制成。广东出土的青铜篾刀（图3-13），尤为引人注目，其组织经过了热处理，先经淬火，提高其硬度，再经回火，以提高了柔韧性。生产工具中很多只用青铜做成套子，推断其内为木材，工作部分是青铜制成，既可减轻工具（或农具）的重量，节约了贵重的青铜，又可增加工具的强度、刚度及耐磨性。

在机械零件方面，滑动轴承上的金属轴瓦应用很早。《吴子》是战国前期的吴起所著，兵书中可与《孙子》媲美，被后世兵家同奉为兵书经典，并称"孙吴兵法"。在《吴子》中即有"膏锏有余，则车轻人"的话，文中的"锏"即车辆轴头上安装车轮处的金属轴瓦（图3-14），用锏可以保护轴头，减少摩擦。而"膏"即润滑油，这句话的意思是，车子用金属轴瓦及润滑油才能跑得轻快。战国时的金属轴瓦可能为铜制，还看到过以后出土的铜制轴瓦。另外，不晚于春秋时，车上还应用了车軎（图3-15），它是装在车轴头上的金属止推轴承。当时也用铜制，当车子奔跑或转弯时，车軎上所受的力是很大的。

从现所见到的数量不多的青铜生产工具及机械零件来看，远不如青铜礼器那样光彩照人，也不像青铜兵器那样引人注目，这便让人误以为，青铜生产工具及机械零件应用不多，其实不然。现不但发现了一些青铜工具及零件，也发现了一些陶质、石质铸模。有些学者提出，我国早已使用青铜工具，现已发现夏代的铜镰、铜锛，商代数量渐多，至周已十分普遍，不但数量多、分布广，种类也较完备，古籍记载也常见多有称颂之词，应都是指的青铜器。但这些东西很少会作为殉葬品流传下来，多已回炉重造了。

二、铁的加工与使用

铁器虽然远不像铜器那样引人注目，但因铁制品的机械性能（强度、韧性、硬度）远高于铜，而铁矿又较之铜矿多，且分布广。冶炼虽较困难，但一经掌握，便较易得到，所以中国在长达2000多年的时间内，各种工具和构件都用钢铁制造，钢铁业都是以生铁的冶炼为基础的。中国古代冶铁业的出现不算早，但发展很快，导致中国各行各业面貌发生了巨大而深刻的变化，并迅速传到了中亚、东亚和南亚一带，对世界物质文明发生了很大的影响。

1. 铁开始使用

像铜一样，铁也是从使用天然铁开始的，不同的是，一般条件下无法得到天然铁，因为铁极易发生氧化锈蚀。人们使用的天然铁，是借助“天外来客”——陨铁的帮助才得以实现的。

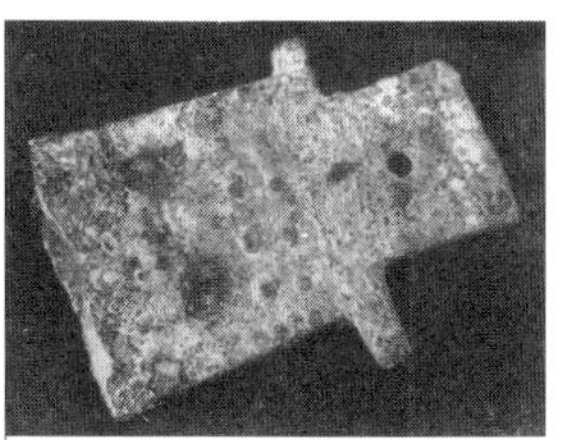

图3-16 河北藁城出土的商代铁刃铜钺

1972年在河北藁城台西村商代遗址中，出土了铁刃铜钺（图3-16），其中制作铁刃的材料，经化验确认为是含镍较高的陨铁，这是中国最早的铁器。此后，还在北京平谷的商代墓葬中，发现了铁刃铜钺。在河南浚县辛村，也发现了铁刃铜钺及铁援（戈的横刃）铜戈，这些资料也说明了兵器是最早开始使用铁器的。

在古籍《蛮书》（唐代樊绰著）和《酉阳杂俎》（唐代段成式著）中，都记载着过去有崇尊陨铁的习俗。也可看出，由于陨铁很难得到，所以极为贵重。

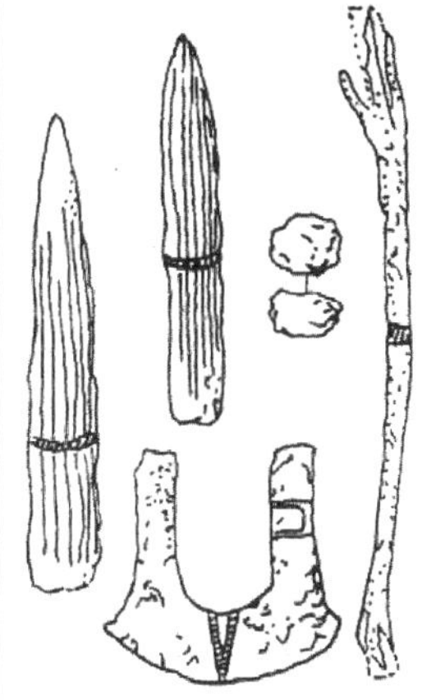

图3-17 春秋晚期的铁锸

2. 铁的冶铸技术产生

关于中国冶铁术的起始年代说法不一，分歧很大。现结合考古资料来分析。从河南三门峡市发现西周晚期的玉柄铜芯铁剑看，所用的铁可能是人工冶炼而成。春秋时及以后的铁遗物，就多了起来，在甘肃、陕西、湖南、江苏、江西、河南、山东、山西、新疆等地都有发现（图3-17、图3-18、图3-19）。人工冶铁在开始时，只能得到质量不高的块炼铁，因开始时炉温不高，铁的组织疏松，杂质很多呈海绵状，因此，这种铁也称为海绵铁，可以从铁遗物的情况帮助判断年代。早期块炼铁费工费时，产量质量都很低。

图3-18 战国时的一些铁农具（采自《中国古代金属技术》）

此后，块炼铁向两个方向发展：一是提高产量和质量，形成了成熟的生铁冶铸技术，并继续发展形成了灰口铸铁、可锻铸铁与球墨铸铁，许多铁质工具、农具、车马器都是这类产品；另一个方向是块炼铁在实践中经长期使用与改进，发展了固体渗碳与锻打技术，促进了炒钢技术的产生与发展，又出现了百炼钢及灌钢，这些常用于制作兵器。

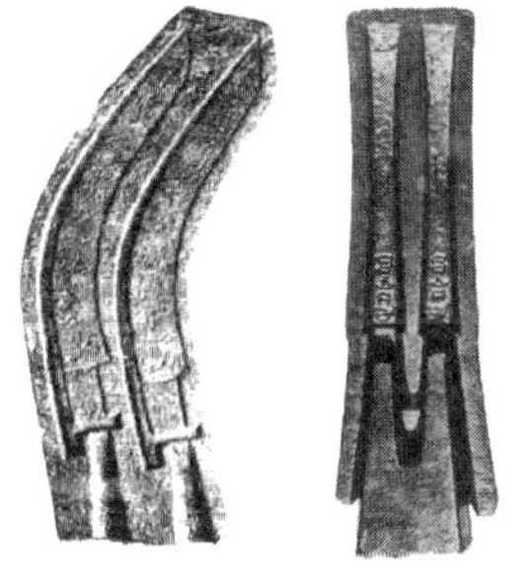

图3-19 河北兴隆出土的战国铁铸模

3. 生铁冶铸技术的发展与应用

冶铸铁出现时，说明炉温已比冶炼铜所需高得多了。中国很快就成功地冶炼出生铁，规模宏大。迄今出土的战国铁器约1400多件，分布于江苏等地的41个县、市。据《史记》记载，战国时已有“铁官”建制，同时又有民营冶铁业。《管子》记有：“一女必有一针、一刀”，“耕者必有一耒、一耜、一铫”等，这正是当时普遍用铁器的写照。这些铁器普遍用作生产工具，其质量远比铜器优越。

海绵铁产生之初，因炉温不高，只能得到白口铁。白口铁异常坚硬、耐磨，但过于脆，强度不高，质量很不理想。大约在春秋战国之交，我国已出现生铁柔化技术，将白口铁退火成为可锻铸铁，也称韧性铸铁，使铁器全部或部分脱碳，或使铁内所含石墨（即碳）球化，铁器的强度提高，使我国铁器能很快用于制成较优的生产工具，并得以很快普及。因为产量大，战国中晚期已普遍用铁铸模来铸造铁工具（图3-19）。约从春秋开始，有时还在木质工具外加铁套，以减轻重量，并减少退火难度，更易柔化。

4. 早期的钢

对于钢铁的定义，古今有很大的不同，古代把铸铁称为“生铁”，把含碳量低、硬度不高的低碳钢称为“熟铁”。今天，依含碳量来区别，铸铁含碳量高，无法塑性加工，而钢的含碳量都不高，可以塑性加工。对钢又按含碳量的高低，分为高、中、低碳钢，其中低碳钢即古之熟铁，中、高碳钢即古之钢。

已发现有约在春秋战国时的钢制品出土，主要是为数不多的兵器，这些制品具有钢的组织。古籍中也见到一些有关钢的记载，但其由来及工艺都难以确定。直到汉代才形成了成熟的炒钢技术。

三、鼓风设备

有风就有铁，鼓风设备一向是冶金技术发展的重要装备，尤其在其他问题已获得解决时，鼓风就成为冶金技术发展的关键。

冶金是依靠强制鼓风，鼓风的设备是风管及产生风的设备，最早可能用人力吹风或扇风。但对冶金业的发展起重大作用的原因之一，是鼓风技术的进步。鼓风设备的发展过程应是：橐—木扇风箱—活塞风箱—风机。在这一时期主要是橐。

由古籍记载，以及现代有些地方仍在使用中的橐的结构可以知道：橐是用羊皮、马皮或牛皮制作的，很像一个大皮囊，上有把手，用手掌握，使皮橐开合鼓风。橐上有两个风口，一个进风，一个出风，进风口与外面连通，出风口用风管与冶炉相联，把风送入冶炼炉中。现已在多处发现殷商时的陶质风管。《老子》上说橐很像当时的一种竹管吹奏乐器。也有古籍上说橐像骆驼峰，这都有助于我们推断橐的样子。古代把鼓动皮橐的操作称为“鼓”，把冶炼铸造称为“鼓铸”。唐代孔颖达（经学家，唐代用其书作为科举取士的标准）在解释《左传》时说：“冶石为铁。用橐扇火，动橐谓之鼓。”现发现有汉代画像石上的橐（图3-20），可以看到橐的形状及工作情况。后来，中国国家博物馆将其复原了出来（图3-21），只是图3-20上的皮橐是用于锻打的。

图3-20 山东滕州汉画像石上的皮橐

图3-21 中国国家博物馆复原的皮橐

为了提高炉温，加大送入炉内的风量，有时将橐做得很大。据西汉刘安（汉高祖之孙，袭父封为淮南王）的《淮南子》说：“马之死也，剥之若橐”，可知当时的大橐是用整张的兽皮制作。

为了增加风量，减少间隙时间，古代还采用多橐送风。不少古籍中都有“排橐”的说法，可知皮橐常是成排使用。现从河南洛阳发现的西周时的冶铜炉壁上发现，其上就有三个风口，可知是用三个橐向炉中送风。在《墨子》中有“炉有两缶”，“缶”是一种盛酒器皿，有点像现在的酒壶，这也说明了橐的形状，还看出古代冶金曾用两个橐鼓风。《墨子》还说为向地道内送有烟气的风，要“灶用四橐”，以此推断，在冶金炉上也可用四个橐鼓风。在东汉赵晔撰的《吴越春秋》上说，为炼宝剑，“童男童女三百人鼓橐装炭”，这或许有些夸张，但用许多橐鼓风，轮流操作，人少了是不行的。

据春秋末年成书的《考工记》记载，当时的“攻皮之工”分五种，有一种名“鲍”的，可能就是制橐，这也可看出当时对橐的需要量已相当大。

在《墨子》中谈到橐还有“以桥鼓之”的话，说明是通过一机构来鼓动橐，它可能只鼓动一个橐，也可能用来鼓动更多的橐交替鼓风。这大约是一种杠杆机构，样子像桥，但绝不可能像桥一样静止不动，那就无法鼓风了。此时鼓风设备是人力驱动的，以后才发展为畜力和水力驱动，这是汉代冶金的创新。

第二节　运输机械与战争器械

这一节将讨论运输机械中的车与船、战争机械中的战车与砲车等，其中战车既是运输机械，又是战争机械，所以把运输与战争机械放在一起讨论，战车对制造技术及战争的发展都非常重要。

一、车的起源

车的起源是机械史上的一件大事，同时也是历史上的一件大事，所以历代古籍上对此记载比较多。

关于车的创始年代，有着不同的说法：三国时谯周著的《古史考》及清代陈梦雷的《古今图书集成》上都说是“黄帝作车”；而战国史官撰的《世本》则说“奚仲作车”。奚仲是传说中的黄帝之后，夏代的一个臣子。也有的说，奚仲只是夏代“车正”（掌管车的官员）。如把这些说法综合起来，则可以理解为黄帝时代创制车，而奚仲对车作了改进。若以“黄帝作车”为据，则车子约有4600年的历史。

关于车的发明原因，也有不同的说法：东汉刘安的《淮南子》、唐代杜佑的《通典》（我国第一部记述典章制度的通史）强调了车的发明可以“任重致远，以利天下”；但也有不少古籍对车的发明，作了仿生学的解释：“睹蓬转而为轮。”蓬即飞蓬或蓬草，是一种植物，枯后断根，随风飘动。集合这些说法，可知是受到了蓬草的启发，创制车“以利天下”。

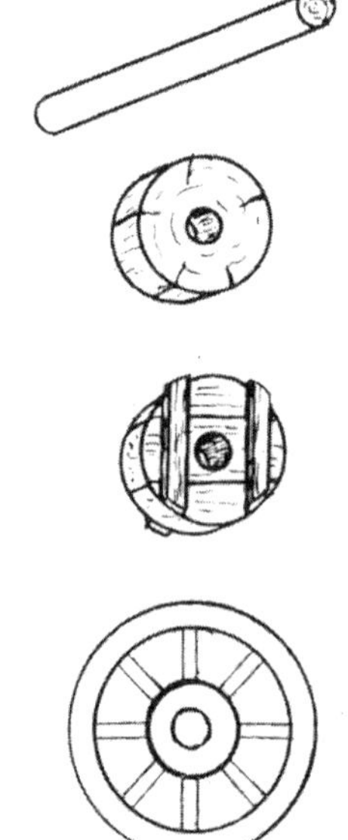

图3-22 古代车轮的形成与发展

车子的发明，可从车轮的变化上看出（图3-22）。开始只是借助于滚子来搬运重物，这种方法约在新石器时代晚期就已出现，但这种方法搬运重物很慢，也较麻烦，要有人不断向前移动滚子才成。这才想到把滚子装在重物上，形成了专门的车，但最初车轮过于简单，强度不高。后车轮稍作加固，这类车轮，不论加固与否，都可叫辁。后来形成了带轮辐的车轮，制造技术更高了。车在形成之后，发展很快，古代有各种各样的车辆，其大小、形状、繁简、制造都有不同，名称也很多，又不统一，随地区、年代都有区别，但大体上可分为三类：

载人车：这种车以载人为主，一般较为讲究，有的还很华贵。具体种类也很多，乘坐人的身份不同，车的应用场合不同时，所乘的车也不同。

载货车：这种车以运输货物为主，多为民间所用，制造装饰也都简单些。有些车既适于载货，又可载人。

战车：这种车主要指野战车，以作战为主，对制造技术的发展作用尤其大。

当时可能还有其他车辆。

各种车都经过很好的润滑，在最早的诗歌总集《诗经》上，有明确的记载。按《左传》记载，在春秋时已有了专事管理车辆的官员叫“巾车”，也可看出当时车辆之多，以及对车的重视。

夏、商、周三代后，车的种类更多了。

二、战车与车战

1. 车战概述

夏、商、周三代盛行车战，也称车阵战。这是因为当时城防体系尚不发达，不能有效地制止攻击，战争器械发展也很不充分，相比之下，战车的作用很大，有时能所向披靡、势不可挡。因此，在三代时，各诸侯国争相发展武力，都制造战车，把战车装饰得极为威武、华丽，各国常拥有数目庞大的战车，以此炫耀武力。当时有所谓“千乘之国”、“万乘之国”的说法，以拥有战车的数目作为衡量国力的重要标志。战车的多少和优劣成了在野战中决定战争胜负的主要因素。按古籍记载，有时一个国家在一次战斗中，就要出动几千辆战车，可见规模之大，也反映战车的作用与地位的重要。

到战国后期，这种情况发生了变化，战车的作用日小，大约到汉代，已难以从古籍中看到战车的踪影了。战车驰骋战场2000多年，终于退出了历史舞台。战车所以被淘汰的原因很多：随着奴隶制度的消亡，新兴的地主与自耕农多了，跟在战车后面跑的“徒兵”招募困难；相比战车的笨重不堪，骑兵更显得灵活善战，以致军事指挥人员采取变革；从技术上讲，防御工事与防御器械更加有效，而强弩出现能更有效地杀伤战车的马匹。这些因素最终导致战车完全淘汰。

2. 战车的结构与车战法

（1）战车的结构

不但从古籍上可看到很多关于战车的记载，从考古工作中也已见到了不少地方有战车的车马坑（图3-23）。这些车马坑中的木质战车已经损坏，多处车马坑已成功地将其剥剔出来，使人们得以看到几千年前的战车的具体结构，根据这些情况已将战车复原（图3-24）。

图3-23 战国时的车马坑

图3-24 战国时的战车复原图

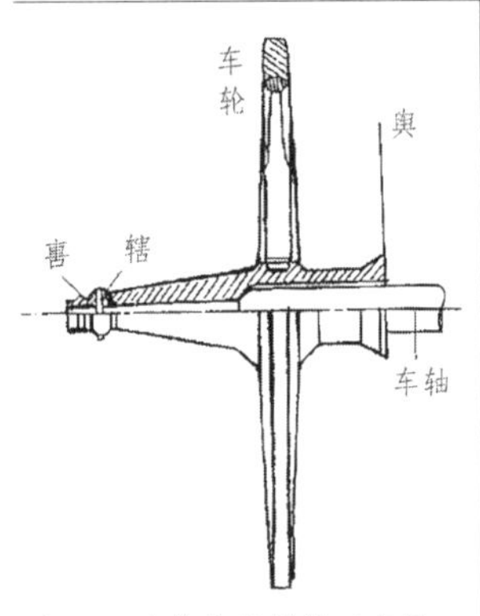

图3-25 车轮轮毂结构示意图

现已知道，战车为独辕或三辕（三辕也即独辕）。有四匹马驾驶，也有两匹马驾驶的。乘员有从后面上车的，也有从前面上车的。从有些考古资料上也能看到在战车车厢上有根横梁，便于车上乘员倚靠，使他们在车辆快速奔跑、战斗时身体比较稳定。

因战车的奔跑速度快，车轴轴头一般做得较为坚固、耐磨，多应用了金属轴瓦（铜或铁），外层轴瓦固定在轮毂上，称为“锏”，内层轴瓦固定在轴上，称为“釭”。战车常同时应用釭及锏。战车轴头上的车軎有时也较长，以增加控制面积，加大杀伤力（图 3-25）。

（2）车战法

车舆（站人的车厢）宽约一米多，几十厘米深。车上有三名乘员，一字并排站立，分别承担不同的任务，位于中间的为“御者”，负责驾驭马匹、控制车辆。站立在两边的分别称作车左、车右，是与敌方战斗的武士，武士的装备精良、防护可靠。他们有三套兵器：距离较远时用弓箭射杀对方；与敌人或敌车交错时，用长柄武器戈、戟、矛等与敌格斗；近战时，用短武器及剑等自卫防身。在孔子所提倡的培养士阶层的六艺——“礼、乐、射、御、书、数”中的射、御两项就是用于车战的，它也是培养贵族的必备科目。为了使格斗武器加大控制范围，他们用长柄武器作战（图3-26）。战

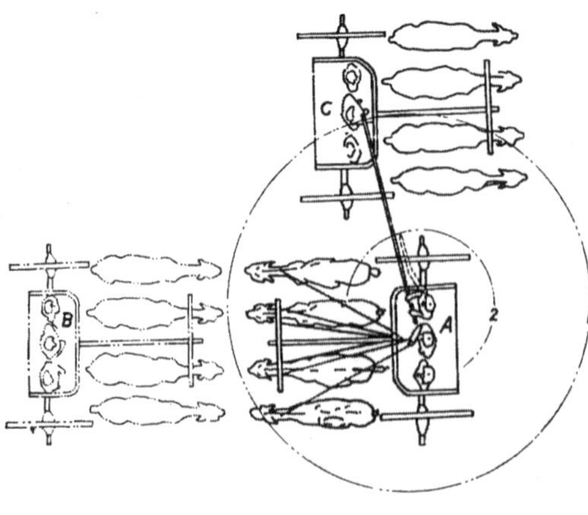

图3-26 战车相交时，车上武士进行相互格斗

车一般都坚固威武、精美华贵，采用了很多铜件装饰。不但武器精良，而且乘员和战马都有很好的防护装备，一般是用青铜、皮革做成甲胄，战马的装备既要防护身体又要不妨碍马匹四肢奔跑，马匹的这种装备称为马甲，本意马的甲胄，现在人们将无袖的御寒衣服也称作马甲，即来源于此。

图3-27 在战国青铜器上所绘战车后斜插有战旗的形象

车战时为了鼓舞士气，还使用战旗（图 3-27）。战车上的战旗插在车后，这样不至于阻挡乘员视线，妨碍乘员的动作。兵书《孙子》明确规定要奖励那些夺得敌方战旗的士兵，由此可以看出战旗的重要。考古中常可看到在车旁散落的兵器和从铠甲上散落下来的甲片。在每辆战车的后面，还有几名到几十名“徒兵”，跟着车跑，他们装备简陋，风险很大、地位低下，十分辛苦。

战车是通过声音来指挥的，这是因为车战中战车的速度很快，经常远离指挥者，或者在夜间作战时看不见指挥者的信号，所以《孙子》明确规定“鼓之则进，金之则退”，车战进行中主将用鼓声指挥战斗，尽量保持鼓声不断。现从考古资料中常能见到击鼓的形象（图 3-28），没有看到鸣金的图画，大约是因为人们喜欢奋勇进攻的战士，忌讳后退龟缩的失败场面。后来随着战车的淘汰，以后火器盛行，战场上发生了翻天覆地的变化，但是，直到如今人们仍以击鼓表示某项工作的开始，文艺作品中常以击鼓勉励人奋勇向前，以鸣金表示工作结束或停止，所谓“鸣金收兵”即是此意，这些说法都来源于车战。至于有人说“金鼓齐鸣”，这是一方击鼓进攻，另一方鸣金撤退。单独一方“金鼓齐鸣”，则完全乱了

图3-28 山东沂南出土的汉代画像石上的击鼓形象

套，在车战盛行时是绝不可能出现的。

（3）战车上乘员的兵器

弓箭约在旧石器时代（约28000年前）就已出现，开始的时候，弓箭作为狩猎工具。考古中发现大约在6500年前有中箭的人头骨，说明当时弓箭已成为械斗的工具了。出现车战后，战车上的远射兵器是弓箭。弓箭的材质逐渐优良，制作也越来越精细，据说制作一张良弓大约要三四年。约在周初弩已经出现，但弩与弓比起来，制作缓慢，体形笨重，不适于在疾驶的战车上应用。“射”作为培养“士”阶层的六艺之一，对射技的要求很高，首先把弓分成了两类若干等，弓被做成不同的长度、不同的颜色、不同的材质、不同的力量，以供各类身份的人在不同场合中使用。而战车上使用的是战争用的强弓。

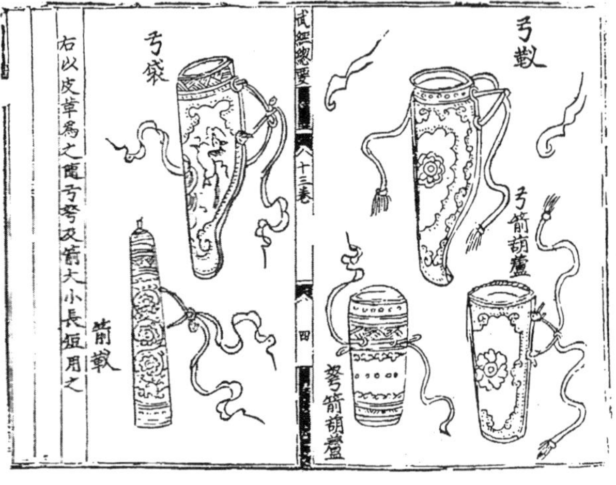

图3-29 宋代《武经总要》上的一种箭袋

存放箭的箭袋，在宋代《武经总要》绘有图，如图3-29所示。图3-30和图3-31所示是古代用“射侯”（箭靶）练习射技的情况。

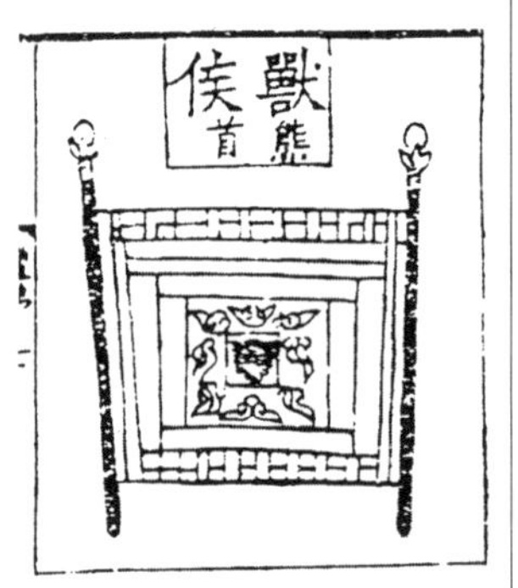

图3-30 “射侯”是练习射箭用的箭靶，这熊首兽“射侯”是专供天子用

图3-31 故宫博物院收藏的战国铜壶上的纹饰显示古代用“射侯”练习射技的情况

战车交错时，武士用长柄武器戈（图3-32）、戟、矛等与敌格斗，其中戈只能用于横击、勾拉，戈柄的长度约达人身高的三倍，金属戈头的重量，约一斤八两。戈与矛结合成为戟。战车淘汰以后，戈就不再使用，却为后世留下了“倒戈”、“反戈一击”、“枕戈待旦”、“大动干戈”、“枕戈寝甲”等词，连同前面提到的“马甲”、“击鼓而进，鸣金而退”等词语，足可看出当时车战影响之大了。

至于车上的武士与御者自卫防身所用的短武器及剑，材质均是铜，因当时尚无铁器或是铁器尚未普及之故。又因强度的原因，当时的剑和刀做得很短，以至于短剑和匕首因其较短，难以区分。

图3-32 出土的春秋战国时期的青铜戈头

3. 相关学科的大发展

战车对制造技术的要求很高，是因为战车结构复杂，车子奔跑的速度十分迅速，受力很大。复原出的战车不但显示了它的结构，也可看到

图3-33 山东嘉祥出土的汉制车轮画像石

它的制造要求。因战车的需求量大，很多人参与制造，提高了总体的技术水准，促进整个制造业与工具的发展（图 3-33）。

在木工制造中，最难制造的是车辆，而制造战车的难度尤其高。先秦名著《考工记》在开头部分，用较大篇幅介绍了车辆的制作（图 3-34）。《考工记》是春秋末年成书的，人所共知先秦著作一向惜墨如金、言简意赅、艰涩难懂，但《考工记》却用2000字左右介绍了车辆的制作，并用700字左右详细介绍了车轮制作的具体要求，从轮人制轮开始详细介绍了制作车轮的取材、设计、制造及检验，对于后世的木工制造有巨大的作用。

古代机械一般均用木材制作，因而木工制作的门类很多，如农业机械、手工业机械，各类船只、建筑、桥梁等，与这些行业木工制作相比较，车辆制作的要求较高，难度也比较大。因此战车制造技术的提高，使各行各业的设备更加精良，也促进了各行各业的发展。

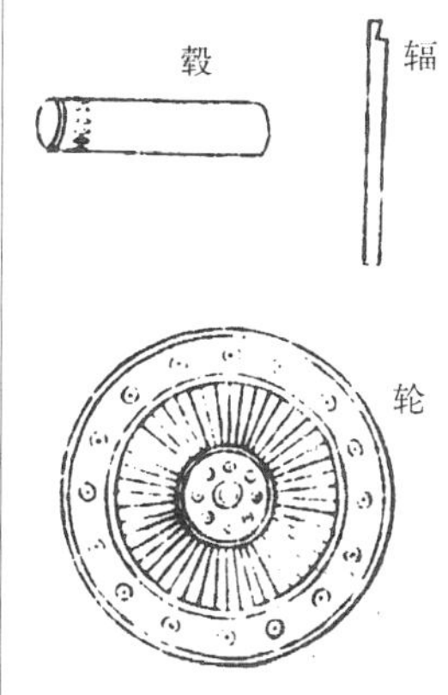

图3-34 明代成书的《三才图会》中车轮制作图

战车的普及也促进了古代摩擦学的产生与发展。《诗经》是中国最早的诗歌总集，相传是由孔子及其弟子编成的，它收录的诗歌大体产生于西周初期到春秋中期之间，即公元前11世纪到公元前6世纪时，其中《邶风・泉水》中，有“载脂载舝，还车言迈，遄臻于卫，不瑕有害”之句，“舝”即现之“辖”字，在古代解释为“车轴端键”，它在古车上的作用相当于现在所说的销钉，穿过轴端，将车轮“辖”住，使车轮轴向固定（图 3-35）。“辖”字后来发展成“统辖”、“管辖”、“直辖”、“通辖”之意而广泛应用。“脂”即润滑剂，“还”便是回还，“迈”便是快之意。这首诗译成现代语是：

“用油脂，将车轴充分地润滑，

在轴端，把销钉细心地检查，

驱车远行，

送我快快地回家。

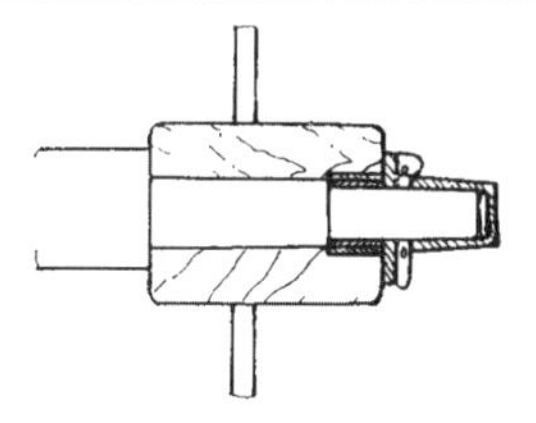
图3-35 古车上轴端结构示意图

快快地赶到家乡卫啊！

切莫让我问心有愧。”

这段诗歌清楚地表明了对滑动轴承进行润滑后车子才能跑得轻快。现在我们得知事情确实如此，有润滑与无润滑的情况相比，木材间的摩擦系数会相差好几倍。《诗经》中的“风”是收集民间诗歌辑录而成，这说明那个时代的民间诗人也已经懂得润滑轴承的重要性，可见当时这方面的知识已经极为普及。这也从侧面反映出润滑的出现已经相当久远。在《诗经》中还有一处提及润滑，其中的《小雅·何人斯》篇中：“……尔之亟行，遑脂尔车？”大意是：“你这样匆匆忙忙出行，怎么来得及为你的车加油呢？”

在《左传·哀公三年》中：“校人乘马，巾车脂辖。”按照后世的解释，“巾车”是当时一种官吏的名称，专门管理来往公用车辆的安全及润滑。后世“载脂载辖”四个字也用得相当多。

古代战车上滑动轴承的金属轴瓦应用很早，在战国时成书的《吴子》中有“膏锏有余，则车轻人”句，因《吴子》是部兵书，所指的“车”必定是战车；“膏”指的是润滑油；“锏”就是指金属轴瓦。

估计最早的润滑剂应当是动物油，因为中国最早的字典《说文解字》中对“脂”的解释是：“戴角者脂，无角者膏。从肉旨声。”可能主要是指羊油，羊一向被古代视为美味，羊肉吃得多了，羊油的来源也就丰富了。

明代宋应星的《天工开物》认为，车子有油就会很正常地运行：“非此物之为功也不可行矣。”并说假如车子缺油时“犹啼儿之失乳焉”。这就让人联想到战争年代的独轮车推行时发出吱吱嘎嘎的声音，实为车辆缺少润滑油之故也。缺油润滑的车辆行进十分费力，而且磨损很严重。

三、水上运输及战争器械

1. 船只发展概述

在商代甲骨文中，发现了几个不同的“舟”字，反映出船只的应用更多了。船可以用于运载、水战、捕鱼等。这一时期关于水战的资料也多了。

此时，船锚对于船舶的定位更加有效，保证船只可靠地固定位置。制作船锚所用的材料，可能先用木、石，后来才用金属。

此时船只的动力，仍以桨为主，大船上有许多桨手奋力划桨，以求得到较大的动力。其时，风帆也已出现，它利用风力推动船只前进，甲骨文中也有“帆”字，可见之早。

史料上未见此时有控制船只方向的舵，控制船只方向的任务是由桨来完成。这种桨称为“舵桨”，约置于最接近船尾的地方。舵桨是舵的祖先，它可能比一般桨大些，在甲骨文中也出现了疑为“舵桨”的字。

此时，还出现了双体船，这时的双体船约是把两只船牢固地连在一起，架板而成，称为“方舟”、“舫”或“连舫”，这样可加大船只的载重量，增加其稳定性。

作战的船上还有兵器，从四川成都出土的铜壶上的图画——水陆攻战图（图3-36）上，亦可看到战船的情况：两船相向而驶，正进行作战。船分两层：上层甲板上，树帜擂鼓，武士戴盔穿甲，身挂宝剑，挥戈射箭；下层的桨手奋力划着桨。双方船头已相交，两方武士短兵相接，展开激烈的厮杀。从中可以看到当时的许多兵器，这些兵器都与当时盛行的车战有关。在河南卫辉出土的青铜鉴（近似脸盆）上，也有与其类似的图画。

图3-36 四川出土铜壶上的战国水陆攻战图（局部）

2. 船只用于水战

船只用于战争的最早记载可见《史记》，时间为公元前11世纪。当时商代末代君主纣王暴虐无道，周武王与南方诸侯会师孟津（现河南孟津），讨伐纣王，周武王派尚父吕望（即姜子牙）先期到达，赶造了47条大船，以备渡黄河。渡河时，吕望手持大斧宣读作战命令，要求诸侯“统率好下属，管理好船只，落伍者处斩”，率领着45000名甲士，300辆战车，浩浩荡荡地渡过黄河。说吕望是中国第一位水军统帅不为过。

到春秋时，地处水乡的吴、楚、越三国，互相争夺霸权，江淮流域水网纵横，湖泊星罗棋布，最终爆发水战。据《左传》记载，在公元前6世纪时，楚国讨伐吴国，楚国利用长江，组织水军顺流而下，大举攻吴。吴国忙组织水军应战，起初吴军大败，连水军旗舰“余皇”号都被楚军缴获。吴国遂选派人员，化装成楚人潜水接近“余皇”，乘夜色偷袭成功，大败楚军，夺回了“余皇”。这是有记载的最早水战。

在春秋末年，著名的吴、越之争中，两国都是靠水战取胜的。起初，吴王靠水师伐越，取得了胜利，越王勾践被掳，成了俘虏。越国君臣立志复国雪耻，伺机灭吴，城府很深的勾践卧薪尝胆、俯首称臣。经过长期准备，到公元前482年，越国利用吴王与晋国争霸发兵讨伐、后方兵力空虚的机会，兵分两路向吴大举进攻，一路由勾践亲率，溯江直捣吴国腹地，一路由越国大臣范蠡带领，阻止吴王回师救援，最终越国消灭了吴国。在这一关键性的战争中，水军对战争的胜负起重要作用。至今人们仍用“卧薪尝胆”一词比喻在忍受挫折后坚持长期不懈的努力，终于获得成功，以此鼓励人们为目标奋斗时要具有坚忍不拔的毅力。

在这一时期，吴国还曾有过跨海作战的经历。据《左传》记载：在公元前5世纪时，吴王曾会同郑、邾两国军队讨伐齐国，吴王率主力进攻齐国南部，让臣子徐承率领“舟师”跨海北征，在山东半岛登陆，从侧后翼攻打齐国。这次战争吴国虽然失败了，但徐承率军跨海北征却是有记载的第一次跨海作战，当也标志着船舶制造达到了新的水准。

3. 战船类型

在《吴越春秋》中，记载了公元前472年时勾践曾会见孔子，论述了建设水军的重要性，他表示要“发舟为车，发楫为马，往者飘然”，这是勾践大造战船、训练水兵、建设水军的指导思想。他很快就拥有大型的“楼船”，战斗的“戈船”，后人解释“戈船”为“以载干戈”。

伍子胥是春秋末年的吴国大夫，著名的政治家、军事家，他根据当时的形势，明确吴国要称霸于江、河、湖、海之间，必须要建设一支强大的水军，于是他借用车战的经验，提出要建设一支混合舰队，包括：大翼、小翼、突冒、楼舡、桥舡，并制定了各种船的任务及尺寸、武力配备等。大翼要求12尺长，6尺宽，上容战士26人，操长钩、矛、斧、弓、弩等，相当于作战的战车；小翼相当于负责联络的轻便车；突冒相当于冲锋陷阵的车；楼舡相当于侦察车；桥舡相当于骑兵。一度吴国依计而行，得以称霸江湖。后来，伍子胥失宠，吴国也衰败了。与后来相比，当时的战船并不大。

在《史记》上还记载了战国末年，秦国讨伐楚国时，用运输船队来供应军粮。用“大船积粟”，“下水而浮，一日行三百余里”。东晋常璩撰的《华阳国志》也记载着公元前5世纪时，有次秦国伐楚，就用“大舶船万艘”，“装米六百万斤”，供应军中。

四、其他战争器械

战争器械是个习惯的称呼，也可理解为广泛意义上的兵器，它是用于战争的物品的总称，包括各种冷兵器、热兵器、战争中使用的机械，以及人马防护用品。本节论述古籍名著中对攻坚战的说法及巢车、弩、砲、檑、塞车、轒辒车、云梯、拍杆和钩拒等，可以看出，当时已有了攻坚战，只是攻守器械尚未充分发展。

1. 古籍名著中对攻坚战的说法

早在《诗经·大雅·皇矣》中，就有关于攻坚战的记载，时为春秋。它用“上帝”对周文王说的话，表示西周开国战争中已展开了城市攻坚战。原诗及袁梅先生的译诗引述如下：

原诗	译诗
帝谓文王	上帝垂训周文王（主宰万物的天帝查问周文王）：
询尔仇方	与你友邦策划定盟（与你结仇的是哪些人），
同尔兄弟	同姓之国联合行动（与你的兄弟宗亲）。
以尔钩援	使用你军中爬城的飞钩（用你攀援登高的飞钩），
与尔临冲	临车冲车齐备并用（配合了你的临车、冲车），
以伐崇墉	大张挞伐崇国国都（这样前去讨伐攻打崇国的国都）。

从诗句上可以看出，当时已有“钩援”、“临”及“冲”，冲车是能冲锋的车，即轒辒车一类；而钩援，即钩住高处，援梯而上之意，临冲有居高临下之意，“钩援”和“临冲”两者约都是云梯类，可能大同小异。

在春秋末年成书的《孙子》中明确说“修橹轒辒，具器械，三月而后成”。文中讲到了橹及轒辒，其中橹即侦察车。《孙子》还强调“兵贵胜，不贵久”，要速能胜，“攻城之法为不得已”。日后常言“兵贵神速”。

也是春秋末年成书的《墨子》中，讲了一个生动有趣的故事：鲁班替楚王造了云梯，楚欲伐宋。远在齐国的墨子闻知此信后，急忙星夜赶赴楚地，欲阻止战争。楚王与鲁班向墨子炫耀武力，墨子解下腰带作城，脱下衣服作器械，与鲁班进行了一场攻守演习，“公输盘（即鲁班）九设攻城之机变，子墨子九拒之，公输盘之攻械尽，子墨子守围有余”。面对墨子坚固的防守，鲁班无能为力，终使楚王放弃了攻宋的计划。可以看出，这次军事演习的内容相当丰富，可惜未写出具体所用的攻守之法。

2. 早期侦察车——巢车

历代兵家对侦察敌情极为重视，人们时常引述《孙子》中“知彼知己，百战不殆”的话，以及其他许多论述。侦察敌情，利用侦察车是个重要的方法。

图3-37 春秋时的巢车复原图

古籍上提及侦察车之处不少，但最先提到的是巢车，在叙述春秋编年史的《左传》中就有“楚子登巢车，以望晋军”的话，这标志着巢车的起源时间很早，当时已有应用。

关于巢车的结构，是综合古籍上有关记载而复原的（图3-37）。其中“板屋”（能升降的木箱）可容两人，内用坚固厚重木材，外蒙生牛皮，以防敌人矢石打击。板屋容两个人后约200千克重，须用绞车来提升它，以使屋内所藏的人能“下窥城中事”。板屋远看如鸟之“巢”，因而得名。巢车之宽，应与通行道路相适应；巢车之高，应由对方的城墙决定；巢车下有八轮，以使之可以推行，让板屋中的人可以乘巢车瞭望，随处平衡。

3. 远射兵器——弩

（1）弩

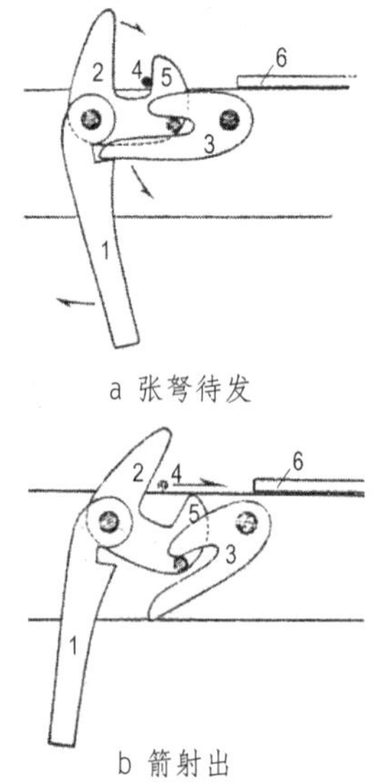

图3-38 弩发射箭的基本原理

弩（图3-38）是机械弓，它由弓发展而成，可以延时发射。我国最早的字典、东汉《说文解字》说弩是“弓有臂者”。而早期的词典、西汉《释名》说：“弩，怒也。”两书都说出了弩的某些特点。

弩的发射方法近似现代手枪，其原理如图3-38所示。当装上箭5后，弩上“牙”2勾住弓弦4，用“牛”3卡死“牙”上的销，“牙”及弦都被卡死，再用“悬刀”1卡死“牛”3，即可等待发射。发射时，把“悬刀”1向后；“牛”3下旋，“望山”2也即下旋，弦便放松，将箭5射出。也有的弩，结构不同，如不是用“牛”3的凹槽来卡住“望山”2上的销，而是通过用“牛”与“望山”的一个面紧紧贴合在一起，而使“望山”定位的。

关于弩出现的年代，现已在新石器时代的遗址中发现有弩的零件，也已有人看到了不晚于周代的铜弩。有的古籍又说“黄帝作弩”，迄今约4600年了。而《吴越春秋》上说，弩是春秋时由楚国琴氏所发明。现可肯定：战国时弩已相当普遍，考古中见到的青铜弩机也相当多。

弩在古代得到了广泛的应用，力量也不断加大，使战场形势发生了巨大的变化，弩不但是战车的克星，而且更在许多著名的战役中显示了它无比的威力。如著名的“马陵之战”可说是应用弩取得胜利的典型战例（图3-39）：孙膑与庞涓同时拜在纵横捭阖术鼻祖鬼谷子（也是兵家尉缭及纵横家苏秦、张仪的老师）的门下，学习纵横和兵法，二人早日相处义结兄弟。庞涓学成后在魏国当上将军，屡建战功。孙膑去投奔他，庞涓十分妒嫉孙膑的才能，设计陷害他，孙膑遭到脸上被刺字“私通外国”刑罚，还被剜掉了两个膝盖骨，无法站立和行走，只得在地上爬行，苟且偷生。但孙膑忍辱负重、装疯卖傻骗过魏王与庞涓逃出魏国，流亡到齐国，他的才干得到重用，当上军师后施展雄才大略，屡建奇功。强魏轻齐弱，前去伐齐，孙膑用“增兵减灶”之计佯退，麻痹魏军，庞涓求胜心切，中计轻敌率轻车锐骑猛追，孙膑将他引入山高路窄、树多林密的险要之地——马陵（今河南范县西南），漆黑之夜骄横自负的庞涓闯进埋伏绝境，道路被树木、山石堵塞，他来到一棵孤零零大树下，见树上刮去皮处影影绰绰似有字，于是命人点火照看，见大树刻有“庞涓死于此树之下”，刚想退，谁知火光即是信号，四周万名弓弩手乱箭齐发，庞涓身中数箭，拔剑自刎，魏国大败，从此失去了中原霸权。

图3-39 明代刻本《元曲选》中描绘的“庞涓夜走马陵道”

（2）砲

古代远射兵器中的砲（图3-40），在很长时间内，应用很广，到火炮盛行后才遭淘汰，现今石砲（抛石机）早已绝迹，代之以火炮，连“砲”字也很少见（如在中国象棋中看到）。

砲即抛石机，又名礮、旝等，功能是远距离投掷石块打击目标。砲的源远流长，前已叙及，从考古资料中得知，在旧石器时代中已多处发现石球，到新石器时代石球更多了，也更精良。那时的投石器，主要用作狩猎工具。原始投石器具体结构各异，但都用棍棒、绳索及皮碗做成。砲何时用作战争武器呢？可据《范蠡兵法》知：“飞石重十二斤，为机发，行二百步。”另在《左传》、《墨子》中，也都见到使用砲。可见，春秋时砲已用于战争。砲在形成之初比较简单、粗糙，便于制造。

图3-40 合砲表现砲刚形成时的情况

砲的发射过程及工作原理（图3-41）如下：

准备工作（图3-41a）：众多拽手（约几十到几百）抓住砲杆前端处

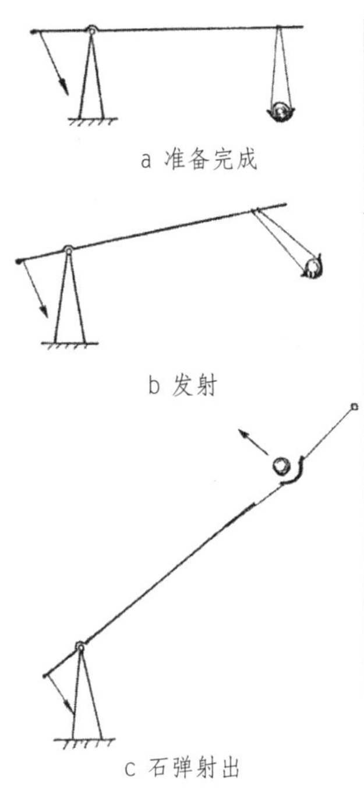

图3-41 砲的发射原理

的拽绳，砲手站在砲杆后端将石弹装入皮碗中，并将小套套在砲杆后端，至此，发射准备工作完成。

发射（图3-41b）：拽手一齐向斜后方猛拉拽绳，使砲杆前端向下，后端向上。此时，在离心力的作用下，石弹必连同皮碗向外、向上甩。

石弹射出（图3-41c）：随着砲杆的摆动，石弹连同皮碗距摆动中心变远，石弹的速度、离心力越加增大，大到一定的程度，拉动套环从砲杆末端脱出，石弹依靠其已有的巨大速度及惯性而离开皮碗飞向目标。

为了说明砲利用石块的惯性发射的原理，这里引用一幅古画（图3-42），图中的猎人用的是流星索，根据流星索的惯性来杀伤猎物。

可以看到砲的结构并不复杂，但操作技术相当复杂，要求也很高，需经专门训练才能掌握。

4. 防御建筑与防御器械

防御建筑（图3-43）不属机械，但防御机械的发展情况和防御建筑密切相关，故同时加以讨论。

图3-42 明代张穆《郊猎图》中猎人使用流星索打击猎物

（1）防御建筑

我国现已发现了夏代的夯土城墙的遗址，与古籍《世本》中所说夏王朝的始祖“鲧作城”是一致的。

现考古已发现商、西周时城市四周所筑城墙的遗迹（图3-43），有的城墙外还有墙沟围绕，反映防御建筑正在发展之中。

图3-43 河南郑州的商代城墙遗址

到战国时，因废除了原有奴隶社会的等级制度，各地根据自己意愿广筑城市，出现了如《战国策》所说的“千丈之城，万家之邑相望也”这样的繁荣局面。防御建筑的规格也较自由，见有三道城墙、三道壕沟的城市。战国时，各诸侯国间战争频仍，纷筑长城互相防范，也在不少地方见到当时留下的长城遗址。

此时的城墙多是就地取材建成，或夯土，或垒石而成。夯土中常夹有红柳、芦苇等。

（2）防御器械

在明代王三聘的《古今事物考》中明确地说：“拒马始于五代。”《墨子》中叙述城市防御措施中，即在城市四周布置“锐鑱”，根据书中所讲“锐鑱”的结构估计，可能就指拒马之类的东西。

櫑也叫雷，用以向下投掷、打击进攻人员及器械的重物，应用很多，所谓滚木櫑石即指櫑。《国语》上有“雷，守城捍御之具”的记载。可知春秋时，櫑的应用已相当普遍，但根据櫑所用的材料、结构、尺寸不同有不少种，当时使用的是什么呢？难以论定。图3-44中的各种櫑，繁简不同，出现时间也先后不一，一般是简单的先出现。

墨子一向热爱和平，重视防守，所以他在《墨子》一书中记载了当时（春秋末年）的多种防御器械。书中介绍了一种“塞车”，这种车子有两轮。平时放于城门之内，当敌人攻破城门时，便推出塞车塞住城门，阻挡来敌冲进城。书中还记载了在城市四周挖掘防御地道，也称“反地道”，并在防御地道内设大瓮，人隐藏在内监听对方动静，以防敌人挖掘地道冲进城内。再用皮橐向防御地道内送入有烟尘的毒气以及烈火，“以害敌人”。书中还强调应在城门处准备消防器械，“以救门火”，防止敌人用火攻。据传为姜子牙（即吕望）所著的《六韬》也强调防止敌人用火攻的重要。

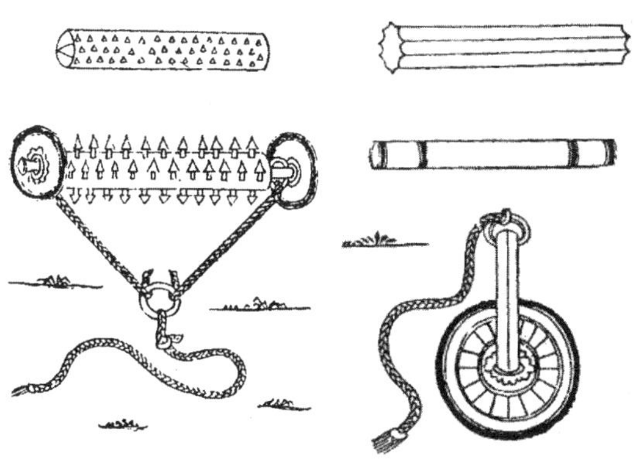

图3-44 古代使用的各种櫑（雷）

5. 攻坚器械

城市的攻坚器械可分为三类：掩护挖掘地道；从高处强攻登城；破坏防御建筑与防御器械，此时已有了前两类。在攻方正式发动进攻前，先用壕桥渡过壕沟。

图3-45 古代使用的四轮壕桥

图3-46 轒辒车的复原图

（1）壕桥

现已知道，从商代起已在城墙外挖掘壕沟，所以攻坚战开始必须渡过壕沟，才能抵达城下。据《六韬》记载：因为有壕沟，敌人防守疏忽，正是进攻的好地方，因此军中要设置“飞桥”渡过壕沟（图3-45）。当时壕桥的尺寸已达二丈长，一丈五尺宽，用“转关”、“辘轳”、“鉏鋙”组成，可能结构相当复杂，还说可“八具”壕桥并用。总宽可达十二丈，让大部队浩浩荡荡地通过。

（2）掩护挖掘地道的器械

这种器械的功用是先掩护攻方士兵运动，以接近对方，再掩护士兵挖掘地道或进行其他作业。在《孙子》一书中，最先称之为轒辒车（图3-46），而后在《诗经》、《六韬》、《墨子》等书中，也都记有这种车辆。

从图上可以看出轒辒车的结构，下置四轮，推行方便，车架及板都很坚固，外蒙生牛皮。这类车的名称、尺寸和形状可有不同，但都必然没有底板，便于隐藏车内的士兵能推动车辆前进或挖掘地道等。

（3）强行登城的器械

从高处强行登城的器械是云梯等，这类器械具有快捷迅猛的特点，出现很早，使用时间很长，有关史料也较多，在《诗经》、《孙子》、《左传》、《六韬》、《墨子》、《战国策》等古籍中都有云梯的记载，但都难以知道其具体结构。现从考古资料上才看到了云梯的形象，得知这时的云梯结构有两种：

第一种：四川成都出土的铜壶上的水陆攻战图中所表现的云梯，其结构与一般见到的木梯大体相同，唯底部可能稍微加固。

第二种：河南卫辉出土的铜鉴（类似铜盆）上的水陆攻战图中所表现的云梯（图3-47），其结构约由一般木梯发展而成，清晰可见云梯底部有轮子，行动时云梯像车子一样行进。估计它有两个轮子，安装在云梯的两侧，直径约70～80厘米。

图3-47 河南卫辉出土的青铜器上反映出的云梯

综合史料记载，可知此时云梯的具体结构也有不同：有的云梯上端可能有金属钩子；有的云梯下面的轮子结构简单，可能只是木板钉成，并无辐条。

6. 水战器械

许多器械在船上及陆上均可应用，如前提及的刀、剑、矛、戈及弓弩等，而这里讨论的只是在船上使用，不适合在陆上使用的器械，主要指拍竿及钩拒。

（1）楼船与拍竿

图3-48 古代水战中使用的高大楼船

随着造船技术的进步，在战国时已出现了高大的楼船（图3-48），后来楼船益发高大雄伟。《史记》记载，汉武帝“治楼船，高十余丈，旗帜加其上，甚壮”。汇总其他史料可知，有些楼船分三层，“以木为门”，“容万人”，这样人员可以“驰马往来”，宛如一座活动的堡垒。楼船上的设施也很强大，装有砲车、檑石、铁汁等物，还有拍竿。

拍竿主要由一横杆组成，它利用了杠杆原理，略同前面介绍的石砲。拍竿的前端伸出船外，最前端固定有重物如巨石一类，拍竿后端在船上，由众多军士或通过绳索操作，使横杆前面的重物打击敌船或敌人。为使拍竿威力巨大，尽量加大前端重物的重量，所以拍竿常很笨重。可惜的是，现从古籍图上所见的拍竿，都不够清楚，无法详知其具体结构。

（2）钩拒

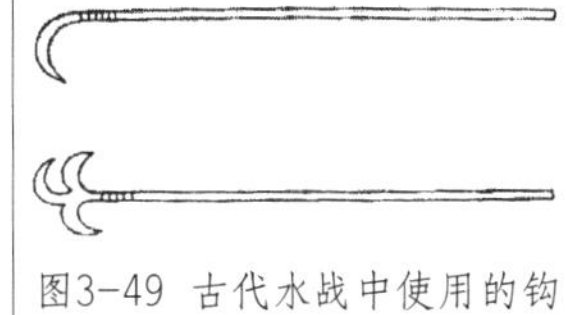

图3-49 古代水战中使用的钩拒

在春秋战国时，楚国为与越国争夺水上霸权，连年征战，此时鲁班即为楚国研制了钩拒（图3-49），也称钩强。这种水战兵器是在长的竹竿或木竿前端安装金属钩刀，可钩住敌船将其拉近，防止敌船逃窜；又可抵住敌船将它推开，抵御敌船进攻，因而叫钩拒。楚国在使用了钩拒后，多次战胜了越国水军。在火炮出现之前，钩拒在水战中应用很广。

第三节　农业机械

夏、商、周时，农牧业生产有了较大的进步，尤其是周代，农业生产更成了社会经济中的重要部门，所占比重也更大了，并已有了一定的经验，此时已初步形成了农业上的精耕细作的传统。在商代的甲骨文中已多处有与农业生产有关的字，能从中看到当时有：谷物中的黍、谷、粱、麦、稻等；豆中的菽等；麻中的苎麻等。当时许多农具也是金字旁，在《诗经》中有十几篇专门描述农业生产的诗篇，充分地反映了当时的农业生产情况，农业生产的规模之大已到成千上万人参加；高大的粮仓就像岛屿和山峰一样。

此一时期的农业机具已很多，前述《管子》中记述：“一农之事，必有一耜、一铫、一镰、一耨、一椎、一铚，然后成为农”，反映出了当时的情况。现按农业生产的过程加以介绍。

一、耕地机械

这类机械专用以耕平并疏松土地，使地便于播种，所用工具很多，如耜、锸、铫（铲子状）、耨（如锄状）、椎（如锤状）等，但最为重要的是犁，约在商、周时，犁有了很大的变化。

1. 牛耕何时开始

关于牛耕开始的时间，历来有较大争议，近年来意见渐趋一致：我国牛耕应始于3200年前。从商代的甲骨文字中，已发现了多个犁字。在这些犁字中，都有牛的形象。孔子的弟子、七十二贤人之一的冉耕，字伯牛，说明当时已用牛拉犁。

是否用牛拉犁，决定了犁的受力与犁的形状、材料以及强度。考古工作中，屡次见到有当时的铜质犁铧。

2. 何时开始用犁壁

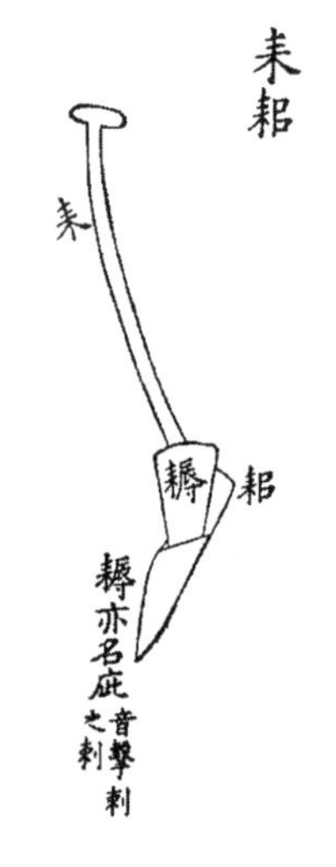

图3-50 《考工记解》中耒耜

从犁的结构可知，犁上最重要的部位当然是犁铧，犁铧是犁刺入土中、疏松土壤的部分，但犁铧并无翻转土壤的功能，翻土要用犁壁来完成。犁壁置于犁铧之后，与犁铧间夹角为纯角。有了犁壁，标志着犁既可松土又可翻土，功能已发展齐全。

犁壁始于何时呢？应始于《考工记》成书之前，《考工记》约成书于春秋末年。书中所说的“庛”即犁壁。《考工记》上“坚地欲直庛，柔地欲勾庛”的话，其大意应为：对于耕坚硬土地的犁（如犁生荒地等），犁壁的曲度要较为平直，使犁便于向前耕地，刺破土地；对于耕柔软土地的犁（如犁熟地等），犁壁要比较弯曲，使犁利于松碎和翻转土壤。到了宋代林希逸著的《考工记解》中对上文作了解释，并绘图加以说明（图3-50），便能够看到原始的犁壁形状，该书中亦将“庛”称为“耨”。

二、播种与中耕机械

当时配合犁耕应当是施行撒播，在播种后，要覆土与压实土壤，这是因为覆土与压实土壤后可以保持种子所处环境的湿度和温度，更利于种子的发芽和成长；同时也避免种子暴露在外以防飞鸟啄食。其方法可以脚踩或用木榔头或者拖拉由树枝与石块组成的简单工具（图3-51）。

图3-51 甘肃嘉峪关魏晋壁画中所绘播种图

中耕的目的是间苗、松土、除草、培土、保持水分等，对作物进行田间管理。所用工具为铲、锄等。

三、灌溉机械

灌溉对农作物十分重要，因为有了充分的水分，农作物才能很好地生长。水分是否充足，会对产量产生明显的影响。为弥补天然降水的不足，使水分充足，就必须对农作物施行灌溉。

1. 灌溉工作分类

灌溉工作分为两大类：漫溢灌溉及机械灌溉。

漫溢灌溉是利用高处江河湖池的水，引入低处的农田中即可。因而它不需要任何机械便可实现。俗话说“水往低处流”就是这个道理。漫溢灌溉运用开始得很早，相传“大禹治水”的故事就是讲这个。战国时李冰父子修建的都江堰的主要目的也是为此。现今考古工作中，还发掘出不少古代的灌溉渠，即用于漫溢灌溉。《诗经》中也有多处描写用泉水进行漫溢灌溉的诗句。

机械灌溉是应用灌溉机械从低处水源中取水后，把水送上高处，再流入田间进行灌溉。所利用的水源，可以是江河湖池，也可以是水井。

水井，按古籍记载为“黄帝穿井”。也有说是“伯益用井”，伯益是商代的人。现考古工作中已发现新石器时代的水井遗址，则可证在新石器时代已有水井。

这时主要的灌溉机械为桔槔、滑轮及辘轳。

2. 桔槔

据《世本》记载：“汤旱，伊尹教民凿井以灌田，今之桔槔是也。”伊尹是商初大臣，以此为据，则桔槔（图3-52）的发明，应在公元前16世纪前后。它是杠杆原理应用一例，其构造是将一根粗大长杆的中间架起，或悬挂起来，横杆前后两端长度相差不多，一般前端短。杆

图3-52 王祯《农书》中的桔槔图

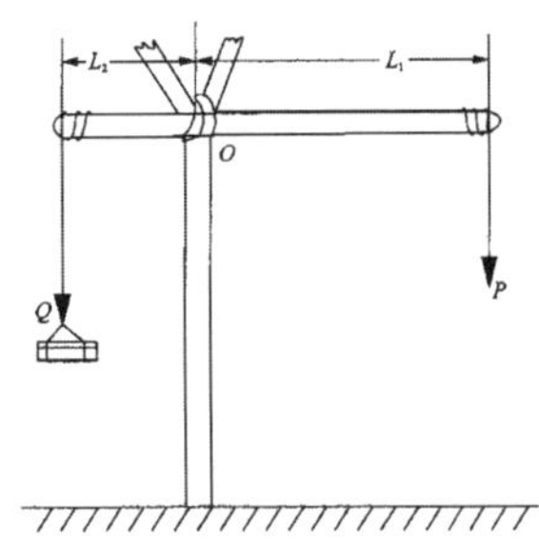

图3-53 桔槔的受力分析

图3-54 四川成都东乡所出土的汉代陶模上显示在井上使用滑轮的情况

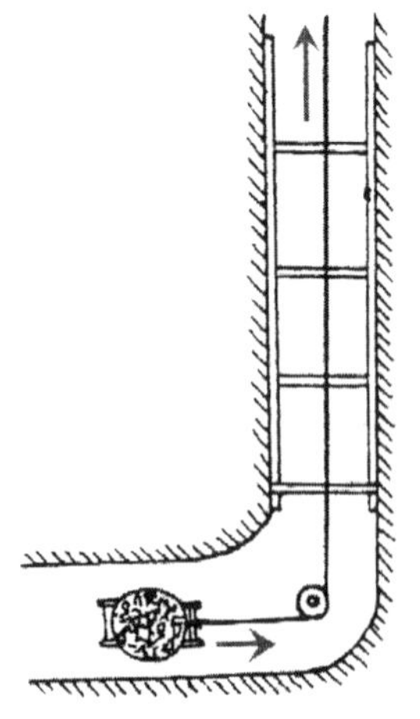
图3-55 江西瑞昌商周时铜矿遗址中用滑轮提升矿石（采自《中国古代金属技术》）

的前端用一直杆（竹、木均可），下系汲水器（如水桶）；后端联接一个重石块。当汲水器空的时候，绑石块的后端较重，由打水人在前端用力才能将汲水器放入井中汲水，此时后端石块升入空中。汲水器装满水后，打水人向上提起直杆及汲水器，再连同石块向下的压力，共同将汲水器提起。因石块重量一般为装满汲水器的重量之半，打水人只要使用汲水器的另一半的重量就够了，因而比较省力，可以工作较久。这种机械在古代应用很广，现在仍有不少地方使用桔槔打水。

本书第一章中，讲述机械最早定义时，孔子弟子子贡所讲的就是这种机械，也反映桔槔的影响很大。

桔槔也可用于其他场合，如在江西瑞昌铜岭商代铜矿中，就采用桔槔提升矿石，现已从当时遗址中看到石块，应是当时桔槔后端的坠石，但提升的重量不能太大，约是人的臂力的两倍。

桔槔的受力分析如图3-53如示，桔槔的物重（一般为水桶）为Q，到支撑点的距离即重力臂为L_2，桔槔的配重（一般为石块）为P，配重P到支点的距离L_1为力臂。按照桔槔的结构，常是$L_1=L_2$，并采用配重为物重之半，即$P=1/2Q$，那么人的手臂只要施加物重的一半就可以使桔槔保持横杆的平衡了。这就是说，用桔槔来工作时省去了约一半的力。

3. 滑轮

使用上述桔槔向上提水，只适用浅井，提升高度受横杆前端的直杆长度限制。如井较深不能用桔槔时，就要采用别的提升工具了，滑轮即是其中之一。

现从考古资料得知，西周时已应用滑轮从井中取水。在陕西西安看到西周时有的水井形状呈椭圆形，可容两个水桶上下，而桔槔、辘轳、绞车都只用一个水桶取水，另在椭圆形状的井口的长轴端点附近，有两个脚窝，据这些因素推断，当时一定采用了滑轮。另外从四川成都东乡所出土的汉代陶模上也能看到在井上使用滑轮的情况（图3-54）。

滑轮也可用于其他场合，如在江西瑞昌的铜矿遗址中就见到商周时期的木滑轮（图3-55），再从其磨损的痕迹判断，这些木滑轮是用于从垂直巷道中提升矿石。

从图3-56上可以看出滑轮的受力情况，绳索绕在滑轮上，绳索的一端为物重Q，绳索的另外一端为施力P，如果忽略摩擦的话，平衡条件应是$P=Q$，由此可知使用滑轮可以改变力的方向。用滑轮取水，使打水人永远向下施力，姿式较为合理，也可以借助重力，因而不易疲劳，但并不省力。如用滑轮提升矿石时，则更可以适应巷道方向。

4. 辘轳

如前所述，滑轮只能改变力的方向，便于发力，并不改变力的大小，而辘轳则有省力的功用。

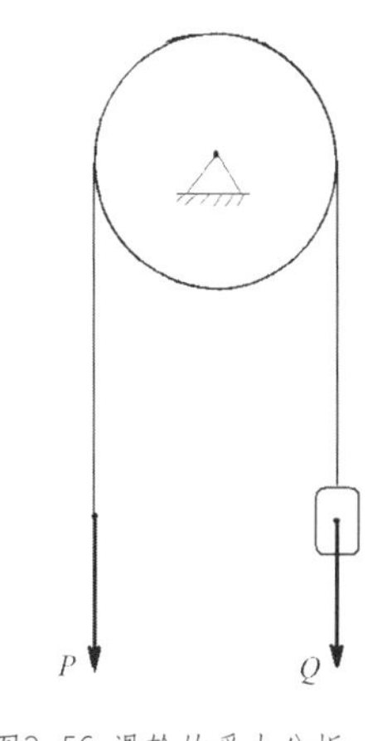

图3-56 滑轮的受力分析

图3-57《天工开物》中的辘轳图

关于辘轳出现的年代，明代罗颀《物原》上记载："史佚始作辘轳。"史佚是周代初年的史官，以此为据，辘轳当有3000年左右的历史。

关于辘轳的结构，可从古籍科技名著《天工开物》上看到（图3-57）：摇手柄的直径，明显大于缠绕绳索之卷筒的直径。辘轳受力分析如图3-58所示，现如确定辘轳上卷筒的半径为r,手柄的半径为R，相差倍数为R/r，水桶盛满水的重量为Q，手臂施加在摇手柄上的力为P，如不计摩擦、处于平衡状态时，则$P\times R=Q\times r$, 也即$P=Q\times r/R$，也就是说摇手柄的半径是卷筒半径的多少倍，即是应用辘轳可以省力的倍数。因而用辘轳取水既可省力，又可改变力的方向。但手臂直径受到打水人臂长的限制，否则无法操作。

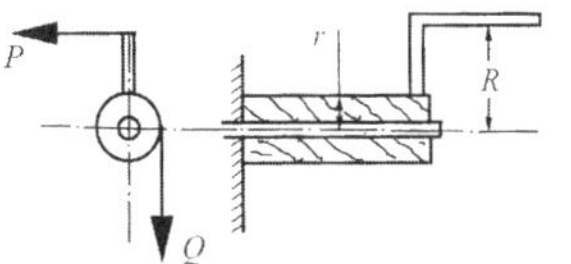

图3-58 辘轳的受力分析

另外，未见有起重机械中的绞车此时用于灌溉的资料。

四、收获及加工机械

收获须"及时"、"快速进行"，古代已充分认识到收获工作的重要性。在此时的《诗经》、《周书》及以后的著作中都有这方面的记载。明代邝璠撰《便民图纂》中有乡间收割时的繁忙景象（图3-59）。

图3-59 明代《便民图纂》中的收割图

1. 收割方法

自新石器时代起，所用工

图3-60 《授时通考》中表现古代用击打谷物使其脱粒的方法

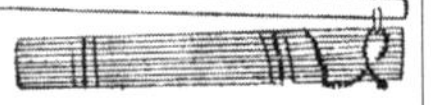
图3-61 《古今图书集成》中所绘使谷物脱粒所用的连枷

图3-62 甘肃嘉峪关魏晋墓壁画中的打连枷图

图3-63 《天工开物》中所绘的杵臼与踏碓（舂）

具是铚，有的地方把铚叫爪镰、捻刀等，它只收禾穗。铚的材料可以是石、蚌壳、陶、铜等，后来也用铁。铚的形状是长方形，上有一个或几个孔，孔内可套手指，也可以在铚上另拴绳索，将绳索套在手上，用力较便。

也可以用镰将禾秆一起收割，在地中只留一小段短茬，当耕地时，把茬翻入土中，待茬腐烂以后做肥料。这种方法出现晚些，在商代才较普及，但这种方法优点很多，效率较高。收回的秆可做燃料，地里也较干净，因此发展很快。工具的形状也较多，故也称为钹、艾等，但形状大同小异。所用材料，起初为石、蚌壳、陶等，铜的见到的不多，后用铁的较为普遍。

再一种方法就是连作物的根一同收获。可以不用工具将作物连根拔起，也可用镐或锄等将作物刨起，还可借助钩镰帮助拔起作物。

图3-60所示是清代《授时通考》中表现古代用来击打谷物使其脱粒的情景。

现从考古资料已知，在河北兴隆曾有战国时镰等的铁铸模出土，可知当时连作物秆一同收割的方法用得相当多。

2. 脱粒方法

当时所用的脱粒方法有三种：一种是摊开作物进行碾压；另一种是在硬物，如木制大容器——稻床上摔打（图3-60）；再一种就是用连枷拍打（图3-61、图3-62）。

连枷的出现也相当早，按照《国语》的记载，春秋时已有连枷，用竹条或木条制成。

脱粒时必然也使用不少辅助工具。

3. 粮食加工

此时粮食加工方面的发明主要是杵臼及石磨。

（1）杵臼

新石器时代利用石磨盘和原始的杵臼（碾棒，图3-63）加工粮食，此时的杵臼已成熟、美观得多了。关于正规的杵臼出现的时间，古籍所说相近，分歧不大。《周易》说“黄帝尧舜氏作”。《世本》说“雍父作杵臼”。而雍父是黄帝的臣子。从这些记载可知，杵臼已有4000多年的历史。

一般用杵臼加工谷物时，将待脱壳的谷物放入石质臼穴中，再用木质大棒——杵，反复击捣搅动，就可得到脱壳后的谷物。

用这种方法将谷物去壳，我国应用得很多。杵臼是利用人的臂力工作。在图3-63中下方的踏臼（也称舂、踏碓），是借助于人的体重工作，通过人腿来操纵，更加省力，效率也有提高。最迟到西汉时，已发展到利用水力工作。接着就出现了连机水碓，其结构更加复杂，效率也更高了。从发展过程推断，踏臼应在西汉之前出现。

（2）磨

在古籍上关于磨的记载比较一致，如《方言》、《世本》、《说文解字》、《古史考》上都说磨是鲁班发明的，以此为据，时间约有2500年了。磨一般是石质，也见过陶磨。石磨主要部分是两个扁圆形的石质圆盘，中间贯穿一个金属（如铁质）立轴，磨的下层和磨架、立轴都固定不动，磨的上层绕立轴旋转，将麦类等谷物磨成面粉。为了加大摩擦力，在磨的上下磨盘接触面凿出很多沟槽，使其高低不平。磨的上层另开一个或两个通孔，俗称磨眼，供待加工粮食由磨眼漏下，到上下磨盘接触处磨碎。加工后的粮食由上下磨盘的夹缝流到磨架上，即可得到面粉了。

最初，磨由人力推动，以后才发展到使用畜力或水力的。

第四节　其他机械

这一时期的各行各业都发展很快，在《韩非子》、《吕氏春秋》上记载，中国四大发明之一的指南针，也在战国时出现。现只着重介绍有关机械的内容，包括几种神奇的机械和传说。

一、几种专业机械

1. 天文机械

天文知识发端很早，我国一向对天文知识极为重视，这是因为在看法上常将天文现象与现实事物、祸福灾害联系起来。陶器的图画中已见有天文学的内容，有文字后就有了天文学的记载。在《尚书》中，已记有专门官员观察天象。到战国初年，我国天文学已形成体系。

（1）表

表也称圭表，是古代最早的计时器，也是最古老、最简单的天文仪器。

在远古时代，人们观察到太阳的升降带来了昼夜的交替，由此决定了人类的作息。原始社会的生产力极度低下，人们只能依赖自然照明，以

图3-64 周代利用太阳阴影测定节气的一种表——土圭（采自《中国古代科学技术展览》）

此来安排生产生活，大自然主宰着人们的生活，决定了人类的作息时间表。白天太阳升起的时候，人们出去采集食物、狩猎捕鱼；日落西山、夜幕降临，纷纷回到住地休息睡眠，所谓“日出而作，日落而息”就是这种局面的生动写照。久而久之，人们形成了最原始的时间概念。这种原始的时间概念就是按照太阳的升降来安排生活。人不可能一直仰视长久地盯着太阳看，便依据日影来安排。最初的表是在平地上树立一根长竿，观察太阳的影子，由日影的长短和方向及其变化规律，判定晨昏，以后渐渐发展。表的材质可能原是竹、木、石，以后成了金属的，下面的底座也发展成了各种材料，表和下面底盘的制作也越加精良、准确、复杂，逐步就发展成为各种日晷和圭表（图3-64），而表就是这些计量器的核心。它的用途也更加广泛，以此定时刻、定方向、定节气、定区域。表在古籍中常有许多不同的名称，如土表、土圭、竿、碑等。这些名称仅反映了表的材料或者外形的不同。

至于表是何时产生的，则难以判断，因至今还未发现表出现时间的史料，只是近年来在山东大汶口龙山文化遗址中曾经出土过一些陶器，这些陶器上绘有形象地反映日出和日落的图案景象，表达了4500年前人们对日出和日落的浓厚兴趣，有人认为这就是最早“旦”的象形字。这的确有一定的道理。

从商代开始，人们已经能把一天分化为若干更小的时间段，在河南安阳出土的甲骨文中就有一些字表明一天中不同时间的名称，例如旦、明、妹旦都是指黎明；大采、大食、朝食指清晨；盖日、中日指的是中午；昃指午后；下午称为小食、郭兮；黄昏称为小采、莫、昏、落日；夜晚称夕。这些文字记载必然可以用表反映出来的，远比原始的时间概念“日出而作，日落而息”大大地前进了一大步，表的制作也前进了一大步。

另据《史记·司马穰苴列传》记载，战国时期齐国为抵御晋、燕两国的侵扰，命田穰苴为将军，庄贾作监军应战，田、庄约定第二天中午率兵会齐出发。“穰苴先驰至军，立表下漏待贾”，这是说田穰苴先到达营地，在地面上树立一根表杆，同时使用漏壶计时，等待庄贾。表杆显然是用于观察它在阳光下的影子决定时刻的，是一种地平式日晷。这表明表在当时已经得到广泛的应用，说明了表出现的时间要比战国早得多。

现在应用钟表作为计时装置，只将便于携带的计时装置才称为

“表”，但它与最早表的概念仍然是一脉相承的。在文字上也发展成了诸如表率、师表、图表、表格、表决、代表、表扬、表彰、表示、发表和徒有其表等，仍然有“标准”、“规范”的意思。可知在新石器时代已有表了，可能其用途不断扩展，材料也更好了。

（2）漏壶

最早的漏壶也就是一把壶，它上部有一个提梁。有关漏壶发明的时间，在不少古籍上都说是黄帝所创，如南北朝时梁代的《漏刻经》中记述：“漏刻之作盖肇于轩辕之日，宣乎夏商之代。”而《隋书·天文志》上载：“昔黄帝创观漏水，制器取则，以分昼夜。”从情理分析，这些说法是合理的。也有的说漏壶出现的时间还更早。但估计原始的漏壶当很简陋，到夏商时有了发展，只是未能看到当时漏壶的实物。

《周礼·夏官司马》中“挈壶氏”条记载：“凡军事，悬壶以序聚‘木橐’。凡丧，悬壶以代哭者。皆以水火守之，分以日夜。”“挈壶氏”是专门掌管漏壶的官员，在军事行动中他负责用漏壶计量时间，安排士兵值班打更的次序。可知漏壶在军事上有很大的作用，以漏壶中漏掉水的数量来表明时间，实现统一的调度与布置；大军行进中还把漏壶挂在有水井的地方，用以表明水井的位置，提醒战士饮水。遇到丧事，根据漏壶计量时间轮换守灵的人，区分白昼与黑夜，即时安排次序。《周礼·秋官》中“司寤氏”条记载：“掌夜时，以星分夜，以诏夜士夜禁。”“司寤氏”是专门管理夜间测时工作的，他根据恒星在天空中的位置来决定夜间的时刻，便于做好王城的夜间保卫工作。《周礼·春官》中“鸡人”记载：“大祭祀，夜嘑旦以嘂百官。”又说“凡国事为期，则告之时”。“鸡人”的工作是专门报告时间，每天黎明时分大声呼报时间，官员们便得知白天到了。每当国家举行重大仪式时，“鸡人”更须及时报告时刻，使得仪式在规定的时间内进行。《周礼》反映的是周代的一些礼仪，是比较可靠的依据，从而我们可以得知，当时计时的官员分工已十分精细，可见人们对计时工作相当重视。

汇总有关史料可知，最初漏壶的结构大体是在一把壶的壶底或壶边开个小孔，水从小孔漏出，观察壶水的流失量。后来为了使观察较为精确，把一支箭放入壶中，箭杆上面画有刻度，从刻度得知壶水的数量，也就知道过了多久了。

漏壶计时有两种方法：一种是淹箭法，这种方法的箭是不动的，观察水退淹到哪一条刻度来判断时刻；另一种为沉箭法，它是在漏壶上加一个有孔的盖，箭杆从盖孔插进去，立在“箭舟”上，当漏壶中水多时，箭舟连同箭升得很高，随着漏壶中水逐渐流失，箭舟连同箭往下降，查看盖口遮到的刻度就知道是什么时间了。应先出现淹箭法，以后才出现沉箭法。

（3）浑仪

浑仪是指用于观察、测量天象的仪器，因这种仪器与演示天象的浑象同为古代天文学家所使用，因此也称之为浑象，与演示天象的浑象，不加区分。从现见的古代之星图及历法判断，至迟在战国时已有了浑仪。

2. 纺织机械

据《周礼》的记载，约在商周时，已有了专门的官员负责进行纺织生产的组织与分工，标志着当时纺织业的发展（图3-65）。当时纺织所用的原料以麻为主，其次是丝，也用毛，当时中原还没有种植棉花，大多数人的衣着原料为麻，故麻纺技术的进步尤其显著。所用的纺织原料中，既有野生的动植物，也有人工种植、饲养的动植物。从有关古籍所记可知，当时选料及工艺方面，已认识到努力增加所用纤维的长度和韧性，并渐趋定型，在《诗经》一书中，就多处有这方面的记载。

由于纺纱能力和技术的提高，纱的质量大为提高，并出现了统一的纱支标准，织出粗细不同的布匹。当时计算纱支的单位称“升”，织粗布时用几“升”的粗纱，织细布用几十“升”的细纱。麻布也能织得很细密，其细密的程度和现在细密的棉布不相上下。

图3-65 根据殷商时期绢织物的痕迹复制的雷纹绮（采自《中国古代科学技术展览》）

当时的纺织品中丝织品较优，种类和色彩都相当丰富，光名称即有十几种，如叫帛、纱、素、绢、锦等，有生织、熟织之分，也有色彩之分，如叫素织、色织、多彩织物等。染色技术也大有发展，矿物、植物染色剂应用得很多，对以后染色技术的发展有很大的贡献。

此时的纺织品的组织也

渐趋复杂，有平纹、斜纹，同时出现了提花技术。现已多处发现当时的纺织品的图案。这些图案对称、协调、层次分明、做工精巧，有相当高的工艺水平。提花技术更是中国古代织造技术上的重要贡献，丰富和发展了中国古代纺织史的内容，对世界纺织技术的发展也有很大的影响。而我国提花技术的源头就在殷商。

3. 制陶

到商代制陶业也已形成专门的作坊，内部有固定的分工，产品也有发展，可以生产质量很高的陶器，胎质细腻坚硬、外形美观。

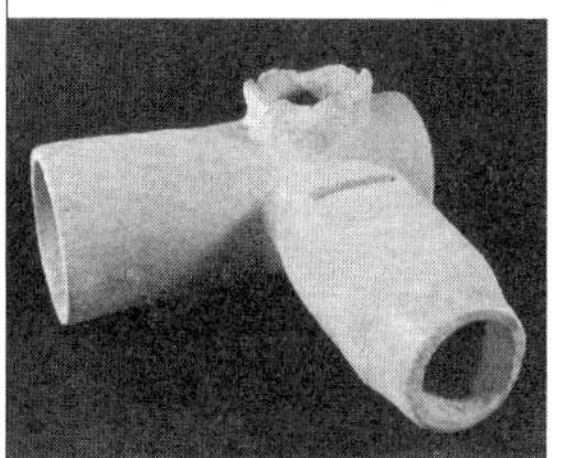

图3-66 河南登封阳城遗址中出土的战国时期的四通水道

制陶业与金属冶铸业的发展互相促进，如金属冶炼与烧制陶器，应用了相同的鼓风技术，以提高炉温。大约从商代开始，铸造金属就用了陶铸模。现还从战国制陶遗址中发现了陶质鼓风管，反映出陶器的使用范围在不断地扩大。河南登封阳城遗址中出土了战国时期的四通水道（图3-66），表明当时在建筑上也应用了陶器。

图3-67 商代的青釉弦纹尊，堪称我国早期出现的原始瓷的杰出代表

随着制陶业的不断发展，陶器的质量日益提高，制作陶坯的土质、选材更加讲究，制作更加均匀和精细；所用的釉质也更加光润美观，炉温也更高了，已达到1200度。现多处出土原始瓷器的残片，并有完整的原始瓷器（图3-67），这是从陶到瓷的过渡期。我国瓷器驰名世界，实基于这个时期。

4. 医学与医疗器械

从商代甲骨文中，已有许多关于医学方面的史料，只是当时还将医与巫混为一谈。西周时的一大进步是将医与巫分开来了，因而西周时医学又有大的发展。首先是有了一套医政组织与医疗考核制度。按《周礼》记载，由“医师”总管医药，下分“食医”（相当于现代营养师）、“疾医”（相当于内科医生）、“疡医”（相当外科医生）、“兽医”等。对医务人员的优劣，每年考核一次，以此来确定医生的级别和俸禄，并建立了医历。

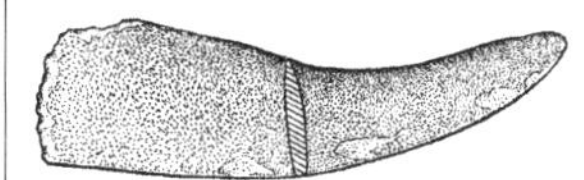

图3-68 商代开刀用的石制砭镰（采自杜石然等著《中国科学技术史稿》）

我国大约从商代起使用了汤液。在石器时代已出现了医疗手术用的石制砭镰（图3-68），从砭镰这一名称即可知道：这种手术刀的形状与镰差不多（不用手柄），当时，即用这些器械做医疗手术，切割肿块和放血等。在此基础上，以后广泛使用金属刀、针。金属医疗针的出现，是针灸技术得到重大发展的标志。据《黄帝内经》上说，当时已有“九针”：鍉针、圆针、镵针、锋针、铍针、圆利针、毫针、长针、大针。这些医疗器

械都属机械的范围。

另从甲骨文及《诗经》、《左传》等古籍的记载上可看出，当时的卫生、防疫知识也已大为丰富了。

到春秋战国时，医疗业又有重大发展，于战国晚期时出现了内容丰富的医疗理论著作——《黄帝内经》，对此前的医学进展进行了总结，指出了人体各器官的功能，明确地提出了脏腑、经络及阴阳五行学说。这一时期的名医扁鹊，他擅长用望、闻、问、切的四诊法，并能采用砭石、针灸、按摩、手术、导引等多种方法来治病。

5. 建筑

各项手工业和制造技术的巨大发展，也使这时的建筑业也有很大发展。首先是金属冶铸为建筑提供了斧、凿、锯、钻、锥等许多工具，使建筑效率大大提高。西周时，瓦的出现是建筑上的重要成就，不但数量急剧增加，质量也不断提高，种类和形状都增多了。也有的说砖的出现更早。陶器也渐成重要的建筑材料，陶水管更多了。金属制品、雕刻品、丝织品也都用作建筑装饰，建筑物更加讲究，也更加美观了。

宫殿的规模更大，也更复杂，宫殿建筑有着繁多的名目。防御建筑不但更坚固，也更加复杂。商代时，在城墙的四门上，已有城楼建筑了。

6. 水利工程及都江堰

（1）水利工程概况

这一时期建造了不少大型的水利工程，这一趋势反映生产发展、工具改进后效率提高，人力、物力、财力都更充实了。

大型水利工程分为三类：灌溉工程、运河工程和堤防工程。

大型灌溉工程的兴建，始于春秋之末，盛行于战国，当时主要的有四：芍陂、漳水十二渠、都江堰及郑国渠。芍陂是位于安徽寿县的大型蓄水工程（公元前7世纪兴建），也叫安丰塘，陂周约百里，灌田近万顷。漳水十二渠位于河北临漳县，是专为灌溉农田而于公元前4世纪前后兴建的大型渠道。以前漳水常泛滥成灾，劣绅、巫婆互相勾结，玩弄“河伯娶妇”的把戏，将少女投入漳水中残杀，勒索钱财。西门豹任邺令后，破除迷信，修建十二渠，变水患为水利，造福于民。四川灌县的都江堰约于公元前3世纪修建，由蜀郡太守李冰带领百姓建成，它是闻名于世的古老而宏伟的工程，成都平原300万亩良田得到灌溉，使四川成为名扬天下的“天府之国”。而公元前2世纪修建的郑国渠，则是另一大型灌溉工程。

大型运河工程中，为后世称道的还有公元前5世纪修建的邗沟，位于江苏，沟通了长江与淮河。

堤防工程的兴建十分普遍，向以黄河为重点，内容包含了测量、规划、施工管理、工程技术等。

（2）都江堰工程

都江堰（图3–69）又称都安堰，是举世闻名的水利工程，水利史上耀眼的灿烂明珠。建于约公元前3世纪的战国秦昭王时代。它位于成都平原的西部、四川省灌县境内的岷江口青城山旁，距成都59公里，当时的蜀郡太守李冰主持了该项工程的修建，他可谓为官一任，造福一方。

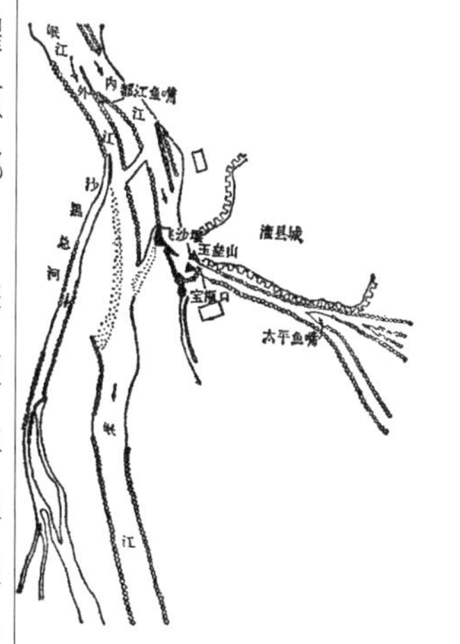

图3–69 都江堰工程示意图

源自莽莽雪域的岷江，沿途都是高山峡谷，江水湍急汹涌、奔腾澎湃。每到洪水季节，便泛滥成灾，成都平原良田被淹，房舍人畜瞬间遭毁。每逢枯水时节，广袤无垠的成都平原万顷良田龟裂，颗粒无收，百姓深受其害。人们为生存，历次修筑水利，还曾开凿阻挡灌溉水流的玉垒山，但收效甚微。都江堰地属蜀国，战国秦穆公时蜀国被强秦所灭，秦派李冰为第四任驻蜀郡太守。李冰知识渊博，精通天文地理，且十分重视农业生产，体察民情，对百姓的疾苦十分同情，他走访岷江两岸，观山水、察水情，昼夜辛劳制定治水方案，组织民众施工，开河作渠、引水灌溉，终于建成了都江堰工程，变害为利，造福一方。

都江堰工程不断地发展与完善，终使成都平原上河渠纵横、水网交错，目前灌溉渠道已达3万多条，水库数百座，灌溉地区达40多个县。都江堰被誉为“独奇千古”的“镇川之宝”，富足的四川被称为“天府之国”、“天下粮仓”。

今日都江堰的外观与最初相比有了较大变化，但经历了2200多年风霜雨雪、自然灾害的考验，巍然屹立，它的功能依然如故。

都江堰由三大部分组成：分水工程、开凿工程、闸坝工程。

分水工程主要是位于岷江江心洲上的鱼嘴，它的形状像鱼嘴，是工程的中流砥柱，它把岷江湍急的水流一分为二：东面一支是内江，引水灌溉成都平原；西面一支是外江，仍旧把水引入长江。

因内江的水流经过宝瓶口时，受到了玉垒山的阻挡，限止了水流量，为了确保有足够多的江水通过宝瓶口，便开凿了玉垒山。开凿工程使灌溉成都平原的流量得到了保证。

闸坝工程是指溢洪道——飞沙堰，用飞沙堰的高度来控制内江水的流量。当岷江有洪水时，内江的流量过大，一部分内江的流水会越过飞沙堰流入外江，使成都平原的灌溉流量不致过大。

三部分构成巧妙地相辅相成，保证了工程的功能，当都江堰遇到洪水时，外江的流量大于内江；而枯水时节或者成都平原急需用水时，内江的流量又会大于外江。

在修建都江堰时，考虑得十分周到，还建有一套水准很高的附属工程来确保都江堰工程的成功。

在水流冲刷严重的地方，如内江入口处的百丈堤、江心洲上鱼嘴所在地、宝瓶口附近等，都用人造堤坝加固河堤。人造堤坝用竹垄垒积而成，竹垄内装鹅卵石。如图3-70所示为都江堰工程的堤坝。

都江堰的一个重要功能，是合理分配流量。正如《华阳国志》记述："旱则引水浸润"，浸润即灌溉农田，很好地完成灌溉任务。为要合理地分配流量，就要对流量进行测定，为水量的控制提供依据。石人（图3-71）的安放，正起着水尺的作用，得以正确地测定流量。三个石人放在内江的入口处，《华阳国志》说："作三石人立三水中"；又说石人"水竭不至足，盛不没肩"，意思说水再少，石人也不会露出脚；水再多，也不会浸过石人的肩膀，就是说水位在石人的"足"和"肩"之间的合理位置。说明李冰是经过仔细的考察和研究，掌握了岷江水流变化规律才能做到。

图3-70 都江堰工程的堤坝

图3-71 都江堰工程中的石人

前述石人的作用是测知水面高度，而石犀的作用是测知河床的高度，当石人、石犀配合使用时，才能正确测知并控制流量。李冰在都江堰一共设置了五枚石犀。都江堰每年维修一次，就用石犀的高度决定"深淘滩"的尺寸，以此为根据来挖掘河底泥沙。

今日都江堰仍是成都平原上的明珠，工程气势宏大，周围山川壮丽、景色秀美，流传许多优美的民间传说，既灌溉了大批良田，也成为人们向往的旅游胜地，是著名的世界文化遗产，二王庙、伏龙观、索桥等都是有代表性的建筑古迹，每年吸引了大批中外游人。

二王庙位于内江之东，庙内供奉的是李冰父子。李冰父子生前并非是“王”，这座庙原本为纪念蜀王杜宇而建的，名为“望帝祠”。南北朝时，南齐建武年间（公元5世纪）才供奉李冰父子，改称“崇德祠”。宋代以后，李冰父子被相继敕封为王，这座庙也就改称“二王庙”。庙内塑有李冰父子像，陈设都为表彰他俩治水的功迹。

传说李冰父子战胜洪水，降服了孽龙，因而后人建造了伏龙观。这座观位于内江出水口、灌县城对面的离堆公园内，虎踞离堆之上，下临大江，三面环水，显得格外壮观。伏龙观是座道家建筑，初建于晋，历史悠久，结构巧妙，布局严谨，景色秀丽，文化珍品众多，如东汉时雕李冰石像，高达2.9米，是现存最早的圆雕石像。伏龙观内还陈列着都江堰灌溉区模型。殿后建有观澜处，供人登高眺望，近处的美景、远处的雪山，都能一览无余。另有各种书画、题词、诗文、碑刻、匾额等，为游人增添不少情趣。

索桥虽是现代建筑，但也古朴坚实，便于众多游人登桥观望都江堰全景，别有一番风味。

二、古代起重工程技术的杰出成就——悬棺升置

悬棺的名称很多，被称作“崖棺”、“蛮王墓”、“僰人棺”、“濮人冢”、“白（可能是‘僰’）儿子坟”、“岩葬”、“沉香棺”、“炕骨”、“铁棺”、“仙人葬”、“仙蜕函”、“飞神古墓”、“神仙骷髅”等，它是把棺木放在悬崖上的洞穴中或木桩上，具体的葬式有所不同，而以悬棺作为这种葬式的总称。

1. 千古之谜

悬棺分布在我国南方地区，现知在江西、福建、浙江、湖北、湖南、重庆、四川、云南、贵州、广东、广西、台湾12省、市、自治区均有悬棺。其年代当以江西、福建地区最早，约在春秋战国之交，古代越族首领所留下的棺木，成为千古奇观。古代所选葬地，一般都面山临水，风景秀丽，因而悬棺所在地通常也是旅游胜地。

悬棺起源于武夷山及周边地区，即闽北、赣东南以及浙西一带，当时在这一带生活的越人大都在船上活动，据《汉书》记载，东南越人“处溪谷之间，篁竹之中，习于水斗，便于用舟，地深昧而多水险”，是说他们身处高山峻岭之间，因而习惯于渔猎，善于舟楫。《淮南子》、《越绝书》、《逸周书》、《史记》等书中也有这类记载。关于悬棺的起源说法很多，如“孝道”说：“弥高者以为至孝”；“子孙高显”说：“乃教以

悬棺崖上，子孙高显”，并说悬棺内的东西“人不可取，取之不祥”，这也有“趋吉”之意，如此等等。而《马可·波罗行记》中提出了“安全说”，他认为悬棺的出现，是人们携死者骸骨“至高山山腹大洞中悬之，俾人兽不能侵犯”。此说应是悬棺起源的重要原因。据《管子》等书的记载，当时吴越两国之间发生了一场十分激烈的战争，干越等族有打牙、擿齿以示成年的习俗，为此许多越族年轻人打掉自己的牙齿，表示自己已经成年上了战场。这场惨烈的战斗，死亡无数，包括一些部属首领，为使这些蛮王、酋长的尸骨免受人兽侵犯，便将他们的尸体葬之悬崖，而且越葬越高，这就形成了悬棺。后世也有不少记载说乡民们为躲避战乱，设法登上悬棺葬地，也可谓“安全说”的佐证。

悬棺的传播源于民族迁徙，形成悬棺流传的源由，是一源，而不是多源，这是因为悬棺的升置十分困难，花费极其昂贵，文化内涵又非常独特，不大可能出于多源，民族大多有保持各自传统葬俗的习惯，这就在族民居住过的地方，留下了一连串神秘的悬棺，按照各地悬棺的年代能清楚地勾画出民族迁徙的方向和年代，迁徙的方向大体是由东往西、由北往南。古越族是一个生活在水上的民族，悬棺在武夷山地区发源后，先沿着鄱阳湖水系到达湖南的五溪地区，五溪地区除湘北外还包括渝南和黔东北。再从五溪地区到长江三峡一带，峡江地区除重庆外，还包括鄂西和川东。以后古越族又沿着长江往西到达川南一带（图3-72），又从川南沿着密如蛛网的水系到达了贵州、广西、广东、云南以及其他的地区。悬棺还曾飘洋过海到达台湾地区以及东南亚。从古籍记载及各地传说中也能得知，各地悬棺之间存在着一定的内在联系，比如说来自外地“悬棺仙葬，多类武夷”，近年有“复旦学子破解古人DNA密码”、“三峡悬棺内为古百越族人”的报道，再次证实悬棺出自一源。

图3-72 四川珙县现存的悬棺

随着悬棺的传播，流传有许多传说、故事、神话，经渲染后普遍带有传奇色彩，更增添了悬棺的神秘色彩。文人墨客在悬棺的葬地留下了大量的碑文石刻、诗作，现收录两首诗歌以助雅兴。

宋代王文卿诗《仙棺岩》： 昔人骑鹤上天去，不向人间有蜕蝉；
千载玉棺飞不动，空江斜月照寒烟。

明代黄应元诗《仙仓岩》： 岩下江流泻玉长，岩头瑶草擅春光。
仙家尽道休粮得，云壑如何亦有仓？

此处“仓”是指悬棺，形状若仓。

2. 中国悬棺知多少

在宋代百科全书式的类书《太平御览》上引述了在南北朝时的著名训诂学家顾野王述：武夷山“半崖有悬棺数千”。后世有学者曾多次引用这一数据；但也有学者对此提出异议，有的甚至认为“数千”实为“数十”之误。武夷山有悬棺数千之说当有夸张，若说全国有悬棺数千大体可信，这个数目说的是确实存在于悬崖上的棺木，而非指山坡上的棺木，也不是指只见墓葬不见棺木。尚需说明，数千之说，指的是历史上曾经达到过的数字，也就是最大数字，现存的悬棺远远没有数千，顶多只有原来的十分之一，原因是历史上对悬棺的破坏十分严重。其破坏的性质可以概括成自然损坏和人类破坏两大类。

第一类是自然损坏。随着时光流逝，风吹日晒、雨水侵袭、地震洪水等都会对悬棺造成损坏。这类损坏是在悄无声息中长年累月中进行着，它未构成重大事件，也不会引人注目，但对悬棺的损坏相当的严重。尤其是那些暴露在外的悬棺，受损更严重。

经济的发展也给悬棺带来了损坏。随着时间的推移，社会不断变化，科技进步、经济发展，需要修建铁路、公路，农田水利建设、电力等都在不断地发展中，这些变化都会影响到悬棺的存在。这方面的事例很多，不胜枚举。发生在最近，也是影响最大的即是三峡水库修建，这涉及一些悬棺的保护问题。

这类损坏是时光流逝和经济发展带来的必然结果，难以避免，只能尽量减少。

第二类是人为破坏。首先是盗墓贼的侵扰。盗墓之风的形成与发展，与古代厚葬死者的习俗密切有关，可以说是厚葬死者的恶果之一。历代埋藏在地下的金银珠宝为盗墓贼提供了丰富的资源，使盗墓成为难以治愈的顽症，这种风气与悬棺被破坏直接有关。但又有其特殊性。因为悬棺的主人是经济不甚发达地区的少数民族首领，他们的悬棺之内一般并无金银珠宝，盗墓贼之所以光顾，都由迷信活动引起。有些地区的人们认为悬棺及其随葬品有着神奇的魔力，可以祈福、求雨或治病，所以他们千方百计想得到棺内的东西，甚至不惜损坏悬棺。

许多人出于无知或受极“左”思潮的影响，对悬棺的文物价值认识不到，错误地把悬棺当作迷信用品，或者将悬棺推下悬崖峡谷，使其坠落入洪水，或者将悬棺集中一处当众焚烧，致使这些悬棺葬地被破坏殆尽。

历代战火对悬棺的损坏也是人为破坏重要原因，在战火频繁的地区对悬棺的损坏尤为严重，历史上这种战火可能是官与官，也可能是官对民，也可能是民与民的械斗，或者是匪乱、外乱侵入等，这些因素都使悬棺受到损坏。

某些外国探险家千方百计地掠夺悬棺资源，不择手段地将其据为己有。一些外国探险家以研究为借口，甚至不惜采用枪打、炮击的方法，毁坏了不少棺木及骨骸。

对悬棺资源过度开发也是造成悬棺人为破坏原因之一。有些地方出于一己私利，轻率地取下了过多的悬棺，远远地超出了实际的需要，甚至将悬棺及现场一扫而空，使悬棺研究难以深入，给悬棺资源造成了无法弥补的损失。

这些破坏都是人为破坏，应当引以为戒，极力避免，防止祖先留下的宝贵资源再受损失。

悬棺葬地大都山清水秀、风光旖旎，是发展旅游业的重要场所。悬棺的存在更有神秘莫测之感，如悬棺的产生、悬棺的传播、悬棺的升置都有着丰富的文化底蕴和极高的科技含量，为旅游增添更多的情趣，大大地丰富了旅游的内涵。

3. 谜中之谜

这些悬棺是如何送上悬崖的呢？这是人们最感兴趣的问题，也是悬棺的谜中之谜，引人遐想。古今接触悬棺的人大都认为把笨重的悬棺送到高耸的悬崖上，简直不可想象，人的力量是无法办到的，很自然地把升置悬棺的举动神化了。由此而生发出许多神话、传说、故事，又经渲染，带有浓厚的传奇色彩，把悬棺的升置根源归结为神的力量，或者是自然的力量。如果相信科学，摒除迷信的成分，就可以确定这只是古代的一项起重工程而已。根据记载和实地调查得知，升置悬棺的方法有四种：吊升法、栈升法、堆土法和涨水法。悬棺升置是针对不同的环境采取不同的方法。现将这四种方法分别作一介绍。

第一种为吊升法。用这种方法升置悬棺在古籍上记载不少，如《武夷山志》、《朝野佥载》、《四川通志》、《叙州府志》和《马可·波罗行记》等书都有这一方法的记述。在所见悬棺的棺木上也都能看到有挖凿出来的孔或者是突出的耳，当是捆绑绳索之用。后世人们进入洞穴时，也是吊入洞穴的。古时在江西省贵溪县渔塘乡仙水岩悬崖上曾有一座尼姑庵，庵内尼姑们的供奉，都是依靠吊入的。

这种方法的适应范围很广泛，它既可以从悬崖下升置到洞穴内（假如放置悬棺的洞穴距离崖顶较近时，笨重的棺木又可以设法升置崖顶时），也可以将悬棺通过崖顶吊入洞中。

第二种为栈升法。今有的地方悬崖上有密密麻麻、排列有序的栈道基孔，这些基孔内原先都应有栈道的横梁，这些横梁都可供升置悬棺之用。在宋代类书《太平御览》以及《建安记》、《临海水土志》等古籍上都记述悬棺旁有“飞阁栈道”或“虹桥”，这些建筑当与栈升法有关。但需指出，栈升法的实现要依赖于栈道修建技术，而栈道修建技术的发展有一定的地区性，所以栈升法在四川地区和峡江地区的悬棺用得较多。

第三种为堆土法。这是修建古建筑的一种常用方法，可用此法修建古塔、宫殿等。用堆土法升置悬棺，在刘锡蕃著的《岑表纪蛮》中扼要完整地记述了全过程，文中说广西某地的悬棺：“当日土酋威尊无上，殚民之力，筑土为台，运棺其中，事后台卸土撤，而棺乃独立岩际。”也有传说，在悬崖下堆积柴草，然后将棺木抬入岩洞内，后将岩洞下的柴草烧掉，使别人无法上去，这不能算入堆土法，但它与堆土法升置悬棺的原理是一样的。这种方法的局限性显而易见，它使用范围很有限，只能适用于下无流水的场合，而典型的悬棺葬地都是上有悬崖、下临大河，这样的地方无论是堆土或堆柴草都无法实施，所以用堆土法升置悬棺应用得很少。

第四种为涨水法。在一般情况下，悬棺葬位选得很高，但当涨水时水位很高，悬棺葬位就很易到达，趁此时将悬棺送达，这种葬法在《东还纪行》等书中亦有记载。但用这种方法升置悬棺就更少了。它较多适用于人工开凿的洞穴，洞穴的位置根据水位的高低选用，或是使用于二次葬，棺木较小，也较轻，棺内只放置死者的骨骸，这样就容易多了。

升置悬棺所用的设备，应是当时已有的起重工具，这些工具包括绳索、杠杆、滑轮、辘轳和绞车，其中前面几种的受力分析已经叙述过，现只对绞车的受力加以分析。

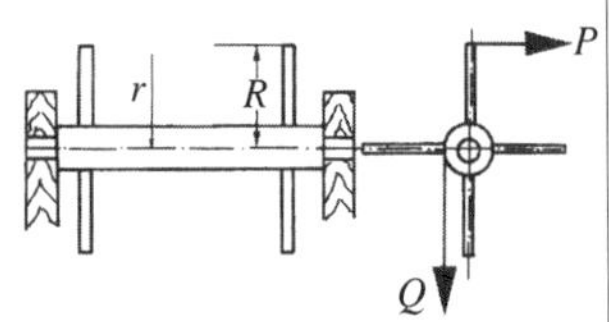

图3-73 绞车的受力分析

4. 绞车

绞车（图3-73）是古代得力的起重设备，其基本原理与辘轳略同。假定绞车收卷绳索的卷筒的半径为r，手柄的半径为R，物体的重量（即棺木及棺内物品的总重）为Q，手柄上的力为P，当绞车顺利工作（不计入摩擦）时，平衡条件为$R\times P=r\times Q$，则$R/r=Q/P$,也就是说，扳手的半径R是绳索卷筒r的多少倍时，就可以省力多少倍。为了操作之便，绞车上的手柄做得很长、较多，一般做4个或6个，常做有两圈扳手，可供两人同时操作。这都是为了便利、省力地操作绞车。

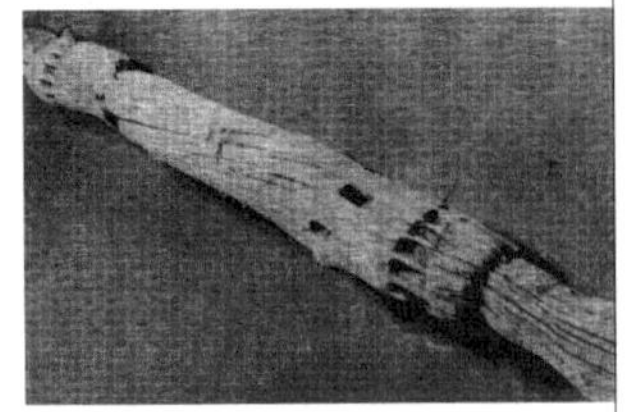

图3-74 湖北黄石出土铜矿中的绞车轴（采自《中国古代金属技术》）

利用绞车提升时速度较慢，但较省力。在湖北黄石铜绿山铜矿遗址中，就曾出土过战国时的绞车轴（图3-74、图3-75），在轴的两端各有6个手柄孔，在手柄孔外又有一圈可能是刹车孔，内装刹车销之用。

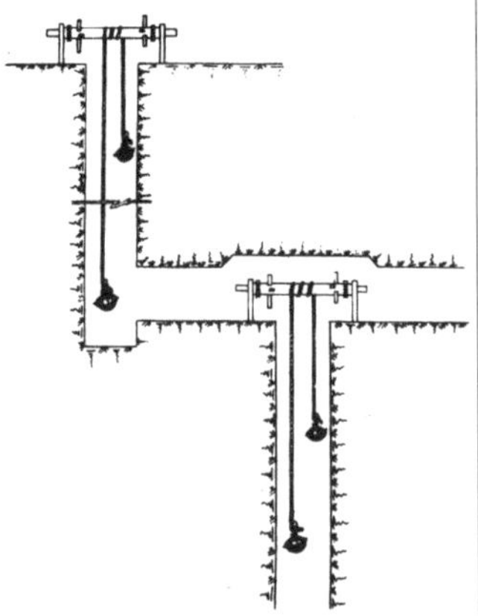

图3-75 湖北黄石出土铜矿中的绞车轴复原图（采自《中国古代金属技术》）

5. 悬棺仿古吊装

江西贵溪龙虎山仙水岩（图3-76）是悬棺发源地之一，仙水岩包括了仙岩和水岩，它也是悬棺较为集中的场所。龙虎山地处武夷山的北麓，泸溪河从岩下流过，丹峰壁立、碧水荡漾、风景秀丽、如诗如画，仿古吊装地选在这里，可谓在典型的环境中用典型的方法升置悬棺。同时龙虎山一带的文化内涵极为丰富，它是道教重要派别——天使道教的发源地，还有些佛教高僧、历代的学者如陆九渊、鬼谷子都曾在这里讲学和修炼，《水浒传》第一回开宗明义 “洪太尉误走妖魔”的背景就在这里，传说中的镇妖古井至今犹存。在《徐霞客游记》中也有关于龙虎山的记载，文人墨客关于龙虎山留下很多诗篇。北宋高官文学家 晁补之诗《仙岩》描绘这里：

图3-76 江西贵溪悬棺仿古吊装地——风景秀丽的仙水岩

稽天巨浸洗南荒，

上有千峰骨立僵；

民未降邱应宅此，

举头天壁有囷仓。

诗中的“囷仓”即指悬棺。

同济大学陆敬严主持的课题组经过模型实验研究后，于1989年6月13日在江西省贵溪龙虎山仙岩的悬棺现场，用绳索、滑轮和绞车等古代升置器械，成功地进行了仿古吊装，将一具古代留下的棺木重又送入悬崖上的洞穴中，解开了“悬棺是如何送上悬崖的”这一千古之谜。同济大学著名建筑史家陈从周教授为此次成功升置悬棺撰写了碑文，石碑树立在仙岩之下（图3-77）。现在使用此方法吊装棺木，已成了该地区（江西龙虎山）旅游的一个重要内容。其他地方悬棺吊装的具体方法可能会有所不同，但所用机械不能超越时代，必须符合当时的客观条件。贵溪吊装悬棺方法及原理则如图3-78和图3-79所示，其提升棺木的原理，当可从图上阅知。

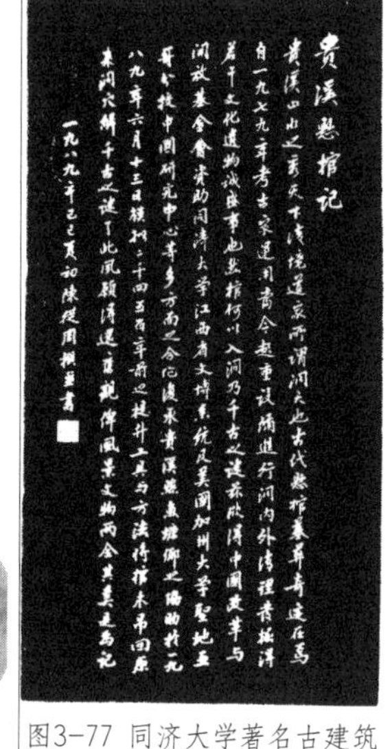
贵溪悬棺记

贵溪山水之秀天下传境道家所谓洞天也古代悬棺墓葬奇迹在焉自一九七九年考古家选用书今起重设备进行洞内外清理发掘得若干文化遗物诚盛事也然棺何以入洞乃千古之谜[illegible]欣得中国[illegible]学与闻政基金会资助同济大学江西省文博系统及美国加州大学圣地亚哥分校中国研究中心等多方面之合作遂承贵溪[illegible]之协助于一九八九年六月十三日模拟二千四五百年前之提升工具与方法将棺木吊回原来洞穴解千古之谜了此夙愿[illegible]观伟风景文物两全其美是为记

一九八九年己巳夏初陈从周撰并书

图3-77 同济大学著名古建筑学家陈从周教授为仿古吊装撰写的碑文《贵溪悬棺记》

图3-78 江西贵溪仿古吊装悬棺的方法

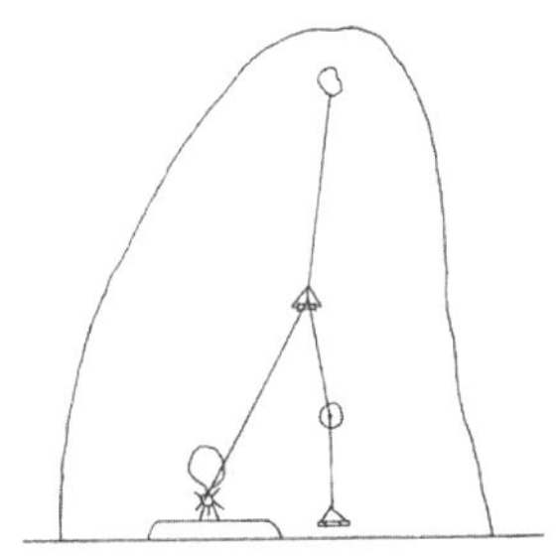

图3-79 江西贵溪仿古吊装悬棺的原理

三、古籍记载的几个神奇的故事

1. 最早的机器人

古籍中先秦著作《列子》是最早有此记述的。《列子》的作者列御寇是战国时的一名道家，后世将列子尊为道家先辈，把《列子》奉为道家经典，书中有不少诡谲怪诞的记载，其中就有关机器人的故事。

话说西周时有名能工巧匠偃师，带着一个人同去参见国君周穆王，王问他带来的是何人，偃师说：“臣之所造能倡者（倡者即歌舞艺人）。”周穆王见“倡者”与真人一般无二，按它的下巴“则歌合律”（合着旋律唱歌）；抬抬它的手“则舞应节，千变万化，惟意所适”（伴着节奏跳舞，千变万化、随心所欲）。周穆王命妻妾一同观看。“倡者”在表演将要结束之时，竟对周穆王的侍妾眨眼挑逗，周穆王勃然大怒，要杀偃师。偃师百口难辩，立即将“倡者”拆开，只见是些“革、木、胶、白、黑、丹、青之所为”（由皮革、木头、颜料所制），“内则肝胆、心肺、脾肾、肠胃，外则筋骨、支节、皮毛、齿发、皆假物也，而无不毕具者”（里面的肝胆心肺，外面的筋骨肢节等，都是假的。再将其装起来，又完好如初），周穆王“试废其心，则口不能言；废其肝，则目不能视；废其肾，则足不能步”（试着拿掉它的心，口就不能开合；拿掉他的肝，眼睛便不能转动；拿掉他的肾，脚就不能行走）。周穆王这才转怒为喜，叹息道：“人可以巧夺天工呀。”

这段有关古代机器人的生动记述，可概括为三个特点：

其一，所记述的故事年代久远，周穆王当政时约为公元前9世纪或前10世纪，距今有3000年左右。

其二，记述的古代机器人的水平极高，不但能歌善舞还能眉目传情，显然是个智能机器人。

其三，这一机器人外观逼真，且是个“帅哥”，惹得周穆王信以为真，心生醋意。

外形逼真、水平如此之高的机器人，不要说古代，即使是科技发达的今天，也难以制造出来。

2. 最早的人造飞行器

据《墨子》记述，春秋末年，鲁班有次为楚王制造云梯，准备攻打宋国。墨子赶到楚国去劝阻鲁班，这时鲁班“削竹木以为鹊，成而飞之，三天不下”。鲁班自鸣得意，窃以为巧妙过人。这时墨子对鲁班说：“子之为鹊也，不如匠之为车辖”（你做个飞行的喜鹊，还不如匠人做个约束车轮的销子），因销子虽只有三寸大，却可以让车子承载五十石的重量，具有很大的功用。墨子说：“利于人谓之巧，不利于人谓之拙”（有利于人的称之为巧妙，对人无利的可谓之笨拙），他指出鲁班所为（指造云梯助攻宋），是不仁、不忠、不强、不智的行为，终于说服鲁班放弃了攻宋的计划。墨子关于巧与拙的论说也可作为后世科学家的处世格言。

不少古籍如《淮南子》、《论衡》、《列子》、《朝野佥载》、《酉阳杂俎》等载有这一记述，但各书说法不同，有的记载是鲁班制作木鹊，有的则说木鹊是墨子制作的。究竟何人制作木鹊并不重要，因它仅仅是个传说，可信程度并不高，无论是鲁班还是墨子，当时能“削竹木以为鹊，成而飞之，三天不下”，这是不现实的。

关于墨子所说“子之为鹊也，不如匠之为车辖”中“辖”，东汉时的《说文解字》解释：“车轴端键也，两穿相背。”即是安装于轮毂外侧车轴上的车销，起车轮轴向固定作用。其重要性，从《汉书 陈遵传》卷九十二中记述的一个有趣小故事中看出：“陈遵嗜酒，每大饮，宾客满堂，辄关门，取客车辖投井中，虽有急终不得出。”陈遵留客的方法十分独特且有效，从而看出，辖是古车上必不可少的零件。投辖井的位置，可从名著《老残游记》中得知：老残在山东游历四大名泉，出趵突泉后门向金线泉走去，进入金泉书院二门，看到了相传是陈遵投辖留客的“投辖井”。在古代，这种销的应用十分广泛，不仅用于古车，在其他机械上也常应用。

在春秋战国之后，仍有不少人研制木鹊，其中最为著名的是东汉时的张衡。南北朝时范晔所编《后汉书·张衡传》中记有：“木雕独飞。”这一记述过于简略。宋朝李昉等人编写的《太平御览》记述较详：“张衡尝作鸟，假以羽翮，腹中施机，能飞数里。”按此记载，张衡所作木鸟与前述大有不同：其一，该鸟“腹中施机”，是说腹内存有机关；其二，该鸟“能飞数里”，并非“三日不下”。如此看来张衡所造木鸟，比前述鲁班或者墨子造木鸟要现实得多了。

唐代苏鹗的《杜阳杂编》中记有名韩志和者所制木鸟：“与真无异。以关戾置于腹内。发之，则凌云奋飞，可高三丈，至一二百步外，始却下。”这里的飞鸟只能飞一二百步外，更易达到了，等同于风筝一般。

明代凌稚隆的《五车韵瑞》记有：“为木鹄，设机关，触人则飞动。骈衣羽服，乘之，状若仙去。”从文中记述来看，木鹄“状若仙去”，可能只用于装装样子而已，并未说该木鹄能在空中飞行。不禁联想起崔颢《黄鹤楼》中名句：“仙人已乘黄鹤去，此地空余黄鹤楼；黄鹤一去不复回，白云千载空悠悠。”遂令诗圣李白游黄鹤楼时叹曰：“眼前有景道不得，崔颢题诗在上头。”

3. 奇肱飞车

世上最古老的、战国时成书的《山海经》上，有一段“奇肱飞车”（图3-80）描述：“奇肱国善制飞车，游行半空，日可万里。”

图3-80《古今图书集成》上载的“奇肱飞车”图（采自《中国古代航空史话》）

《帝王世纪》的叙述更详细：“奇肱氏能为飞车，从风远行。汤时，西风吹奇肱飞车至于豫州。汤破其车，不以示民。十年，东风至，汤复作车，遣之去。”在《志怪》、《玉海》等书中也有相同的记载。

成汤在位13年（公元前1766—前1754年），传说他是一位圣明的贤君。不知何故要破坏奇肱飞车，并“不以示民”。据传奇肱国人只有一只胳膊，却心灵手巧，会制造飞车，飞车遭到破坏后，没有图纸仍能仿造，似乎制造起来不太难。飞车前进是依靠风吹送的，但不知它是凭什么力量升空的。按每日24小时计算，日行万里，时速达400里（中国旧计量单位，1里＝0.5千米），这是不可能的！看来这个飞车故事纯属虚构。然而幻想用人造的器械实施飞行的理想，比求神拜佛进步得多了。

在古代，奇肱飞车的影响非常之大，诗圣李白也曾赞奇肱飞车曰：“羽翼灭去影，飙车绝回轮。”晚唐诗人陆龟蒙诗曰：“莫言洞府能相隐，会辗飙轮见玉皇。”北宋文学家苏轼《金山妙高台》诗：“我欲乘飞车，东访赤松子；蓬莱不可到，弱水三万里。”这些都充分表达了人们对空中飞行的向往。实际上奇肱飞车比其他的飞行物体更接近于今天的飞机。

清代小说家李汝珍的小说《镜花缘》中，有数次涉及飞车，叙述得非常生动有趣，第66回中“借飞车国王访储子，放黄榜太后考闺才”中有如此描述：“……不惜重费，于周饶国借得飞车一乘。此车可容二人，每日能行二三千里。若遇顺风，亦可行万里……”“……俺如得了飞车，一时要到某处，又不打尖，又不住夜，来往多快。假如俺今年来京，若有一二十辆飞车，路上又快又省盘费，岂不好么？”在第94回“文艳王奉命回故里，女学士思亲入仙山”中有如此描述：“国舅家人已将三辆飞车陆续搭放在院中，都向西方，按次摆了。众人看那飞车只有半人之高，长不满四尺，宽约二尺有余，系用柳木如窗棂式做成，极其轻巧，周围具用鲛绡为缦。”车内安着指南针及如船舵一般物品、铜轮等。并说车子用钥匙开启，铜轮就如风车般旋转起来，车向上升约十几丈高，向前飞去。

李汝珍在距今近200年前写出的小说中描绘的飞车，比起古代奇肱飞车的神话又前进了一大步，由此看李汝珍堪称我国早期的科幻小说家。

4. 如何看待上述记载

在上述记载中，所记的机器人、人造飞行器的水准都很高，即使是今天，人们还没有造出可以乱真的机器人，而航空上一般人造飞行器也难以“三日不下”。古车能飞行是断然不可能的。可以歌舞的机器人及“三日不下”的飞鹊和“日行万里”的飞车，都应以计算机为核心才能做到，而计算机的出现不过才几十年。另外，中国古代的能源不过是人力、畜力、水力、风力和热力，用这些东西作为原动力，则上述记载之机器人、飞鹊都不可能，也就是说这些记载未必真实。

既然上述记载是假的，那么是否毫无价值了呢？完全不是，它们有着巨大的价值。这些记载说明，关于极为先进的机器人和人造飞行器的思想，在2000多年前已产生了。

任何发明创造都来源于先进的思想，正因为这些想法新鲜，往往让人难以理解，甚至受到一些人的激烈反对，但有些思想却能经受时间的考验。上述记载告诉我们，关于机器人和人造飞行器的思想，经历2000多年的时间，越发显得光彩夺目，今天已逐步变为现实。

这就是提倡创造思维的原因。

第五节　主要历史人物与科技名著

一、概述

中国约5000年前进入了奴隶社会，农业生产技术与产量都有了提高，又促进了手工业和畜牧业的发展，奴隶制社会不断发展，国家日益强盛，更进一步促进了经济发展。城市建立、增多，商贸繁荣，文字形成，生产技术和生产规模都达到了前所未有的程度，使春秋战国成为奴隶制向封建制大变革的时代。生产效率大大提高，新兴的地主阶级取得了有利的地位，也促成了科学技术的大发展。这种社会大变革的局面，打破了奴隶主对文化教育的垄断，教育大发展，更促使这一时期内科学技术发展迅速，也促成了中国科学技术领先的局面。

这一时期，在中国及世界上诞生了有很大影响的三个学派（儒、道、墨），也产生了一批对历史有重大影响的人物。

儒家最具代表性，是中国影响最大的、最重要的学派，由孔子创立于春秋末期，统治中国学术界有2000多年，他的主要继承人是孟子。儒学崇尚“礼乐”、“仁义”，提倡“忠恕”和不偏不倚等。道家也对后世有很大的影响，它是由老子（即李耳）于春秋时创立，道家主张“有”和“无”的统一，更强调无。墨家也是一个重要学派，由墨子在战国时创立，主张兼爱、非攻等。墨家在自然科学及工程技术领域中有一定的研究和贡献。孔子、老子、墨子都是著名的思想家、哲学家。此外，当时还有为数不少的小学派。

军事领域先得到了充分发展，这一时期出现了不少军事家，如孙武、孙膑、姜子牙、黄石公、吴起等。军事学说已理论化，产生了不少有影响的军事著作，如《孙子》、《吴子》、《太公六韬》、《三略》、《孙膑兵法》等。

医学与人民密切有关，一代名医扁鹊，相传他是黄帝时的神医，也有说他是春秋或战国时的名医，医术精湛，为人刻苦，学识丰富，治好许多疑难病症。这一时期的医学名著有《黄帝内经》等。

主持领导修建都江堰的李冰也是一位重要的科学家。当地流传着他们父子修建都江堰的许多故事和传说，歌颂他们造福于民的巨大功绩。

可惜的是记叙这些科学家的史料甚少，对于这些科学家后世都知之甚少。大都要从民间的传说和故事中收集资料。此一时期产生的一些著作为后人留下了不少研究史料。如《夏小正》上，有不少早期的物候及农业生产知识。《吕氏春秋》、《管子》中也有不少农业知识。《山海经》、《禹贡》、《管子》中有不少地学知识。科学技术上影响最大的当数《考工记》。本书将对墨子、鲁班及《考工记》作专门的介绍，因其与机械的关系较大。

二、孔子与儒学

孔子名丘，字仲尼（图3-81），生活在公元前551—前479年。鲁国陬邑（今山东曲阜）人。春秋末期的思想家、政治家、教育家，儒家学说的创始者。

图3-81 宋代马远所作孔丘像（由北京故宫博物院所收藏）

孔子在政治上提出“正名”，“克己复礼为仁”。当时因诸侯争霸，周王室名存实亡，周礼已被束之高阁。孔子主张全面恢复西周时的礼仪，维护旧的等级秩序，因循守旧、安于现状，循规蹈矩、不得僭越，仿照固有的程序行事，以前有的应有，以前没有的不该有，建议对僭越的人要严厉惩罚。这一复古主张与历代统治者心理不谋而合，因而

图3-82 孔子讲学图（采自张荫麟《中国史纲》）

备受推崇。孔子还反对苛政和任意刑杀，因他生前未得到重用，这一条也就未能得以施展。因此他在政治上没有什么建树（图3-82）。

孔子的政治抱负没能得到实现，但他致力于教育，诲人不倦。在教育上提倡“有教无类”，因材施教，并取得了巨大的成就。在孔子之前，受教育是贵族们的专利，教师附庸于贵族。孔子说，从具“束修”来见他的，没有不予以训诲的。他所收的“束修”不过是十吊肉，无论贫富贵贱他都教，人人都有受教育的权利。孔子的“有教无类”思想，颠覆了传统教育理念，开创了平民化教育，这在当时是一场大革命。教师是他喜爱的职业，他是伟大的教育家，是中国教育史上一位重要的开拓者。

孔子非常重视人格教育和技艺教育，他运用道德理念、人生哲理教育门徒，他的话被他的弟子记录下来，就成了流传至今的《论语》。《论语》堪称我国第一部语录体著作。除了传授理论外孔子还十分重视传授技艺，如弟子必修六艺：礼、乐、射、御、书、数，在当时六艺是贵族所必具的技能，但他让弟子也学得这些技艺，充分体现了他的“有教无类”思想。

孔子造就了大批人才。传说他先后有弟子三千，贤人七十二。这或许有夸张之处，但他弟子中有名有姓和有史籍可考的确有几十人，他的教育造就了许多怀有各种技艺、出类拔萃的人才，成为鲁国和其他一些国家的人才宝库。

仔细推敲孔子的生平可知，孔子在政治上虽怀有一定的抱负和理想，

图3-83 孟子像（采自张荫麟《中国史纲》）

图3-84 清代康涛绘《孟母断机杼》

但他的思想和学说具有较大的妥协性、适应性，与现今的创新理念是背道而驰的。他在政治上的业绩平平，并无出色之处。流传下来的孔子形象，是经过历朝历代帝王精心包装过的、已被神化了的。历代帝王为了自己统治需要，将孔子和其学说刻意装扮，以至于各个朝代孔子的形象稍有不同。孔子是万世楷模，他的教育成果前所未有，值得后世对他在教育上的巨大贡献敬仰膜拜。但不可将教育上的伟大贡献无限扩大化，以至于将政治与其他方面混为一谈。

孔子儒学的继承者孟子（图3-83），有“亚圣”之称。约生活于公元前372—前289年，名轲，字子舆，邹（今山东邹城）人。是战国时期著名的思想家、政治家、教育家。他提出“民贵君轻”说，告诫统治者要重视、善待人民；主张“法先王”、“行仁政”，使“黎民不饥不寒”；教人深造、养性，达到“富贵不能淫、贫贱不能移、威武不能屈”。也提出过“劳心者治人，劳力者治于人，治于人者食人，治人者食于人”论点。在儒家哲学中形成了一个唯心主义的理论体系，对后世的宋儒影响很大。

我们对孟子的生平事迹知之甚少，但坊间流传的孟母三迁的故事几乎家喻户晓（图3-84）。传说孟家原先的邻居是个屠夫，孟子不爱读书，学样杀猪，孟母剪断机杼，另择处搬迁。这处靠近墓地，孟子仍不思学习，学着上坟哭丧，孟母断然再迁。最后与学坊为邻，孟子潜心学习，终成大器。

儒家并没有很出色的科技贡献，但千百年来对中国的传统文化和教育影响巨大。其影响既有正面的也有负面的，其内涵很值得人们进一步去探索研究。

三、墨子与《墨子》

图3-85 墨子像

墨子（图3-85）名翟，他生活于公元前468—前376年，是春秋战国之交的思想家、政治家，重要的学派墨家的创始人。他的政治主张代表了人民的利益，主张自食其力，反对压迫，力主革新，权利平等，反对掠夺战争等。

传说墨子原是宋国人，后长期生活在鲁国。可能出生于一般的劳动者家庭，本人也可能做过工匠，因而加工能力很强，制作技术十分高明。他所创墨家学派门徒很多，大多来自社会中下层，因而墨家学派也刻苦耐劳、勇于实践、纪律严明。墨家学派尤重自然科学，并作出过巨大贡献。但墨家学派过分夸大感性认识的作用，有狭隘经验论的错误。

古籍《墨子》是墨家学派著作的总汇，也是先秦的重要古籍。据后世古籍介绍，知其共有71篇，但现存的只有53篇。可从中看到墨家的主要思想，以及墨子和他的主要弟子的言行。墨家对自然科学较为重视，这是因墨家学派组成中有许多优秀的手工业者，他们有丰富的生产经验，深通机械道理，他们将对自然科学的认识写入了《墨子》，主要集中在《墨经》中。

《墨经》是《墨子》的一部分，包括“经上”、“经下”、“经说上”、“经说下”四篇，也有人认为可再加上“大取”、“小取”共六篇，称为《墨经》或《六辩》。它可以说是一部内容丰富、结构严谨的科学著作。全文约5000多字，180条内容。因其内容高深、文字古奥，又无插图，很难读懂。后代作注的人也不少，才使我们初步弄清它的主要含义。

《墨经》中，主要为数学、力学和光学内容，已超出了现象的直接描述，将其上升为理论。《墨经》中有阐述深邃的数学概念与数学理论，包括有穷与无穷、极限、相交、相比、相次等问题。《墨经》第一次给出了力的定义，并大体叙述了牛顿第一定律的基本内容。它研究了杠杆、滑轮、浮力、轮轴和斜面等问题。《墨经》中还讨论了不少光学问题，如阴影、小孔成像、球面反射、火光与温度的关系等问题，俨然可称为中国第一部几何光学。在以上几方面都提出了许多正确或基本正确的理论。

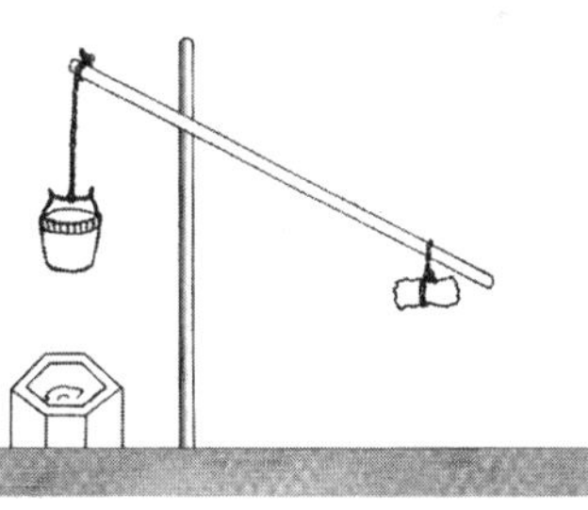
图3-86《墨经》中对杠杆的分析

《墨经》中关于杠杆（图3-86）的论述就很精辟，它论述了杠杆的平衡理论。书中把杠杆上的横杆称为“衡”或“桥”。中间支承。横杆的前端是重臂，称为“本”，它所承受的重量称为“重”。横杆的另一端是力臂，称为“标”，所施的力称为“权”，即现之砝码；横杆平衡时，两端都不会“挠”，实指两端都不会翘，就平衡。这时是杠杆所能承受的最大重量。哪一端上翘，即说明哪一端轻。当力臂一端上翘时，则需加长力臂或加大所施的力，使之下垂，杠杆达于平衡。文中明确认为，应恰当决定横杆两端的长度。这一理论对当时处于发展中的提水机械——桔槔，有很大的指导意义。也与我国天平及秤的发展有关。据《吕氏春秋》、《慎子》等古籍记载，我国当时已有了天平（等臂杠杆）及秤（不等臂杠杆），考古中也有战国时的天平出土，能够称量不太重的物体。

关于《墨经》成书的年代及作者，有人主张“经上”、“经下”、“经说上”、“经说下”四篇都出自墨子之手；但也有人主张后两篇是解说前两篇，问世要晚一些，存在分歧。但墨子对古代科学有着巨大的贡献，这一点是肯定的。

《墨子》中还有十几篇讲到了战争器械，墨子一向重防御，力主“非攻”并积极宣传他的主张，书中提及防御器械之处不少，但对其具体结构难知其详。

四、老子与《道德经》

图3-87 元代赵孟頫所作《老子》（采自张荫麟《中国史纲》）

老子（图3-87）姓李名耳，字伯阳，楚国苦县（今河南鹿邑东）人，春秋时思想家。相传是道家创始人，孔子曾向他问礼。他用“道”来说明宇宙万物的演变：“道生一，一生二，二生三，三生万物。”“道”可以解释为客观自然规律，然而又有着“独立不改，周行而不殆”的永恒绝对的本体的意义。他的思想包含有辩证法的因素，猜测到一切事物都有正反两个对立面，并能意识到对立面的转化：“物极必反”、“福兮祸所倚”。教人创造而不占有，成功而不自居；教人欲取先与，以退为进、以柔克刚、以弱胜强的谦卑逊让、知足寡欲的心态。在政治上主张“无为而治”，要统治者不要主宰一切，给百姓一个宽松、自由的环境，悉听尊便，不横加干涉。认为文明是痛苦和罪恶的根源，要恢复结绳记事法，让“邻国相望，鸡犬之声相闻，而民至老死不相往来”。因他喜欢借传说中的黄帝的口吻阐述自己的思想，因而被后人称为“黄老”。

道家也称为“道德家”，是以老子等学者关于“道”的学说为中心的学术派别。传统看法是：老子是道家的创始人，庄子继承和发展了老子的思想。以自然天道观为中心，强调人在思想、行为上要效法

"道"："生而不有，为而不恃，长而不宰"；政治上主张"无为而治"，"不尚贤，使民不争"；伦理上"绝仁弃义"，明显地与儒、墨学说形成了对立。道家尊奉老子为教祖，事实上老子的学说并非是宗教。但对东汉末年农民运动中道教思想的产生有一定的影响。

道教，由东汉张道陵所创，道教奉老子为教祖，尊称他"太上老君"，以《老子五千文》（当时对《道德经》的称呼）、《正一经》和《太平洞极经》为主要经典。入道者须出五斗米，故亦称"五斗米道"，教徒尊张道陵为"天师"，又称为"天师道"。东汉时张角的太平道和张鲁的五斗米道成了农民起义的旗帜。

《道德经》即《老子》（图3-88），是道家的主要经典。道教也奉它为主要经典，称其为《道德真经》。老子写《道德经》的原由，据《史记》记述："关令尹喜曰，子将隐矣，强为我著书。于是老子乃著书上下篇，言道德之意五千余言而去。"《道德经》内涵极为丰富，涉及面十分广博，影响之深远，实所未见。据说关于《道德经》一书的注释就有50多种，至于《史记》中所记老子"出关"西行，意欲何往；《道德经 》一书是否如《史记》所述"强为我著书"等，均难以考证，但估计这部流传千古的不朽著作的产生恐怕没有这么容易吧。至于老子所出的关，据说是"函谷关"，在今河南宝丰境内。

图3-88 晁补之作《道德经》（采自张荫麟《中国史纲》）

道教常与化学、医学、养生、占卜等有关联，潜心钻研炼丹术，热衷于炼制长生不老药，直接导致日后火药的诞生，也与冶铸火器的发展有一定的关系。

五、鲁班

鲁班（图3-89），姓公输名般，因他是鲁国人，古文中"般"、"班"两字发音相近，所以人们常称他为鲁班。他大约生活在春秋末年到战国初年，是中国古代的优秀工匠，杰出的机械发明家，更被木工工匠

图3-89 鲁班像

图3-90 木版印刷的鲁班肖像供人们顶礼膜拜（采自李约瑟《中华科学文明史》）

奉为“祖师”，鲁班的肖像常常被贴在工厂、作坊的墙上，以供人们顶礼膜拜（图3-90），受到后世的尊敬与怀念。或正因为他长期辛勤劳作，所以未见他留有著述，也没有他的传略，但许多古籍都记有他的功迹，民间传说中也有许多关于他的故事。

他的发明创造很多，大多与机械有关，归纳起来有四方面。

1. 工具

鲁班发明的工具有刨、锯、凿、铲等，这些工具可提高工作效率，减轻劳动强度，改进生产工艺。如鲁班发明锯，流传一个生动有趣的故事，说鲁班有次上山时，偶然拉了一把野草，手被划破了，他仔细观察，发现野草的两边长有齿，受此启发，鲁班终于发明了锯。实际上，所谓鲁班发明的不少工具，有的在石器时代已有，如凿、铲等。还有轩辕发明锯的传说，这些不同的说法有无矛盾呢？可以理解为鲁班对这些东西作了重大改进，促进了这些工具的应用与发展。

2. 机械

鲁班发明的机械中，以磨的影响最大。磨用于千家万户，在几千年的时间里，深入到各地居民的生活中，将谷物加工成粉。

《论衡》一书说鲁班“作木车马，木人御者，机关具备，载母其上”，可见这种机械十分巧妙。《礼记》中还说鲁班“又作机关封墓”。这可能是用于杀伤盗墓贼的自动机械，只是这些发明都无法详知结构。

传说中还有鲁班见原来的锁只借外表吓人，内无“机关”，效果很差，于是在锁的内部做上“机关”，使别人无法开启。

3. 战器

前已述及，鲁班发明了攻城的“云梯”、水战的“钩拒”等，在战争中发挥了一定的作用。

4. 自动机械

如前述鲁班“削竹木以为鹊，成而飞之，三日不下”的飞行器。

此外，据《列子》记载，鲁班在雕刻方面也有很大成绩。他拟刻一只凤凰，没有刻成时，受到许多人的怀疑与讥笑，鲁班反而更加努力，终于将凤凰刻成，形态逼真，栩栩如生。鲁班的高超技艺与顽强精神，也更得到人们敬佩。

鲁班的工作，在当时就得到人们的拥护与支持，尤其得到他亲人的支持。据《玉屑》的记载：伞就是鲁班的妻子云氏所发明的，让鲁班外出时带上遮日避雨。另外还传说：木工放线用的墨斗上原无小钩，由鲁班的母亲用手拿住，放线时必须两人共同进行。后来鲁班的母亲改进了墨斗，在其上加装了小钩，用小钩钩住木料，将墨斗固定，就不必另用人来拉了，放线的工作就不再需要两个人了，所以后世把墨斗上的小钩称“班母”。又如：原来木工刨料时，由鲁班的妻子顶住木料，将其固定。他妻子在木工案子的前面装个卡口顶住木料，从此后，刨木料的工作，也就不再需要两个人了，所以后世把顶木料的卡口称为“班妻”。

六、《考工记》

《考工记》是我国先秦时期重要的科技著作，既承载了奴隶制社会文化遗绪，又开启了封建社会手工业技术记载的先河，它的价值与《墨经》等同之，各有特点，相映生辉。较为主要的看法，认为《考工记》是春秋末年时记录手工业生产技术和有关科学技术的官书，具体作者不详。估计是集体创作的产物。

《考工记》与《周礼》在秦始皇焚书坑儒时同遭厄运。迄至西汉，汉高祖时进行古籍大整理。后又经刘向、刘歆父子校书，西汉经过三次古籍大整理之后，《考工记》才有了定本。《考工记》本无书名，汉承秦制，“少府”下设“考工室”，之后更名为“考工”。重新问世的《考工记》的书名为《周礼·冬官·考工记》，或许与此有关。现存的《考工记》是《周礼》中的一篇“冬官”。把《考工记》编入《周礼》之事始于汉代。当时河间献王刘德（汉景帝之子），在整理儒家经典时，因《周礼》缺“冬官司空”一篇，就将《考工记》补入为《周礼·冬官·考工记》。从此，风马牛不相及的两本书，就合而为一了。在流传过程中，尤其是经过秦始皇焚书后屡有佚失，现存的《考工记》中有的内容不详；也有的章节语气各不相同，约为后人补足。郑玄作《周礼·冬官·考工记》，是现存的研究《考工记》的权威著作，后世研究、注释《考工记》的论著也相当多，影响较大的有清代的《考工记图》、《考工创物小记》等。

《考工记》的内容极为广泛，涉及许多加工制造的行业，是对当时的手工业生产情况和加工技术的总结，包括“攻木之工七，攻金之工六，攻皮之工五，设色之工五，刮摩之工五，搏埴之工二”，共30个工种，对许多行业都作了详细记载，是了解先秦的科技文明的窗口。其中不少内容和机械关系较大，如“轮人”、“舆人”、“车舟人”、“冶氏”、“矢人”、“车人”等，分别介绍了车辆、兵器、冶金等制造方法，其他内容也涉及建筑、陶瓷、胄甲、皮革、印染及生活用品等领域。除介绍加工过程外，也有生产规范，堪称是先秦的百科全书。《考工记》中涉及的理论问题虽不多，但也很有创造性，是古代科学知识的结晶，如已涉及车轮的滚动摩擦、斜面运动、惯性现象、抛物体的轨迹、水的浮力、材料强度、器物发声与形状的关系等。

学术界普遍认为，搞科技史研究，应上抓《考工记》，下抓《天工开物》，《考工记》是中国古代科技走向成熟的标志，是机械史发展的里程碑，也是科技史的重要组成部分，有很高的学术价值，是中国文明的重要标志。

第四章

古代机械文明臻于成熟

（公元前3世纪—公元3世纪）

在秦汉时期中国古代科学技术有了突飞猛进的发展，并且臻于成熟。中国古代机械也与古代科技同步发展及成熟。在此期间，古代科技的发明与发现特别多，李约瑟在他的巨著《中国科学技术史》一书的“总论”中，用英文字母为标号，列举26种中国古代的杰出发明，并列表说明这些发明传到其他国家的时间，这些发明为：（a）龙骨水车；（b）石碾和水力在石碾上的应用；（c）水排；（d）风扇车和簸扬机；（e）活塞风箱；（f）平（即斜）织机和提花机；（g）缫丝、纺丝和调丝机；（h）独轮车；（i）加帆手推车；（j）磨车；（k）高效马具；（l）弓弩；（m）风筝；（n）竹蜻蜓和走马灯；（o）深钻技术；（p）铸铁；（q）游动常平悬吊器；（r）拱桥；（s）铁索吊桥；（t）河渠闸门；（u）造船和航运；（v）船尾方向舵；（w）火药；（x）罗盘；（y）纸和印刷术；（z）瓷器。临结束时，作者风趣地说：26个英文字母已经用完，但还有许多事例，甚至是重要的事例可以列举。的确如此，如影响巨大的秦陵铜车马、指南车、记里鼓车等发明都未提及，或因铜车马的出土晚于总论的写作，而指南车、记里鼓车等帝王应用的东西未传到国外的原故。此外，加工粮食的水碓应用也很多。在作者所举26种发明中秦汉时期的发明就有11种，其中的纸更是中国古代的四大发明之一。可以说，任何时代的发明都没有这么多。这一时期堪称是中国历史上辉煌的时期。

第一节　秦陵兵马俑与铜车马

一、 事情起源

秦陵位于西安市东约30多公里的临潼县骊山下，是秦始皇时期修建的重大工程。

秦始皇名嬴政（公元前246—前210年在位），13岁时（公元前246年）登上王位直至公元前210年亡。经过20余年征战，在公元前221年，他先后吞并了燕、赵、韩、齐、魏、楚六国，建立了中国历史上第一个统一的中央集权制封建国家，自称始皇帝。秦始皇统治的秦国统一了法律、文字、度量衡和货币，修建了驰道、直道、长城。权力使秦始皇的欲望高度膨胀，实施专制统治，严刑酷政、苛捐杂役，焚书坑儒。他祈求永生，遍寻长生不老药，不果，按古人“死乃以生”、“事死如事生”及“灵魂不死”的观念，死后也要享受生前穷奢极欲的荣华富贵，在登基第二年，即公元前245年便开始为自己修建陵墓，命丞相李斯设计、规划，大将章邯等监工，直到秦始皇50岁（公元前210年）驾崩，他的陵墓共修建了36年，征集了全国70万劳力施工。

秦始皇陵是仿照秦都咸阳的布局修建的。陵墓分内外两层，象征着宫城和都城，有10座城门。陵墓结构复杂、布局华丽、加工精细，估计墓内秘藏无数奇珍异宝，因陵墓尚未开启，难知其详。现只发掘了秦陵周围的几个陪葬坑，从中发掘出了兵马俑、铜车马和一些兵器等。仅从这些发掘的陪葬品，已足可以与世界上任何最著名的古迹媲美，被誉为“世界第八大奇迹”。

二、气势恢宏的兵马俑

秦陵兵马俑规模庞大，与真人真马大小一般。几千个神色凝重的士兵，雄壮地排列成阵，计有步兵、车兵、骑兵、弩兵等各个兵种，兵强马壮地组成了统一的军阵战斗场面。军容整齐、威武雄伟、气势如虹、蔚为壮观，生动地再现了秦始皇生前统率大军作战的恢宏场面，昭示了秦始皇当年横扫六国、驰骋疆场的赫赫战功。

兵马俑逼真的造型，令人称奇，粗看场面宏大，和谐统一，细看每个兵马俑又各具特色，眉眼须发各异，互不相同，造型与表情有极强的表现力。细观士兵俑们的脸部神态表情，身上衣着打扮各有不同，从而能看出其不同的年龄、身份和职务：如有的眉清目秀、嘴唇紧闭着，像是刚入伍的新兵；有的浓眉大眼、胡须密布，似久经沙场的老兵；有的头戴方巾、按剑挺立，犹如沉着坚定的指挥官……陶制马匹张口衔镳、剪鬃缚尾、分绺额前，展示了战马特有的神韵。所有兵马俑的嘴角、鼻翼、皱纹都精雕细刻，神韵特显生动。

三、技艺精湛的铜车马

秦陵铜车马的出现，是中国古代机械已经成熟的标志，说明当时在机械的设计思想、制造技术、生产管理等方面充分体现了人们的智慧，达到了很高的水准，表现出高超的技术，其科技含量比兵马俑更高。

1. 铜车马的发现

在秦始皇陵的西侧，1978年时发现了大型的陪葬坑，1980年开始进行试掘，在坑内发现了两乘铜车马（图4-1），这是中国考古上的重大发现。

图4-1 秦始皇陵墓西侧发现铜车马时的情形

图4-2 修复后的一号铜车马

图4-3 修复后的二号铜车马

两乘铜车马是秦始皇的陪葬品，他想在自己死后灵魂出游时享受。推测这两乘铜车马应是反映了秦始皇生前所乘车马的原貌，但为了便于制造和保存，材料改成了铜，尺寸也缩小了一半，两乘铜车马均按1：2比例制造。一号铜车马（图4-1中前面一辆）是战车，借以显示秦始皇的威武；二号铜车马（图4-1中后面一辆）是供秦始皇休息的安车。只因久埋于地下，由于地貌变化等原因，在发现时两具铜车马俱已破碎，但碎块的位置并无改变。考古人员小心翼翼地将碎块运入室内，精细地给予修复，终使两乘铜车马恢复旧观（图4-2、图4-3）。可以看出其造型准确、制作精良、外形美观。

2. 铜车马的设计与制造

两乘铜车马表现出了高超的设计与制造水平。因铜车马是皇帝的殉葬品，极尽其能地体现了美学思想。整个铜车马外表考究、奢华精美，许多零件都装饰有花纹，色彩缤纷，多姿多彩，层次分明，又和谐统一。

两乘铜车的尺寸与道路之宽度相适应。因安车修复后展出的时间较长久，研究得较深入，有关资料也就比较多。

（1）铜车马的设计

一般车子可以分为辕衡、轮轴、车舆（即车厢）三大部分，铜车马则还有铜马，共有四部分。其中轮轴最为重要，它是车的关键，对车的性能好坏起着决定性的作用。

① 轮径

根据铜车轮径（图4-4）的实际尺寸，并参考先秦古籍得知，当时制造车辆已懂得一定规范：如轮径较大，则车轮滚动时摩擦较小；若轮径过大，则车舆太高，人员登车不便，须在保证人员方便登车的前提下，尽量加大轮径。另外，一号是战车，需快速奔跑，故而减少摩擦尤为重要；二号是安车，供休息之用，更应方便登车。因而，一号车的轮径稍大，为66.4厘米，车舆为41.4厘米，若原车放大一倍，相当于轮径为132.8厘米，车舆高为81.8厘米；二号车轮径为59厘米，车舆高为38.4～38.9厘米，相当于原车实际轮径118厘米，舆高76.8～77.8厘米。

图4-4 二号铜车马上的车轮

② 轮辐

轮辐条在车行时承受弯矩、压缩和拉伸。轮辐数的增多可使辐条及轮缘的受力较为均匀，增强轮缘的刚度，运行中形状更规则，摩擦阻力减少。如若轮辐条数过多时，又使制造技术过于繁难，分度、加工都不易做到。出土的铜车马上轮子辐条都是30根，应说与当时的材料、制造水准相一致，反映出制造技术的进步。

铜车马的车轮，每根轮辐的截面形状相当复杂。通过计算可知，辐条上每处断面的尺寸大小变化，完全符合轮辐上弯矩大小变化。即辐条受弯矩大处，截面大；受弯矩小处，截面小，基本符合等强度的原则。

辐条的结构也保证了相邻辐条间都有一定的间隙，特别是在近轮缘处，轮辐都是圆形，保证了辐条之间的间隙大小，使轮辐条之间不会被泥土堵塞，以至加大摩擦阻力。这是古代车子的一个重要问题。

③ 轮毂与轴

铜车马上轮毂与滑动轴承配合略带锥形，这种形式，可限制车轮向内作轴向移动，以免车轮碰撞车舆。则轮毂及轴的活动配合实为向心推力滑动轴承。车轮外侧则有车軎通过，车辖（即销）将轮固定在轴上，防止车轮沿轴向外移动。车舆与车軎的接触面，实际上起到止推滑动轴承的作用。

在两乘铜车马上，车軎及车辖都用银制造，这或许说明在实际上车軎及车辖异于整车材料。根据考古资料所见，古车整体都是木制，而辖及车軎常用金属制作，这或因当车转弯或道路不平时，车所产生的轴向推力很大之故。

另外，两乘铜车马的轮毂长度也不同；一号铜车马因是战车，轮毂较短，摩擦阻力较小，利于车快速奔跑；二号铜车马是供休息的安车，轮毂较长，能起缓冲作用，乘坐较为舒服。

④ 用料

据《考工记》的记载可知，至少在春秋时已能根据铸件的用途及性能，确定青铜各种元素的适当配比，这一原则更在铜车马的用料上得到了具体的体现。铜车马的主要零件都是铜，但所用铜的主要成分却并不相同，如轮辐力求使之质地细密，硬度、强度较高，铸造性能良好，气孔较少；车撑的形状简单，但它的强度、硬度必须比较高、机械性能良好；而篷盖、绳索就要求有较好的铸造及加工性能，柔韧性较好……这些都在所用材料配方中得到了体现。

车辕前面系着拽马，后面联着车轴，它的高度由前面的拽马的高度确定，后面由车轴的高度确定。为了减少力的消耗，铜车马上的车辕做成弯曲的形状，使马匹产生的拽力和车轮与地面的摩擦阻力平行，方向一致，这样马的拽力获得效率最高，也使得安车更方便、更安全。

通过上述简要分析，可看出秦代在机械设计中，已应用了理论力学、材料力学及机械工程学的有关知识，也可看出当时的科学技术水准。

（2）铜车马的加工

铜车马的制造远比真实的木车困难得多，铸造的难度也很大，所用的方法十分丰富。两乘铜车马长近3米，宽近1.5米，高约1米，结构复杂，各有数千个零件，除少数零件为银质外，一般零件均为青铜制作。零件大小不一，如车辕长达246厘米，而一节铜绳索的长不足1厘米，不同绳索的各节厚薄、形状变化很大，与常见的青铜件又有所不同；又如两乘铜车马均有伞或篷盖，铸造的厚度最小仅4毫米；篷盖需依靠许多骨架来支承；等等。它应用铸接、焊接、铆接、销连接，过盈配合等多种工艺，冷加工应用了钻、凿、锉、磨、雕刻等工艺。

下面举几个例子作简要说明：

① 铸造

铜车马的铸造工艺丰富多彩，使用了多种铸造方法，有的难度很大，为中国冶金史提供了珍贵史料。其中铸造上困难较大的为铜俑、铜马、车轮与篷盖。

铜俑和铜马：两者的构造都很复杂，铸造时采用了分铸法。铜俑为高级御官，将俑头、俑手预先铸造成形后铸铜俑的腔体，再将俑头及手铸接到腔体上。铜马的铸造是分别铸马的四条腿及双耳（图4-5），而后将其铸接到马的躯干上。在铸造人、马的腔体时，都采用了多块外模及泥芯，穿入铜钉来固定外模及泥芯的相对位置。泥中还掺有植物纤维，以增加强度及铸造的透气性。

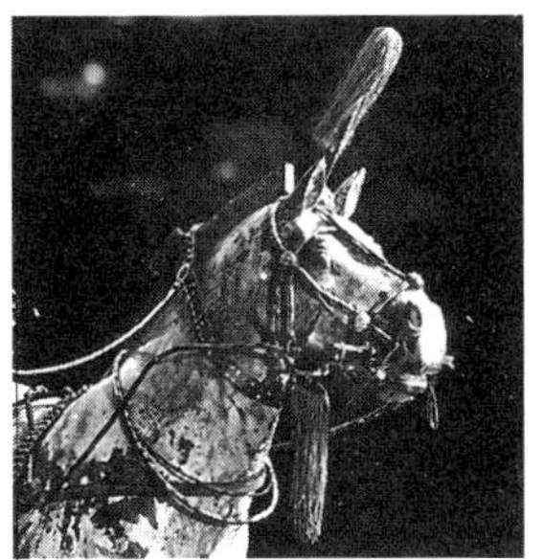
图4-5 二号铜车马上的马头

车轮：铜车马的车轮比较大，估计是先铸造出轮毂，分别铸出轮辐及辐条，而后在轮毂上开榫，其数量应与辐条相同，尺寸略小于辐条上的榫头，再预热轮毂，使之膨胀，将轮辐上的榫头装入轮毂上的榫口中，轮毂冷却后，其上的榫就和辐条端部的榫头牢固地联接在一起了，这应是早期过盈配合的实例。然后，再将联为一体的轮毂及轮辐置于铸造轮缘的铸模中（图4-6）。在浇铸轮缘后，整个车轮加工完成。

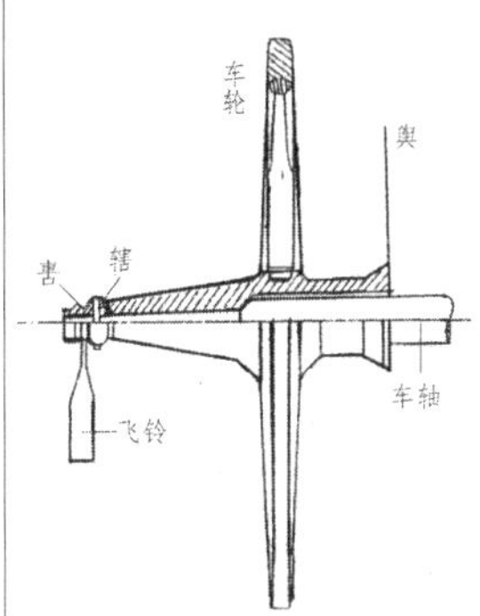

图4-6 铜车马上轮轴部件的构造图

篷盖：二号铜车马上的车篷盖（图4-7）面积很大，长178厘米，宽129.5厘米，其厚最小处只有4毫米，且形状复杂呈拱型，铸造极为困难。但从实物看，当时成功地解决了这一难题。经仔细观察，在篷盖上未见到铸造时留下的孔洞等缺陷。估计篷盖在铸造时，所用上下两块铸模之间的孔隙应十分精确，应当用了许多铜钉来保证位置。对铸造时铜液的温度也控制得很好，如温度过低，铜液流动性过差，可能出现孔洞；如温度过高，铜液流动过快，又可能冲毁铸模。看来当时能很好地控制温度，说明工匠们已掌握了这方面的知识，采用了行之有效的方法。

一号铜车马是战车，战车上面原本是不设篷盖的，由于是供帝王使用，所以在一号铜车马上插一把伞遮避风雨阳光，伞的铸造当更无问题。

② 冷加工

在铜车上应用了钻、凿、锉、磨、雕刻等冷加工方法。

钻：钻在制造绳索时用得最多。铜车马的马匹上有不少绳索，都外用小节铜管，内装

图4-7 二号铜车马上的篷盖（正在修理中）

金属线，使小管联为一体，又很便于弯曲，小铜管长约1～2厘米，里面的小孔直径不过3～4毫米。在安装门、窗所用的铰链时也需钻出孔或扩出。在装饰马匹的铜球上也钻有细小的孔。在马具革带的接头处也钻有孔，用以安装销钉。

凿：加工轮毂上的榫孔，以及修整铜人、马等铸件时都用凿。

锉与磨：在修整铜铸件时应用了锉、磨的工艺，在铜人、马及车舆上安装门窗时应用尤多。此外，车轮外的银车辖、银车軎上也都有锉及磨的痕迹，外表都十分光滑。

雕刻：铜车马上面的铜俑及马匹都很生动逼真，雕刻技术应用得很多，如马头、尾部的鬃毛，御者的头发、眉毛、胡须，都使用了极精湛的雕刻技术，纹路清晰，栩栩如生。

（3）组装

两乘铜车马都由许多零件组成，仅二号铜车马就有3462个零部件，通过铸接、焊接、铆接、销联接、过盈配合等多种工艺将其联为一体的。除销联接外，均为不可拆卸的联接形式。

铸接：如前述的车轮上之轮毂及辐条的联接就是铸接。在铜车马上铸接的应用相当多，如辕与衡，辕与轴及舆。另外，有许多金、银车马饰上带有铜托，它们之间的联接也是铸接。车舆还有不少地方也用铸接。

焊接：在车舆上有些地方应用了钎焊，其方法可能是先打磨，清理焊缝，而后在焊缝处放置青铜粉末，然后加热焊缝，将其联接。

铆接：应用得也相当多，主要是在马具的绳带、绳带的接头，以及马带上用于装饰的铜钉的安装，都应用了铆接。

销联接：铜车马上可拆卸联接也应用得很多，而所用的联接件，即销钉形状很不相同：如安装在轴头、固定车軎的车辖为长方形，头部做成羊头形，并有天然黏结剂，防止车辖脱落。用银质的弯钉将篷盖固定在骨架上，以防它脱落。另外，许多铜马的饰品也是彼此通过销钉联接的。

（4）装饰

由于铜车马是皇帝的陪葬品，为体现帝王的尊贵，外表极尽考究华美。前述雕刻工艺的采用就是例证。这里主要介绍纹饰及彩绘，实用器物也就不需要这样装饰。

纹饰：在铜车马上纹饰相当多，整个铜车马花纹优美，富丽堂皇，如二号铜车马上的篷盖、车舆前后室四壁内外、车舆的门窗、车马上的许多零件及附件，都用花纹装饰。车舆的前室是御者所坐，比之皇帝休息的后室要简单得多。

彩绘：铜车马色彩缤纷，所用色彩中白色最多，蓝、绿次之，此外还有朱红、彩红、深褐色等。彩绘有许多龙凤、流云形状，整齐大方、层次分明、多姿多彩、和谐统一。

3. 铜车马的生产管理

从铜车马、并结合秦陵出土的其他有关文物中，可以看出秦代的机械工程及机械加工都有了标准化的倾向，优先数列的思想已经出现，质量管理也有了严格的措施。当时，这些概念虽表现得比较原始，却是我国古代机械史上的辉煌成就。

（1）机械设计的标准化

铜车马的造型完全和真实车马相同，形状与真车、真马、真人毫无二致，连一些细节都完全相同，尺寸严格地为实际大小的1/2，比例适当，神态生动。

铜车马把繁杂众多的零件组成一体，使之无异于真实车马的模型。用铜制造比用实际材料更加困难，这正反映了秦代机械水准的卓越。铜车马上，有的零件数量很大，在设计上尽量统一规格、减少品种，如车轮上的辐条，在《考工记》中有明确规定："辐条三十根，以象日月也。"从出土的铜车马看，轮上辐条均为30根，辐条各部分形状及尺寸都很统一，反映出很好地执行了一定的标准。

铜车马各零件及其制造，都可反映出一定的规格，绝不逾越。如二号铜车是供秦始皇休息之用，车舆后室供皇帝本人使用，前室为御者工作之处，前后两室的设计、制造、纹饰、色彩都有规格之分，如御者的造型、衣冠等也相当准确地反映其身份为高级御官。

铜车马设计的标准化也体现在所用的材料上。铜车马的主要成分为铜占82%～86%，锡占8%～13%，铅占0.12%～3.76%，这个比例大体符合《考工记》记述的有关要求。另在铜车马中还有一定的微量元素：铁、镁、钙、镍、钒等。对铜车马的有关零件，按不同的要求，选择适当的材料配比。

（2）工艺过程的标准化

通过对铜车马上主要零件的分析，可知都经过了大致相同的工艺过程：精铸、联接、修补、打磨、抛光，使加工的零件尺寸准确，形状规则，外表美观，成批生产的零件尺寸误差及表面粗糙度都很小。批量加工的零件之误差量呈正态分布，尺寸的离散度不大。估计当时对零件的质量有明确的要求，同时具备一定的工艺装备和生产技术，可能还有一定的检验制度，保证了机械设计标准化的实施。

仅以二号铜车马上的四匹马为例，总高90.2～93.2厘米，腿高36～38厘米，总长110～114.9厘米，头长29.2～36.6厘米，总重177.0～192.0千克，可见尺寸及重量都相差不大。秦陵出土的其他零件误差也很小。

（3）优先数列已出现

秦代的产品规格已成系列，即如秦陵兵马俑所穿的甲衣，经测量，结果共有七种型号，每种甲衣的尺寸、所用甲片多少、甲片组合方法，都符合一定的规定。从对铜车马及秦陵出土的兵器的研究，也得到了令人震惊的结果，铜车马上有些零件的尺寸规格符合优先数列。秦陵出土的铜箭头数目庞大，更能反映出尺寸规格符合优先数列的情况，如秦陵的同一个车马坑中所出土的铜箭头分为大、中、小三种规格，其尺寸符合R10系列。可参见表4-1。

表4-1　　铜箭头尺寸规格

尺寸规格	箭全长（毫米）	箭头长（毫米）	箭头长（折合成秦代寸）
小型	100	27～28	1
中型	245～330	33	1.25
大型	410	45	1.60

优先数列是标准化工作的基础，也是对此前有关标准化情况的认识与总结。秦代已有了这方面的知识，并在实践中恰当地确定了尺寸规格，分档合理，形成系列，并符合优先数列。用较少的品种，生产数量较大的产品，以满足广泛需要。

（4）严格的质量管理

铜车马还体现了严格的质量管理。在《吕氏春秋》上有“物勒工名，以考其诚”的话，明确表示以记录技工名字，来考察其思想，但以往并未发现有实例可证明此事。在铜车马的零件上终于看到了例证：有些重要零件上的不加工或不必精密加工的表面上，刻有记号，而且形状不同，此当是制造零件的技工在其加工的零件上所留下的“工名”。研究这些零件后发现，当“工名”相同时，各零件的形状、尺寸误差都很小，甚至表面质量、加工痕迹都基本一致。这无疑说明，当时的生产管理已有了严格的制度，明确了岗位责任，保证零件的质量，这是实现标准化的有力措施。

四、兵马俑与铜车马出土的巨大意义

秦陵兵马俑与铜车马是举世无双的工艺品，历史上的瑰宝，震惊了世界。它既是科技史上的杰出成果，又是中国机械史的优秀代表，显示出当时制陶、冶铸、设计、冷加工、装配能力水平都已很高，还反映出当时的生产管理水平已很高明，是中国古代科学技术走向成熟的标志。

我国古代的机械史、战争史一向为世界所重，也是历来研究的重要课题，但关于古代的资料有限，先秦的有关资料也不多，许多问题无法搞清，铜车马对有些问题的反映确凿而具体，涉及机械工程学的许多领域，也为中国古代机械史的研究提供了丰富的新资料及新课题，解决了不少历史悬而未决的问题，也利于澄清一些不同的说法，使研究工作前进了一步。

还应指出：它们都出自秦陵的陪葬坑，不言而喻，秦陵的主体中将会有更加丰富也更珍贵的发现。

第二节　农业机械

这一时期的农业机械变化很大，很重要的一个原因是冶铁业的重大发展，铁器得到大普及。首先是使用铁的地区越来越广了，由中原地区扩大到了边远地区和少数民族地区；另外，品种也越来越多，农具广泛地用铁制造。农业生产决定了百姓吃的问题，优先得到了发展，水准很高的发明创造相当多，影响较大的有犁、三脚耧、龙骨水车、卧式风车、风扇车等。中国农业一向讲究深耕细作，可以看出此时就已奠定了良好的基础。

一、耕地机械——犁

在这一时期之前的战国，牛耕已普遍使用，大大有利于汉代耕犁的发展。汉代已有各种不同的犁。据研究当时犁有多种，一种犁用来垦熟地，这种犁用来刺土的犁铧（犁上用来刺土部分）小而轻便；而另一种犁用来开垦荒地，这种犁铧大而厚重，前端尖厉；还有一种犁专用于开沟，其粗大厚重，故所需的动力也大些，拉拽犁的牛应较多。

所出土这一时期的犁壁（装在犁铧之后，用以翻土）形状也多种多样，概括起来可分为两种：一种略呈菱形，用来向一侧面翻土；一种略呈

图4-8 陕西绥德汉墓画像石上的牛耕图

马鞍形，用来向两侧翻土。可见当时的犁壁设计、使用都已达到相当的水准。

现已发现汉代牛耕的图像或模型不少，反映这一时期犁耕的普及，如甘肃武威西汉末年墓中的牛耕模型，山西平陆汉代新朝壁画上的牛耕图，山东滕州东汉画像上的牛耕图，陕西绥德汉墓画像石上的牛耕图（图4-8），江苏睢宁汉画像石上的牛耕图（图4-9），陕西绥德东汉郭雅文墓画像上的牛耕图，陕西米脂东汉画像石上的牛耕图，内蒙古和林格尔东汉墓壁画上的牛耕图等。这些图画或模型，虽只保留了粗略的线条，但可大体反映出当时耕犁的结构和耕作时的情况。

图4-9 江苏睢宁汉画像石上的牛耕图

归纳上述牛耕图画及模型，也可大体得知汉代耕犁的结构（图4-10），并知汉代犁有以下特征：①汉犁辕很长，大多为单长辕，两边用牛牵引，少数为双长辕；②汉犁上已有可以活动的犁箭，在犁箭与犁辕之间有活动的木楔，移动木楔可使犁箭升降，控制犁铧的角度，决定了犁铧入土的深度，也就有效地调节了犁地的深度。中国耕犁此时的结构已大体齐备，后世之犁即沿着这种形制继续发展、演变。

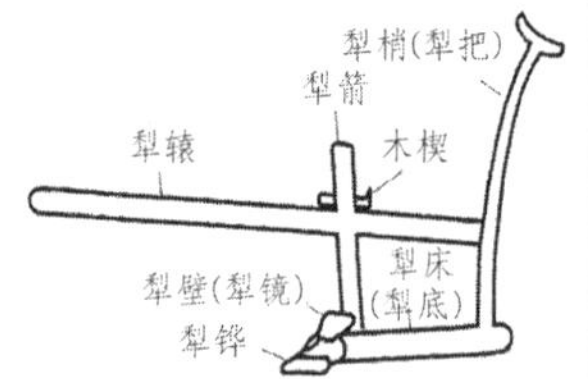

图4-10 东汉耕犁复原示意图（采自《中国古代冶织技术发展史》）

二、播种机械——三脚耧

1. 原来播种情况

播种工作的发展过程为撒播、点播、条播及规律点播。农业出现时就有播种工作，但当时用人力撒播或点播，异常缓慢，质量也不高，限制了农业的发展。改变这种局面的是播种机械的出现，即耧车，将播种工作由点播变成条播。至于规律点播出现，则是近代的事了。

2. 三脚耧的出现和应用

根据《汉书》的记载，在汉武帝晚年（约公元前90年）意识到休养生息的重要性，为增强国力，重视农业生产，安排赵过做主管农业的“搜粟都尉”。“其耕耘下种田器，皆有便巧。”从而得知赵过发明过下种田器，但并没有说其名称叫什么。对此西汉崔寔的《政论》上说：“教民耕殖，其法三犁共一牛，一人将之，下种挽耧。”说明了这种播种机械名称为“耧”，由一人操作即称为“挽”，也称为“将”，现许多农村还把播种称为“将地”，只是文中的所谓“三犁”，实指耧有三支脚，即三脚耧。后来《齐民要术》一书更解释：“三犁共一牛，若今三脚耧矣！”在山西平陆汉墓壁画上也绘有三脚耧（图4-11）工作的情况，说明当时已有了三脚耧，并使后人大体从中得知其结构。

三脚耧实质是三行播种器（图4-12），通体用木制的，只有耧脚用铁制，牛拉耧时，耧就在犁过的地上开出沟来，同时耧所带的种子，就从管子通到耧脚，播种到耧脚所开的沟中。

图4-11 山西平陆汉代壁画上的三脚耧

图4-12 中国国家博物馆复原的三脚耧

关于三脚耧的工作效率，《政论》说它可“日种一顷”，1顷即100公亩，跟得上多个犁的工作，改变了原来落后的播种工作，也就提高了整个农业生产的效率。《齐民要术》一书也说耧车传到敦煌，使用后“所省佣力过半，得谷加五”，即劳力节省一半，增产五成。耧车的应用很广，使用时间很长，直到现代还常能见到。

据《齐民要术》等书记载，有些地方还使用两脚耧、一脚耧（图4-13）。王祯《农书》上还说有些地方有四脚耧，据现代对传统农业机械调查得知：一脚耧、两脚耧、三脚耧、四脚耧（图4-14）在我国广大农村

图4-13 西北农林科技大学保存的一脚耧（钱小康拍摄）

图4-14 陕西渭南农村使用的四脚耧（钱小康拍摄）

都有应用，这或是为了与土质及牛力相适应。一脚耧、两脚耧结构比三脚耧简单，发明的时间可能早于三脚耧。另据《吕氏春秋》知，当时已讲述了作物按行生长，有多种优点，似乎当时已有了条播机械，应是简单的一脚耧最先出现。

3. 三脚耧的结构和用法

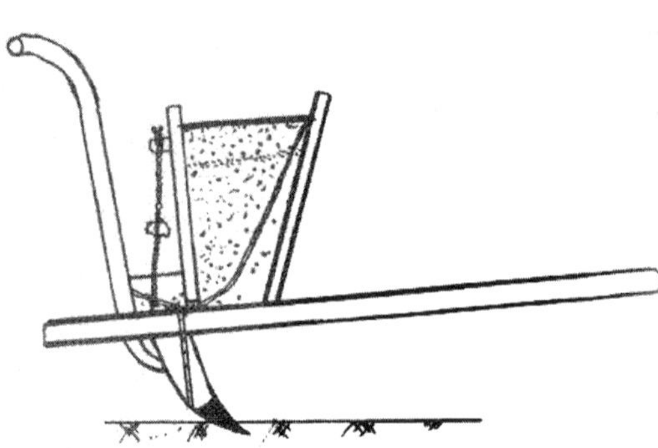

图4-15 耧的原理示意图

关于三脚耧的结构，下面简要地加以说明（图4-15）。耧脚（即开沟器）用铁制成，可保证耧脚的耐磨性，又增加耧的重量，使耧脚可以刺入土中。耧车用牛牵引前进，播种深度由扶耧人控制，他在随耧前进的同时，摇晃耧，使耧脚与土壤间的压力忽大忽小，当压力小时，种子即可播入土中。操作人需控制摇耧的力量，也就控制了耧脚刺入土中的播种深度。在耧车上，耧脚的上方有个耧斗，用来贮存种子。耧斗下面有漏种子的开口，与耧脚相通，耧斗开口的大小用闸板控制。再用一个竹签保证开口不致让种子拥塞，竹签还用一绳索拴住，摇耧和不断拉动绳索和竹签，保证管道畅通，种子流出，完成开沟及播种两个动作。

使用耧车时，在耧脚的后面还常用绳子拴有一个木棍，当耧车走时，木棍随耧一同前进，可以起到为播下的种子覆土的作用。

耧在播种时，前面用牛牵引，后面用人扶耧，人在驾驭耕牛的同时，凭经验摇晃耧车，播种工作故称为“摇耧 ”。

三、灌溉机械

龙骨水车是很重要的灌概机械，也是古代的杰出成果。

1. 龙骨水车的发明和应用

龙骨水车发明于东汉，据《后汉书》的记载，在中平三年（公元186年）时，当时的掖庭令毕岚为使百姓更省力，发明了龙骨水车，“用洒南北郊路，以省百姓洒道之费”。

和原有的各种提水机械（如辘轳、滑轮、绞车等）相比，它可以连续提升水，有明显的优越性，效率高了很多。龙骨水车在东汉时问世，迄今已近2000年，是我国应用最广泛、效果最好、影响也最大的排灌机械，在南方水田地区及所有水较多的地方，尤为重要。由于这种水车应用广泛，故名称也多，它也被叫做水龙、水蜈蚣、翻车等，用人手转的也叫拔车，用脚踩的也称作踏车，这些称呼都有一定的时间性、地区性，以龙骨水车这一名称最为形象。

2. 龙骨水车的动力

龙骨水车可由人手动、脚动，或由畜力、水力、风力驱动。除驱动、传动部分各不相同外，龙骨水车的基本结构并无不同。

（1）拔车

拔车即手摇龙骨水车（图4-16），可由一人或两人操作，摇动装在上轮轴上的摇手柄，即使上轮转动；带动装在下层密封槽中的刮板向上刮水，水流出后，刮板再从上层向下入水。人的臂力有限，因而拔车的提升高度也有限，据《天工开物》记载："其浅池、小浍不载长（水）车者，则数尺之车，一人两手疾转，竟日之功可灌二亩而已。"这是说，浅池、小水沟放置水车，则用数尺长的拔车，一人两手握摇柄迅速转动，终日劳动只能灌二亩田而已。

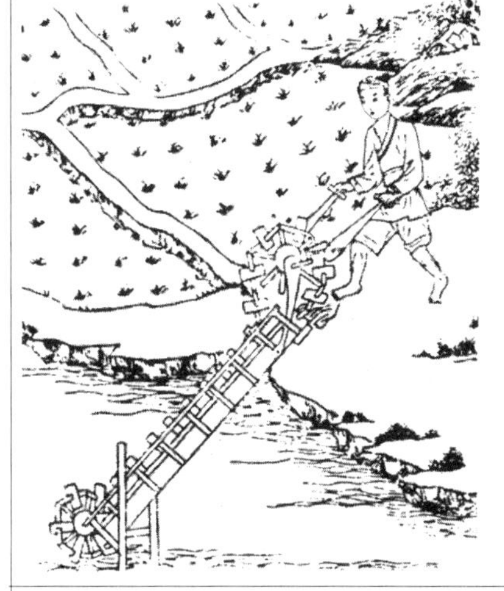

图4-16 《天工开物》书中的拔车——用人的手臂操作的龙骨水车

在各种龙骨水车中，以拔车最为简单，估计龙骨水车刚发明时，即是这一种。利用其他动力驱动的龙骨水车发明晚一些，但无法确定发明时间。

（2）踏车

踏车（图4-17）即脚踏龙骨水车，一般由两个人驱动。《河工器具图说》一书叙述较为详尽，除介绍了踏车的具体结构外，还说："车身用板作槽，长可二丈，阔则不等，或四

图4-17 王祯《农书》中的踏车——用双脚踏动的水车

寸至七寸；高约一尺。”

按《开工开物》所述，踏车每天灌田五亩。书中还载“或聚数人踏转”，这是说不限于两个人，可以几个人一同踏；在明代《便民图纂》中耕织图上的“车戽”图（图4-18）上，便是三个人在踏龙骨水车。图上还载吴地民谣《竹枝词》一首曰：“脚痛腰酸晓夜忙，田头车戽响浪浪。高田车进低田出，只愿高低不做荒。”

（3）畜力龙骨水车

龙骨水车亦可用畜力驱动，王祯《农书》上即有用牛来驱动龙骨水车的实例（图4-19），它需由牛先转动立轴，再通过一对木齿轮，驱动龙骨水车。

按《天工开物》一书的叙述，牛转龙骨水车长也可达两丈，每日可灌田十亩。

（4）水力龙骨水车

这种龙骨水车用水力驱动（图4-20），水车部分的结构按王祯的《农书》记载：“其制与人踏翻车俱同。”文中的“翻车”即是龙骨水车。

其中间传动方式略同畜力龙骨水车，也通过一对木质齿轮。它是通过卧式水轮接受水力，驱动龙骨水车工作。

据《农书》叙述：这种龙骨水车应根据水源设置，当水力充分时，可日夜不止地工作，“绝胜踏

图4-18 明代《便民图纂》中耕织图上的“车戽”图——踏车

图4-19 王祯《农书》中用牛驱动的龙骨水车

图4-20 王祯《农书》中用水力驱动的龙骨水车

车”，成本低廉。

（5）风力龙骨水车

中国有两种风车，根据风车的主轴放置的位置，分别称为卧轴式风车和立轴式风车，其发明时间约分别在东汉及宋代，先是应用于带动龙骨水车的卧式风车（图4-21）。利用卧式风车带动龙骨水车工作的结构及传动过程如下：用六面风帆组成风轮，使风轮正对风向；当风力达到一定程度时，风轮带动上面横轴转动，再通过齿轮或链轮、或绳轮带动靠近地面的另一横轴，另一横轴即联接龙骨水车的上轮，使龙骨水车工作。但利用风车带动龙骨水车较多用于排水，较少用于灌溉，因风车能量大小取决于风力的大小，风车的使用有一定条件，常不能符合使用的时间需要。

图4-21 苏北地区的卧式风车带动龙骨水车

近年来，一些地方吸收优秀经验对传统的卧轴式风车进行了改进：一是增加了尾翼，使风轮上面横轴可以自动适应风向；二是可以预防因风力过大时风轮转速过快，从而损坏装置。

四、粮食加工机械

这一阶段，粮食加工机械的重要发明有连机水碓和风扇车，本书还同时介绍槽碓。

1. 连机水碓

（1）连机水碓的起源

连机水碓（图4-22），也称连机碓，或简称为水碓。它由水力驱动水轮及横向轴，再驱动装在横轴上的拨板，拨动横杆末端，使横杆头部的重锤（即碓头）不断上下，反复击打石臼中的谷物，使其脱粒。关于碓的发展过程可见西汉末年到东汉初年

图4-22 王祯《农书》上的连机水碓

的桓谭著《桓子新论》，上说："宓牺之制杵臼，万民以济，及后人加巧，因延力借身重以践碓，而利十倍杵舂。又复设机关，用驴骡牛马及役水而舂，其利乃且百倍。"他明确地说水碓发展过程是：杵臼—踏碓—水碓或由牛马带动的碓。

仅从上文中看，看不出当时出现的水碓有几个碓头，更难断定水碓刚出现时的状态是否与图4-22相同。据推断，水碓刚出现时即是连机水碓，其理由是：

第一是从名称上看，《农书》上将水碓与连机水碓混称，图4-22既名为"连机水碓"，书中又多次将其称作"水碓"，有时也称其为"连机碓"，可能该书认为连机水碓、连机碓即是水碓。《天工开物》中同样地也将连机水碓称为水碓，推断水碓是连机水碓、连机碓的简称。

第二是从效率上看，《桓子新论》认为 "其利乃且百倍"，这恐怕有些夸张了，而《天工开物》曰："凡水碓，山国之人居河滨者之所为也。攻稻之法，省人力十倍，人乐为之。"其"十倍"之说较为合适。若非连机碓是无法达到这个效率的。

第三从考察所见，大都为四头水碓，在黄山新安江上游曾见有八头水碓（图4-23）；另在浙江四明山区也曾见有二头水碓用来粉碎香料，其水轮为上击式的（图4-24），可用在水位较高而流量不大的场合。供水轮运转时水花四溅，溅湿香料问题不大，溅湿了粮食就麻烦了，据说粉碎瓷土也用二头甚至于一头的上击式水轮，但这都不能作为水碓形成和发展的一般情况。

概括以上所述，可以说在西汉已有连机水碓存在，当应是数个水

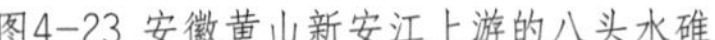

图4-23 安徽黄山新安江上游的八头水碓

图4-24 浙江四明山区中的二头水碓（水轮为上击式）

头、下击式水轮，只是刚刚形成时未必与图4-23中的结构相同。

宋代高承所作《事物纪原》上说“杜预作连机碓”的话，这里的“作连机碓”，不是说晋代杜预（西晋，今陕西西安人）发明连机碓，可能是他曾经研制或改进过连机水碓，我们知道农业机具是在一直不断的改进中发展的。

（2）连机水碓的结构与应用

连机水碓的结构，从《农书》及《天工开物》等著作得知：水轮“贴岸置轮，高可丈余”。可知水轮十分庞大，这么庞大的水轮是不可能用于上击式水轮的。“今人造作水轮，轮轴长可数尺，列贯横木，相交如滚抢之制，水激轮转，则轴间横木，间打所排碓梢。”这是说轴较长，而轴上的横木及拨动碓头的拨板在轴转动时带动拨板，使碓头一上一下打击石臼内的物体。

石臼及碓头个数不同时，连机碓的结构也必然有所不同。按《天工开物》记载：水碓“设臼多寡不一，值流水少而地窄者，或两三臼，流水洪而地室宽者，即并列十臼无扰也”。可见还有应用十头水碓的，都是由水力以及场地的大小而定。

（3）连机水碓的简要分析

连机水碓如同冲击式突轮机构，《农书》载有“列贯横木，相交如滚抢之制”之句，这句话十分重要，这是说轴上的拨板要交错排列，当水轮转动时不能有一个以上拨板同时工作，就是说每一瞬间只有一个拨板受力，使水轮的运转比较平衡，受力比较均匀，这样保证水轮不会忽快忽慢，更不会突然停止工作。

如以图4-22所绘四头连机水碓为例，计算如下：在轴上安装有碓头的横杆处，垂直安装两块拨板，轴上共有八个拨板。水轮每转动一周，轴上的八个拨板随轴转动，一个碓头要工作四次。连机碓如有四个碓头，当水轮旋转一周时，四个碓头总共击打十六次，也就是说八个拨板，每个拨板应错开22.5度角，这样才能使水轮的受力比较均匀。

《农书》曾用一首诗赞美连机水碓：“杵臼中来有别传，作机还假物相连。水轮翻转无朝暮，舂杵低昂间后先。蹴踏休夸人力健，供飧易得米珠圆。拟将要法为图谱，载入农书利用篇。”

连机水碓的水轮较为庞大，它所产生的驱动力矩也就比较大，驱动连机水碓比较有力。

图4-25 王祯《农书》中槽碓示意图

2. 槽碓

槽碓（图4-25）工作时，接高处来水，注入槽内，槽内存水后，重量增加，当槽内积水达一定数量时，水槽下沉，重锤上升，槽内存水因水槽下沉而外泄，槽重量减轻，则槽又快速上翘，同时重锤则急骤向下，击打谷物。而后水槽复又接水，槽碓开始下一循环工作。槽碓适用于水流的水位较高，落差较大，而水流量不大的场合。依《农书》所言：其效率为“日省二工”。

从工作原理分析，槽碓与踏碓相似，其结构又比连机水碓简单，因而可推断：槽碓的出现年代应在踏碓和连机水碓之间，具体年代难以确定。

3. 风扇车

图4-26 《天工开物》中所绘风扇车

风扇车（图4-26）的功用是清选谷物，在谷物去壳之后，谷物通常和谷壳、尘土等杂物混在一起，必须将脱壳后的谷物清选出来。

风扇车的出现与中国利用自然风的历史密切有关（图4-27）。

（1）中国古代对风力的利用

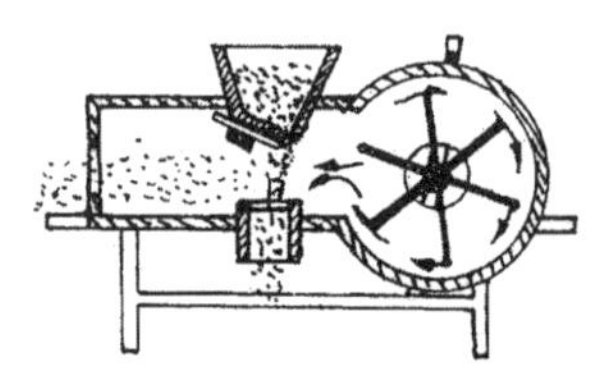

图4-27 风扇车工作原理图（采自《传统机械调查研究》）

中国古代对自然风的利用是从风帆开始的。明代罗欣的《物原》中记述：“夏禹作舵，加以篷碇帆樯。”是说夏禹发明了风帆。有学者认为：在甲骨文中的“凡”字“冃”及“目”，是后来的“帆”字的原始字。帆是人类对自然风力的最早应用。应用扇的时间与帆的应用相近，古代编年体史书《竹书纪年》（因写在竹简上而得名）记载：“其薄如箑，摇动则风生。”这里说“摇动则风生”，显然说的是扇子。最早的扇子应是用羽毛制作，因为在古代羽毛比较容易得到，加工也较容易，也因当时还没有纸。扇与帆有所不同，帆是利用自然风，而扇则靠人力产生风，这便向风扇车的出现前进了一步。在西汉元帝时史游编的《急就篇》记："碓硙扇颓舂簸扬。"句中说的是几种农业器具，包括碓、舂、磨等，其中扇，应即是风扇车。这段记载说明在西汉时已经出现了风扇车。1969年从河南济源一座西汉晚期墓葬中，出土了一个陶扇车和舂碓模型，旁有摇扇车的陶俑及踏碓俑。充分说明西汉时风扇车已在应用了。

晋代葛洪著《西京杂记》中记述，丁缓"作七轮扇，连七轮，大皆径丈，相连续，一人运之，满堂寒颤。" 丁缓作七轮扇的具体结构，尚不清楚，但从记载看，这种七轮扇能够连续送风，扇子只能间歇送风。七轮扇的风力要大得多，说明当时对风的利用已经达到了相当高的水平，可佐证风扇车的出现与应用。

（2）风扇车的结构

《天工开物》中所绘的风扇车图较为清楚。而《农书》中将其称为飏扇："飏扇。《集韵》云：'飏，风飞也。扬谷器'。"书中对它的结构记述得较为详细：待清选的谷物从漏斗中匀速漏下；另一方面，操作人用手摇动手柄，带动离心式鼓风机，装在轴上的叶片（有的是四片，有的是六片），风通过风扇车内的风道吹动待加工的谷物。

利用谷物籽粒及混入其中的谷壳、尘土的重量不同，分别吹至不同的位置，即可收集到清洁的谷物。《农书》载的风扇车"有立扇卧扇之别"，操作时"手转足蹑"。但从有关资料和在现场考察中，未能见到立式的和用脚蹬的风扇车，对其结构和外形难以妄加推测。

风扇车功效非常好，《农书》载，除了稻谷之外"凡蹂打麦禾等稼，穰粃相杂，亦须用此风搧"。并说"比之杴掷簸箕，其功多倍"。"杴掷"，是说在风力不大时，要用簸箕向上泼洒，加大谷物的行程，达到较好的效果；在清代雍正年间《耕织图》中有"簸扬"（图4-28），从中可得知簸扬清洗的方法。在发明

图4-28 清代雍正年间《耕织图》中的"簸扬"

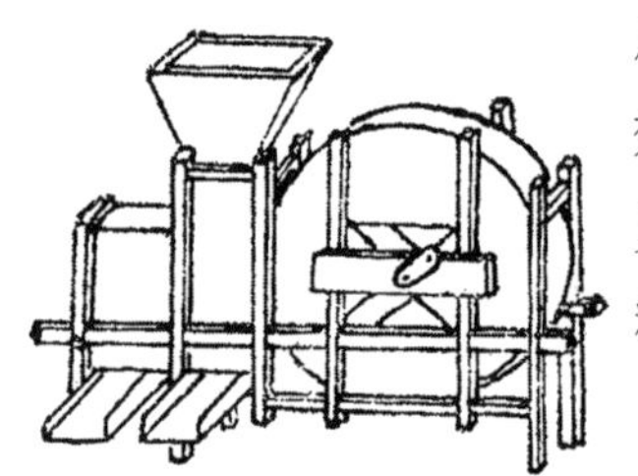

图4-29 目前农村仍有使用的有两个出粮口的风扇车（采自《传统机械调查研究》）

风扇车之前普遍采用簸扬，有些地方至今还在应用。相比之下风扇车的效能高得多了，正如《农书》中引诗歌颂的："飏扇非团扇，每来场圃见。因风吹糠粃，编竹破筠箭，任从高下手，不为寒暄变。去粗而得精，持之莫言倦。"

现从有关资料看，各地所使用的风扇车的具体结构和外形有所不同，现仅介绍一种，有两个出粮口的风扇车（图4-29）。靠近人手摇风的地方，是第一出粮口，专门收集好的谷物（分量较重）；在它的旁边，离风扇稍远是第二出粮口，用于收集较次的谷物（分量较轻）；风道的尽头，乃是吹出杂物之处。只是这种风扇车对操作人员的要求较高，摇手柄的快慢应严加控制，这是因为好的与较次的谷物之间往往差别不是很大，如风力控制不好，便不能得到较好的效果。

风扇车是中国古代的重要发明，效果很好，应用时间很长。风扇车的发明可能是离心式风泵的最早应用形式，它的出现和应用，可能和卧轴式风车的出现有一定的关系。两者的原理相同，风扇车是将空气的圆周运动变成直线的风；而卧轴式风车是将直线运动的风（即空气），变成风轮的圆周运动。

第三节　手工业机械

这一时期的手工业也取得了引人注目的成就，最为突出的是中国的四大发明之一的"蔡侯纸"的出现，有力地促进了世界文明的发展。冶金业铁器制造工艺有了大的改进，炒钢法也在此时出现，尤其是冶金使用的水排的出现意义重大。纺织业出现了手摇纺车及斜织机、提花织机，使纺和织的工作都提高到了新的水准。鉴于制盐业的需要，发展了深井的凿井技术。同时，瓷器、漆器也都更加成熟。

一、冶金上的巨大进展

这一时期冶金上的重要成就，主要是铁器普及，叠铸法及铁铸模都在此时得到了重大发展。包括边远地方的广大地区内，铁农具已普遍取代了铜农具，得到广泛使用。炒钢法发明后，先是用钢制兵器，以后也用以制农具。钢铁兵器逐步占据了主要地位，同时钢铁的机械零件也急剧增加。尤其新的鼓风机械——水排的使用，不但大大促进了冶金业的发展，也标志着"发达的机器"已在中国率先出现。

在公元前119年时，汉武帝采取了钢铁冶炼业由国家统一经营管理的政策，促进了钢铁冶铸业的管理与交流，更使钢铁冶铸得到空前的发展，规模也更大了。

1. 铁器制造工艺的改进

（1）概述

当时几乎铁器冶铸的各个环节，如选矿、配料、熔炼、铸造等，都有改进。许多冶铁作坊临近原料产地，所用的矿石大小均匀，炉的尺寸及形状多种多样。现发现炉底的积铁有的竟达20吨以上，能反映出当时铁炉的大小。同时冶铁炉内耐火材料的使用效果也更好了。

这些因素大大提高了铸铁的质量。在河北满城、河南渑池都发现有西汉中期质量较好的灰口铁，这种铁的强度、韧性和耐磨性都较好，制造机械零件时有较高的承载能力及良好的润滑性能，用现今国内外的铸铁标准来衡量，也是合格的优质铁。这种优质铁的出现是炼铁炉巨型化、鼓风技术改进及其他技术进步的结果。

尤为引人注目的是在河南巩义铁生沟发现的汉代冶铁遗址中，出土的锄状农具铁馒的材料为珠墨铸铁，它内部的球状石墨相当于现代球墨铸铁的1级石墨，这是我国古代铸铁技术的杰出成就。

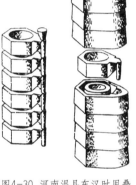

（2）叠铸法

我国的叠铸技术在战国时已出现，最初用来铸造钱币，秦汉时得到了进一步发展，使用大为普及。河南温县的发现最能说明问题，它应用叠铸法生产车上零件及权（铁秤锤，图4-30）。在这里发掘出了专门烘烤铸模的烘窑（图4-31），以及500多套用于叠铸的铸模，每套铸模有4～14层，每层可铸1～6个铸件，每次用叠铸法浇零件可多达84件，大大提高了生产效率。

图4-30 河南温县东汉时用叠铸法生产的零件

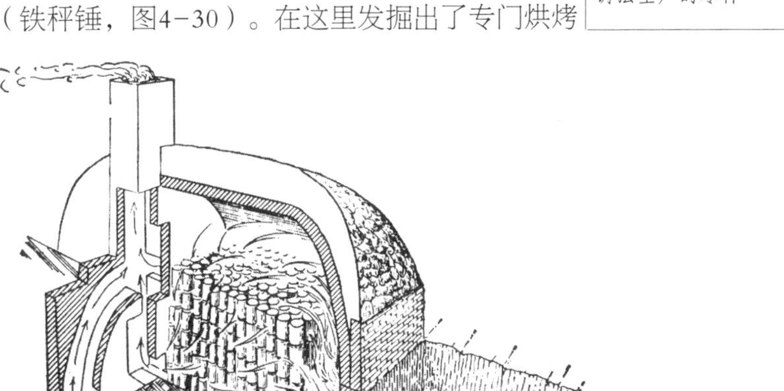

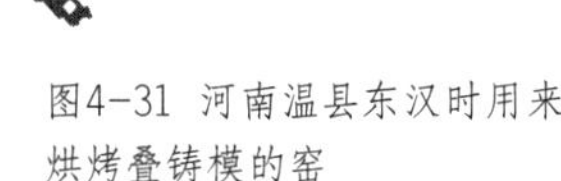

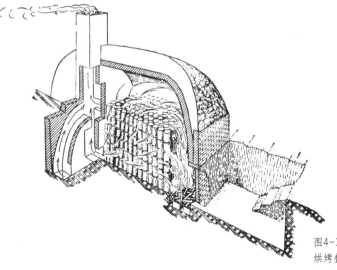

图4-31 河南温县东汉时用来烘烤叠铸模的窑

叠铸法远比

一般浇铸复杂，在制模、烘模、熔铁、浇铸等环节上要求也更高了。

此外，汉代在其他地区也采用叠铸法，如陕西西安、广东佛山、山东淄博、河南南阳等地，都应用叠铸法生产。以后，叠铸法应用就更多了。

（3）炒钢法

炒钢法的出现和使用是秦汉时钢铁工业日益成熟并取得重大进步的又一标志。

炒钢技术应是在原有的锻造钢的基础上发展形成的。锻造钢技术在春秋战国时已出现，它是对原炼铁所得到质量及含碳量都很低的块炼铁进行渗碳处理，增加含碳量，再经反复锻打，使钢内杂质减少，更加均匀，质量明显提高。但生产锻造钢的效率很低，质量有一定的局限，故无法普及，进展也很缓慢。

炒钢技术是以含碳量高的生铁为原料，在炒钢炉内将其加热至半熔状态，经反复翻动，以使其温度均匀，也使加工的铁与炉气充分接触，其中的部分碳被氧化，温度升高，杂质降低，质量提高，最后终于得到钢。如铁中含碳量控制得当，低、中、高碳钢都有可能得到。从其工艺过程看，要对原料铁反复翻动，动作像炒，所得产品为钢，故叫炒钢。这种加工手法，大约出现于西汉中期。因它便于普及，使人们可以大量得到质量较优的钢制品，是冶金史上的一项重大突破。

由于这一技术的继续发展，更以炒制的钢为原料，再经反复折叠锻打，使质量更加提高，材质更加均匀。东汉已出现了“卅炼”、“五十炼”的兵器，这都和炒钢的出现密切有关。

综上所述，我国在秦汉时钢铁技术已臻成熟，成为中国发展科技、增强国力的重要基础。同时，钢铁冶炼技术的发展，也促进了有色金属的冶铸。当时，我国已能冶炼7种金属：金、银、铜、铁、锡、铅、汞。

2. 发达的机器——水排诞生

冶金技术的进步与冶金质量的提高，重要原因之一是冶金炉温的提高，这又取决于鼓风技术的进步，水排的出现是冶金上鼓风技术的一大改进。

（1）水排的出现时间——东汉

水排是一种以水力为动力的冶金鼓风设备，也是中国古代的一项杰出发明。关于水排的发明，《后汉书》及《东观汉记》上都有记载：建武七年（公元31年）时，杜诗任河南南阳太守，曾“造作水排”，“用力少而见功多，百姓便之”。这一发明约早于欧洲1100年。

水排，顾名思义因以水为动力而得名，之所以有个“排”字，是说它常是成排地使用。它是以水为动力，通过传动机械，使皮制鼓风囊或木扇开合，将空气送入冶铁炉，铸造农具。从水排鼓风的结构可知它只能间隙鼓风，为了增加送风的时间，必须同时使用较多的水排来鼓风，或必须成排使用，因而称水排。从后来的壁画、绘画上也能看到，鼓风器有时也成排使用。

（2）水排的结构

关于水排的结构，元代王祯《农书》上有较详的记载。书中介绍了两种水排，可分别称其为卧轮式水排和立轮式水排，并对卧轮式水排绘图（图4-32）予以说明。

图4-32 王祯《农书》上的卧轮式水排

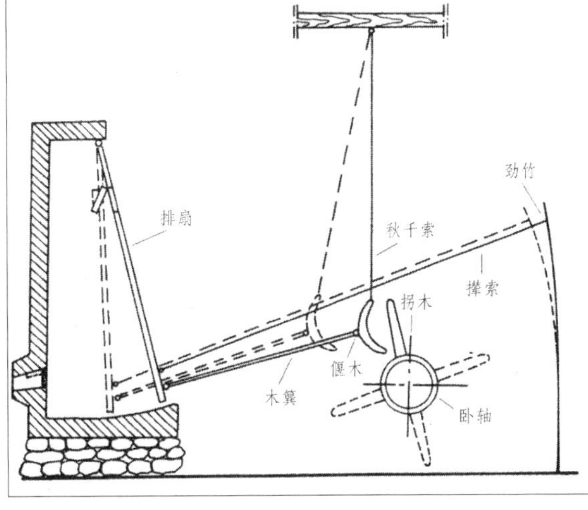

图4-33 推测古代的立轮式水排结构示意图

卧轮式水排的结构：先由水流冲动装在主轴下部的卧式水轮；通过立轴使其上部的大绳轮同时转动，再通过绳索，使小绳轮随之转动；再由小绳轮端面上的偏心，通过连杆及曲柄，带动一卧轴往复回转；再通过卧轴上另一曲柄，推动另一连杆，这个连杆的另一端，联接着木扇门，即带动木扇门开合，从而向炉内鼓风。

立轮式水排的结构的推测：由于立轮式水排书中没有绘出图形，只有简要的文字叙述，后人只能通过研究来给予推测，其结构大致如图4-33所示。立轮式水排上的立式水轮装在卧轴上，水轮及卧轴转动（图上未绘立式水轮）；再由卧轴上的凸轮（拐木），推动从动件（偃木）；从动件再通过连杆（木簨）带动木扇门开合向炉内鼓风。秋千索的作用是稳定从动件及连杆（即偃木、木簨）的动作。而硬竹片（劲竹）及绳索（牵索）的作用，是借助硬竹片的弹力，使从动件、连杆回复到原来位置，在空回行程帮助立轮式水排复原。

《后汉书》中所记杜诗发明的水排，也即东汉时所出现的水排是哪一种呢？应是卧轮式水排，原因有：第一，《农书》上的记载主次分明：书上卧轮式水排有文有图，立轮式水排有文无图，说明卧轮式水排比立轮式水排应用广，影响也大得多。第二，曾对两种水排进行了复原与试验，结果证明卧轮式水排运转较为理想，而立轮式水排运转很不可靠，凸轮等及依靠弹力实现空回行程都不大稳定。第三，据《三国志》载，水排是在以畜力为动力的马排的基础上发展而成，马排的具体结构并无确切根据，但可推知：由马排发展为卧式水排较易实现；而马排与立轮式水排则少有共同之处，由马排发展为立轮式水排的可能性不大。因而，杜诗发明的水排应是卧轮式水排。

（3）水排的末端

关于水排，一直存在一个问题：即水排刚出现时，传动系统的末端是何种鼓风器，即是皮橐还是木扇呢？皮橐前已述及是兽皮所制的鼓风器械，而木扇是木头制作的箱形鼓风器械。皮橐出现很早，但体积、强度、风量都有限。木扇是在皮橐之后使用的，体积、强度、风量都可大些。那么，关于水排发明时是皮橐还是木扇？因皮橐及木扇动作相近，对传动系统的要求大体相同，因而在水排发明时，传动系统的末端是皮橐或木扇都可。水排末端是何种鼓风器，并不影响水排的结构。

另从古代的情况考虑，用木扇取代皮橐进行冶金鼓风的过程应是一个很长的过程，在相当长的时间内，既有用木扇的，也有用皮橐的，因而在水排出现时，使用木扇或皮橐都是可能的。

（4）关于水排的结语

水排出现后，冶金的质量提高，成本大为降低，如《三国志》即说应用水排“利益三倍于前”，说水排能代替100匹马的工作，使效率大大提高，因此发展很快，应用很广，在许多古籍上都能看到关于水排的记载。

马克思说：所有发达机器都由三个本质上不同的部分组成，“原动机、传动机、工具机械或工作机”，水排上就有这三部分。这个事实说明，在中国汉代已出现了发达的机器。

二、造纸

造纸术与指南针、印刷术、火药是我国举世闻名的四大发明，是中华民族对世界文明的发展作出的伟大贡献。纸的发明和传播，对人类社会的进步和文明的发展起了巨大的作用。它已经成为人们日常生活中不可或缺的必需品。

1. “蔡侯纸”出现前的窘况

人们千方百计地寻找交流思想、传播知识的方法，有在黏土泥板上刻符号；有利用水草（纸草）写字；有使用白桦树皮和大叶棕榈树叶（贝叶）的；有在龟甲、兽骨、竹简、木牍、金石上刻字；有在缣帛、羊皮上记字的；等等，方法不一，各行其是。中国约在3500年前的殷朝出现了甲骨文，之后在青铜器、石碑上铸、刻文字（称为金文、石鼓文）。到春秋战国时，竹简、木牍因刻起来较为方便逐渐取代了甲骨，但仍然十分笨重，据说秦始皇每天批阅的简牍文书重达60千克。西汉时东方朔一篇文章用简3000多片，由两名武士抬进宫，汉武帝足足看了两个月。

此时也有些关于古纸的零星描述：汉武帝时卫太子曾经用纸“蔽其鼻”。《汉书》记述，汉成帝（公元前32—前7年）宠妃赵飞燕的箧中“有裹药二枚赫蹏书”。有学者注释“赫蹏”是“薄小纸”或是“染赤色的纸”。此时也用缣帛写字，这是蚕丝织品，质地轻薄，便于书写，但价格较昂贵，来之不易。

随着经济文化的发展，人们迫切需求既经济实用又便于书写携带的材料。经过不断的实践和改进，汉代制造出了古纸。在新疆、内蒙古和陕西等地多次出土西汉古纸的残片。

1957年在西安灞桥出土了古纸残片，经化验认为是汉武帝（公元前140—前87年）时代的遗物，它是用大麻和少量苎麻做原料制成的，是世界上最早的植物纤维纸，也是年代最早的古纸。灞桥纸的制作比较粗糙，纤维组织较松散，强度也差，且厚薄不匀。

1977年在甘肃金关发掘出土麻纸两块，麻纸的一面平整，另一面稍起毛，色泽白净且薄而匀，质地细密坚韧，含微量细麻线头，经鉴定它只含大麻纤维。同一处出土的竹简最晚年代为汉宣帝甘露二年（公元前52年）。

1978年在陕西扶风也发掘出西汉宣帝时期的麻纸。

在内蒙古额济纳河旁曾发现东汉时期（公元2世纪初）的纸，上面有六七行残字，这是现存最早的字纸实物。

从灞桥纸到扶风、金关和额济纳河纸，这些纸虽质量都不高，不便于书写，但这一系列的出土说明民间造纸技术在不断地进步，距离造出成熟纸张的时间越来越近了，比较实用的“蔡侯纸”在公元2世纪应运而生。

2. 蔡伦的杰出贡献

蔡伦在改进和推广造纸术上有巨大贡献。

先介绍蔡伦其人（图4－34）。《后汉书》载：“蔡伦，字敬仲，桂阳（今湖南耒阳县）人，以永平 （明帝刘庄年号，公元58—75年在位）末始给事宫掖（在宫殿中的旁舍当差）”，因“伦有才学，尽心敦慎（聪明博学、敦厚慎重）”，而不断升迁，“后加位尚方令（掌管监制皇帝和宫中用的刀、剑及玩好器物等）。永元九年（公元97年），监作秘剑及诸器械”。从职位低微直到侍奉皇帝、参与国家大事，能正言直谏皇帝。他任职掌管宫廷御用手工作坊后，因职务之便，深入下层，接触匠人，集中了工匠们的智慧，对造纸材料和造纸工艺都作了重大改进，制成了质量较优的纸张。

图4-34 蔡伦像

蔡伦对造纸术的贡献可归纳为二：

首先，蔡伦扩大了原材料的范围。他总结西汉以来用麻纤维造纸的经验，采用树皮、破碎旧布、麻头、旧鱼网等物作原料，开拓了一个容易获得的广阔领域。

图4-35 《天工开物》中《荡帘抄纸》图表现了用帘子捞取纸浆的情况

其次，在制作工艺上，进行了大胆的革新（图4－35、图4－36）。使用多种原材料之后，对工艺提出了新的要求，推动了造纸技术的改革。因缺乏这方面的史料记述，对当时的操作情况难知其详。推测大约是先洗涤原料，然后切碎，再浸泡沤制。其间可能采用蒸煮或加石灰浆等升温法沤烂，然后反复舂捣分离纤维制成纸浆，用细密的帘子捞取纸浆，漏水晾干，然后揭下来压平砑光即成。现在，机器造纸基本上替代了手

图4-36 用石臼或踏碓反复舂捣制成纸浆

工造纸，但造纸的原理和基本的生产工序并无根本的变化。

在经历以上若干改革之后，于元兴元年（公元105年）蔡伦将经他重大改革后主持生产的较优纸奏报朝廷，得到皇帝嘉奖。如《后汉书》说："帝善其能，自是莫不从用焉。"后因他被册封为"龙亭侯"（封地在陕西省洋县），故他组织监制的纸"天下咸称蔡侯纸"。在封建社会里蔡伦能得到皇帝金口玉言的嘉奖，不仅对他是一个极大的荣耀，也为日后"蔡侯纸"的推广、彰显与传播铺设了宽阔的道路。这不仅是造纸发展史上的大事，对于交流思想，沟通情况，传播文化，发展科技，都起了重要作用，促使文化史上的关键性转变。

3. 传播文化 远达八方

此前造纸产量低下、质量不高，技术上难以得到改进。自公元2世纪出现"蔡侯纸"后，深受人们的欢迎和喜爱，造纸术迅速得到推广，逐渐淘汰了简牍和缣帛，开辟新原料、改进制造技术之后，造纸从纺织行业中独立出来，开创为一个崭新的行业，并不断地改进、发展，日益完善，这是造纸发展史上意义重大的转折点。公元3世纪和4世纪时，纸已经取代了简和帛，成为我国唯一的书写材料，极大地推进了中国科学文化的传播和发展。

公元3—6世纪魏晋南北朝时期，不仅用藤皮、桑皮作原料造纸，还创造出许多新设备，能造出洁白光滑、纤维匀细、质地坚韧的优良普通纸和色纸、填料纸等加工纸。

隋唐时期，造纸业蓬勃发展，已遍及南北各地，产量和质量都大为提高。

两宋以来，雕版印刷盛行，各种纸制品广泛应用到日常生活中，更推动了造纸生产的发展，开始出现了稻麦秸秆纸和竹纸。

元、明之间，造纸工艺已趋完备。明代宋应星在《天工开物》中详细地记述了运用繁复技术制造竹纸的方法以及为加速纤维离解、去除杂质，用石灰和草木灰蒸煮处理纸浆等一些关键性工序。

纸的品种随着造纸业的发展而逐渐增多，各个朝代都有名品纸出现，东汉末山东出产"左伯纸"；晋朝有"侧理纸"；南北朝有"凝光纸"；唐宋时期四川的"十色纸"、"薛涛笺"；北宋初的"澄心堂纸"等，不仅颜色多种且研磨光滑。还有半透明的纸上隐现鸟兽花卉形象的暗花纸（水纹纸）。宋代还出有一种名贵的"金粟山藏经纸"。

明、清时期以宣纸闻名天下。宣纸约起源于唐初，产于安徽泾县。以檀树皮为主要原料，坚韧细密、洁白光润、久不变色，有"纸寿千年"的美誉。

中国的造纸术最先传到朝鲜、越南。约在隋朝末年，由朝鲜传到日本。在唐朝天宝十年（公元751年），工匠们将造纸术传到了阿拉伯。12世纪中叶，阿拉伯人将造纸术传到了欧洲。此后400多年，造纸术传到了美洲。19世纪，澳洲建起了造纸厂。中国的造纸术传遍了五大洲，促进了世界科学文化的传播和交流，推动了世界文明的进程 。

三、瓷器

瓷器是中国的伟大发明，它的影响遍及世界各国。然而，关于中国瓷器发明的具体时间，一直众说纷纭，比较肯定的说法是我国东汉时（公元1世纪），已有了质地坚硬、绚丽多彩的真正瓷器。

中国在七八千年以前已经出现了陶器，商周时已出现原始瓷器，到东汉时出现了真正的瓷器。这之间经历了一个漫长的过渡时期。

1. 从陶到瓷技术上有三个重大突破

第一，有意识地选择泥土做材料。古人在五六千年前已懂得用高岭土（出自江西景德镇东面高岭村）制作白陶，从而使陶器向瓷器过渡奠定了良好的物质基础。到殷、商、周代，中国进入了奴隶制社会，加速了手工业的分工和发展，制陶技术得到提高，尤其体现在制陶黏土的选择和精炼方面：大大地降低了氧化铁的含量，使胎骨的颜色趋白。从考古出土物分析，原始社会的陶器的氧化铁含量为6%以上，甚至高达9%左右，商代降至3%左右，到周代降到2%左右。

第二，发明釉和掌握施釉的方法。粗糙的陶器表面易污染、易吸水，带来很多麻烦。虽将其修刮、磨光（体现在龙山文化黑陶上），但仍吸水、污染。经过长期的实践，人们发明了釉。考古发现，在3000多年前的商代的陶器上涂有一层薄薄的灰黄色或青灰色釉。西周出现了更多其他色调的青色釉。大都用石灰石与黏土配制而成的石灰釉，因黏土中含有或多或少的铁质，烧制后显青色或青绿色（图3-37），统称为青釉。石灰釉一直沿用了几千年，到明、清时，仅是减少石灰的含量制成石灰碱釉，成为中国瓷釉的传统风格。

图4-37 东汉时期漂亮的绿釉狗（采自《陶瓷史话》）

第三，提高烧成的温度。陶器烧制时一般在1000度以下，与如今烧砖瓦的温度差不多。对出土的商周时代的原始瓷测试，发现胎骨致密，已有玻璃质，它们烧成的温度已经达到1200度左右，比陶器要高出200度以上。

2. 关于中国瓷器出现年代的分歧

中国瓷器是一项影响巨大的发明，深受世界各国人们的喜爱。对于中国瓷器出现年代的探讨引起了世人广泛而浓厚的兴趣，国际学术界更是关注这一问题，但所持的意见有所不同。有失之过早的，有的又失之过晚。国外有的学者甚至还认为直到宋代中国才有了真正的瓷器，这种说法显然是错误的。

对中国瓷器出现年代导致分歧的原因，可能有如下两个：

第一，论者掌握的考古资料不同。有着5000多年灿烂文明的中国，地下孕藏着丰厚的文物资源，随着社会经济的发展、科学技术的进步，陆续出土的文物资料不断地改变着人们的认识观。通过对黄河流域和长江以南商周遗址的发掘，出土的原始瓷器，就可能将其出现时间推至3000多年前的商周时代。在浙江上虞小仙坛窑址出土了东汉越窑青瓷，这才是我国出现的最早瓷器。它们已很成熟，从而将中国瓷器的发明提早到1700年前。随着考古的发现，很可能出现更早的瓷器。

第二，人们对瓷器的标准认识不一。宋应星在《天工开物》述："陶成雅器，有素肌玉骨之象焉。""素肌玉骨" 是说瓷器具备了"表""里"两方面的要求，表面釉色明亮、典雅、绚丽多彩，里面的胎骨白色、致密、不吸水、半透明。这段话既概括了瓷器的特性又反映了人们对瓷器的要求。白中微泛青色及半透明性强正是中国景德镇生产瓷器的传统特色。

3. 中国瓷器深受世界各国的喜爱

中国精美的瓷器成为人们爱不释手的艺术品。英语"China"有两种解释，一译为"中国"，另一译为"瓷器"。中国是瓷器故乡，"瓷器"也成了"中国"的代名词。大约在公元7世纪时的唐朝，瓷器大量输送出口。到朝鲜、日本、伊朗、印度、伊拉克、埃及、菲律宾、泰国，以及东非等国。宋代海上"丝绸之路"开通之后，瓷器更借运输之便，大量地输送到国外。公元14世纪以后，传到欧洲各国，之后又传到了美洲大陆，远销全世界。

四、纺织

纺织业在秦汉时有重大的发明，如纺纱的手摇纺车，织布的斜织机、提花织机等。

图4-38 山东滕州出土的汉画像石上的手摇纺车

图4-39 现发现约为汉代的手摇纺车图

图4-40 现代中国农村仍用手摇纺车纺纱（陕北）

1. 手摇纺车

手摇纺车的出现，使纺纱工作从原始的纺纱工具大大前进了一步，成为当时优秀的纺纱工具。最早的纺车大约出现于战国，用于纺丝和麻。从湖南长沙出土的麻布看，麻纱均匀细密，质地优良，估计当时已有了纺车，但缺乏直接的物证。从山东滕州出土的汉画像石上，发现有从事纺车生产的生动形象（图4-38）。在其他地方的画像石上也刻有纺车，说明纺车的应用发展很快。

纺车自出现后，它的结构变化不大。关于纺车的具体结构，在一幅年代不详的壁画（有专家认为约为汉代）上能清楚地看到（图4-39）。图中纺车上手摇的竹制大绳轮约七八十厘米，而木质或铁制的小绳轮、同时又是绕纱的锭子，直径约一厘米多，传动比大约为60～70。比原始的纺纱工具——纺缚效率提高了15～20倍，质量也明显地提高了，所以这种纺车一直应用到现代（图4-40）。

2. 斜织机

织布机械从踞织机发展到斜织机（图4-41），因它的经面与水平夹角为50～60度，故多称之为斜织机；又因为这种织机的机架水平放置，所以也称为平织机。到汉代时斜织机已广泛使用，从汉画像石上常能见到它。现已把斜织机的形象复原了出来（图4-42），操作人端坐机前，

图4-41 汉代画像石上的斜织机（也称平织机）

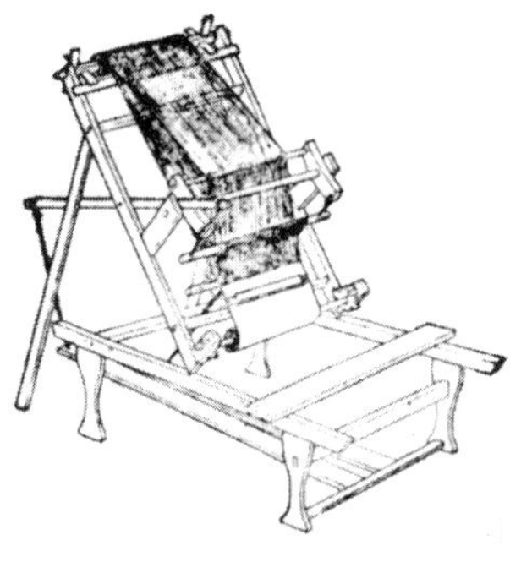

图4-42 汉代斜织机复原图（采自《纺织史话》）

可以方便地看到经面的情况，使用双脚和双手同时操作，织布的速度、质量都有提高。

3. 提花机

事物总是遵从由简单发展到复杂的规律，织布机也是由斜织机发展到提花机，提花织机能织出复杂的花纹组织，丰富、美化生活。提花技术出现的年代可能在汉前，随着提花技术的发展，汉代的提花织物已很成熟，逐渐复杂、美观。在东汉王逸的《机妇赋》中，对当时的提花机的结构作了较详细的阐述：

“胜复回转，剋像乾形，大匡淡泊，拟则川平。光为日月，盖取昭明。三轴列布，上法台星。两骥齐首，俨若将征。方员绮错，极妙穷奇。虫禽品兽，物有其宜。兔耳跧伏，若安若危。猛犬相守，窜身匿蹄。高楼双峙，下临清池。游鱼衔饵，瀺灂其陂。鹿卢并起，纤缴俱垂。宛若星图，屈伸推移。一往一来，匪劳匪疲。”

他用的是文学语言，然而可看到竹编花本机的构件：胜，即是经轴；复，是卷布轴；大匡，指经面；光，为综纩；日月，指它用两片地综交替；三轴，指经轴、卷轴和承受花本的轴；两骥，指的是支承地综的架子；猛犬，比喻打纬用筘相连的木架子；高楼，支承花本和转轴的高架；游鱼，喻的是梭子；鹿卢，是指与转轴相连的花本，类似竹笼机上竹笼；星图，花本变化。从描述看，它具备了我国传统提花机的主要部件，用它可以织出复杂多变的美丽花纹。

五、四川井盐

四川地区在开发井盐的过程中，发展了开凿深井的技术，也为世界上这一技术的发展作出了贡献。正如李约瑟在其《中国科学技术史》中所写：“今天在勘察油田时所用的这种钻探或凿洞的技术，肯定是中国人的发明。”这种技术，以后传到了西方各国。

钻井技术起源于人们寻找水源、天然气的劳动中：古代很早已发现了地下天然气，在西周时期主要讲占卜的书《周易》中，即讲“泽中有火”。另据《汉书》记载，西汉中叶的天然气井，称为“火井”，明确地说“火从地出”，把“火井”看做是蜀地名胜，许多古籍，如《蜀都赋》、《古文苑》等都歌颂了“火井”的奇特景观和壮美现象，而且将四川的有些地方命名为“火井县”、“火井镇”。地下天然气可作燃料加热、照明，也可烧卤煮盐。据《水经注》记载，用“火井”里的燃气煮盐是由战国时的李冰（约公元前3世纪）首创的，发展很快。秦代开凿盐井的有3个县，到东汉时四川的盐井分布已达18个县，每个县的盐井个数也在不断地增多。

因一般盐卤都较深，在开始的时候开凿的盐井大而浅，与开凿一般水井略同。以后盐井逐渐变深，井口变小，盐井形状的变化，正反映这一技术的提高。四川从盐井中取卤煮盐的情况，可从汉画砖上看到，如从四川邛崃出土的一块画砖（图4-43）上即知。画面的左下角即为盐井，井上有一个带顶的高架子，架顶有一滑轮，滑轮通过绳索吊着两只桶。井架有上下两层，每层各有两人面对面地站立，操作绳索，提升着盛卤后的水桶。在井架上层右侧，有一个长方形的水槽，其下面有支架，它应是贮放卤水用的。从井中提升的卤水倒入水槽中，卤水在水槽内通过竹管进入右下角的几口烧盐用的大锅中，灶前、灶后都有人看管。画面上

图4-43 四川邛崃出土的汉代画像砖上的汲卤图

另有几人应是在照看管线，负责运送卤水及天然气的情况。

图4-44 四川成都出土的汉代画像砖上汲卤图

图4-44是从四川成都西门外出土的汉代画像砖上的另一种汲卤图，出土时已破碎，修复后仍可看出，灶上并排放置五口大锅，灶外并排着几根管线直达灶内，这应当是正在输送天然气燃烧煮盐。

图4-43能比较清楚地反映汲卤的情况，图4-44能清楚地看到熬煮井盐的情况，两下参照互作补充，比较完整地展现出当时汲卤熬盐的画面。有的提升卤水时也应用了绞车。

六、漆器

我国漆器出现很早，据《韩非子》记载，虞、舜、尧时已将漆器用作祭器。至春秋战国时，漆器兴盛，为后世打下了良好的基础。但此时的制作较为简单。

秦汉时，漆器有了重大发展，生产的规模很大，有的县还设有专门负责漆器生产的官员。漆器的生产很是耗时费力，成本极其昂贵。据东汉时的《盐铁论》记载，一个漆器杯子，抵得上十个铜杯，只有“富者”使用。

从汉代漆器的铭文上得知，当时制作漆器大体有以下几道工序：①素工，制作漆器的内胎；② 髹工，负责在内胎上上漆；③黄涂工，负责在漆器的铜附件上鎏金；④画工，负责在漆器上绘画；⑤汩工，负责在漆器上雕刻铭文；⑥清工，负责对漆器做最后的修整。另外，还有供工负责原材料供应，造工负责工程的管理，还有人专门负责保卫及监工。组织十分严密，各种人员各尽所能，分工合作。当时的漆器生产已日臻完美，中国的漆器既是生活用品，也是收藏品，具有鲜明的特色。它盛极一时，开创了广阔的发展道路，并传到很多国家，深受各国人民的喜爱。

第四节　战争器械

相对而言，秦汉时期的战争器械发展并不算快，此时战车已遭淘汰，而攻守器械尚未充分发展，所以此一时期的进展多在远射兵器方面，主要有：①冶铁技术这时广泛地用于战争，用铁器制作坚硬、锋利的兵器；②弩有了重大改进；③砲车出现。

一、铁广泛用于制造兵器

冶铁技术自西周出现后，秦汉时广泛用于战争。现从出土实物得知：当时用钢铁来制造各种冷兵器，如刀、剑、矛、戟等，也普遍用钢铁来制造箭镞。现看到秦陵出土的铁箭镞还不多，到汉代就很多了，形式已有数种。

汉时武士还盛行铁铠，《史记》、《东观汉记》等古籍都记有"玄甲送葬"的壮观场面，"玄甲"即铁铠，因铁为褐色，即玄色。说的是西汉名将霍去病，他终生镇守边关，鞍马劳顿，屡立战功，官至骠骑将军。汉武帝要为他建造府第，他婉言谢绝说："匈奴未灭，何以家为。"当他于元狩六年（公元前117年）逝世后，"国玄甲军"为他送行，队伍从京城长安，排到他的墓地茂陵，绵延近百里。"玄甲送葬"场面壮观，也正是铁器普及的旁证。

二、弩的发展与改进

这一时期弩得到了很好的改进和发展，主要体现在自动控制放箭的机构、弩郭及带刻度的"望山"相继出现。

1. 自动控制放箭机构

据《史记》记载：秦始皇为自己修建陵墓动用工役"七十余万"，工程浩大。秦始皇在位时间长达三十七八年，劳民伤财、兴师动众地修陵墓时间同他在位时间几乎一样长。他生性贪婪，期望死后仍享用奢侈豪华的生活，嘱将身前的喜好玩物、奇珍异宝带入墓中。为防人偷盗陵墓的无数秘藏，他下令制作机弩，谁胆敢接近，就开弩放箭将其射杀。

不难设想，这是一种可以自动发射的弩，后也称为伏弩、窝弩等。这种弩的发射可能通过绳索，由墓门来控制，来人推开墓门，就引发了弩。从记载看，它应是最早的自动控制发射的弩，以后许多人的墓中都用了这种装置。

2. 设置弩郭

在弩郭出现之前，控制弩发射的弩机的各种金属零件，直接通过销子，装到木弩臂上，大大削弱了弩臂、弩机的强度，装拆也很不方便。汉代改进为把各种金属零件装在一个金属匣中，在木弩臂上开出一个长方形的弩机槽，装配时只要把金属匣装入槽中就行了，这样既增加了弩臂、弩机的强度，装拆也方便得多了。安装弩机的各种金属零件的金属匣，即称为“弩郭”。

弩郭的优越性十分明显，所以发展很快，现在所见汉代及以后的弩机都有弩郭。为了防锈，弩郭都是用铜制造。

图4-45 河北满城汉墓中出土的望山上带刻度的弩机

3. 设置带刻度的望山

弩上原只有钩挂弦的“牙”，并无望山。大约从战国起，逐渐加长，变成了望山，望山可供瞄准时参考，操纵弩也方便些。但起初望山上并没有刻度，大约从公元前1世纪开始，在望山上刻上了刻度，大大提高了瞄准的准确性，能校正箭的飞行误差（图4-45）。

望山刻度可以校正射击误差，因为箭不可避免地受到地球引力的作用，在离弦之后，沿抛物线曲线前进（图4-46）。如果瞄准时完全平视、对准目标，结果箭总是飞到目标的下方，影响了射击的命中率。误差与射程大有关系，如射程不大，误差就小；射程愈大，误差也愈大，所以这个问题对强弩尤为严重。根据这个原理，古人知道了瞄准时必须适当抬高箭头，对准目标上方的适当部位，以校正箭的飞行误差。开始这样做只能凭借射手的经验，进行适当的调整。随着科学知识的不断丰富，到汉代终于对望山进行重大改进，增加了望山上的刻度，以准确校正射出的箭的飞行误差。它的作用有点像现代步枪上用于瞄准的标尺。河北满城刘胜墓中出

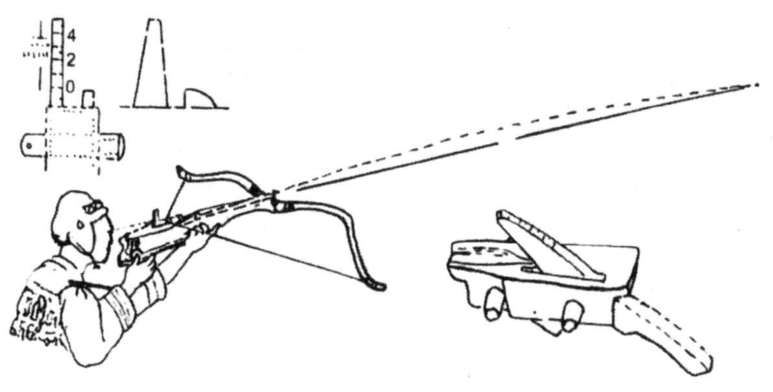

图4-46 弩射箭产生误差的分析

土的弩机的望山上即有刻度，这是现今所见的最早实物。但从当时出土的弩机上看，有刻度的并不多，这说明大约当时在望山加刻度，还是先进的方法。所见望山高低不同，望山愈高，弩的调整范围愈大，说明弩的射程大，弩弦力量也大。

三、砲车出现

砲出现以后的最重大事件应是砲车的出现。砲车是在东汉末年（公元200年）曹操与袁绍在“官渡之战”中发明的。官渡位于现河南中牟，在当时东汉首都许都（现河南许昌）以北不远处。据《三国志》记载：“连营稍前，逼官渡，合战，太祖军不利，复壁。绍为高橹，起土山，射营中，营中皆蒙楯，众大惧。”说袁绍的大军逼近官渡，交战后曹操因力薄势单而失利，曹操见双方力量悬殊，便固守不战。袁军便筑起高

图4-47 曹操主持研制砲车

楼、堆土成山，居高临下地向曹营内射乱箭，曹营大军全都暴露在射程内，急切间用盾东遮西挡，明显处于劣势，大家非常害怕。“太祖乃为发石车，击绍楼，皆破，绍众号曰霹雳车。”曹操下令制造砲车（图4-47），发射大石击打袁绍高楼、土山，袁军被击得抱头鼠窜、溃不成军。因砲车威力巨大，袁绍的军队称它为“霹雳车”。官渡之战成为以少打多并取得胜利的一次著名战役。

砲车是在砲架之下设置轮子，增强了砲的机动性，扩大了砲的使用范围，使军队进攻中能很方便地使用。后来砲车驰骋疆场，发挥了更大的作用。图4-48是复原后的砲车。

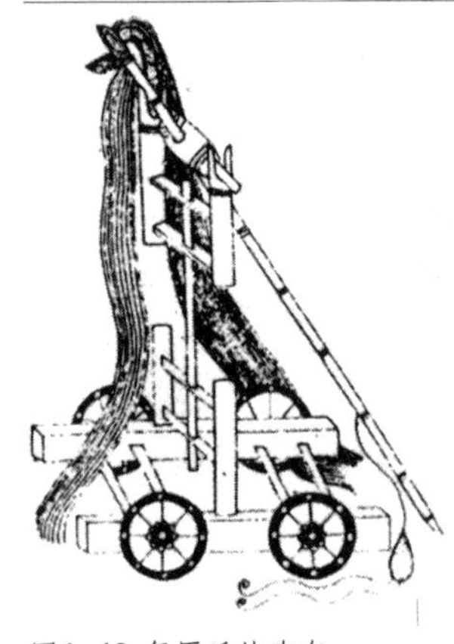

图4-48 复原后的砲车

第五节 交通运输机械

秦汉时，陆上及水上交通都十分发达。

一、陆上交通

1. 道路

道路是陆上一切交通工具的载体，也是发展陆上交通的前提。

（1）驰道

秦始皇统一全国后，下令修筑驰道，统一车辆轨距，使交通运输有很大发展。驰道都以当时首都咸阳为中心，四通八达。

东方大道：出函谷关，沿黄河，至山东后经淄博，到成山角。

西方大道：至甘肃临洮。

秦楚大道：出武关，经河南南阳，至湖北江陵。

川陕大道：经九原（现山西包头），沿长城，到河北碣石。

此外，尚有可达闽、广、桂林等地的道路。

从现存的驰道遗迹即可看出，这些道路修得庞大、宽阔，工程异常艰巨，很利于车辆行走。

（2）栈道

栈道是在峭岩陡壁上凿孔架桥连阁而成的一种道路。又名“阁道”、“复道”、“栈阁”。栈道早在战国时已有修建，如《战国策·秦策》所载：“栈道千里，通于蜀汉。”战国时秦伐蜀所修的“金牛道”，后世称“南栈道”，即是现今川陕公路的一段。到西汉前期，已有了四条栈道：褒斜道、党路道、子午道和嘉陵故道。其中的褒斜道就有250多千米长，达3～5米宽。栈道的具体结构有所不同，常是因地制宜修建，表现出了适应复杂的地形的能力与高超的技能。

轻便的车辆可以在栈道上通行无阻。

2. 各种车辆

秦汉时用于陆上运输的车辆种类繁多，丰富多彩。

（1）两轮车

概括当时资料，得知大多数车子是两轮，其用途各有不同，如前所述两辆铜车马，是战车和安车，还有以下几种两轮车。

轺车：轻便、快捷的小型载人车，约只用1～2匹马驾驶（图4−49）。

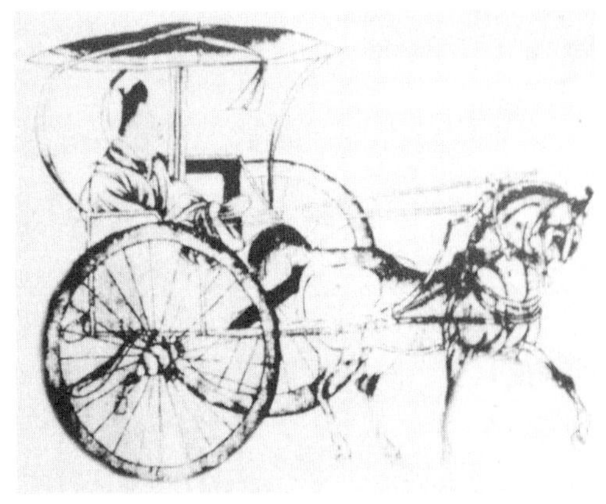

图4-49 四川出土的轺车形象（采自《中国古代车马》）

图4-50 山东沂南汉画像石上辎车形象（采自《中国古代车马》）

图4-51 古籍《三才图会》上所绘战国时已使用的安车形象

辒辌车：供人休息的车辆，亦即安车。

辎车：带有篷盖的大型车辆。既可载人，又可载货，载人时可坐也可卧（图4-50）。

栈车：车身如栈，用竹木制成的车子。较为简单。

民间的车辆则更简单也粗糙些，车子名称也很不统一。现可供考据的资料更少。

（2）四轮车

四轮车的优点是稳定性强，因而使用得很多。综合所见资料可知，四轮车主要有两类：一类用于货运，这类车的车轮较大，可以加大运载量，但只适用通行于平坦、宽阔地区；另一类用于运载老弱妇孺病残者，由于其稳定性能好，因而车轮通常做得较小，如安车（图4-51），便于乘车人上下。

另据《汉书》记载，王莽曾下令命人为他制造一辆四轮车，这辆车上面有篷盖，异常高大、华丽，内藏机关，它应是参考当时的四轮车设计、制造的。

3. 独轮车

独轮车也称“小车”，是一种用硬木制造的手推单轮小车。只有一个轮子着地，故而能通行于田埂、小道。独轮车的出现，是机械史上的大事，它提高了车辆的适应性、机动性，降低了车辆制造的复杂程度与生产成本，大大扩大了车辆的使用范围，增强了车辆的生命力。

（1）独轮车的出现

关于独轮车的出现，西汉刘向编选的《孝子图》中，董永的故事为之提供了可靠的依据。董永，西汉时人，家中十分贫寒，自幼失去母亲，靠替人耕作田地来供养他的父亲。为随时照顾年老多病的父亲，他用“鹿车”载着父亲推到田头树阴下看他劳作。父亲亡故后，董永借钱安葬了老父，然后去债主家干活还债。途中董永遇到一个女子，自愿嫁给董永。与他同到债主家，债主说织三百匹绢后始放他们回家。女子只用了“一旬”即十天的时间，就织了三百匹绢，债主惊讶之下，只得放他们走。走到原来相遇之处，这女子说：我是天女，因你行孝，我被派来替你还债，今已还了债，我回去了。说完，冉冉升上天去。所说“鹿车”是古时的一种小车，一个轮子，如辘轳，也即独轮车。据李贤注引《风俗通》：“俗说鹿车窄小，裁（才）容一鹿。”

董永是传说中有名的大孝子，因而有关他的史料特别多，在许多古籍上都有董永故事，如曹植的《灵芝篇》、晋代的《搜神记》、《孝子传》、《二十四孝》以及许多评话、传奇、戏剧上都有，电影《天仙配》就是据此情节拍摄的。关于董永故事的具体情节大同小异。汉代画像石上绘有董永故事的就有多处，其中山东嘉祥汉武梁祠的董永故事图画最为清晰（图4-52）。图中，坐在独轮车上的是董永之父，他的左手执杖，右手直前。图左站着的便是董永。图右援树欲上者，应是看热闹的小孩。而左上方横在空中的，即飞天的七仙女。只是这幅画上，把不同时发生的事，放在一起表现了出来。从图中即可看到最早的独轮车，以及它的具体结构。也证明了独轮车早期名称即“鹿车”。

图4-52 山东嘉祥汉武梁祠画像石上的董永故事

（2）独轮车的应用

由于独轮车具有灵活、轻便、机动性强、适用范围广等优点，一经问世，流传极广。《后汉书》上有多处提到鹿车，汉代应劭的《风俗通义》也记有鹿车。在我国最早的字典、东汉成书的《说文解字》上，也明确记有“一轮车”。以后关于独轮车的记载就更多了。独轮车的应用，也为日后诸葛亮制作“木牛流马”准备了条件。

4. 特殊车辆

所见秦汉时代的特殊车辆相当多，约有仪仗车、羊车、杂技车及少数民族车辆等，反映了车的设计与制造技术的发展，使车的种类丰富多彩。

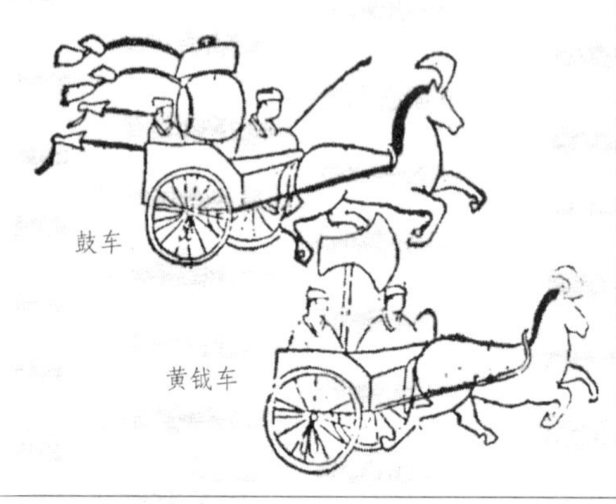

图4-53 辽宁辽阳出土的壁画上的黄钺车（采自《中国古代车马》）

图4-54 河南新野汉画像石上的杂技表演

（1）仪仗车

在皇帝出行时，有支相当庞大的仪仗队，仪仗队的组成中就有许多仪仗车。皇帝出行目的不同，仪仗队的大小也不同，但都有一定的规格，下一节中讲的指南车、记里鼓车就都是仪仗车。皇帝的仪仗车往往可以反映那个时代最高的设计、制造水平。同时，官吏出行时，也有一定规模的仪仗队。达到一定级别的官吏的仪仗队中也有车辆。斧车、黄钺车（图4-53）即是一种仪仗车，意为皇帝给了权力，在一定范围内他的权力至高无上，有生杀之权。

（2）杂技车

在汉代的画砖、画石上，屡见有汉代的杂技车，在河南新野出土的画砖上的图样精彩绝伦。从图4-54上看到：图右下面，一人骑马而行，马上面的骑者回首射箭。在中间的戏车上有一根高竿，竿上有一人倒挂，两手平端，他左掌上之人下蹲，右掌上之人金鸡独立。后面戏车上也有一根高竿，竿顶蹲着一人，所牵绳索通向前一戏车的御者；绳索上有一个人在行走。这种惊人的飞车联索杂技则很少见到。

（3）羊车

在汉代刘熙的《释名》中明确地说：“羊车，以羊所驾，名车也。”也有古籍上说，羊车为汉武帝（约公元2世纪）所创，是皇帝、后妃所乘、通行后宫的轻便小车，但很华丽。古籍记载着，很多朝代都使用羊车。也有古籍说，羊车是由头挽鬟髻的青衣童子来拉车，估计车本身应没有什么特殊之处（图4-55）。

图4-55　清代后宫通行的羊车（采自《故宫藏画》）

（4）少数民族车

古代少数民族车辆与中原地区不同，具有特色。古画中有文姬归汉的故事，说汉末蔡文姬（即蔡琰）远嫁匈奴后，被爱才的曹操重金迎回，命博学多才的蔡文姬归汉，进行编写工作。蔡文姬毅然捐弃个人悲欢，辞别丈夫、子女回国继承其父编撰《续汉书》。她以国事为重的品行成为千古流传的佳话，宋人陈居中所绘名画《胡笳十八拍》，就是反映这个故事的（图4-56），可从图中看到古代的少数民族的车型，车是由用骆驼拉的。

图4-56 宋代绘画反映文姬归汉故事中的少数民族车辆

二、水上交通

船舶制造水准及船舶动力的提高，使秦汉时的水上交通运输又有很大发展。秦代时，广西境内灵渠的修建，沟通珠江及长江两大水系，既有溢洪的巨大作用，也促进了水运及造船业的兴隆。

1．船舶制造技术的发展

这一时期船舶制造技术先进，生产规模宏大，沿海地区的广州，发掘出可能是当时的造船工场。这个造船场地，有三个互相平行的船台以及船舶下水的滑道，根据船台及滑道的宽度估计，可建造8米多宽的大船。还可看出：所建船只的船底的高度约1米，便于人员在船底进行钻孔、打钉、捻缝等作业，以提高船只的强度与密封性。推算出该船台所能建造船只的长度可达30米，载重可达约60吨。

图4-57 广东出土的东汉陶质船模已可看出当时船的发展水平

另在广州郊区的东汉墓中，还出土了一件陶质船模（图4-57），可从中看到当时船舶水平。在该船模上能清楚可见其复杂的结构，有前、中、后三舱，舱上都有篷顶，船尾有瞭望台，船前有锚，两边备有三支桨，船后有舱。

这一时期船舶的进步，还表现在船舶动力的发展变化上，这时已经有了橹。橹应是由长桨演变而来，它的外形略似桨，比桨较大，入水一端的剖面呈弓型，摇动橹很轻，效率很高，在水中左右摆动时，其前后面发生水压力的差异可产生动力，是一种用人力推进船的工具。后世诗人说“轻橹健于马”，就是这个道理。橹也能控制船的航向。东汉的刘熙在《释名》中已记述了橹，以此为据，则可肯定东汉时已有橹了，它是我国对世界文明的贡献之一。

在《释名》中还记有帆，该书说：“随风张幔，曰帆”，并说它可以使船疾驶。从而可知，帆在汉时已应用得较多，为在航运中使用风力作出了贡献。

由于造船及船舶动力都有进步，促使秦汉时的国内外水运交通大有发展，经济繁荣，商业发达。中国西汉时的造船中心有十多处，所造船只种类繁多，有舸、艇、扁舟、轻舟、艘舟、舫舟等不同叫法。秦始皇时曾有多次较大规模的航海活动，如派方士徐福带领3000名童男童女东渡日本，为他寻求长生不老之方。当时还沟通了太平洋、印度洋的海上航运（图4-58）。

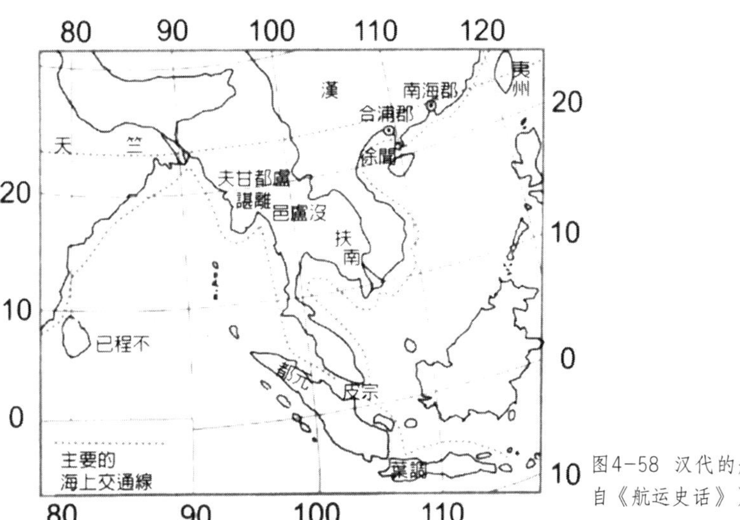

图4-58 汉代的航海范围（采自《航运史话》）

另据《汉书》记载：汉武帝时，中国的商船曾远涉重洋，到达了斯里兰卡，行程达数万公里，时间达两个多月。从广州、长沙等地的墓葬中都曾看到殉葬的一些珍贵珠宝来自外国，当是由水运而来，标志着造船技术的进步。

2. 战船的进步

这一时期造船航运业的发展也体现在战船的进步上，秦汉水战频繁，战船种类也更多。战船名称有楼船、戈船、桥船、艨船、艨艟、斗舰等，当时战船船队很庞大，如有时一次水战就出动船只2000余艘，水军多达20万人，应是当时世界上最强大的水上作战力量。各种船只分别由“楼船将军”、“戈船将军”、“横海将军”、“下濑将军”统领。作战时，冲在前面的名“先登”，用于冲锋陷阵的狭长战船称“蒙冲”，驶如快马的快船称“赤马”，用两层板加固的重型战船称作“槛冲”。

“楼船”更加高大。当时单楼船种类就不少，以适应不同规模、不同地点、不同条件下水战的各种需要，它略同于现代水战中的旗舰。如《汉书》上记载，汉武帝所造楼船达十余丈，上面插着旗帜，十分壮观。还有古籍上说汉武帝所造“豫章”号楼船，可乘数万人。《后汉书》更有“造十层赤楼帛栏船”的记载。《释名》一书还记录了楼船上各层房屋的名称：第二层屋叫“庐”，第三层屋叫“飞庐”，第四层屋叫“雀室”。

第六节　其他机械

秦汉时期有几种机械发明水准很高，影响很大，但因这些东西不是实用器，又有“曲高和寡”的问题，难以普及，无法纳入以上各节，在此加以介绍，如指南车、记里鼓车、被中香炉、张衡水力天文仪及地动仪等。

一、指南车

指南车是中华民族的文化瑰宝，中国古代科技成果的杰出代表，早已引起国内外学术界的广泛注意。20世纪初已开始了对指南车的研究，古今学者对它津津乐道，然而各说不一。现代研究者更众说纷纭，各执一词，形成了纷繁复杂的局面。为使读者了解其概况，现将有关情况介绍如下。

1. 指南车出现的时间

关于指南车出现的时间，有四种说法。

（1）认为指南车是皇帝所造

西晋崔豹所著《古今注》有载："指南车起于黄帝，帝与蚩尤战涿鹿之野，蚩尤作大雾，士皆迷路，故作指南车。"说黄帝与蚩尤在涿鹿野外大战，蚩尤作法大雾弥漫，士兵都迷失了方向，于是皇帝造了指南车以示四方，擒住了蚩尤而登帝位。《志林》等古籍也如此记载。

（2）认为是周公作指南车

古籍《鬼谷子》述："肃慎氏献白雉于文王。还，恐迷路问，周公因作指南车以送之。"说居住长白山以北狩猎为生的肃慎部族向周文王（姬昌）进贡白雉（也称银雉、白鹇，一种野鸟），担心使者回去时迷路，周公（即周武王弟姬旦）造了指南车送给他指认方向。《尚书大传》等古籍也有此记载。

（3）认为指南车起于西汉

刘仙洲先生著《中国机械工程发明史（第一编）》中认为："创造指南车的时期，最早可推到西汉。"他的根据是古籍《西京杂记》记载："司南车，驾四，中道。"并述沈约著《宋书》卷十八《礼志五》上说："后汉张衡始复创造。"《宋史》卷一百四十九《舆服志》上说："汉张衡、魏马钧继作之。"这些记载说明张衡、马钧是重复制作了指南车。

（4）认为指南车出现于三国

王振铎先生所著《科技考古论丛》中说："创造指南车者，当以三国时马钧为可信。"并用《三国志·魏书·明帝纪》裴注引《魏略》云："使博士马钧造指南车，水转百戏"，来加以证明。

如何看待以上四种说法呢?

从现有资料判断，知指南车的内部结构有两种可能性：利用机械系统的定向性或磁铁的指极性。若以考古资料为据可知，中国齿轮出现的时间，在战国到西汉之间。《宋史》记载了宋代两种指南车的具体结构，可知宋代的指南车肯定是齿轮传动系统，依靠机械传动系统的定向性。则此种指南车出现时间不可能早在齿轮之前，上述所谓黄帝或周公造指南车之说都不能成立，尤其黄帝发现指南车之说更早于车的发明时间。以刘仙洲所说西汉已有指南车较为妥当。至于王振铎主张三国有指南车之说，则就更稳妥了，但将这说成指南车出现的时间，就保守了些。

现虽可知宋代两种指南车的内部结构确系机械系统，与指南针无关，但对其他朝代指南车的内部结构，未见任何古籍及考古资料，也就无法证明其他朝代指南车内部是利用了什么原理。但如指南车利用了磁铁的指极性，而指南车出现的时间不可能早过磁铁的发现，现认为中国磁铁的发现时间为公元前3世纪，与黄帝与周公发明指南车之说矛盾。

2. 指南车的继承和应用

指南车在西汉出现后，许多朝代都有关于指南车的记载，从中可知此后历代都有指南车。皇帝在隆重场合才使用，皇帝的仪仗队中常不可少。《南齐书》中还记述了一件有趣的事，南北朝时的刘宋平定关中后，作为战利品得到了一具指南车，但只有外形，而无内部“机巧”，于是皇帝出行时，教人躲在车内操纵，可见有无指南车关系到帝皇的尊严与体面，很为重要。

在三国时，马钧任给事中（官名，给事殿中，备顾问应对），在朝中与常侍（经常在君王左右之官，东汉时一般为宦官）高堂隆、骁骑将军（中军）秦朗有关指南车曾有过一场有趣的争论，在《三国志·魏书·杜夔传》中，裴注对此有详细的记述：高、秦二人认为“古无指南车，记言之虚也”，马钧说：“古有之，未之思耳! 夫何远之有。”二人哂之说：“先生名钧字德衡，钧者器之模，而衡者所以定物之轻重，轻重无准，而莫不模哉?”马钧说：“虚争空言，不如试之以効也。”于是二人“遂以白明帝，诏先生作之，而指南车成。此一异也，又不可以言者也。从此天下服其巧矣”。这段话大意：高秦二人认为古代没有指南车，是“记”中描述虚构的。马钧认为古时有指南车的，不能没有经过思考就说古时侯没有。二人戏说，你名钧字德衡，钧是秤锤的意思，而衡能称量物体的轻重，你说话怎么这么没有轻重，莫非不是秤锤吧?马钧说空口争论不如试着做出来求证。秦明皇帝后，马钧制作成了指南车。

这个故事说明事实胜于雄辩，马钧用实际行动说服人。高、秦二人说“记言之虚也” 之“记”可能是指前朝的《西京杂记》。而马钧说“古有之”，更说明了指南车是前朝已有，不是他创造的。

指南车的使用直到宋代，按《宋史》记载可知北宋时肯定有指南车，在宋朝南迁后，屡经战乱，无心也无力顾及指南车了。元代时，少数民族统治中国，并不重视汉族以往的传统，未见再研制指南车了。以后就此绝迹。

指南车在使用期间，规格很高，因是皇帝所用，车身高大，装饰华美，还雕刻着金龙、仙人。行走时前呼后拥，所用“驾士”相当多，如《金史》就说有12人驾驶，而《宋史》则说原有“驾士”18人，后增至30人。《宋史》中还记载着，后魏时曾有马岳造指南车，“垂成”之时，被人毒杀。这些因素决定了指南车很难用于实战。

从古籍记载还可看出，由于指南车的崇高地位与特殊作用，一般前朝灭亡之后，指南车也随之毁坏。这种屡废屡制的局面，造成历史上研制过指南车的人相当多，根据记载能搞清姓名、时间的就有15人之多。所研制的指南车的外形应有继承性，但内部结构应各不相同，也可能大有出入，因为指南车的内部结构常被认为是重要机密，避免让人知道，这也许是历史上很少古籍记载指南车的内部结构的原因。各代指南车的内部结构有所不同，或有较大不同，甚至根本不同，都是完全可能的。

3. 现代关于指南车的研制

现代学者重视指南车，纷纷对之进行研究，局面纷繁复杂，结果多种多样，分歧也比较大。这种情况是正常的，体现了百家争鸣的精神，应积极倡导这种精神，鼓励人们畅所欲言。

二、记里鼓车

记里鼓车又名大章车，其功用是自动报知行程，与现代车辆上的记程器相似。其方法是每到一定行程，即用击鼓镯的办法来告知人们。唐代之前，记里鼓车每行一里，由木人击一槌鼓。唐之后，记里鼓车除一里仍击鼓外，每行十里击镯一次。

记里鼓车是指南车的姐妹车，它们同为天子大驾出行时的仪仗车，还时常排列在相邻位置。两者要求基本相同，装饰华美富丽，不亚于指南车，有的古籍即说记里鼓车“制如指南”。所需驾士也相当多，故同样也不适于实际应用。

记里鼓车的使用时间，应与指南车一样，从西汉到北宋。

关于记里鼓车的外形，可参考汉代的鼓车的形象（图4-59），两者当有一定的联系。记里鼓车的内部结构，也仅见《宋史》有宋代两种记里鼓车的内部结构的记载，关于其他朝代记里鼓车的内部结构，尚未见有关史料。

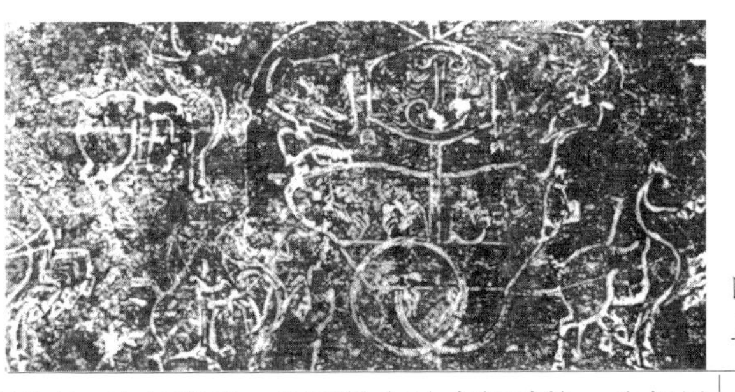

图4-59 山东孝堂山汉画像石上的鼓车形象

三、被中香炉

1. 被中香炉的出现

《西京杂记》中有段十分离奇的记载："长安巧工丁缓者……又作卧褥香炉，一名被中香炉，本出房风，其法后绝，至缓始更为之。为机环转运四周，而炉体常平，可置之被褥，故以为名。"

这段记述，既说了丁缓制作了被中香炉，又简略地讲述了它的结构。因被中香炉用材讲究、结构复杂、制作工艺精良，所以数量并不多，流传也就不广，出土的实物数量有限。目前所见最早的两件实物是唐代的，一件在西安出土，另一件流传到国外，现存日本奈良正仓院（图4-60）。

图4-60 现存于日本奈良正仓院的唐代被中香炉

被中香炉，顾名思义是放在被中使用的炉子。从中国国家博物馆收藏的明代被中香炉（图4-61）看，其外形如球，随意滚动翻转，内部灰盂都不会翻倾。被中香炉内的燃料功用有二：一是熏香除臭解秽，二是取暖。见《周礼》记载："翦氏掌除蠹物，以攻禜攻之，以莽草熏之，凡庶蛊之事。""庶氏掌除毒蛊，以攻说禬之，以嘉草攻之。""攻禜"、"攻说"是古人熏烟灭虫时的情景，所说的"莽草"、"嘉草"

图4-61 现存中国国家博物馆的明代被中香炉

图4-62 唐代镂空银熏球

即是杀虫、消毒用的药物，古代常把带香气的草称为熏草，香气能解秽，因而燃香也就是空气消毒。

稍后，在河南新郑出土了春秋时代专供取暖用的铜炭炉。

图4-62所示唐代镂空银熏球即是熏炉的一种。这件熏炉上有链条和挂勾，显然不适合在被中使用。但是其外表也成球形，内有两层活环，中置灰盂，结构与被中香炉接近，这说明熏炉的出现与被中香炉出现的时间十分相近。

关于被中香炉的出现时间还有一条补充资料：约在公元前2世纪时司马相如写《美人赋》，其中描写了一处场景有家具、帷幔、被褥等物中有“金钟熏香”句。

《西京杂记》说被中香炉“本出房风，其法后绝”，得知丁缓并非是最初的发明人。遗憾的是房风其人已无可查考，但可以肯定的是，被中香炉最晚汉代已有了。

2. 被中香炉的原理和结构

一般被中香炉多为铜质，也见有银质的。外壳精致、华美，尺寸一般十几厘米。被中香炉的结构不尽相同，如日本奈良所藏的被中香炉内有三层活环，而中国国家博物馆所藏的被中香炉内有两层活环（图4-63）。被中香炉内有两层与三层活环作用相同，其外壳都可在被中自由滚动，应把外壳考虑为系统组成的一部分，有一个自由转动的自由度，即使内有两环，如活轴的位置，也安排得当。这种被中香炉总共也有三个自由转动的自由度，如果活轴的摩擦力不大，即可保证灰盂绕三个相互垂直轴线转动自如。这些被中香炉在灰盂恒定的重力作用之下，灰盂的方向也就稳定不变，保证灰盂不会翻倾。

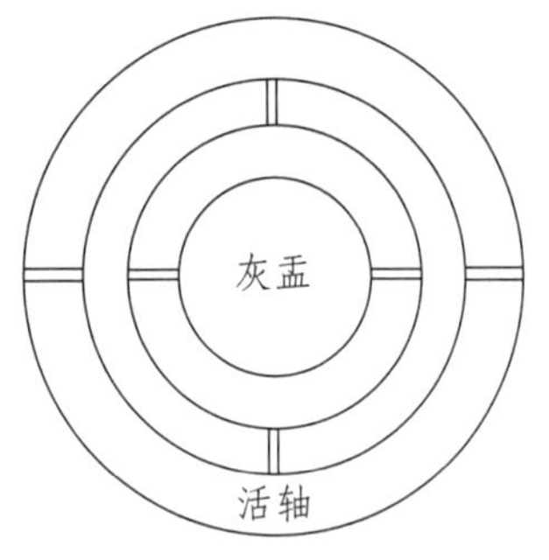

图4-63 中国国家博物馆中明代被中香炉的内部原理示意图

为什么被中香炉内部有的有两层，有的又有三层活环，以后还发现有四层的呢？这可能一是为了保证灰盂与外壳之间有适当的距离，从而使被中香炉的外壳有适当的温度，以免被中香炉灼伤人的皮肤，使之更适于在被中使用。二是为了补偿制造误差，因为在制造时可能活环的位置不当，摩擦力过大等都会造成活环的转动不够灵活。如有三个或者四个活环，制造误差就能够消除了。

3. 被中香炉的应用

被中香炉的数量应当说始终有限，但这项奇特的发明毕竟引起人们的关注。首先是文人墨客的惊叹，唐代著名的诗人温庭筠有《更漏子》："垂翠幙，结同心，待郎熏绣衾。"五代诗人牛峤的《浣溪沙》中有"枕障熏炉隔绣帏"，他的《菩萨蛮》曰："熏炉蒙翠被，绣帐鸳鸯睡。"五代诗人韦庄的《天仙子》说："绣衾香冷懒重熏。"这里透露了一个信息，诗句中所说的"熏炉"都是用于被中,实际上指的是被中香炉，可见诗文中也将被中香炉和熏炉混为一谈。

明代田艺蘅在《留青日札·香毬》中说："今镀金香毬，如浑天仪然。其中三层关捩，圆转不已。置之被中，而火不覆灭。其外花卉玲珑，而篆烟四出。"这段文字记述了被中香炉的结构如浑天仪，还说了其性能特点：在被中"圆转不已"，"而火不覆灭"。

从李约瑟博士巨著《中华科学文明史》中得知，中国西藏曾出现过一种黄铜球灯（图4-64），内有四个平衡环。只是从书中照片看是用蜡烛头代替了原先的油灯芯。在同一书中还刊出了鲁桂珍博士收藏的嵌花屏风的一部分，上有儿童耍龙灯的画面（图4-65），表述了按照中国传统的习俗每年农历正月十五，举行耍龙灯的活动，龙头前引耍的夜明珠（球灯）和西藏的黄铜球灯都与被中香炉的结构相似、原理相同。

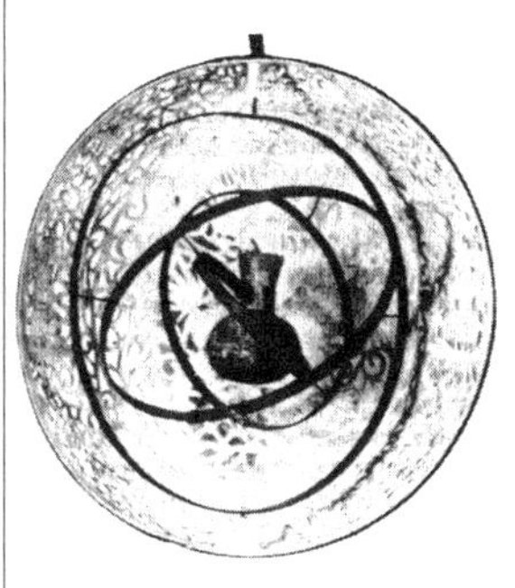

图4-64 西藏黄铜球灯（采自《中华科学文明史》）

图4-65 舞龙头前引耍的球灯与被中香炉的原理相同（采自《中华科学文明史》）

被中香炉虽然流传不广，但意义很大。在现代的航空、航天、航海等行业中广泛应用的陀螺仪，是这些行业中不可或缺的重要仪器。陀螺仪的核心是平衡环，即与被中香炉中的平衡环的原理同出一辙。《西京杂记》中这一记载说明：陀螺仪在2000年前已在中国出现。

四、张衡的天文仪器与齿轮起源

张衡所创水力天文仪器是演示天体运行的浑象（图4-66）。此前的天文仪器常无法弄清结构，所用名称又无法区分浑象及浑仪（分别为演示天体及观察天体之用），直到东汉时张衡所创制的天文仪器，《晋书》方有较为明确的记载：说是"以漏水转之"，即明确是以水力驱动，可能与更

图4-66 东汉张衡所创水力天文仪器——浑象，已由中国国家博物馆复原

漏连在一起，又说：“某星始见，某星已中，某星今没，皆如合符也。”所记虽很夸张，但也可见该浑象相当准确。

1. 张衡的浑象

张衡所创制的浑象上，传动链起点是水轮，终点是浑象，中间传动比很大，应有相当复杂的减速传动系统，该传动系统应为齿轮组成，传动比准确，以免传动误差过大。另知当时齿轮早已出现，齿轮的材质以铜为宜，因动力是水，避免钢铁锈蚀严重；如用木材，又会因过度潮湿或过度干燥而使松紧变化太大，用铁、木都不相宜。

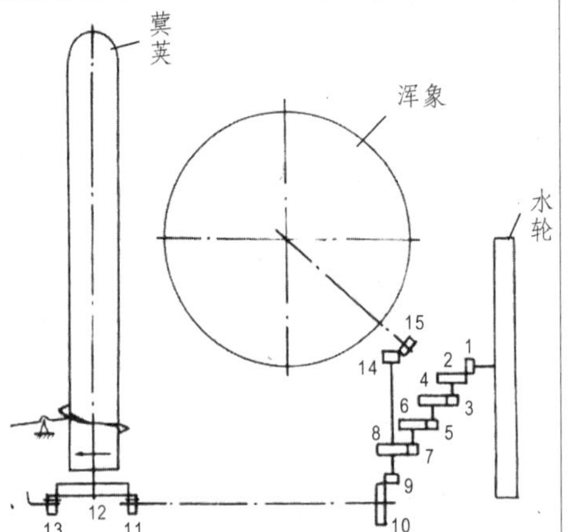

图4-67 张衡所创浑象的传动系统

在张衡的浑象上，从水轮到浑象间各级齿轮的传动比数据，史料上没有见到。但可肯定：浑象应严格地每昼夜转动一周，才能准确演示天象。传动具体结构可如图4-67所示，它可作为表现张衡水力浑象上传动过程的一例。

传动过程：水轮—齿轮1到8—经14及15—浑象。

传动比：水轮与齿轮1速度相同。后经四级减速，1及2；3及4；5及6；7及8。经14或者15只是为了按要求确定浑象转动方向，并不改变传动比的数值。

关于传动比的具体数值如下：各级主动齿轮1，3，5，7的齿数均为6；各级从动齿轮2，4，6，8的齿数均为36，则各级传动比均为36/6=6。

传动系统总传动比 $i_{总}= i_1 \cdot i_2 \cdot i_3 \cdot i_4 = 6\times6\times6\times6= 1296$。

即水轮每昼夜转1296周，而浑象转过一周。而水轮应每小时转54周。

这一传动系统中，9及10，12，13则用于带动机械蓂荚，自动显示日期。

在张衡的浑象上，要求是以水驱动，浑象每昼夜旋转一周，其他古籍也有记载，但如水轮转速、传动级数、各级齿轮齿数等，则都可以做其他设想。

2. 张衡天文仪器上的机械日历

《晋书》上说张衡的天文仪器上有“蓂荚”，其他古籍上也有类似的记载。所说蓂荚是一种豆类植物的果实，可见张衡的天文仪器上的这种零件外形像豆荚似的。

概括有关史料可知，张衡的天文仪器上的蓂荚有15个。上半月，每过一日，一个蓂荚上升；下半月，每过一日，一个蓂荚落下。每30日，则蓂荚循环一次。下月又开始新的循环。遇月大或月小，则要用人力帮助蓂荚调整到合适位置。

可设想蓂荚这一机构应是个圆柱凸轮系统，该圆柱凸轮与浑象联接，并保持一定传动比，保证浑象每转过一周，圆柱凸轮转一定角度，拨动一个“蓂荚”。中国国家博物馆即按这一设想，将张衡的水力天文仪器复原，水轮、浑象及蓂荚都可看到。

3. 齿轮的起源

图4-67只是张衡的天文仪器传动系统之一例。传动一般可分为啮合传动与摩擦传动两大类，齿轮传动即属啮合传动。张衡的浑象应较为准确，应当用齿轮传动，摩擦传动的传动比无法很准确。张衡的天文仪器要求平均传动比恒定不变，应是由齿轮传动来实现，这和中国齿轮的发明与应用情况相符。

中国齿轮应发明于战国到西汉之间。在山西永济的窖藏中曾出土了一批青铜器，内有两个齿轮，如图4-68所示，从同时出土的共存物来分析，可知其出现时间。这些齿轮外径很小，强度不大，估计是用于天文仪器上。从情况分析，中国应用木质齿轮的时间，应比应用金属齿轮的时间要更早些。

汉时，齿轮的应用已不少，从古籍记载可知，当时的指南车、记里鼓车上面也都应用了齿轮。

图4-68 现发现的中国最早的金属齿轮

五、张衡的地动仪

近年来，对张衡的地动仪，关注者众，议论颇多，故先引述有关记载的原文，而后再作分析。

1. 关于张衡的地动仪的记载

关于张衡创制地动仪，《后汉书》记载较详："阳嘉元年，复造候风地动仪。以精铜铸成，员径八尺，合盖隆起，形如酒尊，饰以篆文山龟鸟兽之形。中有都柱，傍行八道，施关发机。外有八龙，首衔铜丸，下有蟾蜍，张口承之。其牙机巧制，皆隐在尊中，覆盖周密无际。如有地动，尊则振龙，机发吐丸，而蟾蜍衔之。振声激扬，伺者因此觉知。虽一龙发机，而七首不动，寻其方面，乃知震之所在。验之以事，合契若神。自书典所记，未之有也。尝一龙机发而地不觉动，京师学者咸怪其无征，后数日驿至，果地震陇西，于是皆服其妙。自此以后，乃令史官记地动所从方起。"有学者推测候风是"候风仪"，它与"地动仪"是两件东西。但也有学者认为"候风"是人名，张衡的地动仪是"复造候风"的。因史料不多，难以断定。所知张衡生活的年代地震频发，这一情况促使张衡对地震做了一定的研究，从而创制了地动仪。为使读者了解地动仪各部分的结构和功能的要领，介绍其下。

外形："形如酒尊"，如同酒坛子。其表面装饰着精美的山龟鸟兽图案和篆文。尊，即古代酒器，有学者认为尊应是酒杯，但是据原文记载地动仪可以完全封闭，具有酒坛子的形状更为恰当。

都柱：一根粗大的柱子。都柱是地动仪的重要零件，也是由地震引发的地动仪的动源。当哪一个方向发生一定强度的地震时，都柱即向地震方向倾斜运动，从而引发了地动仪的工作。然而都柱只能向八个方向运动，这是因为地动仪上做了八个轨道之故，可见地动仪所测定的地震方向不一定精确。

机关：地动仪上的机关，是由都柱的倾倒来触发的。而机关启动的结果是引发了地动仪上的龙头吐出铜丸，它是地动仪的核心部件。但是据记载，机关制作得异常巧妙，它深藏在地动仪的外壳之中，并且"覆盖周密无际"，保护得十分严密。

标志：当地震发生时，都柱倾倒引发机关启动，促使地动仪外壳上的龙头张口，吐出铜丸，铜丸即掉入蹲在下面张着大嘴的蟾蜍口中，立即"振声激扬"起来，守护者便得知有地震发生了，马上查看铜丸坠落的方向，也即是地震发生的方向。

可以认为张衡地动仪由两个系统组成，一是接收地震信号系统，其组成是都柱和八个轨道；另一个是报知地震信号系统，其组成是内部机关、龙头、铜丸及蟾蜍。现在的问题是地动仪上核心部件——机关，因严格保密，别人难知其详，由此留下了巨大的想象和思考空间，许多现代学者，对此进行了研究。

2. 现代对张衡地动仪的研究

许多现代学者对张衡的地动仪进行了研究，早在19世纪时，日本学者对它已有论述，以后不断有中外学者对此提出己见，下面仅介绍三种影响较大、也较有价值的设想。

（1）中国学者王振铎先生主持复原的地动仪

20世纪50年代，中国国家博物馆在王振铎先生主持下复原成功地动仪（图4-69），其工作原理是依靠大立柱的惯性力（图4-70）。当某个方向发生地震时，大立柱即向该方向歪倾，压动杠杆，铜丸便从龙口中吐出，由下面的蟾蜍接住，据此作出地震报告。这里对地动仪“机关”提出了一种设想，即是可由都柱来启动的杠杆。

（2）美国学者席文教授提出的地动仪设想

美国科学院院士席文教授在美国的《中国科学》杂志上，对地动仪

图4-69 中国国家博物馆复原张衡所制地动仪

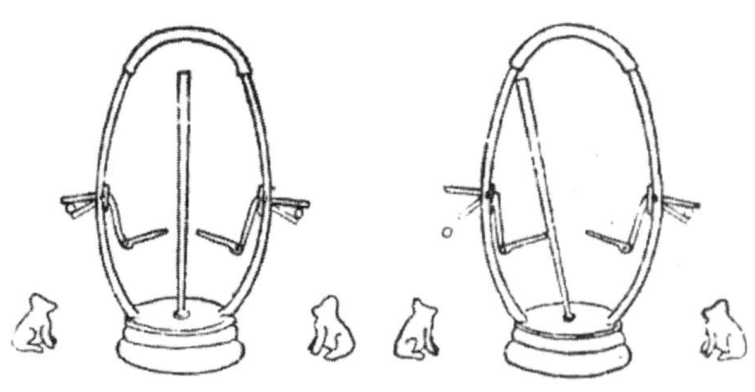

图4-70 中国国家博物馆复原张衡地动仪的内部工作原理示意图

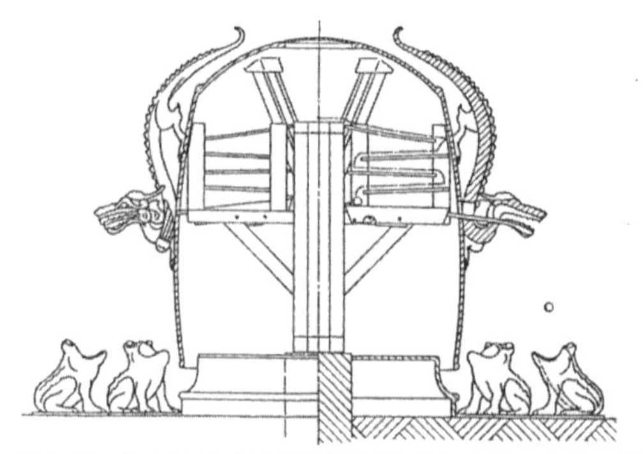

图4-71 席文教授关于张衡所制地动仪内部工作原理的另一种设想

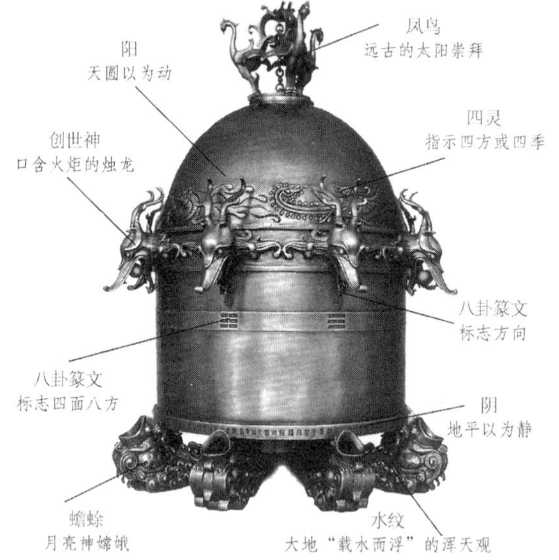

图4-72 中国地震局等单位复原的张衡所制地动仪

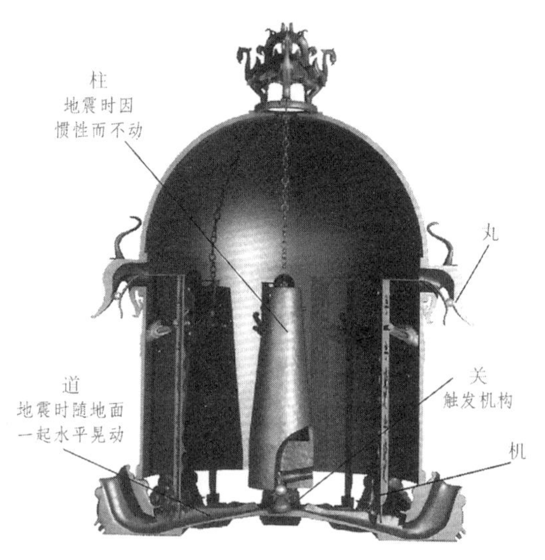

图4-73 中国地震局等单位复原张衡地动仪的内部工作原理示意图

"机关"提出了另一种设想（图4-71），地动仪外形仍与《后汉书》记载一致，也是用惯性的原理工作，但具体结构不同。该设想的大立柱并不动，在大立柱上面放置铜丸，平时大铜丸静止不动。当某个方向地震发生时，大立柱上的铜丸即向该方向滚动，经过通道、龙头，跌入蟾蜍口中。

（3）中国地震局等单位复原的地动仪

中国地震局和国家文物局等单位于21世纪初也复原了地动仪，外形如图4-72所示。其工作原理是悬垂摆，由地震表面波触发，都柱摆动趋势起到放大作用。从图4-73上看内部结构，大立柱通过链条悬垂于外壳的顶部，大立柱的下面有八条轨道。当某方向发生地震时，大立柱下的轨道由于地震波而随之震动，触发杠杆，铜丸便从龙口中吐出，由下方的蟾蜍接住，据此作出地震的报告。

以上几种地动仪工作原理的设想，都是利用了物体的惯性力，从科学角度看，都是合理的，也都有其价值。后两种设想要更加灵敏一些，第一和第三种的“机关”都是用杠杆机构，只是王振铎先生的方案是利用“都柱”倾倒后撞击杠杆机构的上部，而中国地震局的方案是利用“都柱”的摆动撞击杠杆机构的下部，两者大同小异。

3. 张衡地动仪的意义

如上引《后汉书》所述：在东汉永和三年（公元138年）二月三日，地动仪上的一个龙头，突然吐出了铜丸。当时东汉首都洛阳的百姓，丝毫没有地动的感觉，于是人们议论纷纷，责怪地动仪不准确。没过几天，有人飞马来报：陇西（汉代郡名，现甘肃省内）地方前几天发生了地震。陇西距离洛阳有1000多里，地动仪能准确地报告地震，说明地动仪测震的灵敏度极高，还可推知地震的方向，使大家极为信服。

《后汉书》提供了张衡创制地震仪的珍贵史料，比其他国家地震仪的出现要早约1700年。李约瑟称张衡的发明是“地动仪的鼻祖”，是个了不起的成就。

地震学是一门新兴的独立学科，积极地探寻这门科学的发展历史，了解中国古代在地震学上的许多贡献，能使现代的研究者得到启发，促进地震科学的发展。但也要指出，不宜过分夸大张衡地动仪的灵敏性，因古籍大都是文人而非科技人员撰写，如《后汉书》主编范晔是一名高官，限于所掌握的科技知识，说地动仪“合契若神”，难免有夸大不实之处，不可轻信。我们可对张衡地动仪的误差作些分析，其“都柱”只能按照八个轨道运动，在两个相邻轨道之间有45度夹角，当在两个相邻轨道之间方向发生地震时，则难以作出准确报告，也就是说与每个轨道相差22.5度时的误差最大；再者，地震须达到一定的强度和一定的距离时才能作出报告，更不可能将地震的报告数字化。科学技术随着历史车轮的前进不断地发展，现代在这些方面大有改进，地震报告更加准确了。

评价张衡发明地动仪，既要充分肯定其伟大的意义，又不宜过分纠缠张衡地动仪的敏感程度，要恰如其分地评价古代这一发明的伟大意义。后世研究者对历史上学术问题上的分歧意见，不能轻言孰优孰劣，对各家所见宜持慎重、宽容的态度，理性、热情地对待，营造百花齐放、百家争鸣的学术氛围。

第七节　科学家与科技名著

秦汉时期的重大发明很多，与这种情况相适应，本应有很多的科学家和科技名著。但实际上，为世所知的这一时期的科学家和科技名著不算多，与机械密切有关的更少。

这一时期的科学家中，以古代四大发明之一、纸张的发明人蔡伦和建树很多的张衡影响最为重大；与机械直接有关的有三脚耧的发明人赵过、被中香炉的研制人丁缓及龙骨水车的发明人毕岚；名医中有华佗、张仲景；但是对这许多人，尤其是对毕岚所知甚少。本书仅对赵过、张衡及丁缓加以介绍。

这一时期的科技名著中有张衡的几种天文著作。此外，东汉王充的《论衡》也很有影响。数学出现了影响很大、我国最早的专著《九章算术》，一直流传至今。医学上有《神农本草经》、《伤寒杂病论》等。其中《九章算术》、《神农本草经》都非一人之作，可能是集体写成。而《伤寒杂病论》是名医张仲景在无数医家的丰富经验的基础上，于公元3世纪撰成，奠定了中医的基础。而现存这一时期的农书《氾胜之书》只是佚本，书中有不少农业科技。迄今未见与机械直接有关的科技名著。

一、赵过及其成就

赵过是播种机械三脚耧的发明人。

汉王朝在获取政权后，采取发展经济的政策。西汉初，百废待举，汉政府提倡桑农，开垦土地，增殖人口，轻徭薄赋，休养生息，使经济较快得到了恢复与发展，并出现了“文景之治”（汉文帝、汉景帝）的初步兴盛的局面。西汉突破了秦代的思想禁锢，尚有战国时百家争鸣的余波荡漾，这些都利于生产及科技的发展。汉武帝更继承了这些政策，同时加强统治，巩固了国家的统一，开发“丝绸之路”，促进国内外的合作交流，对经济和科技的进一步繁荣与传播，起了很好的作用。

汉武帝重视农业生产和水利灌溉，克服好大喜功带来的挥霍浪费，出现了农业及水利史上的罕见盛况。他还施行垦荒“实边”、“寓兵于农”的政策，并收到积极的效果，其中包括他重用了较熟悉农业生产的赵过，任命他为“搜粟都尉”，领导农业生产，为军队积极筹集粮食。赵过在任上努力推广新型耕犁、三脚耧等及较为先进的“代田法”。

“代田法”是在干旱地区的地里开沟作垄，并轮流利用土地，利于大面积增产，使农业亩产量有了较大的增长。

概括赵过的事迹以及贡献可知，赵过对农业生产十分熟悉。从《汉书》等的记载看，赵过的指导能落实到要害之处，而且相当具体。他身居要津，能体谅农民的苦乐，增加了说话的力量，这当然也因汉武帝用人得当。他亲自“教民耕殖”，并教以代田之法，既有杰出的发明，又以身作则，努力普及科学。这些对于一个封建官吏而言，尤其不易，这些素质使他的努力能收到很好的效果。

二、被中香炉研制人丁缓

被中香炉的研制人丁缓是个能工巧匠，仅从有限的记载也就可以知道他是中国历史上非常杰出的科技人物，是一个很有成就的机械专家。

首先，他制作“常满灯”，顾名思义这种灯具应可自动加油，保持灯油常满。这种灯具约是随着灯具不断地燃油，使油不断得到补充，灯具也就永远不会熄灭。这种灯具大约有一套可以及时地自动加油的机构，免去人工不断添油的麻烦。

丁缓还做有“九层博山香炉”，可以推断这种发明的结构和外观都极为复杂、奇特，它的外观装饰得极为华美，雕刻着“奇禽怪兽”，又可以“自然运转”，十分灵活。可以判断这是一种很巧妙的发明。

丁缓还做有“七轮扇”，可以“一人运之，满堂寒颤”，这项杰出发明，应是一种效率极高的风扇，这种风扇“连七轮”，结构复杂而巧妙。这七个轮中，“大皆径丈”，尺寸相当庞大。只需一个人操作，即“一人运之”，可以使满屋的人降温纳凉，改善通风，效果极佳，甚至使人打“寒颤”。现代还见有人工风扇应用，但效果似乎还没有丁缓当年制造的好。

从以上简要的记载中，即可断定丁缓的动脑及动手能力都很强，成果水准都很高。他的成果中，可能许多都应用了活环和平衡架。这种现象似可说明：丁缓在活环和平衡架方面研究尤深，特别擅长。但《西京杂记》一书对丁缓的成果记载非常简略，其他古籍上更未见有关丁缓的只言片语。他的成果中，除被中香炉外都失传，所以对丁缓的这些杰出发明都未知其详。

图4-74 东汉时著名科学家张衡像

三、张衡及其成就

张衡（图4-74），东汉人（公元78—139年），字子平，河南南阳人。张衡出身于官宦之家，幼年家境即已衰落，这倒培养了他刻苦、勤奋的精神，为他日后的巨大贡献打下良好的基础。

张衡起初致力于文学创作，写成《东京赋》、《西京赋》，为人广泛传颂。以后他的兴趣才逐渐转移到了自然科学及哲学方面，写成天文著作《灵宪》、《灵宪图》、《浑天仪图注》及哲学著作《太玄经》等。他在天文上的贡献尤为引人注目。

在张衡之前，天文理论有盖天说、浑天说、宣夜说三家。张衡正是浑天说的集大成者，他主张“浑天如鸡子，天体圆如弹丸，地如鸡中黄”。浑天说虽是以地球为中心的宇宙理论，但在当时的历史条件下，最能近似说明天体的运行，对后世产生了很大影响。他一面积极倡导浑天说，同时创制了用于演示浑天说的仪器——水运浑象，对浑天说能得到社会公认，并流传后世，起了重要作用。张衡的水运浑象，是世界上第一架用水力发动的天文仪器，其中所包含的机械系统（包括齿轮与凸轮机构）异常高明。远在1800年前，能够设计、制造这么复杂而又巧妙的仪器，很让后人惊叹。

张衡在自然科学方面的贡献，也反映在对地理学、地震的研究上。我国是个地震的多发国家，早在3800年前，我国已有关于地震的记载，但在张衡之前，并未见有用仪器来测知地震的记载。张衡创制的地动仪虽可能是“复造”，但无疑是人类与地震作斗争的历史的杰出成果。

张衡一生为我国科学文化事业作出了卓越贡献，是我国古代一位伟大科学家。他勤学刻苦，谦虚谨慎，孜孜不倦，淡泊名利，积极进取。就像历史上许多伟人一样，他的科学成就当时也受到不少人的攻击与毁谤，他的思想也有时代的局限性，但这些都丝毫无损他的崇高地位与光辉形象，正如我国著名学者郭沫若所说：“如此全面发展之人物，在世界史上亦所罕见。”

第五章
古代机械文明持续发展

(公元3世纪—公元15世纪)

中国古代机械在秦汉达成熟后，从三国到明代，保持高水准，以高速度持续前进，继续有许多发明创造，已有的发明创造的影响也更大了。

首先是四大发明中的火药、活字印刷于此时出现。火药很快得到应用，出现了各种火器，并出现了多种火箭。指南针于战国出现，开始只用于医疗、看风水、安全等，宋代解决了指南针进行船舶导向的技术难题，使指南针的应用明显扩大，发展了海上运输业。

南北朝时，瓷器更加成熟，到宋元时取得了新的进展，达到更高的水准，生产规模更大了，成为重要的手工业部门，在我国瓷器发展过程中有着重要地位，生产出很多精美的瓷器，色彩缤纷、炫人眼目，产生了更大的影响。建筑领域中，在秦汉时期的基础上更趋成熟。在城市、建筑、寺院、园林、桥梁建造都形成特色，以木结构为主的建筑体系早已形成，此时更成熟与发展，隋代的赵州桥更驰名中外。战争中的攻坚器械到宋代也种类齐备，内容丰富。天文机械方面也有不少辉煌成就。这一时期制造的锁具种类繁多、精美绝伦。

这一时期的科学家及科学著作也相当多。

第一节　农业机械

这一时期首先是“江东犁”的出现，标志着犁的发展、定型，同时，元代还出现了犁刀。灌溉机械方面出现了垂直提升水的井车，以及各种结构的以竹筒为盛水工具的筒车。在农产品加工机械方面，有旨在提高效率的多种磨和多种用途的水力机械，还有用来加工棉花的轧车。

这一时期出现了几种水准很高的特殊的农业机械，如舂车、磨车、船磨及立轴式大风车等。

一、耕种机械

1. 唐代耕犁定型

唐代陆龟蒙所著的《耒耜经》，对此前的耕地机械作了论述，其中对犁有详细的记述，可以从中看到最晚在唐代，犁已发展成熟并趋定型，这种犁也叫“江东犁”。中国国家博物馆将这种犁复原成功（图5-1），根据复原的江东犁可知，这种犁由木及铁制成，其材料大约九成木，一成铁，用这种犁耕种可深可浅，宽度也可调整，运用自如，十分方便。

图5-1 中国国家博物馆所复原的江东犁

这种犁由11个零件组成，分别有不同的功用：

犁鑱：也叫犁铧，是犁刺土的零件，用之切开土块、切断草根，并把土块导向犁壁。

犁壁：翻转犁鑱切开的土块，也可使杂草埋在土下。

以上两个零件为铁质，以下皆为木质。

犁底：用以安装犁鑱，并稳定犁体。

压鑱：辅助安装犁鑱，兼有稳定犁壁的作用。

策额：用以固定犁壁位置。

犁箭：也叫犁柱，把犁底、压鑱及策额固定在一起，增加犁的强度及刚度。这种零件像箭一样贯穿在孔中。

犁辕：犁上用牛来牵引的部分。

犁体：可调整犁箭的高低，控制犁鑱入土深浅。

犁建：功用是将犁箭同犁辕、犁体固定在一起。

犁梢：耕作人用手握住犁的部位，可方便操纵犁身的平衡及前进的方向。

犁槃：协助操纵犁身，一般在折转犁的方向时才使用。

江东犁的出现，是中国耕犁的发展已达成熟、定型的标志。这种犁的犁辕是弯曲的，故也称为曲辕犁，它比以前广泛使用的直辕犁受力情况有很大的改进，用曲辕犁耕田牛的拉力更小，人操作起来更加轻松。两者受力分析对比如下（图5-2）。

先分析曲辕犁的受力。犁的阻力来源于用犁耕田时，土壤的阻力P。犁的动力来源于辕端牲畜的拉力Q，理想的曲辕犁Q和P恰在一条直线上，这时只要牲畜的拉力Q与土壤的阻力P达于平衡，犁就可以正常地工作了，即$Q = P$，操作犁的人并不用力。

再分析直辕犁受力情况。假定土壤的阻力仍为P，而牲畜的拉力Q_1，因为直辕犁的辕端较高，牲畜拉力Q_1也在土壤的阻力P的上方，两者不可能平衡，要达于平衡，也即耕犁正常工作时，必须人手在耕犁上施加P_1的力量，也就是说直辕犁正常工作条件是$Q_1=P+ P_1>P$。这即可看出直辕犁

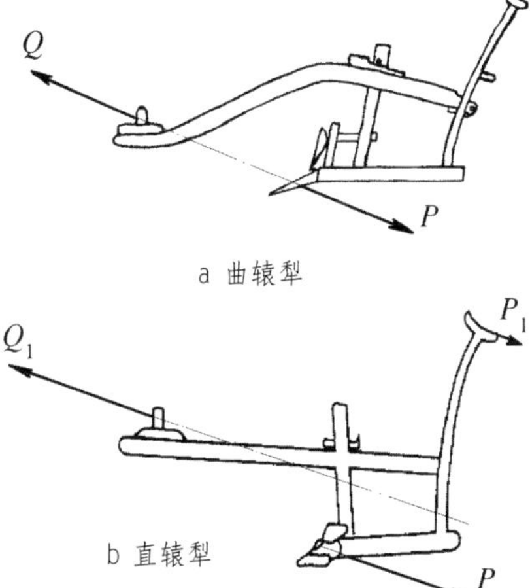

图5-2 曲辕犁与直辕犁的受力分析

改成曲辕犁后，牲畜的拉力由Q_1减小到了Q，而人手施力也从P_1减小到了0。

此后的1200多年无明显变化，现代所见的牛耕所用之犁与上述记载基本相同，有的犁还没有上述记载的那么合理。

2. 犁刀

在唐代犁定型之后，比较重要的一项发展是出现了犁刀。犁刀也称“鐦”刀，《农书》对此作了记载。《农书》还说《集韵》一书已对之作了记载，《集韵》是宋代编成的韵书（公元1007年），以教人审音辨韵为目的，既然韵书上已有犁刀，可知当时犁刀已应用。

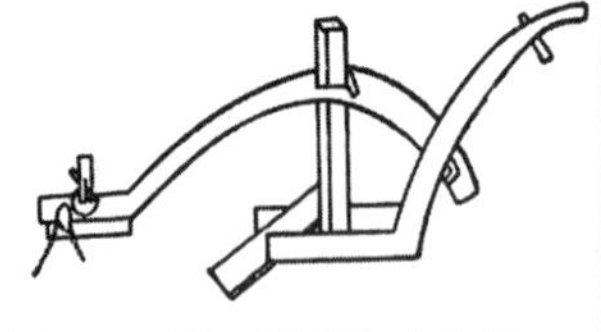
图5-3 王祯《农书》上的犁刀

犁刀的形态比较厚重（图5-3），用于开垦生荒之时，生荒上遍生芦苇蒿莱，根密如蛛网，用一般的耕犁耕作困难，就要使用犁刀了。

用犁刀的耕作方法有两种：一种是把犁刀做成专门的犁，用牛专门拉这种犁，行驰在一般耕犁之前，当犁刀耕过之后，再用一般耕犁来耕；另一种是用一般耕犁改装，把犁刀安装在犁镜之前，只用一人一畜一犁就可以了，更省力方便。

3. 碎土机械

土地在耕过以后，还需将土块弄碎。最早的碎土工具，只是一把巨大的木榔头，古籍称之为耰。

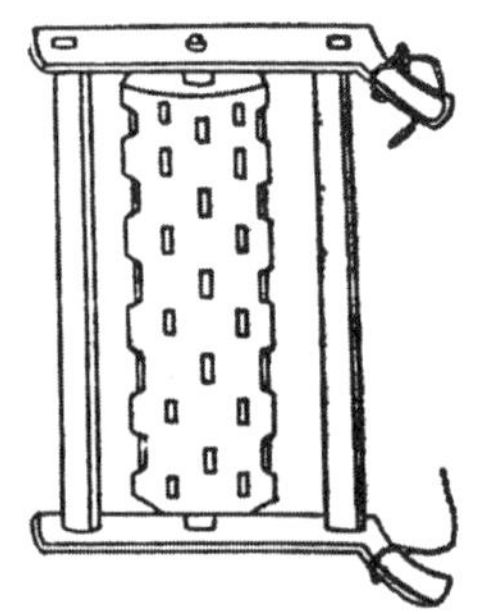
图5-4 王祯《农书》中碎土用的石砺礋

以后使用牲畜拉着一种叫砺礋的农具将土块碾碎、抚平，并把土壤适度压实以达到保持水分的目的。这种农具的结构如图5-4所示，其中

图5-5 清代雍正年间《耕织图》上的耙

图5-6 明代《便民图纂》上的耖

的滚子为石制，也有木制的，《耒耜经》、《氾胜之书》、《齐民要术》等书都有这种农具的记载，只是具体结构不尽相同，也看出这种农具应用之广。

有时欲达到碎土目的时，也采用其他机械，譬如用耙（图5-5）或耖（图5-6），但耙或耖都在耕种水田时用。

二、灌溉机械

这一时期的灌溉机械中，井车及筒车的水准都很高，应用也相当广。

1. 井车

井车是用于井上垂直方向提升的灌溉机械，有时也称其为水车。从发明到今，已有1300多年的历史了。在它之前可以垂直提水的辘轳、滑车、绞车，都只能间隙工作；而龙骨水车虽能连续提升水，但它只能倾斜放置，无法垂直提升水。井车的出现克服了这种缺陷，广泛地适用于北方地区，从较深的水井中提升水。而且这种井车可以避免漏水，效率很高，即使水井较深也无妨，因而应用极广。在唐代著名诗人刘禹锡《何处春深好》的诗中，就歌颂了井车："栉比栽篱槿，咿哑转井车。"元代古籍《析津志》中记述了当时首都大都（现北京）的情况，可知当时大都设有"施水堂"17处。从文中所记述的其结构看，就是这种井车，用它从井中提水放入石槽中，以解人员、马匹干渴，也可用于灌溉田地。

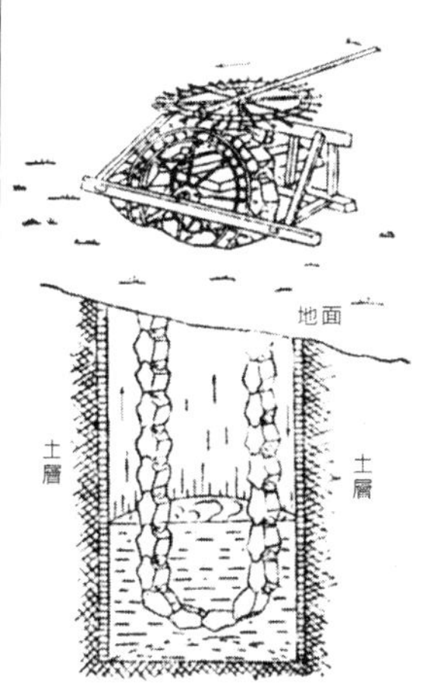

图5-7 井车的结构（采自《中国古代农业机械发展史》）

关于井车的结构，从图5-7中当可看到。它的盛水工具是为数很多的水桶，连结在一起，组成一个可以活动的大链条，链条的上边套在井上的大立轮上。大立轮是安装在一个卧轴上，卧轴的另一端装有一个立齿轮，这个立齿轮与一个水平放置的齿轮啮合，卧齿轮即通过套杆拉转。当卧齿轮由牲畜（马、驴、骡子等）或人力转动套杆时，通过齿轮啮合，带动立轮转动，由水桶组成的大链条也随之运动，水也就随之上升，当水桶通过最高处时，将水倾泻到放在大立轮下的石、木槽中。

2. 各种筒车

筒车是说这种车的盛水工具一般是竹筒或木筒，普通的筒车是将筒子装在大立轮上。筒车也可用牲畜带动，如驴转筒车。对水的提升高度很大时适用的那种筒车称为高转筒车。即使在现代，各种筒车的应用还不少，如图5-8所示。

（1）普通筒车

一般所说筒车即为普通筒车，它的结构通常如图5-9所示。大立轮一

图5-8 广西凤山县正在使用的筒车（采自《传统机械调查研究》）

图5-9 王祯《农书》所绘的筒车

般用竹木制成，尽量简单轻便，用横轴支承，四周轮缘上都遍布小竹筒或小木筒，大立轮小部分浸入水中，靠流水冲刷轮缘上的筒，使大轮转动。随着大轮的转动，小筒入水装满水，当小筒到达大立轮的最高点时，水被倾倒入一个木槽中，然后流到需要灌溉的田中。大立轮轮缘上的小筒，既是盛水工具，又是促使大立轮转动的受力零件，所以它是一种可以自行提水的灌溉机械，转动不需要其他的动力，而且大立轮愈大，所产生的驱动力矩也愈大；大立轮重量愈小，动力性能愈好。

关于这种筒车的出现时间，未见明确的记载，有人认为，它大约有1200年的历史。各种筒车中，普通筒车的应用最多，其他筒车出现的时间晚些，但都比王祯的《农书》问世早。

（2）驴转筒车

有些场合装有筒车的大立轮的转动要靠牲畜来带动。如水流量有限、水不流动或流动不快，水力无法驱动大立轮时，大立轮就靠畜力转动。

驴转筒车的结构，在王祯《农书》上有较详的记载（图5-10）。先用两头驴子驱动水平大齿轮，而后带动垂直小齿轮，小齿轮带动立轮，连同筒子转动提水灌溉。驴子一般无法走得很快，而且安装筒子的立轮也不可能很大，立轮愈大驴子愈费力。为提高效率，立轮需较快转动，齿轮就必须加速传动。

图5-10 王祯《农书》所绘的驴转筒车

当然，这种筒车也可以用牛或其他畜力来带动。

（3）高转筒车

这种筒车的适用范围是水很低，而岸很高，应用其他筒车不可能将水提升到这么高，应用高转筒车时，水的提升高度可以很高，按王祯《农书》的记载，可以“高以十丈为准”。

高转筒车的结构，王祯《农书》等书也有较详的记载，如图5-11所示。其上、下都有木架，各装一个木轮，轮径约四尺，轮缘旁边高、中间低，当中做出凹槽，更显凹凸不平，以加大轮缘与竹筒的摩擦力。下面轮子半浸水中，两轮上用竹索相连，竹筒长约一尺，竹筒间距离约五寸。在上下两轮之间、在上面竹索与竹

图5-11 王祯《农书》所绘的高转筒车

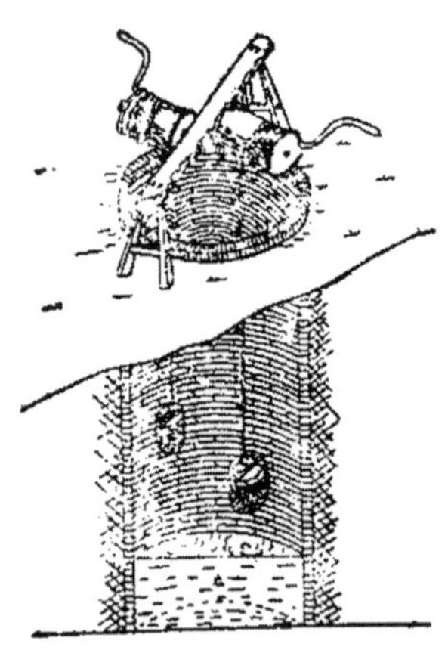

图5-12 同一井口上安装两个辘轳（采自刘仙洲《中国古代农业机械发明史》）

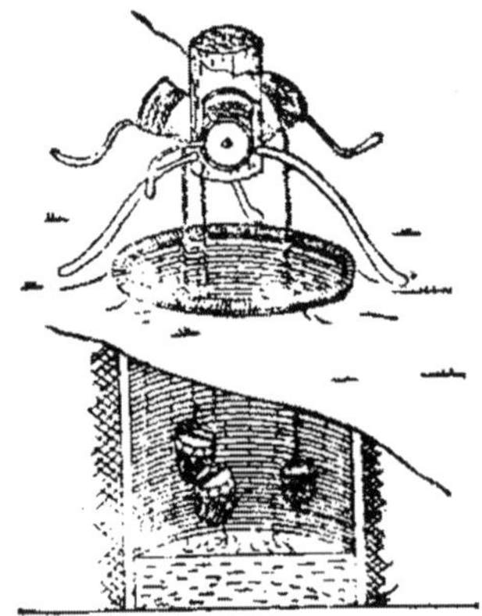

图5-13 同一井口上安装三个辘轳（采自刘仙洲《中国古代农业机械发明史》）

筒之下、用木架及木板托住，以承受竹筒盛满水后的重量。高转筒车也用人、畜转动上轮（图中没有画出）。绑着竹筒的竹索是传动件，当上轮转动时，竹索及下轮都随之转动，竹筒也随竹索上下。当竹筒下行到水中时，就兜满水，而后随竹索上行，达到上轮高处时，竹筒将水倾泻到水槽内，如此循环不已。

据王祯《农书》的记载，高转筒车也可用水力驱动，但估计其使用范围很有限，只能用于水力很大、提升水的距离也不很高的场合。

3. 辘轳的继续发展

辘轳及绞车出现后，继续有所发展，使之应用范围日广。

（1）井口上装数个辘轳

一种把井口做得大些，也将井口木架作些改进，在同一木架上安装两个或三个辘轳（图5-12、图5-13），使两三个人同时工作，一个水井可起到两三个水井的作用。但这种辘轳和一般辘轳并无区别，也不能说它有什么本质上的发展。

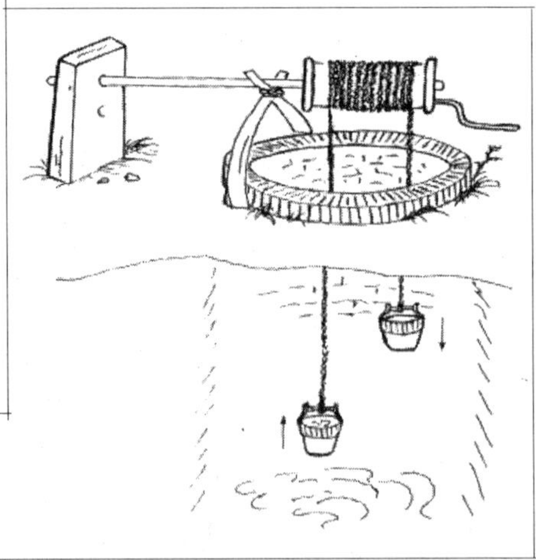

图5-14 双辘轳结构示意图

（2）双辘轳

还有一种是应用双辘轳，双辘轳的结构（图5-14）与上面的同一井口上装两个辘轳不同。双辘轳是在同一辘轳下面挂两个水桶，上升的水桶从井中汲满水，下降的水桶是空的，到井中汲水，将一个水桶的工作行程与另一个水桶空回行程合并了起来，提高了效率。同时，一边的空水桶也可平衡掉盛水桶的一部分重量，操作的人比较省力。

在王祯《农书》上记有这种辘轳，说它可分“逆顺交转”，“虚者下，盈者上，更相上下，次第不辍，见功甚速”。以此为据可以判定：双辘轳已有700多年的历史了。

三、农作物加工机械

在秦汉时期形成的高水准的农作物加工机械的基础上，这一时期又有了新的发展，工作效率提高，用途扩大，还有几种结构复杂的粮食加工机械。

1. 高效率的粮食加工机械

这时，磨子的应用很多，出现了同一动力带动较多的磨同时工作的情形，效率明显地提高了。这种机械动力常是水力，因为水力比较丰富；也有用牛的，但工作机的动力需要必须与牛相适应。

（1）连二水磨

在王祯《农书》上有图文介绍连二水磨，其结构可从图上看到（图5-15）。它用一个水轮装在轴的一端，先带动位于轴的另一端、安装在底层的一个磨工作；同时，在轴的中部另有一个齿轮，将运动传至楼上，驱动另一磨工作。这就可以用一个水轮带动两个磨同时工作，比仅用一个磨工作的效率提高了一倍。

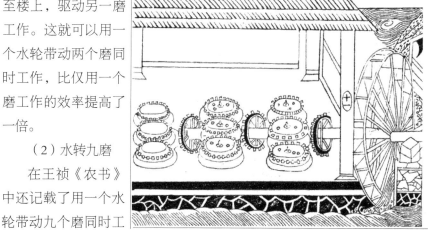

图5-15 王祯《农书》中所绘的连二水磨

（2）水转九磨

在王祯《农书》中还记载了用一个水轮带动九个磨同时工作情形，效率更高了。当然其水流和水力都更大了，否则水力就无法带动。

图5-16 王祯《农书》中所绘的水转九磨

水转九磨的结构，《农书》中有图作了介绍（图5-16）。它先由一个又大又宽的水轮，放入“急流大水”中，带动一个大轴，轴很粗，“轴围至合抱”，轴之长短则由结构需要而定。大轴上有三个齿轮，每一个齿轮先带动一个磨的上层齿轮，这个磨转动时，就各带动两个磨同时转。这样同一个大水轮，就带动了九个磨同时工作。《农书》中还引用一首诗来歌颂这个情况，也反映了这种发明的价值。

在《农书》中还介绍了水转六磨，由一个水轮带动六个磨同时工作，和上述水转九磨原理相同。

（3）牛转八磨

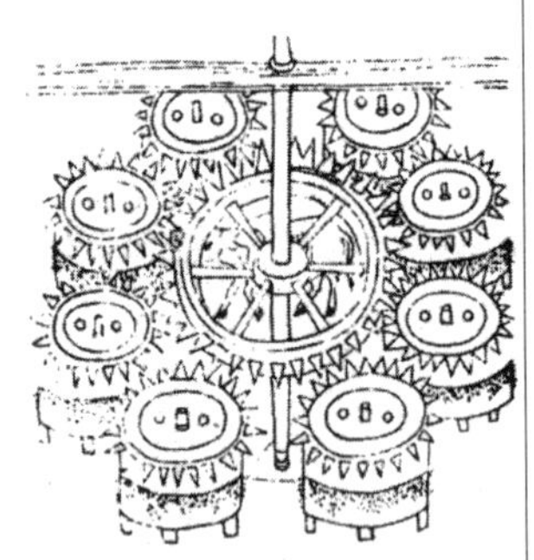
图5-17 王祯《农书》中所绘的牛转八磨

在晋代的《八磨赋》中介绍说，有人看到一种磨“奇巧特异”，它是用一头牛带动八个磨同时工作，文中用“赋”来歌颂这种磨，但仅凭其中简略的记载，无法确知它的结构。

在王祯《农书》中，得知了它的具体结构（图5-17）。它在中间装上一个立轴，轴中装个“巨轮”，这是个巨大的齿轮，在这个大齿轮的周围，呈“轮辐”状均布八个磨子，各个磨上层齿轮都与中间大齿轮之齿啮合。中间大齿轮用一头牛拉动就可以了，因力少而见功多，效率很高。

《农书》中说，这种发明曹魏时已有了，还称赞它“有济时用”。以此为据的话，这种发明约在公元3世纪就有了。

2. 多用机械

这一时期出现了用一个齿轮同时带动数个工作机（图5-15、图5-16），完成几种不同的工作水轮。多用水轮大约起源于南北朝时，据《南史》记载：南北朝时的大科学家祖冲之，曾“造水碓磨”，应理解为制造水轮，利用水力同时带动水碓及水磨工作。时间应距现今1500年之前。

（1）《农书》中的水轮三事

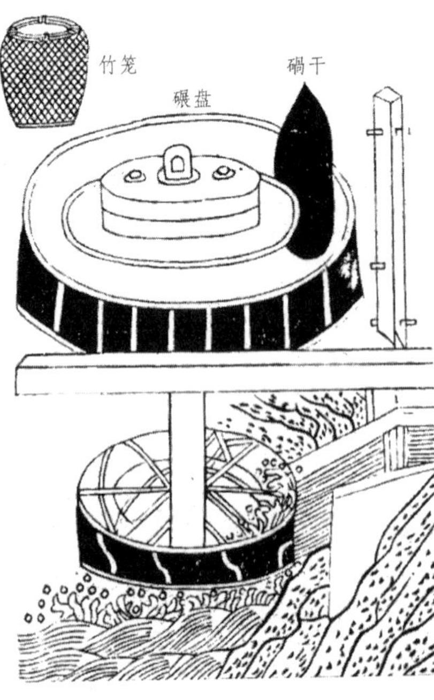

图5-18 王祯《农书》中所绘的水轮三事

《农书》中较早记载了一种“水轮三事”（图5-18）。它由卧式水轮带动，通过立轴可以干磨、碾、砻（谷物去壳）三件事，所以叫“水轮三事”。但从《农书》中的图看，它只可以同时进行两种工作：碾可以经常使用，但磨及砻只可用一种，要磨面时用磨；要使谷物去壳时，就换下磨，装上砻，更换磨或砻很方便。书中还引用诗来称赞这一发明：“制磨原凭一水轮，就加砻碾巧相因，轴端更置皆从省，人物兼成嶝惮频，饼食已供无匮乏，米珠重造得圆匀，济在有要无人识，农谱图中拟细陈。”

（2）《天工开物》的水轮三事

《天工开物》一书中所记的水轮三事，水准很高，创造了这方面的最高成就。书中明确地说它的一节磨面，一节“运碓成米”，一节灌溉，同时进行三种工作。但书中没有图，难以确定这种装置的具体结构，如书中的水轮是卧式的还是立式的呢？从情况分析，轴分三节需很长，不可能是立轴，即轴卧置，水轮必须是立放的。而卧轴放置，必是粗大的长轴，才能满足需要。

图5-19 按《天工开物》中的记载所复原的一种水轮三事

另从《天工开物》的记载看，并未明确地说明水轮三事的排列程序，仅从理论上考虑，其有六种不同的排列顺序，各有优劣，应根据具体情况确定顺序。图5-19显示的是由水轮先后带动碓、磨及龙骨水车的模型。

这种发明既继承固有的传统，又有新的发展，有很强生命力和巨大的实用价值，在机械史上有很重要的意义。

四、几种特殊的农业机械

有几种农业机械格外巧妙，有着特殊的意义，介绍如下。

1. 舂车与磨车

在《邺中记》一书中，记载了在公元4世纪时，后赵的君主石虎有几项水准很高的杰出发明，其中有两项就是舂车和磨车。书中叙述他在舂车上制作木人和石碓，当车子行进时，则木人可踏动石碓舂米，车子走了十里即可“成米一斛”。斛是古代的容器单位，当时以十斗为一斛，可见舂车的效率相当高。关于舂车和磨车的结构，从情况估计，当时不大可能有自动使用碓的舂车“木人”（即机器人），可能舂车上“木人”不过是可有可无的摆设。估计舂车是利用车轮及地面间的摩擦力驱动，车上的石碓是依靠齿轮传动，先传至轴，再通过安装轴上的拨板拨动碓上的杠杆工作的。其结构类似连机碓。按这种设想制成的舂车如图5-20所示。当时还制造了磨车，置石磨于车上，一边行车，一边磨面，每走十里可以磨麦一

图5-20 按《邺中记》中记载推断所复原的舂车

斛，结构当与舂车相似。

当时正值晋代，我国处于分裂的局面，许多政权分立各地，战乱连年，舂车、磨车的出现，可能也是为战争服务的。

2. 船磨

在王祯《农书》上还记载了一种巧妙发明，即能够磨面粉的船磨。书中叙述了船磨的结构，可知它是由两条船组成，两船上各有一磨。两条船并联在一起，中间设置一个大水轮，用横置的长轴，把动力传至两船上，分别带动两船上的磨同时工作。轴两边都有船，也可起平衡作用。

船磨有很大的优越性，能根据需要灵活、充分地利用水力。当水力不大时，可将船磨放在水流湍急之处，也可在水上游放置木板挡水；而遇流水泛滥、涨水时，又可移近河岸，利用河岸阻力减小水流。

据记载，我国近现代时，还有人在黄河中见到过船磨，并说船磨"每一昼夜可制面粉千斤"，船磨成本比设置水磨房低。

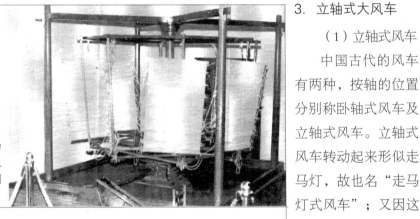

图5-21 江苏盐城地区所采用的立轴式大风车（原图由盐城市农机所提供，模型由同济大学制作）

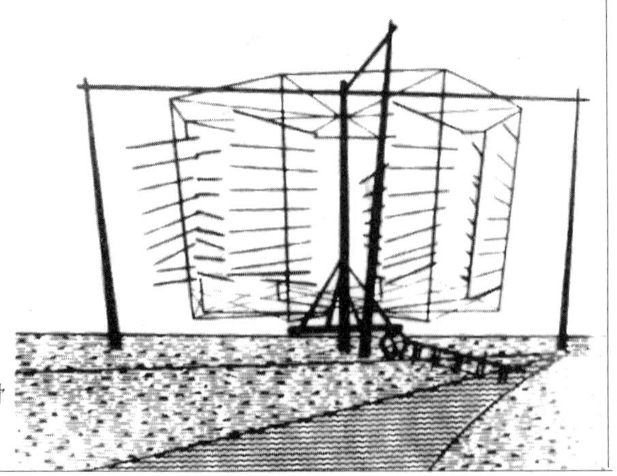

图5-22 立轴式大风车带动龙骨水车工作示意图

3. 立轴式大风车

（1）立轴式风车

中国古代的风车有两种，按轴的位置分别称卧轴式风车及立轴式风车。立轴式风车转动起来形似走马灯，故也名"走马灯式风车"；又因这种风车很大，也称作"大风车"。卧轴式风车约起源于汉，现介绍的立轴式风车可能起源于宋。图5-21就是立轴式风车的实物，从中可以看出这种风车的结构：最外有一牢固的框架，中置立轴。在立轴上设置可以转动的八棱柱形的风轮，风轮的每一棱柱上张挂一个风帆，风帆状如船帆，靠风帆接受风力，驱动八棱柱转动，通过立轴下的大齿轮，驱动小齿轮及龙骨水车工作、灌溉或排水；也可利用立轴式风车来进行其他工作。国内外学术界对中国古代立轴式大风车十分重视，图5－22是这种立轴式风车的示意图。

（2）立轴式风车的优点

立轴式风车有三大优点：第一，在立轴式风车上有很巧妙的风向调节系统，能自动适应各方向的来风，使风车的工作不因风向的不同而受丝毫影响。风向调节系统的原理，将专门介绍。第二，当风速改变时，通过方便地控制风帆的升降，改变风帆的受风面积，保证风车的转速及受力都较稳定。当风力过大时，如台风等，就完全降下风帆，风车停止工作，以免损坏。第三，这种风车各方向基本对称，使之各方向上体积及重量可以基本平衡。同时，立轴式风车体积庞大，据古籍记载，转动体可以大到二丈多，为防止立轴式风车占地很多，常将这种风车架设很高，人在风车架下进行各种操作，又充分利用了高处风力较大的特点。

（3）立轴式风车上的风向调节系统

立轴式风车上的风向调节系统十分巧妙，也最具科学性，使风帆可以自动适应各向来风。其风向调节系统由绳索组成，适当决定绳索长度，就可以使风帆自动调节，适应各种风向。

从图5－23a上可以看到，风从下方吹来，风车逆时针旋转。风帆在右面一半（Ⅰ Ⅱ Ⅲ Ⅳ Ⅴ）接受风力，风帆与风向成一定角度，其中Ⅲ位置的风帆与风向垂直。当风帆转至左面一半（Ⅴ Ⅵ Ⅶ Ⅷ Ⅸ）时，风帆马上转至与风向一致，不产生任何阻力。

帆是挂在风轮的横梁上的，可从图5－23b上看到，此即风轮之Ⅲ位置上的风帆，风帆中心在C，安装在风轮横梁B处，使风帆中心在风轮的棱柱A之内。风帆内侧D处用数根绳索固定，这些绳索固定在风轮相邻的位置Ⅱ的下面横梁上F处。当风帆受风时（Ⅰ Ⅱ Ⅲ Ⅳ Ⅴ），即与风轮上的梁方向一致，绳索伸直。当风帆逆风时（Ⅴ Ⅵ Ⅶ Ⅷ Ⅸ），风帆即在风力作用下，翻至风轮外，使同与风向保持一致，阻力最小。这就是立轴式风车效率很高的原因。所见不同地方的立轴式大风车，张挂风帆的具体方法稍有不同，但基本原理是一致的。

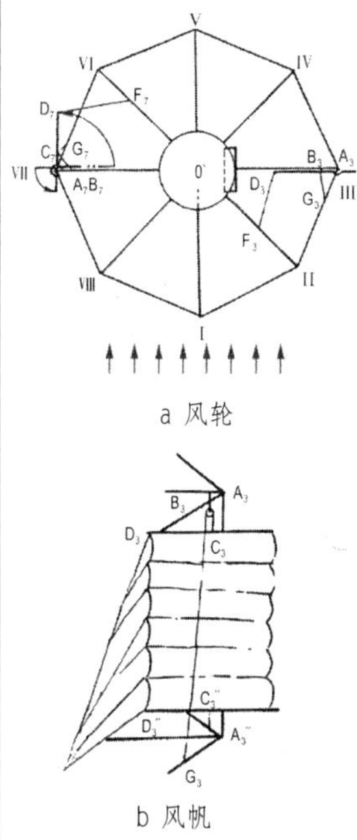

图5－23 立轴式大风车上的风帆可自动适应各向来风

还有的风车上使用了一些金属轴瓦，以减少摩擦，提高物理性能。

第二节 手工业机械

从三国到明之间，在纺织、玉器制造、冶金、印刷和凿井上都有重要发明，其中活字印刷技术、水转大纺车及赵州桥尤为引人注目。

一、冶金机械

冶金业在这一时期继续有发展，并达到了空前的兴旺，使机械制造业获得了大量的新材料。这一时期冶金业的新发展，主要表现为生产大型铁铸件、灌钢普及，适应了农具、兵器和建筑等行业对钢铁的大量需要。而冶金业的发展也归功于鼓风技术的继续进步，出现了活塞式风箱。同时，冷作工艺在这一时期出现。此外，金银器皿等造得也很精巧。

1. 大型铸件

由于冶金技术的发展，这一时期的铸造技术已相当高明，出现了一些大型铸件。

据古籍《集异记》记载，隋代曾在晋阳（现山西汾阳）铸成铁佛像，高达70尺。

据古籍《新唐书》记载，唐代武则天时曾在洛阳（现河南洛阳）铸造“天枢”，用铜铁达200万斤。

现在山西永济存有唐代开元年间所铸“镇桥铁牛”5头，用以保持当地黄河上浮桥的牢固与稳定，在黄河对岸陕西大荔县境内应还有5头铁牛。每牛重达数万斤。

现在河北沧州有五代时大铁狮子，铁狮子高5.3米，重约10万斤以上（图5-24）。

图5-24 现存河北沧州铁狮子的形象

据《正定县志》记载，在河北正定铸造的铜像，高7丈3尺，重在10万斤以上。铜像中有7根熟铁柱，柱高64尺，埋入土中有6尺。

在湖北当阳保存有宋代嘉祐六年（公元1061年）所铸铁塔，塔呈八角形，高17.90米，分13级，总重10.6万多斤。塔的各层尚铸有仪态不同的佛像，传说塔还有工细的纹饰。

2. 灌钢技术普及

（1）何谓灌钢

汉代炒钢技术出现后，很快成熟普及，南北朝时制钢技术又有了新的突破，出现了生铁及熟铁合成的“灌钢”。灌钢的制造方法是把含碳量高的生铁熔化、浇制到含碳量很低的熟铁（即低碳钢）上。这一工艺过程可以概括为：炼石为铁—炒生为熟—生熟相和—得到钢。大约到唐代中叶，这一技术渐趋成熟和定型，其后钢的质量日益提高，形成我国传统的钢铁生产技术。灌钢技术堪称是这一时期冶金技术上的最突出的成就，在中国冶金史上具有重要意义。《梦溪笔谈》中有明确的记载，书中说先将铁盘卷起来，再夹入适量生铁，用泥土防止脱碳，然后烧炼，化铁为汁，再经反复锻打，使碳分布均匀，硬度较高，性能较好。在《物理小识》、《天工开物》等书中也有灌钢的记载。

（2）钢制品在唐代普及

从考古发现中也证实了上述过程，汉代炒钢技术出现后，钢主要用以做兵器，虽也有炒钢农具，但数量很少。以后随炒钢技术的发展，钢铁原料渐容易得到，钢制农具渐多。到唐初，农具中钢制和铁制的较为多见，但到唐代中叶以后，铸铁的农具就很少了，这种情况正反映了制钢技术在唐代中叶普及。

3. 活塞风箱

（1）活塞风箱出现的意义

我国冶金鼓风技术有力地促进了冶金业的发展，其发展过程为皮囊—木扇—风箱。木扇何时取代皮囊？缺乏确凿的史料，难以确切肯定，但风箱出现的时间说法则较肯定。李约瑟明确指出，在《演禽斗数三世相书》中已有了锻炉用的木风箱，这是迄今所见的最早的风箱的形象（图5-25）。该书成书于元朝至正十七年（公元1357年），作者署名为袁无纲，他是唐代贞观年间人。但从该书的文字和图画看，更可能产生在南宋。这可推断，中国木风箱的产生时间不晚于南宋。另据北宋产生的《武经总要》上载，猛火油柜及用于消防的喷水唧筒的图形上，都可看到活塞，活塞是木风箱的核心零件。由此推断，南宋之前已有木风箱是合理的。

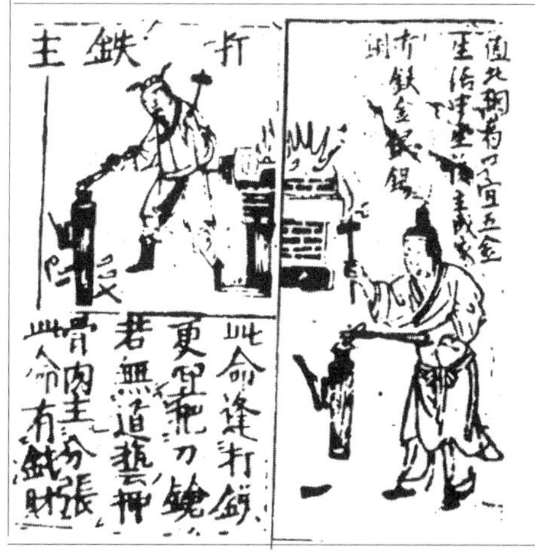

图5-25　最早的用于锻造的活塞木风箱

用皮囊鼓风，风量、风压不可能很大；用木扇鼓风时密封很差，风压无法很大，而且皮囊、木扇送风间隙很大；使用活塞风箱就克服了这些缺

图5-26 《天工开物》插图中的活塞风箱

点，风量和风压都较稳定，而且可以很大。大型的活塞木风箱要四个人拉拽才行。

（2）活塞风箱的原理与结构

古代活塞风箱有方形和圆形两类，方形体外表是木扇箱体的发展。风箱有两个冲程，活塞往复运动，上面的活门（即阀）十分巧妙，保证了向一个方向送风。《天工开物》一书上有活塞风箱外形及工作情况（图5-26）。至于活塞风箱的内部结构则如图5-27所示。

当把手向右移动时（图5-27a），右面活门打开，风进入后，从风道中送炉内；当把手向左移动时（图5-27b），左面活门打开，风进入后，从风道送进炉内。

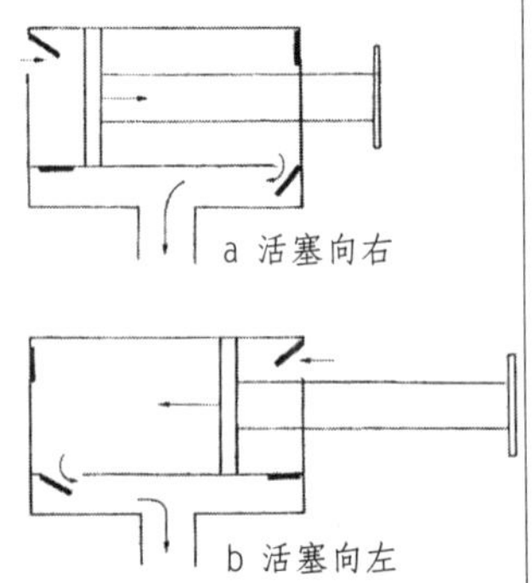

图5-27 活塞式木风箱的内部原理示意图

4. 冷锻与瘊子甲

关于古代冷锻工艺，《梦溪笔谈》记载了一个生动有趣的故事：在“青堂”地方（即青海西宁一带）的少数民族——羌人，善于锻造铁甲胄，“铁色青黑”、“可鉴毛发”，甲片用废皮条串起，轻薄柔软。当时镇戎（现宁夏固原一带）就有副铁甲，以为宝器，平时盛放在木盒中。当时主管泾原（现甘肃平源）一带的官吏韩琦，曾取用试射，把甲放在五十步外，强弩都不能射透，只有一箭贯穿了铁甲，仔细一看，原来这支箭刚好射在铁甲片孔上，而所用的铁箭头都卷了，可见这种铁的坚固。

这副铁甲所用的铁（可能是低碳钢）原来相当厚，冷锻而成，厚度比原来减少了2/3。在铁甲末端上留着筷子头般大小不锻，就像个“瘊子”，以标志锻前的厚度，就和疏浚河道时留下的土桩一样，将这种甲称为“瘊子甲”。

书中还讲了个有趣现象，当时有人伪造的“瘊子甲”，选用的不是好铁，或用热锻而成，在甲背上造个假瘊子，这些做法无补于实用，只能装饰外表而已。

现在已知，钢通过冷锻可以提高强度及硬度。以上这段记载可以说明：在距今900多年前的宋代古人就已明白这一点，并已达到了很高的水准。现代锻造工艺说明，把冷锻后的厚度定为原厚度的1/3，是合理而简便的规定。其他古籍还说明，当时西夏对铁甲十分重视，质量确实相当好。古代的先进冶金工艺是中国各族人民共同创造的。

二、印刷与活字印刷

1. 印刷发展概述

汉代发明蔡侯纸后，书写材料比以前轻便、经济、易得了，撰书作文异常活跃，著作日渐增多，官家、私人抄书、藏书的规模都很庞大，大量的抄写工作，非常费工时，远远跟不上社会的需求。在这一情况下诞生了印刷技术。

至迟到东汉熹平年间（公元172—178年），出现了摹印和拓印石碑的方法。它是先把文字刻在石碑上，再涂上一层薄薄的墨汁，然后把纸平铺在石碑上，用手轻轻地抚摩，在接触石碑一面的纸上显出了黑底白字，这便是摹印。因为能多次摹印，比手抄快多了。但摹印出来的字是反的，阅读时极不便。以后改进为拓印，把纸浸湿再覆在石碑上，盖上毡布，用刷子或者木槌拂拭拍打，纸便嵌入字痕的凹槽内，等纸稍干，在纸上轻匀地刷上墨，由于字都凹下去了刷不到墨，待干后揭下来便成了黑底白字正写的拓本。

关于雕版印刷产生的时间，说法很不一致，确切的日期无法论定，比较一致的看法则认为约在公元600年前后的隋朝，人们从刻制印章中得到启发：把书籍如刻印章般反刻在木板上，又像盖章般印在纸上。经反复试验改进，形成了雕版印刷术。

先是把要印刷的内容工整地抄写在纸上，然后将薄得几乎透明的稿纸正面粘贴在平滑而厚实的木板上，雕刻工人将笔画之外的木板削去，雕成凸出的阳文反体字，将墨汁涂在凸起的字上，轻轻地拂拭纸背，字迹便留在纸上了。它与字体凹入的碑石阴文截然不同。它的诞生大大地促进了古代文化的传播和发展，为人类文化的发展作出了重大贡献，有划时代的重要意义。随着科学文化的发展，雕版印刷技术不断地获得进步和完善，中国的雕版印刷应用了很长时间。

但其缺点也显而易见：一是耗时费力且费料，成本很大；二是雕版体

图5-28 毕升像（采自张润生等《中国古代科技名人传》）

积庞大，存放不便；三是不易纠正错字、错误。

2. 活字印刷的发明和发展

我国的雕版印刷尚处于鼎盛时期的时候，印刷技术又有了重大的突破，活字印刷技术诞生了。

《梦溪笔谈》记录了这一伟大的发明："板印书籍，唐人尚未盛为之。""庆历中，有布衣毕升，又为活板。其法用胶泥刻字，薄如钱唇。每字为一印，火烧令坚。先设一铁板，其上以松脂、腊和纸灰之类冒之。欲印，则以一铁范置铁板上，乃密布字印，满铁为一板，持就火炀之。药稍熔，则以一平板按其面，则字平如砥。若止印三二本，未为简易；若印数十百千本，则极为神速。"并说："常作二铁板，一板印刷，一板已自布字，此印者才毕，则第二板已具。""每韵为一贴，木格贮之。有奇字素无备者，旋刻之，以草火烧，瞬息可成。"这段话是说，雕版印刷书籍，唐代还没有广泛使用（唐时只用于印历书、农书和佛经）。宋仁宗（公元1040—1048年在位，年号庆历）时有个百姓毕升（图5-28），又制造了能装能拆的活动印板。他的方法是用黏土刻字，薄得如同铜钱的边缘。一个字作一个字模，用火烧使它变硬。预先准备一块铁板，上面浇满了松脂、蜡和纸灰的混合物作为黏结剂。要印时就将一个铁制的框子放在铁板上，把要印的字模排列在铁框内，排满一板后，就放在火上烘烤，松香等混合物遇热稍熔，就用一块平板压在上面，字模便平整得如同磨刀石一样。假如只印两三本书，不算简单容易；如果印几十上百成千本书，那就极其神速。并说毕升常常做两张铁板，一张印刷时，另一张板已开始排字，这边印刷刚完毕，则第二板已经准备好了。按每一个韵部的字存放在一起，贴上纸标签，用木格贮存着。遇到奇特的、没有准备的字，立即刻好，用草木火一烧，一瞬间就可做成了。

毕升的活字印刷术的基本原理，与后来流行的铅字排印方法完全相同。毕升发明的活字印刷术，是中国举世闻名的四大发明之一，传播到亚洲一些国家，促进了世界文明的进步。

遗憾的是，活字印刷术发明之后，并未马上投入使用。在毕升身后约200年，才有了活字印刷的书籍，又过了几十年，王祯才刻制3万多木活字，开始印书。以后，王祯又在《农书》中，较详地叙述了应用木活字排印的技术问题，并且创制了转轮排字架（图5-29），按字模的音韵分放，编码造册，大大提高了排字效率。

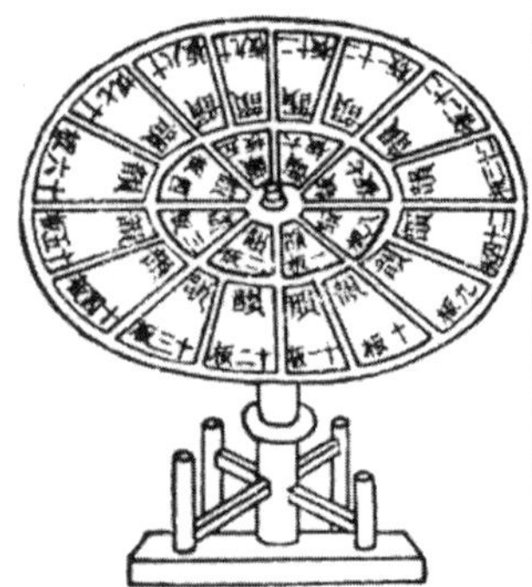

图5-29 王祯《农书》中所绘的存放活字的架

在元、明时，还有人制成磁、锡、铜、铅等活字。

三、纺织

1. 纺织业概述

纺织业在汉代打下了坚实的基础后，这一时期继续取得了新的进展。这时已能生产多种精美的纺织品，许多州郡都用优质的丝织品作为贡品。中国的丝绸更沿陆上及海上丝绸之路走向远方，为各国间友好往来作出了重大贡献。

由于纺织品和人民生活关系密切、影响巨大，所以在诗词歌赋中较为常见，从大诗人李白、杜甫、白居易、岑参的许多诗作中，多有讴歌纺织的作品，这也从一个侧面反映了纺织技术的进步。

此时不仅纺织品丰富多彩，纺织技术及纺织机具也很先进，并出现了水转大纺车。

2. 纺车的发展

纺车的发展表现为两个方面：一是纺锭的增加；二是纺车动力的改变。

汉代出现的手摇纺车，用手臂来摇动，每次只能纺一锭纱。随着经济的发展，对纺织品的需求量大大增加，原有的手摇纺车虽仍有应用，但已远不能满足需要。新的纺车在晋代出现，从当时著名画家顾恺之为刘向的《列女传》所作插图中，已可看出脚踏三锭纺车。它的动力已由手摇变成脚踏，纺锭由一锭变成了三锭。可从图5-30上看到，这种纺车由操作人先用脚驱动横杆，通过曲柄带动大绳轮转动，再经过绳带传动，驱动安装在纺车顶部的三个纺锭一起转动。纺纱人手拿三支麻或棉捻，供应锭子之需。以后又有了五锭纺车，效率又继续有了提高。

图5-30 晋代《列女传》中所绘的脚踏纺车

3. 水转大纺车

水转大纺车，也称水力大纺车，是宋代出现的一项重要发明，它由自然力代替人力，工作原理可从图

图5-31 元代发明的水转大纺车（采自《纺织史话》）

5-31上看到，它利用水力驱动水轮及长轴，同时驱动了装在轴上的大绳轮，再通过绳带带动30个锭子一起旋转纺纱。

在王祯的《农书》上，曾对水转大纺车的结构作了简要记载，指明在“中原麻苎之乡”，推广很快。水转大纺车既方便又省力，效率极高，比三锭脚踏纺车生产效率又提高了几十倍，可以“昼夜纺绩百斤”。如《农书》中有诗讴歌水转大纺车说：“车纺工多日百觔，更凭水力捷如神。世间麻苎乡中地，好就临流置此轮。”

4. 轧车

原来在广大中原地区，衣服的主要原料为毛、麻和丝，棉花并不是衣服的主要原料，也就不需要清除棉粒的轧车。到隋唐时，南方用作衣服原料的棉花传到中原，王祯《农书》载：“中有核如珠珣，用之则治出其核。昔用辗轴，今用搅车尤便。”为清除棉花中的籽粒，广泛地应用了轧车（搅车）。

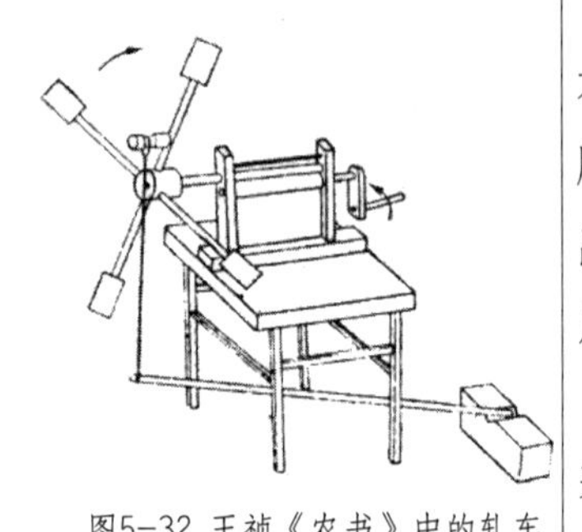
图5-32 王祯《农书》中的轧车

轧车的结构如图5-32所示。在木架的上部有两根轴，上方为铁轴，表面很粗糙，便于抓住棉花；下面的一个为木轴。棉花即从这两根轴间通过，将棉粒挤压掉。操作人员站在轧车旁，一人向两轴间不断送棉花，另一人摇动手柄，使木轴不停地转动。同时踩动脚下的摇杆，通过连杆带动十字形木架旋转，木架的轴芯就连着铁轴。

在十字形木架之外端，装有一块重木块，使十字形木架转动起来如同飞轮，转动惯量尽量大。这是因为人的脚只能在向下蹬时施力，脚向上时并没有力作用到十字形木架上，因而木架只间歇受力，为保证十字形木架连续运转，就必须加大转动惯量，古代的这一发明十分高明。

5. 黄道婆

中国古代主要以丝、麻为衣着原料。在3000多年前的殷商时代，丝麻纺织技术已很成熟了。

棉花原产于南亚次大陆，中国汉代时云南、新疆等地已有大量种植，三国时棉花种植遍及珠江、闽江流域，后逐渐传入长江、黄河流域。《尚书·禹贡》：“岛夷卉服，厥篚织贝”，其中的“卉服”即是海南岛棉布做的衣服。这些地区利用棉花纺织历史悠久，相比之下内地发展较晚，约隋唐时传到中原，至宋代棉纺织技术已经有了一定的发展，棉布逐渐取代了麻布，成为老百姓衣着的主要原料。然而内地在棉花加工技术如去籽、弹松、并条、纺纱等方面还比较落后，阻碍了纺织生产的发展。黄道婆（图5-33）是应运而生的棉纺织技术的传播、革新能手。

图5-33 黄道婆像

关于黄道婆，史书无载，唯元代杂记《南村辍耕录》记述了黄道婆的生平事迹。上海一带有首歌谣：“黄婆婆，黄婆婆，教我纱，教我布，两只筒子，两匹布。”歌颂了黄道婆在棉纺织技术上的改革和传播。

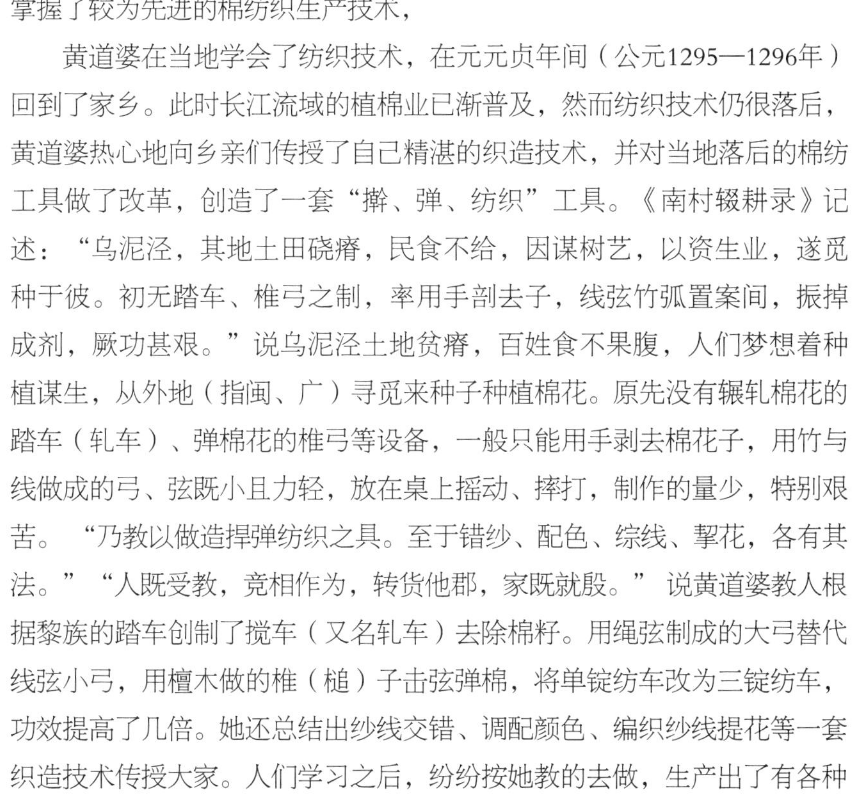

黄道婆，又称黄婆，生于南宋淳祐年间（约公元1245年），松江府乌泥泾（今上海徐汇区华泾镇）人。家境贫困，十二三岁被卖作童养媳，为逃避非人的折磨，流落到了海南岛的崖州（今海南三亚）。当时黎族人已掌握了较为先进的棉纺织生产技术，

黄道婆在当地学会了纺织技术，在元元贞年间（公元1295—1296年）回到了家乡。此时长江流域的植棉业已渐普及，然而纺织技术仍很落后，黄道婆热心地向乡亲们传授了自己精湛的织造技术，并对当地落后的棉纺工具做了改革，创造了一套“擀、弹、纺织”工具。《南村辍耕录》记述：“乌泥泾，其地土田硗瘠，民食不给，因谋树艺，以资生业，遂觅种于彼。初无踏车、椎弓之制，率用手剖去子，线弦竹弧置案间，振掉成剂，厥功甚艰。”说乌泥泾土地贫瘠，百姓食不果腹，人们梦想着种植谋生，从外地（指闽、广）寻觅来种子种植棉花。原先没有辗轧棉花的踏车（轧车）、弹棉花的椎弓等设备，一般只能用手剥去棉花子，用竹与线做成的弓、弦既小且力轻，放在桌上摇动、摔打，制作的量少，特别艰苦。“乃教以做造捍弹纺织之具。至于错纱、配色、综线、挈花，各有其法。”“人既受教，竞相作为，转货他郡，家既就殷。”说黄道婆教人根据黎族的踏车创制了搅车（又名轧车）去除棉籽。用绳弦制成的大弓替代线弦小弓，用檀木做的椎（槌）子击弦弹棉，将单锭纺车改为三锭纺车，功效提高了几倍。她还总结出纱线交错、调配颜色、编织纱线提花等一套织造技术传授大家。人们学习之后，纷纷按她教的去做，生产出了有各种美丽图案的棉织品，辗转贩卖到外埠他乡，家境都殷实了。之后，松江一带成为了全国棉织业中心，有“南松江、北潞安”美誉。人们感念黄道婆的巨大贡献，在她家乡修建祠堂纪念供奉她。

四、瓷器

1. 中国瓷器驰名天下

中国造瓷技术在东汉发端之后又继续发展，创造出了无数精美的瓷器，令人叹为观止。在中国瓷器中又以景德镇生产的瓷器为最优，《天工

图5-34 元代景德镇制造的青花缠枝牡丹罐

图5-35 浙江龙泉缠枝牡丹瓶

开物》着重介绍了景德镇制造瓷器的过程，其他地方的瓷器制造方法当大同小异。书载："若夫中华四裔，驰名猎取者，皆饶郡浮梁景德镇之产也。"意为：中国驰名四方、人们竞相购取的，都是饶州府浮梁县景德镇的产品。中国精美的瓷器早已远播海外，受到世界各国人民的欢迎，《天工开物》中说："古碎器日本国极珍重，真者不惜千金。"

图5-34是我国元代景德镇制造的青花缠枝牡丹罐，它是我国传统瓷器中的珍品，用精选的瓷土和彩釉，经高温烧制而成。白地蓝花，色泽鲜明，幽美雅观。从公元13世纪起，景德镇的青花瓷器已成为外销瓷器中的重要产品。图5-35是浙江龙泉缠枝牡丹瓶，精美典雅。

如此贵重精美的瓷器是如何制造的呢?

2. 瓷器的制造技术

（1）选料

景德镇并不出产适合制造精美瓷器的瓷土，《天工开物》中对选料有记载："土出婺源、祁门二山。一名高粱山，出粳米土，其性坚硬。一名开化山，出糯米土，其性粢软。两土和合，瓷器方成。"说瓷土来源于江西婺源、安徽祁门的两座山。一座名高粱山，出的是性质坚硬的"粳米土"，一座名叫开化山，出的是"糯米土"，土性黏而软 。将两种土掺和之后，方能做成瓷器。运到后"造器者将两土等分入臼舂一日，然后入缸水澄……"造瓷工人将两种土按比例放入臼中反复舂一天，再放入缸中用水浸泡沉淀。在上面部分是细料，将它倒入另一个缸，下面沉底的是粗料。在细料缸中取出上面部分是最细料，沉在下面的是中料。将经过沉淀的最细料倒入塘中，借用火力吸干水分，然后重新用清水调和制成瓷坯。

（2）瓷坯的制造

制造瓷坯是瓷器生产过程中最为复杂的工作，包括制胎、刮平、修补和绘画等工序。

制胎：《天工开物》说，先把瓷坯分成两种："一曰印器"，印器有方形、圆形，是先用黄泥塑成印模，模具或是左右两半、或是上下两截，或者是整体模型。然后瓷土揉成白泥放入模内印成泥坯，用釉水封堵接缝处，烧出来的瓷胎完好无缝隙。因瓷坯是用模子印的，所以叫印器。另“一曰圆器”，圆器制造要占9/10，而印器则只占1/10。造圆器瓷坯，须先造制陶车。车上竖一根直木，木头下方埋入土中3尺，使它稳固不移动。地面上高2尺左右，上下各装有圆盘，使转轮稳定。顶盘（即上盘）的正中，置放一个用檀木制成的盔头帽。制造瓷胎时，让转轮旋转，操作工人将瓷泥捧入盔帽，凭双手跟着旋转将瓷泥制成坯形。“功多业熟，即千万如出一范。”功夫长久、业务熟练的工人，即使造千千万万杯、碗、盘，如同出自一个模子。

图5-36《天工开物》中的“过利”——指用利刀刮平瓷胎

刮平（图5-36）：这个工作是将瓷胎刮抹得光滑、平整。据《天工开物》记，这道工序使用了利刀，因此也将其称为“过利”。要求过利时人的手必须非常的稳定，稍有震颤就会造成日后成品的缺损。

修补：使转轮旋转修补瓷胎，使之更加完美、理想。

绘画：有些瓷器坯需要书上字、绘上图，技艺高超者甚至能临摹一些名人字画。

在完成以上工序后，瓷胎就可上釉了。

（3）上釉

上釉前先需“喷水数口”，作好上釉前的准备工作。瓷胎上釉时，“先荡其内”，即先在里面将釉水摇荡挂上釉；外面是用手指蘸釉水涂边沿，釉水便自然而然流遍瓷胎，里外都上了釉。

景德镇等地制造瓷器者对釉料的选择都极其讲究，制作也很精良。釉料被分为上、中、下三种，色泽也稍有不同，有经验的工作人员一看就知。《天工开物》说，上等釉料每担价值24两白银，中料值它的1/2，而下料只值上等料的1/3。

图5-37 明代景德镇瓷窑模型

（4）烧制

将瓷器坯放入匣体，装器入窑（图5-37）。《天工开物》记载：“其窑上空十二圆眼，名曰天窗。火以十二时辰为足。”先从窑门烧火20个小时，火力从下往上窜；再从天窗掷进柴禾烧4小时，火力从上往下烧透，温度得以均匀。

《天工开物》记载：“共计一杯工力，过手七十二，方克成器，其中细微节目尚不能尽也。”是说每烧一个器皿，要经过72道工序方才制成器物，有些细节还没有计算在内。不难看出，要制造精美的瓷器，对每一环节要求都极其严格，有着具体明确的规定，从而可以看出，景德镇的瓷器为什么能精美绝伦，令人叹为观止。

五、凿井与汲卤技术

1. 凿井

有关凿井技术的起源，前已有叙，此不再赘述。从前面介绍的两幅汉代画像砖上的图画可知，当时汲卤方法是利用水桶从盐井中提取卤水，盐井直径的大小与一般的水井大小相近，但这种情况的缺点显而易见，正如后来《天工开物》书中指出的：“盖井中空阔，则卤气游散，不克结盐故也。”是说因为“卤气游散”，以至于不能结盐。事实上因盐井较深，如果井口较大时，可能会有较多的淡水渗入，使卤水的含盐量降低，造成熬制井盐困难。书中说应使盐井直径尽量减小，这一结论是正确的。因此四川盐井的发展趋势，一是减小井的直径，二是加大深度，如《天工开物》所言：“盐井周圆不过数寸，其上口一小盂覆之有余，深必十丈以外，乃得卤信，故造井功费甚难。”正因为“造井功费甚难”，所需时间也长：“大抵深者半载，浅者月余，乃得一井成就。”

凿井所用的方法，《天工开物》上载：“如舂米形。”并绘有图形（图5-38），凿井时所用的杵棒，是用竹制的，比较长，也比较轻。杵头用铁制，形状与舂米的杵棒一样。每次可以凿井数尺深，杵“随以长竹接引”，竹竿可以随意接长，一直达到要求的深度为止。

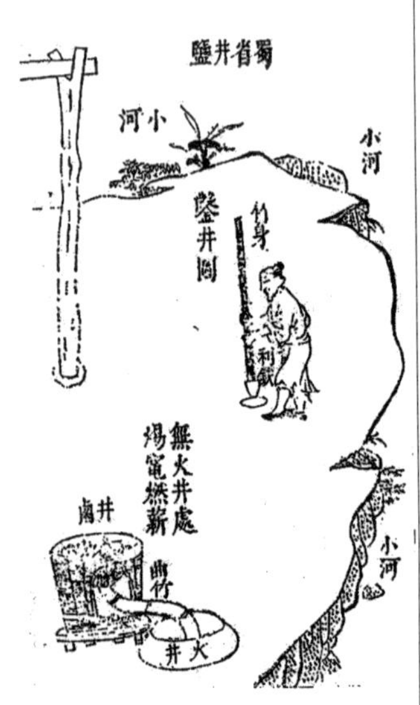

图5-38 《天工开物》中蜀省井盐的凿井部分

李约瑟在《中国科学技术史》“总论”中，对中国古代深井技术给予了很高的评价，并引述《史记》中的内容证明在当时这项技术的先进性，能够在缺水地区钻出深井取水。并说秦代在四川已有了开凿深井的技术。

苏联依·佛·库兹涅佐夫所著《中国科学技术史》上有两幅图画，介绍了两种凿井机，可能是这一时期的机械。这两种凿井机的原动力，都是两个人的体重。图5-39上图所示凿井机左面的两个人跳上横杆，使

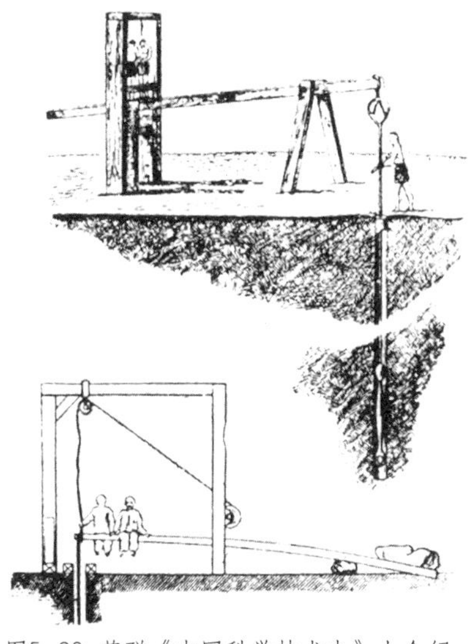

图5-39 苏联《中国科学技术史》上介绍的两种凿井机（采自《中国机械工程发明史（第一编）》）

图5-40 中国古代采用的一种凿井机（采自《中国机械工程发明史（第一编）》

凿井机连同凿头上升，而凿杆连同凿头向下钻井则只能靠一人的臂力，这种凿井机需要三个人操作。而图5-39下图所示的凿井机，当左面两个人跳上横杆时，凿头向下凿井，而凿头向上是靠杆右面的配重（大石），以及上面绳索的拉力，这种凿井机用两个人操作。

刘仙洲在《中国机械工程发明史（第一编）》中还介绍了另一种凿井机，书中刊有照片（图5-40）。从该照片可知，该凿井机凿杆连同凿头的上升、下降，都利用了四个人的体重及巨弓的弹力，只是照片不够清楚。其工作原理是：当凿井机的凿头欲向下时，巨轮中的四个人即向一个方向走，同时巨轮拨动弓弦向下拉伸，凿头到达向下极限位置；而后凿头开始上升，巨轮中的四个人即反向走，同时巨轮拨动的弓弦向上弹回，凿头、巨轮及四个人又达静止不动，凿头到达向上极限位置，如此这般反复运动。

2. 汲卤

《天工开物》刊图介绍了四川井盐提取卤水时的情况，从图5-41上看，是用长竹竿

图5-41 《天工开物》中四川井盐提取卤水时的情况

提取卤水的，竹竿长约一丈以上，将竹节都凿穿，只保留最下面的一个竹节，并在竹节上安上阀门，当竹竿进入盐井时阀门打开，竹竿内便灌满卤水，在竹竿向上提升时，阀门又会在卤水的重力作用之下而自行关闭，卤水也就不会泄漏。操作提升竹竿的方法是采用牲畜的拉力，牲畜前进，拉动转盘，收卷绳索，绳索通过滑轮改变方向，提升了汲满卤水的竹竿，将卤水倒入锅中熬制成盐。

六、珠玉器加工业与琢玉车

珠玉，尤其是玉器的加工，在中国出现得很早，发展也较为充分，但因珠玉的加工和当时一般人的生活关系不大，所以有关记载并不多，资料难得。直到在《天工开物》中，才见到有关记载。

图5-42 《天工开物》中所绘人下矿寻找宝石的情况

书中载，珍珠是无价之宝，产于水中；宝石“取日精月华之气而就”，产于矿井中，采集极为困难。尤其是下井取宝“宝气如雾”，还迷信地说是“乾坤派设机关”，因此下井人员的伤亡很大，书中还说：“故采宝之人或结十数为群”，分配时，“入井者得其半，而井上众人共得其半也”。因利益丰厚，从而“造伪者”非常多。为解决下井寻宝的难题，如图5-42所示，在下井之人的腰间拴上大绳，腰部还系有巨铃，上面用吊车操纵。当下井人感到呼吸困难时，就“急摇其铃”，上面立即把井中人提上来进行急救。此外，下水采珠也是用绞车。

图5-43 《天工开物》中所绘的磨玉车

玉石采来后，经过加工才能成为玉器，正如《三字经》云：“玉不琢，不成器”，玉器是琢磨而成的。《天工开物》载：“凡玉初剖时，冶铁为圆盘，以盆水盛沙，足踏圆盘使转，添沙剖玉，逐忽划断。”开始剖玉时，用铁做个圆形转盘，用盆盛些水和沙，脚踏动踏板驱使圆盘旋转，并不断地添水沙解剖玉石，慢慢地逐渐把玉划断。所用琢玉的车的结构如图5-43所示。从图上看，操作工人双脚踏动踏板，两块踏板后端联在车身上，踏板各系绳索反向绕在上轴两侧。当操作人一脚踏下时，踏板上绳索带动上轴及转盘旋转，同时带动另一踏板上升，到达极限位置；然后操作人另一脚踏下，带动上轴及转盘向另一方向旋转。如此，双脚交替上下如同踏缝纫机般，上轴及转盘就不停地往复旋转，以此法加工玉石。盆内盛载水和沙，打磨玉石。所用的沙子不是普通的河沙，有专门的解玉沙，《天工开物》说："中国解玉沙，出顺天玉田与真定邢台两邑。"中国解剖玉石用的沙，出自顺天府玉田（今河北玉田）和真定府邢台（今河北邢台）两个地方，用它磨玉效果更好。现在得知这类细沙特别硬，富含金刚砂之故。

《天工开物》在"玉"这部分中讲述了个有趣的故事，揭穿了几百年前的造假手法，谴责了一些人造假谋利的现象："近则捣舂上料白瓷器，细过微尘，以白蔹诸汁调成为器，干燥玉色烨然，此伪最巧云。"这段话是说：近来有些人将上等白瓷器料，舂捣得比尘土还要细微，再用白蔹等汁水调和制成器物，干燥后器物呈现出玉色的光彩，据说这种伪造的办法最巧妙，用以伪造玉器骗人。文中的"白蔹"是一种植物，块根富黏液质，可做黏合剂用。如此看来，古代就有以假乱真、造假谋利之徒，只是现今造假的手法更高明了，但这种制假诈骗的企图也必然难以得逞，正如书中指出的：制假"如锡之于银，昭然易辨"。制假如同锡与银一样，虽然都泛着银光，两者性质不同，只要多掌握些知识，善于思考，还是很容易辨别的。

第三节　起重运输机械

此时，在起重运输方面，木牛流马的发明、郑和七下西洋事件产生的影响巨大，而明轮船、差动绞车的制造和怀丙捞牛事件，其技术水准也很高。

一、木牛流马

1. 研究木牛流马的依据

关于木牛流马，古籍上的记载相当多，这些古籍上是如何记载的呢？

（1）古籍记载

《三国志》是专记录三国时期历史的正史，其在《蜀书》、《诸葛亮传》、《后主传》等篇中都记述了木牛流马，综合这些记载得知：木牛流马是诸葛亮的巧妙发明，作蜀军复出祁山时运输粮食之用。木牛和流马是两项不同的发明，木牛在建兴九年（公元231年）二月投入使用，流马在建兴十二年（公元234年）春投入使用。但《三国志》并没有说明木牛流马是什么样，造成流传下来各说不一。

在《宋史》、《事物纪原》、《历代名臣奏议》等书中明确认为木牛流马为独轮车。而《南齐书·祖冲之传》中说，木牛流马可以“不因风水，施机自运，不劳人力”。而更多的古籍则没有明确说木牛流马是什么，如《通典》、《资治通鉴》、《物原》等。历史小说《三国演义》对木牛流马的描写尤为生动，也更离奇，说魏兵仿造的木牛流马，“搬运粮草、往来不绝”，蜀兵杀散了魏兵，将木牛流马口内的舌头扭转，木牛流马就不能动了。魏兵造的木牛流马及所运粮车，都被蜀兵抢回。

如从以上记载，无法得出木牛流马是什么的确切结论。

（2）如何看待古籍中的记载

历代各说不同，但有些看法可以统一。古籍中的记载价值各有不同，要加以区别。首先要区别正史及其他史料，上述《三国志》、《南齐书》及《宋史》是正史，其余则不是正史。在正史中，《三国志》专门介绍三国时代的，而其他两书皆是后世的追记，情况不同，价值也不同。在《三国志》、《三国演义》中虽都写有木牛流马，但前者是当代的正史，后者是后世的小说，两者价值也当不同。小说为情节生动起见，多有虚构、渲染处，但因《三国演义》是名著小说，读者众多，所以影响极大。

2. 后世对木牛流马的各种观点

木牛流马这一话题，一向引人注目，从古籍中看到，自南朝祖冲之起（约公元5世纪），人们就孜孜不倦地研究。自古就形成多种不同的意见，由于各人所据史料的不同，看法分歧很大，可将这些分歧意见归纳为以下四种看法：

（1）认为木牛流马即是独轮车

古籍《宋史》、《事物纪原》及《历代名臣奏议》等记述持此说。

英国李约瑟博士在《中国科学技术史》第四卷第二分册（机械工程）中，认为木牛流马是独轮车。

刘仙洲先生在《中国古代农业机械发明史》中也明确提出：“所谓木牛流马，就是以后的独轮小车了。”

（2）认为木牛流马是奇异的发明，即自动机械

最早是古籍《南齐书·祖冲之传》：“以诸葛亮有木牛流马，乃造

一器，不因风水，施机自运，不劳人力。”宋代《太平御览》没有将木牛流马收入“车部”而归于“巧部”，反映了编纂者持这一看法。

由于小说《三国演义》对木牛流马绘声绘色的描写而广为传播。

（3）认为木牛是独轮车，而流马是四轮车

《诸葛亮集》、《通典》、《资治通鉴》等古籍中，皆载有制“木牛流马法”，中有“流马尺寸之数”段提到流马有前后两轴。

宋代陈师道的《后山丛谈》说：“蜀中有小车独推，载八石，前如牛头。又有大车四人推、载十石，盖木牛流马也。”古代大车，即大型运输车，都是四轮车。

范文澜先生在《中国通史简编》中，也提出这一观点。其资料来源或与上述古籍有关。

史学界有些学者亦持此见。

（4）不指明木牛流马是什么样

明代罗欣的《物源》仅记：“诸葛亮作木牛流马。”

郭沫若先生在《中国史稿》中说诸葛亮“创制木牛流马运粮车，开展山区运输”。这一观点持严谨、慎重的态度，可惜对问题的深入研讨没有提供线索。

现代学者继续对木牛流马进行研究，有关报刊还对此做了专题讨论，发表了很多有价值的意见，值得一提的有如下一些：

1983年陈从周、陆敬严两人发表了《木牛流马辩疑》，对第一种观点作了补充，认为木牛流马是具有特殊外形、特殊性能的独轮车，并说明木牛流马之所以比普通独轮车引人注目的原因。他们所复原的木牛流马的模型，现陈列在中国人民革命军事博物馆中。

之后，新疆乌鲁木齐、江苏无锡等地有人提出木牛流马是步行机构，也将其制作了出来，供大家探讨。

3. 介绍木牛流马的一种观点

在分歧很大、出现众多看法的情况下，木牛流马是什么呢？这里只着重介绍独轮车的一种观点，供参考。

（1）独轮车的分类

独轮车在汉代出现后，应用很广，是山路、小径上重要的运输工具。曾称作鹿车或乐车，其名称因时因地而有所不同：手推车、小轮、土车、羊角车、羊头车子、鸡公车、江州车子等，且有不同的种类。要弄清木牛流马，先要了解独轮车的分类。

图5-44 宋代名画《盘车图》上有车轮架的独轮车

按独轮车中间有无车轮架区分：有车轮架的（图5-44 ），车轮高大，车身重心较低、较稳定，但制造不便；无车轮架的（图5-45），车轮较小，车身在车轮之上，重心较高、不稳定，然易于制造。

按独轮车有无前辕区分：有前辕的（图5-46），车子较大，载重量也较大，车前可用人畜来拉；无前辕的独轮车（图5-47），车子较小，载重量也较小，车前不用人畜拉。

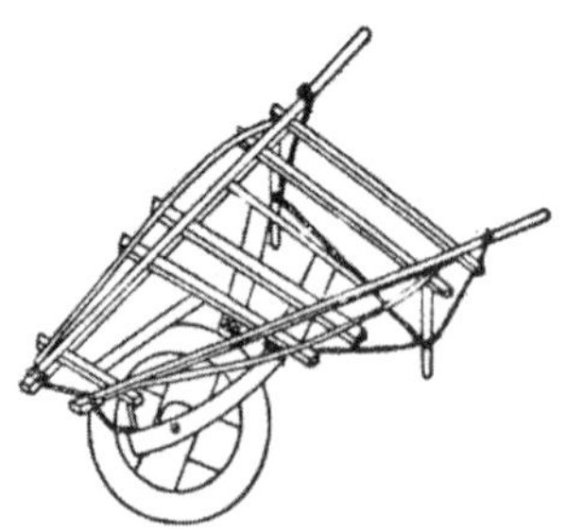

图5-45 《河工器具图说》中的土车是既无车轮架又无前辕的独轮车

图5-46 明代《天工开物》中有前辕的独轮车

排列组合可以有多种形式列出，如图5-45中的土车是既无车轮架又无前辕的独轮车；图5-48和图5-49 中是有车轮架及前辕的独轮车，其余不一一列出。

图5-47 明代《天工开物》中无前辕的独轮车

图5-48 宋代名画《清明上河图》中有车轮架及前辕的独轮车

（2）木牛流马是什么

木牛与流马上都有车轮架，以降低车子的重心，使车子能安全地通行在狭窄的栈道上。木牛可能有前辕，可用人在前面拉（图5-50）。流马没有前辕，比木牛要小些、轻便些，前面不考虑用人拉。

图5-49 明代杜堇绘画上有车轮架及前辕的独轮车

根据有关史料得知，木牛流马应有如下特殊之处（图5-51）：第一，木牛流马外形似牛、似马，以壮军威；第二，一般独轮车上有两个支承，但木牛流马上有四个支承，即“四足”，便于随处停放；第三，木牛流马上有刹车系统，由“垂者为牛舌”、“细者如牛鞅”、“牛鞅轴”组成，以适应栈道上行走之需，不同于一般独轮车；第四，木牛流马上有装载粮食的专用工具即“方囊两枚”，载重量比一般独轮车稍大，每次“载一岁粮”，约四五百斤。其速度为“特行者数十里、群行廿里”，三国时蜀国栈道上运粮路线是从剑阁到斜谷，约长六百里，往返一次约需两三个月。

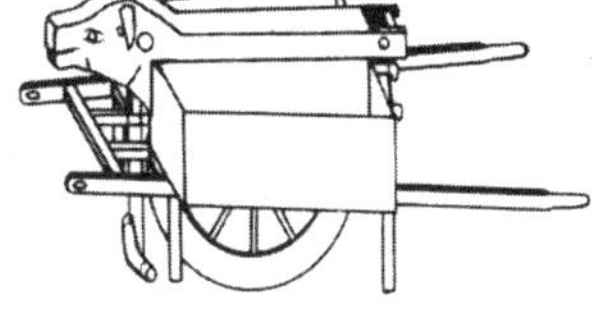

图5-50 木牛为具有特殊外形和特殊性能的独轮车

图5-51 按木牛示意图复原的模型

因为木牛流马有以上这些特殊之处，使得木牛流马出现在栈道上时非常引人注目。有人就因此认为木牛流马就是最早的独轮车，所以它的影响巨大，这显然是不对的。

（3）重视诸葛亮的科技贡献

应当看到，足智多谋的诸葛亮是位重视科学技术的统帅，他发明的木牛流马流传千古，他还发明了连弩，影响也非常之大，简而言之，它的功用如同现在的左轮手枪。诸葛亮非常重视科技人才，这一点在他对蒲元的任用上可以看出。遗憾的是古籍上关于蒲元的资料并不多，但也足可看出蒲元是当时的能工巧匠。他具有十分高超、丰富的科技知识，据说在为蜀国制造刀剑时，某次他要为刀剑进行热处理，让人去他指定的地方取水，当水取来后，在用此水为刀剑淬火时立即发现水质不纯，其中掺了假，便唤来取水人询问，取水人这才以实相告：在取水返回的途中，因车辆颠簸水被洒掉了一些，于是自作主张用附近的水添加进去，以致水质不纯。此事真假难辨，但可以看出蒲元的科技知识之丰富。唐代杜佑撰《通典》注木牛流马“则蒲元诸人实创之，非亮自制也”。另有赵无声《快史拾遗》明确述：“蒲元木牛流马，今人皆谓武侯所创。”

如何看待这一问题？木牛流马的发明与许多因素有关：它适应了蜀魏战争的迫切需要，又是普通独轮车的合乎逻辑的发展。再者，军中统帅重视器械的发明和革新，由他集中大家的智慧，这都是产生木牛流马的主客观条件。合适的推断应是诸葛亮及蒲元等人共同研制了木牛流马。但按照一般的习惯，说诸葛亮创制木牛流马也是正确的，只是在历史上作为军事家、谋略家的诸葛亮光芒四射，掩盖了他在科学技术方面的光辉。重视诸葛亮的科技贡献，有利于更全面地评价这位历史人物。

4. 关于木牛流马的研究与讨论远未结束

千百年来，人们对木牛流马的兴趣盎然，提出了不少极有价值的观点。目前，学者们和民众关于木牛流马的研究与讨论方兴未艾。中国历史悠久、文化底蕴深厚，遗留下来许多有待研讨的分歧，解决这类纷争应积极提倡百家争鸣、畅所欲言，切不可用现代手段设想、推陈出新地去复原古代科技精品。要本着既要向前看，重视史料；也要向后看，重视现代科技的态度，使木牛流马这类课题的讨论达到新的境界。

图5-52 中国古代主要船型——沙船

二、船舶及明轮船

这一时期船舶有明显的进展，最为突出的就是出现了明轮船。

1. 船舶的结构大体定型

在中国古代船舶是木船，船型丰富多彩，约有二三百种之多，以适应各种环境，如沙船（图5-52）、福船（图5-53）、广船、乌船等，其中以沙船、福船最为有名。

（1）沙船

沙船出现得很早，大约到唐朝就已定型。沙船也称防沙平底船，它方头、方尾、宽敞，载重量可以很大，然而吃水不深。沙船的适用范围极广，不但适于江河及沿海地区通行，在远洋航线也很活跃，郑和七下西洋的船队中，主要的船型即是沙船。概括起来沙船有如下优点：①底平，适应范围广，不怕搁浅；②船舶宽，又常配有保持稳定的设备，稳定性好；③多桅多杆，受风大、阻力小，动力性能好。

图5-53 中国古代的另一种船型——福船

（2）福船

福船是尖底海船，适于通行远洋，既可运输又可战斗，是战船的主要船型。福船一般都很大，结构坚固，船头高昂，可以居高临下地打击敌船。福船吃水深、载重量大，适航性能和稳定性尤其好。大约到宋代福船定型。

（3）当时船舶很大

当时的造船水准很高，制造的船舶既大又多，《天工开物》一书中绘图说明了当时制造巨锚的情况（图5-54）。

图5-54 《天工开物》一书中锻造巨锚的情况

2. 双体船

据古籍记载，双体船有三种：两船左右相联；两船前后相联；大船载小船。

（1）两船左右相联

《武备志》中记有两舟并体、活扣在一起的船，称为“鸳鸯桨船”，它可以从两边夹攻敌船。

三国时曹操次子曹植爱恋甄逸之女，而甄氏嫁予了袁绍之子，官渡之战后她又成为曹操长子曹丕之妻，贵为皇后，抑郁而亡。曹植携甄氏生前爱物“玉镂金带枕”，从京城返回封地途经洛水，睹物思人，触景生情写下情意缠绵、凄婉悱恻之名篇《洛神赋》（原名《感甄赋》），晋代大画家顾恺之以赋作名画《洛神赋图》（画中“楼船”上前立者为曹植）。我们从该画上可看到“楼船”（图5-55），此“楼船”实为两舟并体的双体船。据说我国汉代已有了双体船。

（2）两船前后相联

从表面上看它与普通船只并无二致。据《武备志》记述，它是前后两船对接而成的，称为“联环舟”（图

图5-55 晋代画家顾恺之名画《洛神赋图》中双体船

图5-56 《武备志》中前后相联的双体船——“联环舟”

5-56）。前边船的长度占 1／3，满载火器，船头钉有大钉；后面的船载运士兵。遭遇敌船时，前边的船先施放火器，而后直撞敌船，将船头上大钉钉在敌船上，并纵火，后面之船随即脱开，退回本营。

（3）大船载小船

大船内藏着小船。

3. 明轮船

图5-57 《武备志》中的明轮船

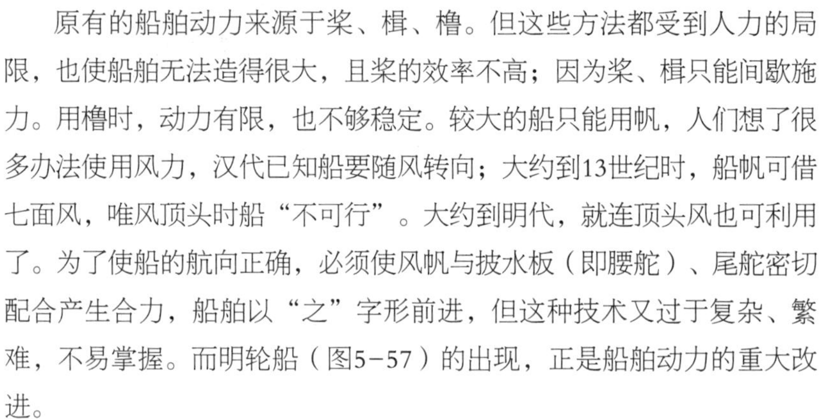

原有的船舶动力来源于桨、楫、橹。但这些方法都受到人力的局限，也使船舶无法造得很大，且桨的效率不高；因为桨、楫只能间歇施力。用橹时，动力有限，也不够稳定。较大的船只能用帆，人们想了很多办法使用风力，汉代已知船要随风转向；大约到13世纪时，船帆可借七面风，唯风顶头时船“不可行”。大约到明代，就连顶头风也可利用了。为了使船的航向正确，必须使风帆与披水板（即腰舵）、尾舵密切配合产生合力，船舶以“之”字形前进，但这种技术又过于复杂、繁难，不易掌握。而明轮船（图5-57）的出现，正是船舶动力的重大改进。

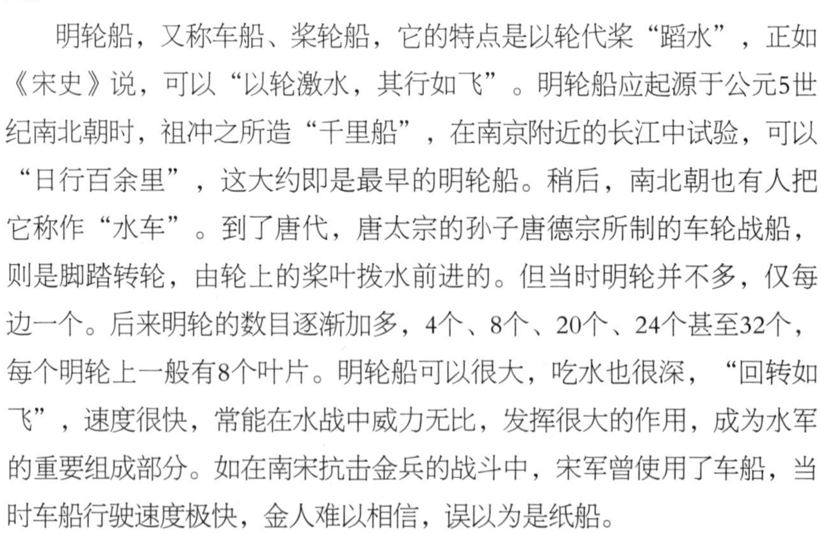

明轮船，又称车船、桨轮船，它的特点是以轮代桨“蹈水”，正如《宋史》说，可以“以轮激水，其行如飞”。明轮船应起源于公元5世纪南北朝时，祖冲之所造“千里船”，在南京附近的长江中试验，可以“日行百余里”，这大约即是最早的明轮船。稍后，南北朝也有人把它称作“水车”。到了唐代，唐太宗的孙子唐德宗所制的车轮战船，则是脚踏转轮，由轮上的桨叶拨水前进的。但当时明轮并不多，仅每边一个。后来明轮的数目逐渐加多，4个、8个、20个、24个甚至32个，每个明轮上一般有8个叶片。明轮船可以很大，吃水也很深，“回转如飞”，速度很快，常能在水战中威力无比，发挥很大的作用，成为水军的重要组成部分。如在南宋抗击金兵的战斗中，宋军曾使用了车船，当时车船行驶速度极快，金人难以相信，误以为是纸船。

明轮船的出现，是船舶动力的巨大进展，也是船舶发展过程中光辉的一页，但由于制造不便，限于人力，明轮船无法作为民用船只和一般的运输轮船使用。

三、指南针用于航海

指南针是中国古代四大发明之一，影响遍及全世界。

最早的指南针是由天然磁石制成的，在磁石被发现之初，战国时做成了司南。

1. 指南针的发明

早在战国时期，就有关于指南针的始祖——“司南”的记载。《韩非子·有度》中有“先王立司南以端朝夕”的话，“朝夕”是指方向不是指时间，因此处的时间与司南无任何关系，“端朝夕”是正四方的意思。当时的司南当是用天然磁石制成的，样子像勺，圆底，置于平滑的刻有方位的“地盘”上，其能指南的磁体制的勺柄指向仪器，即所谓“司南之勺，投之于地，其柢指南”。这是人们在长期使用磁石的过程中，对磁体指极性认识的实际应用，这是指南针发明前最初的也是最重要的创造。王振铎先生详细考证了古籍中的有关记载，将司南复原成功（图5-58）。

图5-58 战国时期的司南模型

“磁石”一词的来源可从《吕氏春秋》找到，高诱注慈石云：“石铁之母也。以有慈古，故能引其子。石之不慈者，亦不能引也。”从以后不少古籍中得知“慈”即“磁”也。磁石吸引铁如同母亲召唤儿子一样。古人还根据磁石吸铁的多少，来区分磁石的磁性，并将磁石予以分类。

2. 磁石的应用

磁石被发现以后，在医疗、安全保卫、勘察风水等方面相继得到了广泛的应用，宋代之后还用于引导航行。

（1）磁石在医疗上的应用

磁石曾广泛地用于医疗，在这方面的应用可能较早。

中国医术中普遍以磁石作为内服的药剂，其发源可能很早。《神农本草经》即云：“慈石味辛寒，主周痺风湿，肢节中痛”，并能“除大热烦满及耳聋”。旧传《神农本草经》系神农氏所作，实际上，它出现得可能要晚些。此外，在《方术本草》、《名医别录》、《药性论》、《日华子本草》、《扁鹊传》、《本草纲目》等书中都有类似的记载。其中《名医别录》更说磁石：“养肾藏、强骨气，益精除烦，通关节，消痈肿、鼠瘘、颈核、喉痛、小儿惊痫。炼水饮之，亦令人有子。”有些书籍上还说磁石可与其他药物制成“五石散”，具有滋补强身作用。

磁石也可作为外用或意外事故用药，如小儿误吞针、钱等金属器物也可立即服用磁石救治。如《圣惠方》、《本草纲目》、《直指方》等载磁石大约还可以激发肌肉收缩，如“大肠脱肛”、“子宫不收”引起痛不可忍，或是溃疡、疔肿等，便将磁石磨粉外敷治疗。

《物理小识》、《格致镜源》等书载，磁石还有养生保健作用。

（2）磁石有安全保卫的作用

在《三辅旧事》中记：“阿房宫以磁石为门。”《旧唐书》也记有：“甲午，肃宗送宁国公主至咸阳磁石门驿。”营造皇宫以磁石为门，当是为了阻止身披盔甲、手执兵器的武士进入宫门，假如当时荆轲行刺秦王时进宫的门也是磁门的话，他就无法进入了，或是被秦始皇的卫士发现，也就不会有“图穷匕首见”，荆轲刺秦王这一幕出现了。

我国古代的战争中，有时也用磁石吸铁的功能来对付敌人的进攻。如《晋书·马隆传》记：“夹道累磁石，贼负铁铠，行不得前。”用磁石之力却敌，与磁石门同一原理。

（3）磁石用于勘察风水

中国一向非常重视阳宅和阴宅的位置和地形的选择，精通此道并以此为生者称为“风水先生”，勘察风水也称为相地、相宅、青乌术、堪舆等。风水论中往往夹杂了不少迷信色彩和占卜的成分，常会认为阳宅和阴宅的选择关系到子孙后代的祸福，从帝王到臣民都有这种观念。但风水论中也有一定的文化内涵和正面的地方，不能简单地一概否定。在指南针发明以后，便被广泛地引入了风水勘察之中，受到许多人的信赖。

（4）磁石用于航运导航

从现有的记载看，宋代之后，才将指南针搬上船，带来了航海业的大发展。

3. 把指南针搬上船

将指南针搬上船，先需要解决两个问题：一是天然磁石的磁性不高、指极性不强，人工磁铁的指极性更强一些；二是由于船只，尤其是海船的颠簸，前述司南无法正常使用，需要解决在颠簸中仍能发挥应有的作用的问题。这两个问题都在宋代得到初步的解决。

（1）指南针的人工磁化

宋代兵书《武经总要》中介绍了一种方法，其前集卷十五载：“以薄铁叶剪裁，长二寸、阔五分，首尾锐如鱼形，置炭火中烧之，候通赤，以铁钤钤鱼首出火，以尾正对子位，蘸水盆中，没尾数分则止，以密器收之。”用现代知识阐述，这是一种利用强大的地球磁场的作用使铁片磁化的方法。将铁片烧得“通赤”、“尾正对子位”，使得铁片内部处于较活动状态的磁畴顺着地球磁场方向排列，达到磁化的目的。鱼尾略向下倾斜，能起到增大磁化程度的作用。“蘸水盆中”把磁畴的规则排列较快地固定下来。这显然是经过反复试验总结出来的工艺方法，极具科学性。人工磁化方法的发明，在磁学和地磁学的发展史上是一件大事。同时这种指南鱼的应用也是在船上防止颠簸的一种方法。

宋代科技名著《梦溪笔谈》卷二十四中介绍了另一种磁化方法：“方家以磁石磨针锋，则能指南。”这是利用了天然磁石的磁场作用，将钢针内部磁畴的排列规则化，使得钢针显示出磁性的方法。这种方法简便而有效，它为具有实用价值的磁体指向仪器的出现创造了重要的技术条件。书中关于磁针装置的方法有四种：“水浮”、“指甲”、“碗唇上”、“缕悬”。并说《武经总要》中指南鱼用的也是“水浮”法，它有“水浮多荡摇”的缺点，并推崇“缕悬”法：“其法取新纩中独茧缕，以芥子许蜡缀于针腰，无风处悬之，则针常指南。”

南宋陈元靓在《事林广记》中还介绍了另一种装置指南鱼的方法：将一块天然磁石装入木刻的指南鱼的腹内，在鱼腹下挖一个小穴，将其顶在尖滑的竹钉上，因支点处摩擦阻力非常小，木鱼可以自由转动指南，这是以后出现的旱罗盘的先声。

（2）指南针在船上的装置方法

从古籍上查找，在船上装置指南针先后有六种方法。

①《武经总要》中的方法

此法如前引《武经总要》所述，如图5-59所示。此法确能指南，但难免在水中摇荡不停，不利于观察。关于指南鱼，宋人陈元靓在《事林广记》中也有记述：“以木刻鱼子，如母指大，开腹一窍，陷好磁石一块子，䘏以臈（即腊）填满，用针一半佥从鱼子口中钩入，令没放水中，自然指南，以手拨转，又复如出。”此法与《武经总要》所记有异，此法中的鱼是经木刻成，内藏指南针。

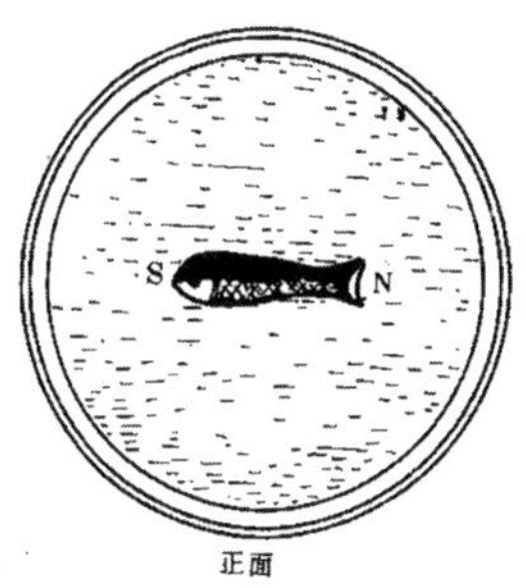

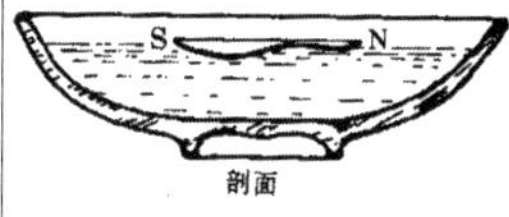

图5-59 《武经总要》中指南鱼复原图

②《梦溪笔谈》中的四种方法

《梦溪笔谈》关于“水浮”法的记载极为简略，只说“水浮多荡摇”。以后有学者将《梦溪笔谈》中的水浮法复原出来（图5-60），它是将指南针穿入灯芯草之类的极轻软的物质之内，放入水中，依靠灯芯草的浮子连同指南针一起浮在水面上。这个方法也有水面摇荡不停的缺点。

图5-60 《梦溪笔谈》中“水浮”法复原图

《梦溪笔谈》介绍的第二种方法是“指甲”法（图5-61），是将指南针放在指甲上，因为指南针和指甲间的摩擦阻力和摩擦阻力距都很小，所以指南针可以转动自如，但正如《梦溪笔谈》所言：“坚滑易坠。”

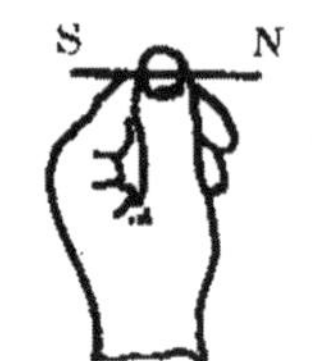

图5-61 《梦溪笔谈》中“指甲”法复原图

将指南针放置在碗边，这是《梦溪笔谈》中介绍的第三种方法，即“碗唇上”（图5-62）。这一方法的优缺点与前述方法大体相同，同样坚滑易坠。

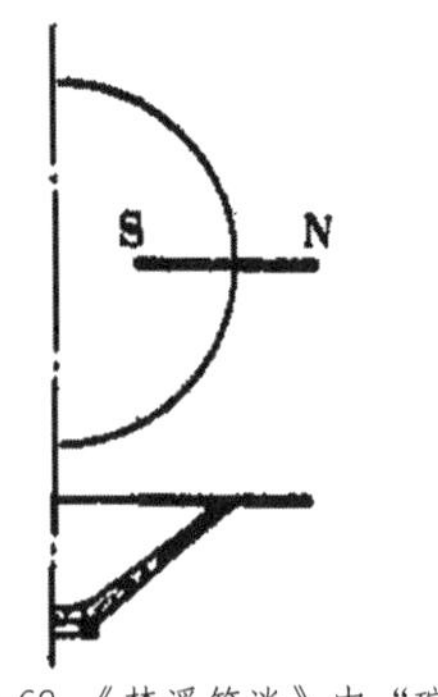

图5-62 《梦溪笔谈》中“碗唇上”法复原图

悬挂指南针，即是《梦溪笔谈》中介绍的第四种方法：“缕悬”法（图5-63）。它是从新丝绵中抽取一根蚕丝，用芥菜籽般大小的一点蜡粘连在磁针的腰部，悬挂在无风的地方，磁针就常常指向南方。

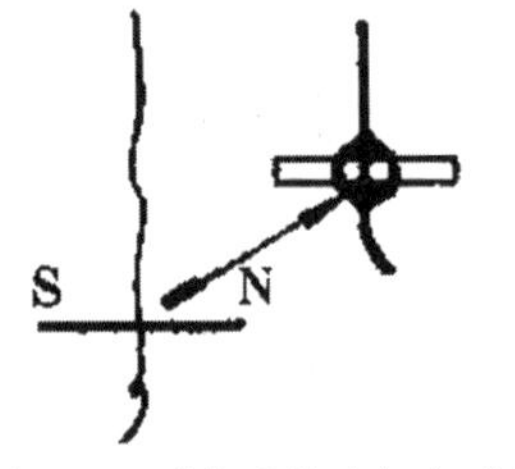

图5-63 《梦溪笔谈》中“缕悬”法复原图

《梦溪笔谈》在介绍四种方法后，明确指出“不若缕悬为最善”。

③《事林广记》中介绍的指南龟法

此法见图5-64。书述：“以木刻龟子一个”，在尾边“用小板子上安以竹钉子，如箸尾大，龟腹下微陷一穴，安钉子上拨转常指北，须是钉尾后”。

图5-64 《事林广记》中指南龟复原图

在指南针搬上船之前，航行中仅凭天象识别方向，《淮南子》曾记，有一次某人预谋去害人：“人性欲平，嗜欲害之”，结果“夫乘舟而惑者，不知东西，见斗极则悟矣”。航行中不知东西方向，直到望见北斗星方悟。如遇到阴雨天就无法观星斗辨方向了。可见，指南针在航行中的作用是何等重要。

指南针在宋代搬上船后，很快就应用于航海，解决了在茫茫大海上中航行无法辨别方向的难题。在宋代朱彧著《萍洲可谈》中明确记载：“舟师识地理，夜则观星，昼则观日，阴晦则观指南针。”之后宋代徐兢奉使高丽将见闻撰写成

《宣和奉使高丽图经》，其中记述："惟视星斗前迈，若晦冥则用指南浮针，以揆南北。"到了元代，无论阴晴昼夜都用指南针导航了。

图5-65 明代的水罗针仪

基于指南针在航行中的重要作用，相应出现了某些航线以罗盘（指南浮针，图5-65）指示海路的著作，显示了指南针在航海中的显著地位，也是指南针的制作技术和使用技巧臻于成熟的反映。从此人类得以在无边无际的海洋中自由航行，开辟了许多新的航线，缩短了航程，开创了航海事业大发展的局面，促进了各国人民间的文化交流和贸易往来。指南针是中国对人类文明进步的重大贡献之一，日后郑和下西洋的壮举成为现实正得益于此。

四、郑和七下西洋

中国古代交通史上最为盛大的壮举，莫过于三宝太监郑和七下西洋了。

1. 郑和七下西洋的历史背景

（1）事件发生的条件

郑和远航的事件是在一定的历史条件下才发生的。首先，当时已有了相当充足的物质基础，明代初年，社会经济得到恢复、发展，政权较为稳定，财力也较雄厚。其次，已具有各种较为成熟的技术，包括造船技术，也具有了一批掌握了各种技术的人才。再次，自宋元以来，我国活跃于南海及印度洋一带，许多人具有了丰富的航海知识，与亚非人民长期泛海贸易、友好往来（图5-66）。

图5-66 郑和宝船（采自《中国古代科技展览》）

（2）事件发生的目的

明成祖朱棣（公元1403—1424年在位），派遣郑和出使西域，目的是为了巩固政权、扩大影响、显示强盛的国力及军事力量。

（3）事件的结果

郑和船队出发时，所带的大都是些金银、钱币、瓷器、丝绸和铁器（包括农具）等生活、生产资料，而带回来的都是专供皇宫贵族使用、享乐的奢侈品，对国家经济生产的促进十分有限。而多次远航，耗费巨大，增加了国家财政负担，因而产生了许多不利影响，当时就有人指责这是一项“弊政”。

之后，到明宪宗朱见深（公元1465—1487年在位）时，不但中止了远航，就连郑和下西洋时所使用的“宝船”也停止建造，甚至连七下西洋时的档案也被付之一炬，使事物发展到了反面，采取了全盘否定的错误政策，郑和下西洋的壮举即以悲剧结束。

2. 郑和七下西洋的史实

郑和率领船队自永乐三年至宣德八年（公元1405—1433年），历时28年，从苏州刘家港（今江苏太仓东浏河镇）出发，先后7次到达了亚洲、非洲的30多个国家和地区（图5-67），为促进我国和亚非各国人民的友好交往、经济贸易、文化交流等方面作出了积极的贡献。

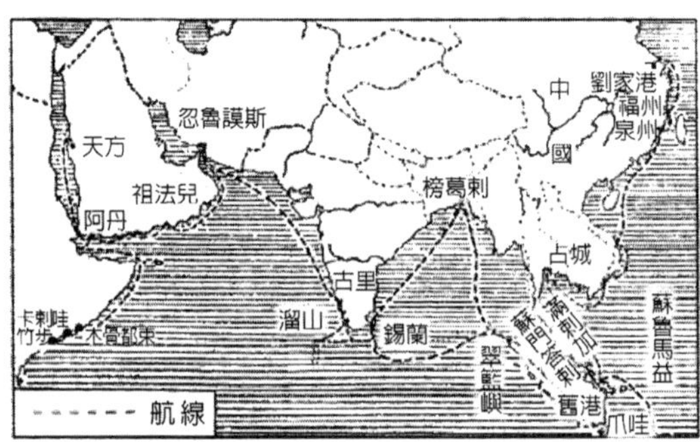

图5-67 郑和下西洋的航行路线（采自《航运史话》）

当时将加里曼丹至非洲之间的海洋称为西洋。郑和率船队首次横渡印度洋。在郑和之前，从唐代开始我国虽与非洲也有过交往，但都是沿阿拉伯海进行的。郑和在第五、六次远航时都到达了非洲，从航海图上得知，最远曾到达非洲东岸和红海海口，郑和首次开辟了横渡印度洋的航线，是世界远程航海史上的创举，在世界航海史上意义重大，留下了光辉的篇章。

郑和七下西洋的时间如下：

第一次　永乐三年至五年（公元1405—1407年）；

第二次　永乐五年至七年（公元1407—1409年）；

第三次　永乐七年至九年（公元1409—1411年）；

第四次　永乐十一年至十三年（公元1413—1415年）；

第五次　永乐十五年至十七年（公元1417—1419年）；

第六次　永乐十九年至二十年（公元1421—1422年）；

第七次　　宣德六年至八年（公元1431—1433年）。

3. 先进的造船和航海技术

郑和所以能完成七下西洋的伟大壮举，首先归功于中国先进的造船和航运技术。

（1）先进的造船技术

郑和庞大的船队多达一百多至二百多艘，人员总数有27000多人，包括将士、船师、水手、工匠、医务、通事（翻译）、办事等。其中大型宝船（长度超过100米）有数十艘。按《明史》记载："宝船修（即长）四十四丈，广（即宽）十八丈者六十二。"此时的造船业，其船舶设计与制造、船坞设备、滑道、下水等技术，都已达到相当高的水准，并已趋成熟与定型。这些船舶都是在江苏太仓及南京制造的。每艘船上所用船帆多达十几个，船舶的吃水不深，阻力很小，行走轻捷。

郑和宝船上设置了很多平衡船体的设备。

梗水木：设置在船底两侧挡水。

太平篮：竹制，内装石块，吊在船尾，也可置于水中。

这些设备与风帆、尾舵、披水板形成合力，增加了船舶的稳定性，更利于船舶在逆风顶水情况下航行。

所造船舶强度和密封性都很高，足以经受远航的考验。

（2）先进的航行技术及设备

先进的航行技术及设备，包括罗盘、计程法、测量器、牵星板、针路及海图等。

罗盘：罗盘是船上指示航向的重要仪器。我国虽在战国时就已应用了指南针，但直到宋代用磁铁制成指南鱼等以后，又制作了罗盘，保证了船上使用指南针的稳定性。指南针广泛用于导航，促进了航运的大发展。船上的罗盘由火长（即领航员）亲自掌握，决定航向。郑和七下西洋时，就慎重挑选富有航海经验的火长。

计程法：船上记录航程法是，航程等于时间乘以航速，时间以天然香计量求取；航速则已知船舶之长（L），再记录木片从船头到船尾的时间（t），航速即为 L/t。

测深器：当时测深用长绳及重物等。

牵星板：观察星辰距地平的高度，以计算其船舶所在位置。

针路：记载开航、停泊等地点。

海图：记录沿途山川地形、各种数据等。

图5-68　郑和像（采自《辞海》）

4. 郑和其人

郑和（公元1371—1435年，图5-68）本姓马，云南昆阳（今并入晋宁）回族人，因他排行第三，故小名三宝。明初统一云南后，三宝进宫当了太监，跟从燕王朱棣（即后来的明成祖）起兵有功，深得朱棣的赏识与信任，赐姓郑，任内官监太监。故郑和下西洋也称“三宝太监下西洋”。因他祖父和父亲都去过伊斯兰教圣地麦加，因而他幼时就知晓一些外洋情况。在28年间七下西洋，第七次航行时，已60岁了，回国后不久便病死。

图5-69 郑和所率船队在海上航行（采自《航运史话》）

郑和并不能算是科学家，但他是杰出的组织者和领导者，成功地主持了这项壮举（图5-69）。

五、起重机械

比较常见的辘轳，是以人力为原动力，发出的力有限，主要用于汲水。利用滑轮也不能加大发力。在起重机械中，应用较多的是绞车。

1. 绞车的应用

这一时期所见绞车的应用有以下几方面：

（1）汲水

《晋史》记载：在公元4世纪时，后赵国君石虎欲挖春秋时晋赵简子的墓，发现了泉水，就用“绞车”、牛皮囊汲水，汲了月余也不干，只好不挖了，这应是正史上关于绞车的最早记载。

图5-70　《天工开物》中的没水采珠船

（2）采矿

在湖北黄石铜绿山大约是战国时的铜矿中，已发现了绞车芯。在《天工开物》中记载了人们下水采珠（图5-70）、下矿井采玉时，都用绳索系腰，上用绞车操纵。

（3）战争器械

前述侦察机械巢车，即是用绞车提升板屋登高瞭望。《武经总要》上把绞车作为防守器械，从中得知宋代的吊桥结构，也是由绞车来控制的。此外，明初在防守时，已用了千斤闸，即用绞车来控制；在南京中华门，还可看到当时城门使用千斤闸的印痕。

（4）捕鱼

从宋人图画上（图5-71）可以看到，当时船上捕鱼用的搬网，就是用绞车来控制的。

图5-71 宋人画中的捕鱼船（采自《中国机械工程发明史》

（5）拉船过闸

在苏联依·弗·库兹涅佐夫的《中国科学技术史》上，即有用绞车来拉船过闸的情况，图5-72即为示意图。从中看到此种情况下绞车是立绞，发出的力量更大了，因为立绞可以用4个人推，而腰部推绞车力量也比臂力大。

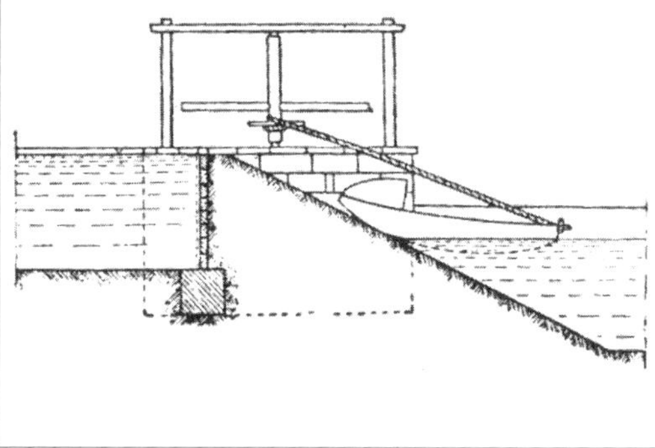

图5-72 苏联的《中国科学技术史》上用立式绞车拉船过闸的情况

（6）悬棺

春秋战国之交出现的悬棺，也是用绞车将悬棺升置上悬崖的，此时的悬棺现仍有遗存。

绞车可能还有其他一些应用，这里不再赘述。

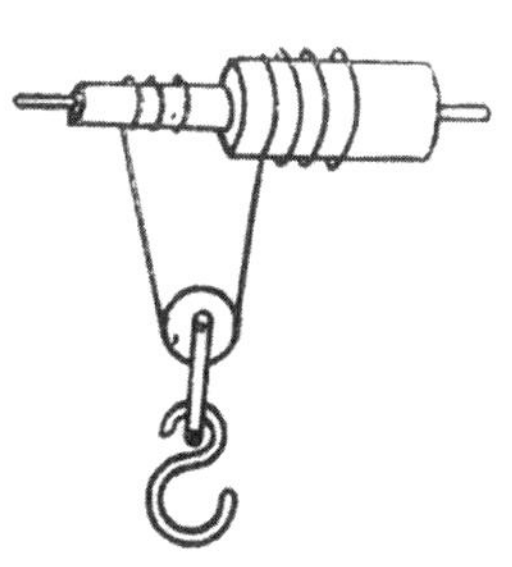

图5-73 外国著作上的“中国绞车”——差动绞车（采自《中国机械工程发明史》）

2. 差动绞车

在刘仙洲的《中国机械工程发明史（第一编）》中叙述了一件十分有趣的事：在西方物理学书籍上记载了一种所谓的“中国绞车”（图5-73）。从简图上明

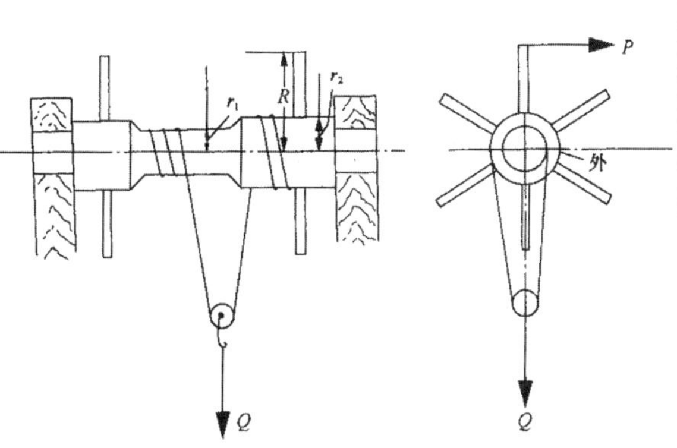

图5-74 差动绞车受力分析

显看出是差动绞车，只是在现有的古籍上还未见到。

差动绞车的受力如图5-74所示，绞车手柄半径为R，绞车轴上粗细两段半径分别为r_2及r_1，两个人扳动手柄的总力为P，而绳索上产生的拉力为Q。根据功能原理，可知绞车每转一周时（$2r_2-2r_1$）$Q=2RP$，则该绞车所产生的力$Q=RP/$（r_2-r_1），式中R是手柄长度，P是人扳动手柄之力的总和，都有一定的限制，（r_2-r_1）数值很小，也即当绞车轴粗细两段半径相差很小时，Q力可以很大，即提升重物的力很大。但此时重物上升速度很慢，这正是差动绞车的主要特点。

六、怀丙捞铁牛

《宋史·方伎传》上言简意赅地阐述了宋嘉祐八年（公元1063年）一项古代杰出的起重工程——怀丙捞铁牛：“河中府浮梁用铁牛八维之，一牛且数万斤。后水暴涨绝梁，牵牛没于河，募能出之者，怀丙以二大舟实土，夹牛维之，用大木为权衡状钩牛，徐去其土，舟浮牛出。转运使张焘以闻，赐紫衣。寻卒。”

1. 怀丙捞铁牛事件的发生情况

要弄清怀丙是如何打捞铁牛的，应先了解事由始末。该事件发生地是宋代“河中府”，唐代称为蒲州，清代改称永济县，即今晋南永济县西。“浮梁”即浮桥。黄河出龙门峡谷后，河床平直，水流不远即到潼关，由北急转向东，阻力也大了，所以永济县一段黄河开阔平缓，是架设浮桥的理想地段。从战国时起古蒲州城之西就有座浮桥名为“蒲津桥”。因黄河水涨，浮桥时常被损坏，历代地方政府为维修浮桥，花费了大量的人力、物力，穷于应付，十分被动。

到了唐代，因李氏皇朝起兵于晋，登基在秦，保持秦晋交通之通畅极为重要，为此唐代对蒲津桥进行了规模较大的维修。这次大修内容有三：一是在蒲津桥附近加修护岸石堤，固定河道；二是疏通河道；三是加铸了八头铁牛，在浮桥上游的黄河两岸各放四个。铁牛长近一丈，身下铸有大铁板，板下连着铁柱，长达丈余，每牛重“数万斤”，起大铁桩的作用，加固、稳定浮桥，这些铁牛是唐代开元年间（约公元8世纪）所铸，所以也叫“开元铁牛”。铁牛的铸成与安放是件大事，不但地方史志对此都作了记载，讴歌铁牛的诗词赋也不少。

这一带中原腹地是中华文明的发源地，交通便捷，繁华似锦，人文荟萃，名胜古迹遍布。王之涣脍炙人口的《登鹳雀楼》：“白日依山尽，黄河入海流。欲穷千里目，更上一层楼”，尽人皆知。但人们未必知道名闻遐迩的中国四大名楼之一的鹳雀楼矗立桥头，离宋代怀丙打捞的开元铁牛所在地不过一箭之遥，登楼远眺，铁牛尽收眼底（图5-75）。近旁有夏代都邑、贵妃村（杨贵妃）、因《西厢记》而闻名的普救寺、司马光砸缸之地、关公故里等。

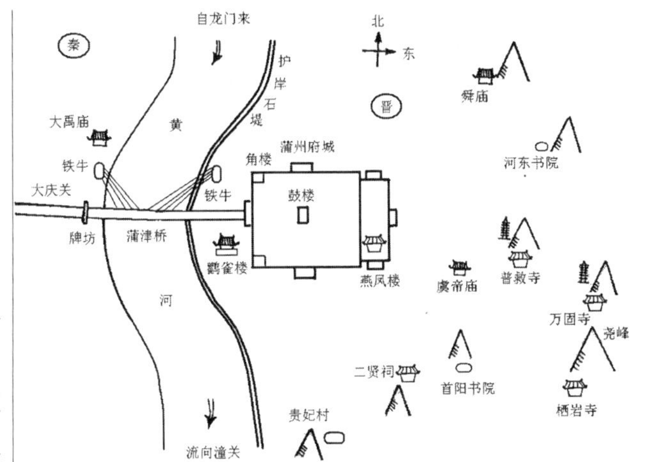

图5-75 古代铁牛和鹳雀楼一带的地形风物（此图根据古籍记载及古迹遗迹绘制）

2. 事件始末

经过唐代对黄河及蒲津桥的大修，浮桥损坏的事果然较少发生。到了宋代，有次河水暴涨，再次冲断了浮桥，铁牛也被牵入河中（《宋史》没有明确说被牵入河中的铁牛数量），又造成交通中断。地方官吏贴出榜文，召募能人打捞铁牛，和尚怀丙慷慨应聘，这就是怀丙所面临的任务，他十分成功地完成了这次打捞。

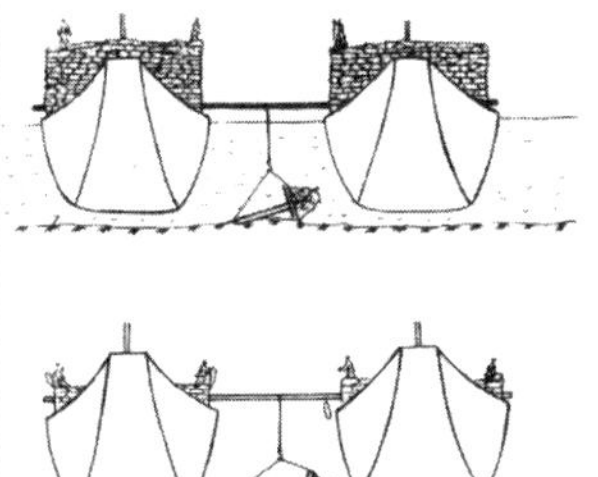
图5-76 怀丙打捞铁牛示意图

怀丙所用的方法是：准备好两只大船，船上装满泥土，吃水很深。再用大木杠把两船牢牢固定，大木杠下挂着大铁钩。两船驶向铁牛两边，将铁牛钩住，如秤杆和秤锤一样，然后慢慢去除船上泥土，使两大船徐徐上升，所谓“舟浮牛出”，如图5-76所示。两大船提升铁牛之后驶向岸边，利用绞车、滚子等将其放在原处。有趣的是，怀丙在进行这一打捞之后，主管运输的高官“转运使”要重奖他时，怎么也找不到他，他已走了。

关于怀丙，留下的史料少，按《宋史》记载得知，他除了打捞铁牛外，还成功地更换了他家乡河北真定的一座十三级木塔的大立柱，特别令人称奇的是，施工过程中“不闻斧凿声”。另外，举世闻名的“赵州桥”严重破坏，行将坠毁，数千民工都不能修复，而怀丙“不役众工”将其修复。以上施工过程和我国当时的造船、航运、起重水平相适应。

怀丙成功地利用了浮力及合力，打捞起了铁牛，大大扩展了起重技术的应用范围，他是现代水上打捞技术的先驱。

第四节　战争器械

这一时期，战争器械上的进展十分引人注目。随着秦汉时车战淘汰，战争方式发生了变化，城垣攻防的作用越来越大，往往决定了战争的胜负，因而这一时期攻防器械进展显著，是攻防器械发展的高峰，图5-77即反映这情况。宋代的《武经总要》一书中更集其大成，加之图文并茂，作了较详细的介绍。

图5-77 宋代攻防器械的发展达到高峰

火药在隋唐问世，至宋代用于实战，被制成各种各样的火器，接着又被制成多种火箭，战场的面貌大为改观。开始时，我国的火器及火箭都发展很快，但至明代以后，西方火器明显地已超出了中国。

尚需提出，明代重新修筑的万里长城，西起甘肃嘉峪关，东到河北山海关，全长4000多千米，高大雄伟，是不朽的防御建筑，屹立至今。

一、远射兵器

在这一时期，远射兵器的进展主要是弩的力量更大了，出现各种特殊弩，如诸葛亮创制的连弩等，另外还出现了不少暗器。

1. 绞车弩

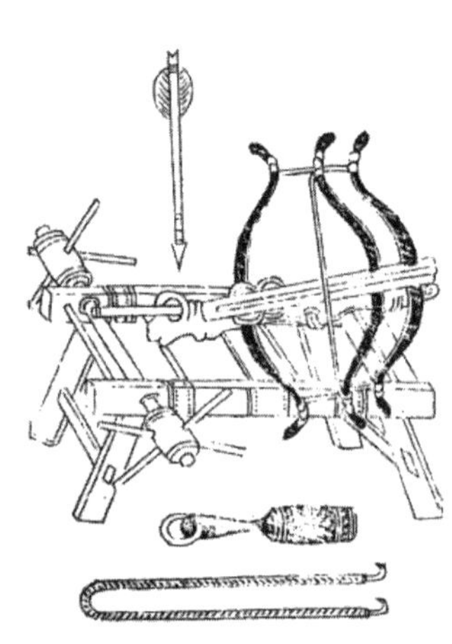

图5-78 《武经总要》中所绘的一种绞车弩

弩的力量及射程都不断加大，到了唐代更出现了绞车弩，射程可达“七百步”。按《宋史》记载：宋代将绞车弩改进后，射程可达“一千步”，约合1500余米，连当时皇帝宋太祖赵匡胤都亲临现场观看试射。

关于绞车弩的结构，在《武经总要》一书中绘图介绍了七种，图5-78即其中之一。实际上，绞车弩的结构都大同小异，利用数个弓来增加弹力，图中即有三个弓，利用绞车的力量来张弦、放箭。

2. 特种弩

特种弩相当多，主要介绍连弩、伏弩、双飞弩等。

（1）连弩

连弩（图5-79）是三国时诸葛亮的重要发明，故又称诸葛弩，也叫元戎，可以连发十箭。在《三国志》及以后的《武备志》、《天工开物》等古籍中都有记载，这也反映出它的应用相当广。

图5-79 《天工开物》中所绘的连弩

关于连弩的结构，《天工开物》一书绘得较为明确。弩由木制做，弩体上有个槽——“箭函”，槽内放置十支箭。安箭时，只要用手扳动“扳机”，即可张开弦，又同时将一支箭放入箭槽，达待发位置。用手扣动“拿手眼”发射，同时“扳机”向前，准备另一次发射。但不是“十矢俱发”，而是顺序发出。

连弩“以铁为矢”，所用的箭较短，只有“八寸”长，结构决定射程很短，只有“二十余步”，故通常只用于防守，而为了增加其杀伤力，在箭头涂上“射虎毒药”，使“人马见血立毙”。

（2）伏弩

伏弩（图5-80）也叫窝弩、耕戈，专门用于设伏，在秦汉已有“伏弩”的记载。伏弩的结构并无什么神秘之处，伏弩的弩身和一般弩并无本质不同，只是另增了一套自动发射机构。设置伏弩时，张紧弦，装上箭，然后从弩机上引出长线。当长线被来敌无意拉动时，就引发弩机，发射弩箭。

明代中叶，抗倭名将戚继光为抵御“倭寇”骚扰东南沿海，就教军民设置伏弩。后来“倭寇”就在大部队前先用大竹竿开路，引发伏弩空射。戚继光又扩大伏区，使来敌防不胜防。

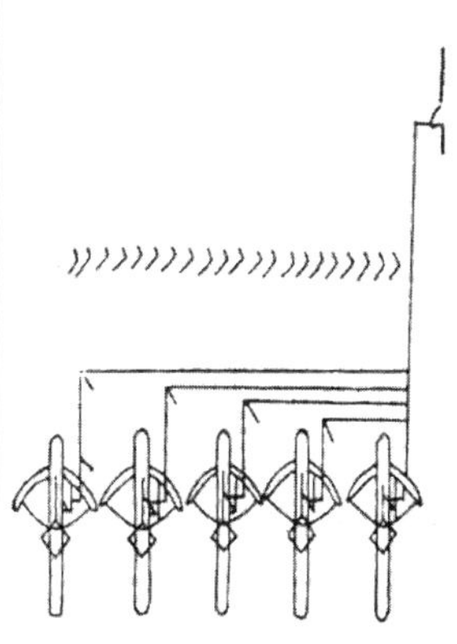
图5-80 《武备志》中介绍的伏弩

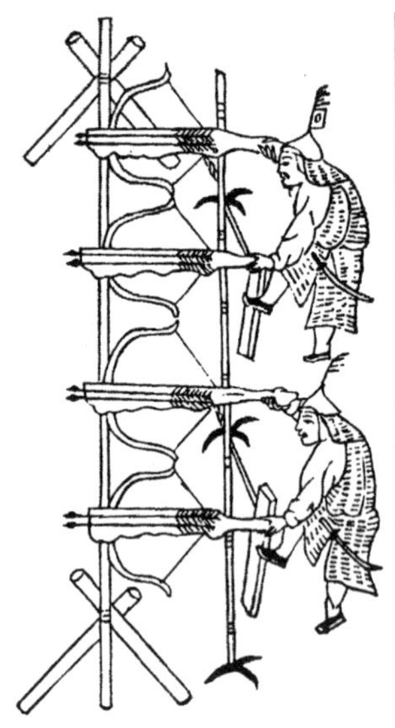
图5-81 《武备志》中介绍的双飞弩

伏弩也用于狩猎，在《天工开物》一书中就有这方面的记载，两种用途虽不同，其触发装置应基本相同。

（3）双飞弩

在明代著作《武备志》上，还记有一种双飞弩（图5-81），其结构是将两个弩固定在同一木架上，将两弩的弓弦用绳索加以控制，引向下边，拴在一块木板上。如要放箭，操纵人用力向下踏动木板，扯动弩机关，引发弩，估计这种弩也没有什么特殊之处。

它的射程可达"三四百步"。

3. 暗器

暗器一般都发射距离不远，力量也不很大，但十分隐蔽，突然性很强，当距离近时，趁人不备，突然发射暗箭，命中率很高。据古籍记载，古代有高超的暗器使用技术，也有许多善用暗器的人，只是许多种暗器的结构尚未详知。

许多古籍记载了袖箭，它的箭杆极短，藏于宽大的袖中，依靠机械装置发射。有古籍说其射程为"三十步"。袖箭应是依靠弹力发射的，其结构又有不同。袖箭也有单发、连发之分。

此外，还有多种手箭，如筒子箭、鞭箭、流量箭等，这种箭一般也很短小，以手用力掷出。

二、攻守器械

最牢固的防守设施当然是城墙，防守器械都是围绕着城墙而展开的。正是城墙及防守器械相配合，努力使城垣防守固若金汤。

1. 防守建筑——万里长城

中国的万里长城是世界建筑奇迹之一，雄伟壮观、工程浩大，闻名于世，影响巨大，被形容为飞腾的长龙，甚至被誉为中华民族的象征。

（1）明代以前的长城

图5-82 甘肃临洮（今岷县）的秦代长城遗址

长城是从战国时期开始修建的，当时七国争霸、战争频繁，各诸侯国为自卫以及防御北方游牧民族入侵纷纷兴建长城。

秦始皇统一中国后，为防范匈奴的突袭，将燕赵等国的长城连接起来，动用30万劳力修筑了10年，建成西起甘肃临洮（今岷县），沿黄河到达内蒙临河，北至阴山，南到山西雁门关、代县、河北蔚县，经张家口东达燕山、玉田、辽宁锦州至辽东的长城（图5-82）。

图5-83 甘肃敦煌的汉代烽火台遗址

汉代重修秦之长城外，又修筑朔方长城（内蒙河套南）及凉州西段长城。据居延出土的汉简记载，长城“五里一燧，十里一墩，卅里一堡，百里一城”，秦汉长城遗迹犹存（图5-83），实地考察大体如此，它当是由就地取材的土夯成的。从玉门关一带长城看，墙身高4米，距地50厘米起始铺一层纵横交错的芦苇，约厚6厘米，作为防碱夹层，起加固墙体作用。烽火台呈正方形，每边约17厘米，高约25厘米，在崇山峻岭、流沙溪谷间构筑如此浩大、壮观的工程，其艰辛可想而知，充分体现了中华民族的聪明才智和坚忍不拔的气概，同时反映了当时在工程管理、建筑、测量、规划、设计上的高超水平。

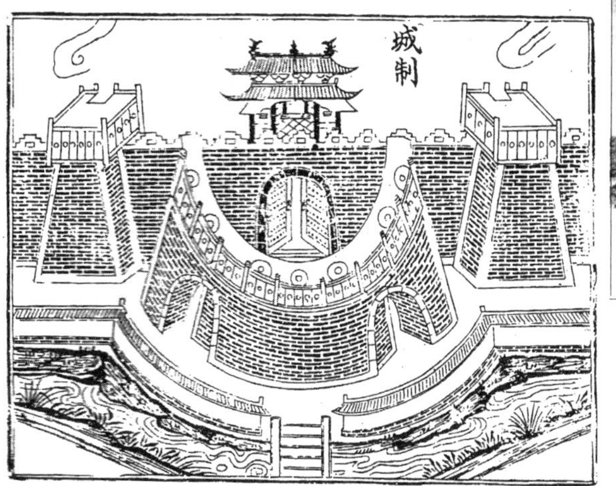

图5-84 宋代《武经总要》中的“城制图”

从以上过程可知，秦汉之后并未对长城做过大规模的修建，局部修建也都具有地区性和临时性。随着时间的流逝，建筑水平日益提高，城防建筑不断地得到改进，日益发展，在技术上才为明代重修长城提供了可靠的保证（图5-84）。

（2）明代的万里长城

明代在原有的基础上用了100多年重新修筑长城，西起嘉峪关，东至山海关，全长12700多里，其规模之大能与秦始皇当年修建堪比。

图5-85 明代宋懋晋《写杜甫诗意图》画中的城堡

图5-86 明代重修的万里长城雄伟景象之一

明代修建长城在工程技术上也有了很大的改进，故所建长城大都非常牢固（图5-85）。为了防守，明修建长城分段设立了九个重镇（辽东镇、蓟镇、宣府镇、大同镇、山西镇、延绥镇、宁夏镇、固原镇、甘肃镇）。

明建长城用砖砌、石灰浆勾缝。明长城之东半部（山西以东至山海关称东半部，山西以西称为西半部）都是用砖砌（局部地段用石条），石灰浆勾缝。地势坡度较小时，砖石随着平行砌筑；当坡度较大时，便采用水平跌落砌筑，砖墙砌得坚实而平整，是城防工程上的发展，用砖和石灰浆砌筑是砖构建筑技术上的新发展（图5-86）。

明长城东半部城墙大多在崇山峻岭之间曲折蜿蜒，有时修筑在山脊上，雄伟险峻。城墙外面用砖砌，里面是夯土。墙身高约8 米，下部墙基宽约6米，墙顶宽约5米。墙顶外部之垛口高约2米，内部砌女儿墙，高约1米，城墙每间隔约70米筑座碉楼。城墙内每间隔约200米筑有石阶梯便于登城巡视。西半部长城，墙高约5 米多，下部宽约4米，上部宽约2米，都用夯土版筑，坚固扎实。在城墙内侧或内侧的山顶上筑有烽火台，其大都用砖石砌成，平面呈方形，每面约8米，高约12米。

明长城在地势险要处修建了许多的关城，关城与城墙相连，构成了险要的关隘，如嘉峪关城、山海关城、居庸关城等。山海关号称“天下第一关”，是著名的军事重地；居庸关因在北京附近，设置了三道城墙防护。

2. 防守器械

（1）打击敌方人员的器械

① 檑

前已论述，防守中应用最多的是檑，用檑可居高临下打击对方。檑的材料及结构各有不同。檑的材料有木、泥、砖质，结构上，有的檑只要扔下即可，有的檑（如图3-44中的夜叉檑、脚踏檑等）因制造工程大，则要收回复用。要反复用的檑，估计在城上用绞车或滑轮加以控制。

② 狼牙拍

狼牙拍在宋代古籍中已有记载。《武备志》一书中绘有狼牙拍在使用中的情况（图5-87），从图可以看到，狼牙拍由城上人员通过滑轮加以控制。从该图上也可看出狼牙拍的结构，拍上密布铁钉，像“狼牙”一样，有巨大杀伤力，专以对付攻城散兵。

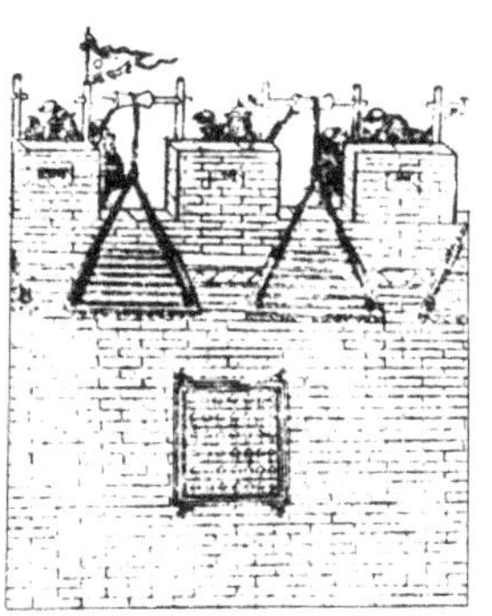

图5-87 《武备志》绘有狼牙拍在使用中的情况

③ 铁撞木

铁撞木的结构如图5-88所示。铁撞木应为铁制，专以破坏各种攻城的木制器械，所以很重，应在城上用绞车来加以控制。

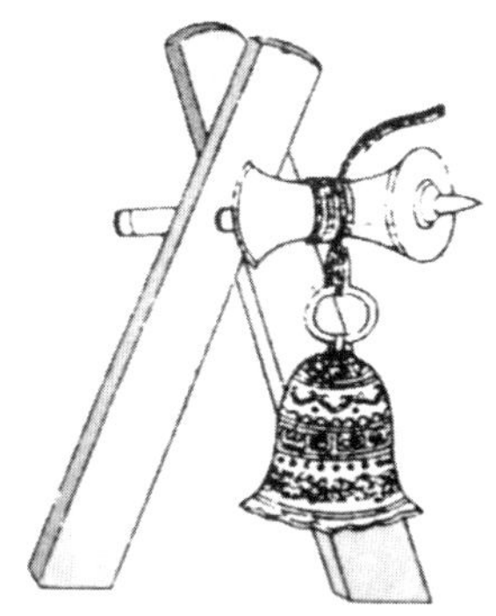

图5-88 《武经总要》中绘图表明了铁撞木的形象

（2）捕获或破坏敌方人员或器械的守具

这方面的器械有穿环、飞钩、吊橑（图5-89）等。穿环一般在城上用绞车控制，专以钩挂敌人的攻城器械，将其掀翻、破坏。飞钩、吊橑则使用杠杆原理，将来敌捕获。

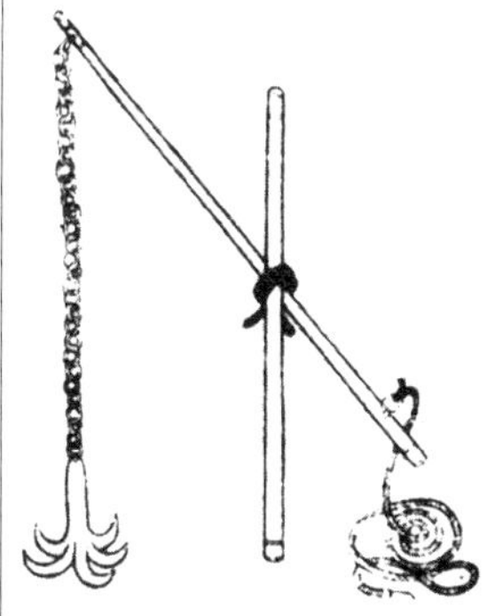

图5-89 《武经总要》中绘图表明了吊橑的形象

（3）加强城门防守的器械

城门是攻方进攻的重点，又是防守的薄弱环节，城门一旦被攻破，守方常有后备措施一应急需，应用较多的是塞门刀车和千斤闸。

① 塞门刀车

这种车的前身——塞车，起源于战国之前，当时可能无刀，不知何时开始有刀。至宋代已知道了它的结构，如图5-90所示，这种车有两轮，车前密布刀刃，以增加杀伤力。

塞门刀车日常置于城门或巷道旁，其宽度略同于城门、巷道。若城门一旦被攻破，就立即将塞门刀车推出挡住。

② 千斤闸

古代在城门的后方，还常备有千斤闸。千斤闸大约起源于唐代。江苏南京中华门的四道城门，现今尚留有明代初年使用千斤闸的痕迹。明代《武备志》上，绘有千斤闸的结构，在书中将千斤闸称为槎碑。

千斤闸的尺寸，应根据城门的高低、宽窄决定，千斤闸用厚重的坚木制成，外用铁叶包裹，还密布排钉，以增加强度及重量。在千斤闸之上用绞车控制。

（4）防守中应用绞车的其他场合

为了防守，有时在城外壕沟上设置吊桥。吊桥在近城一端固定，远城一端可以升降。吊桥由守城方在城上用绞车来控制。

图5-90 《武经总要》中所绘堵塞城门用的塞门刀车

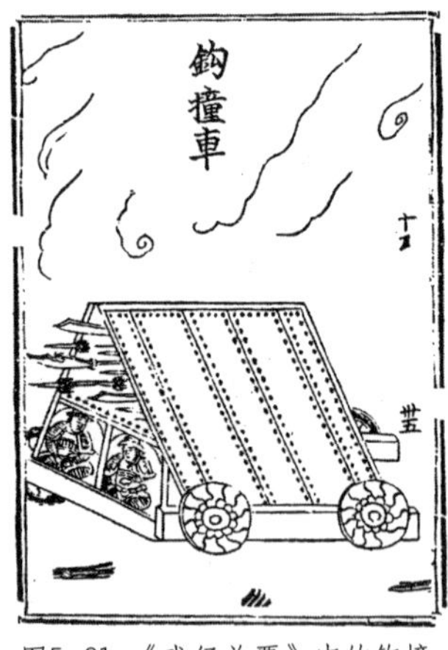

图5-91 《武经总要》中的钩撞车

城上还用绞车控制“吊车”的升降，在不必开城门的情况下，让人员进出城。

3. 进攻器械

古代攻城方法可分为如下几种：挖掘地道、攻坚作业；破坏防守设施、器械；强行登城。攻城的器械配合攻城方法使用。

（1）攻坚作业

攻坚器械作业主要是掩护军士挖掘地道进攻，其中轒辒车，在《诗经》、《孙子》中已有记载，还有钩撞车（图5-91）、木牛等。此时，起码在宋代，就出现了功能更齐备、结构更完善的头车（图5-92）。头车实际上是车队，它由三部分组成：屏风牌、头车及绪棚。其功能如下：前面的屏风牌的功能是抵御矢石打击；头车位于中间，功能同轒辒车，掩护军士挖掘地道，头车两面伸出“拐子木”，以增加稳定性，上面有消防器材，以防火攻；后面是绪棚，主体是绞车，通过绳索拉来挖掘地道的泥土，帮助疏散，同时绪棚也可供挖地道军士轮流休息。

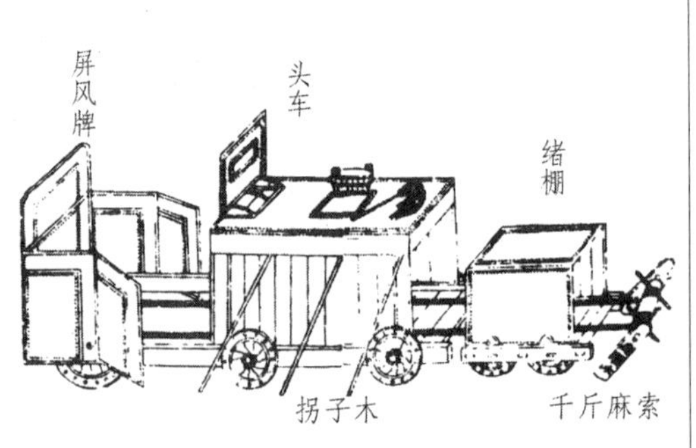

图5-92 《武经总要》所绘挖地道时用的头车

（2）破坏防守设施

能破坏防守设施的器械很多，图5-93所示的撞车，专以破坏城门。在安徽合肥出土有三国时的铁制撞车头，更可证实撞车的结构。

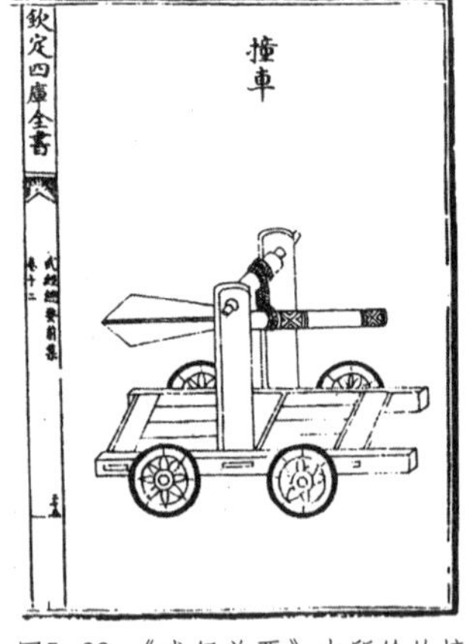

图5-93 《武经总要》中所绘的撞车

饿鹘车、搭车（图5-94）都是用来驱赶、杀伤守城的军士。饿是饥饿，鹘是一种鸟，饿鹘之名称的来由，是说这种车工作的时候，就如同饿鸟啄食一般。

砲楼则用重锤连续击打城墙、城门或其他防守设施，使之破坏、失效。砲楼的原理很像砲，所以叫砲楼（图5-95）。

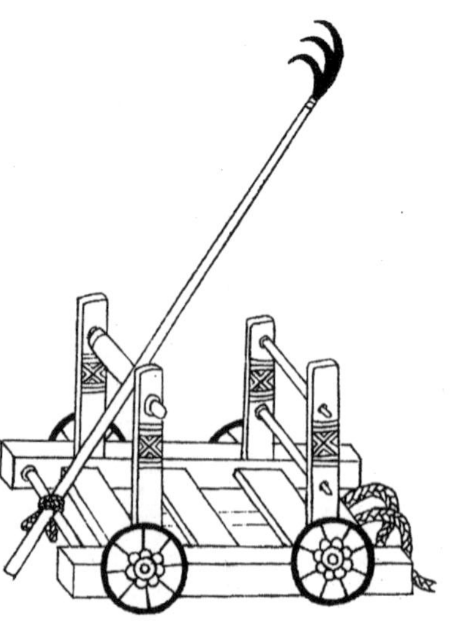
图5-94 《武经总要》中的搭车

（3）登城器械

① 云梯

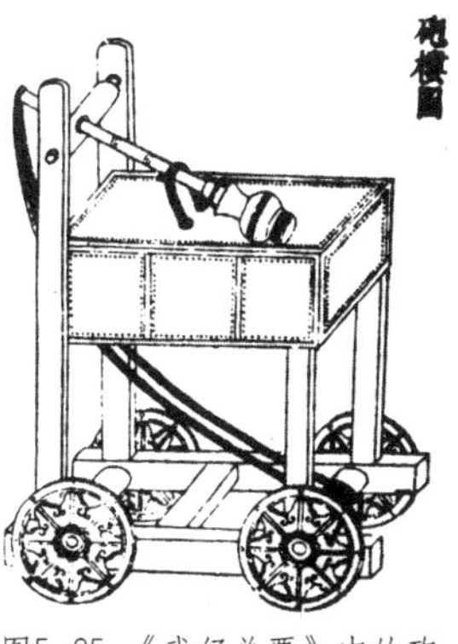

图5-95 《武经总要》中的砲楼

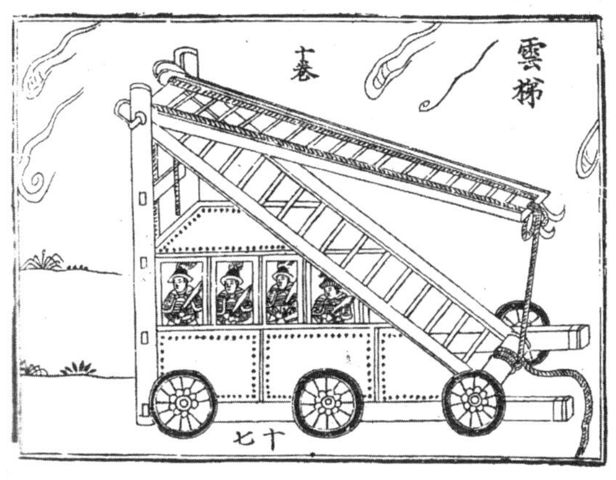

图5-96《武经总要》中的云梯

与其他进攻方法相比，利用云梯强行登城，更加快捷、迅猛。这一时期云梯的应用很多，发展快。综合各种史料可知，此时的云梯多种多样，繁简不一，可根据不同情况采用。到唐代，较为先进的云梯已有三个特点：第一，云梯用厚重坚木制造，车厢封闭，外面用生牛皮包裹，结实、安全，以抗矢石打击；第二，梯分两节，合拢时便于运输，打开时利于登高；第三，云梯下置六轮，增加推行时的稳定性（图5-96）。

② 临冲吕公车

明代《武备志》记述用临冲吕公车登城（图5-97）。顾名思义，临冲吕公车似乎是周初吕望发明制作的，实际上它是一种新型的登城器械，因为此前的史料、也包括《武经总要》都没有提及过，推测应是《武经总要》与《武备志》两部书成书之间发明的。

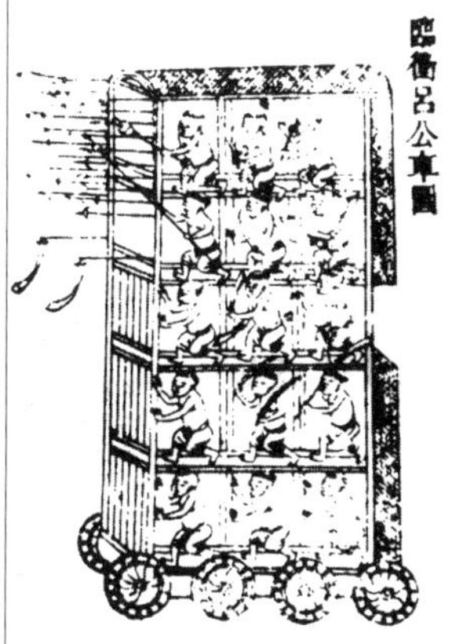

图5-97 《武备志》中的临冲吕公车

该车的车架高大、坚固，下置八个轮，车上共有五层，每层都能容一些人手执兵器站立、各层之间应有木梯相通，便于人员上下通行往来。全车至少应高十几米。如从登城要求出发，其高度应远远超过此数。由于此车的重心较高，为保证其稳定性，其宽度和长度都尽量大。从图5-97中可看到，车顶和车后装有木板，并用生牛皮保护，避免石矢打击，车前装有栅栏，阻挡守方人员突入车内。车子最上两层装着刀枪等兵器，攻城时以驱赶、杀戮正面敌方守兵，防止冲入车内。一俟车抵达城墙，车上士兵纷纷选择适宜高度（比城墙稍高），居高临下迅速跃上城头厮杀，也可射箭作的掩护，或使用其他进攻手段。临冲吕公车似一座活动的小山，其功能较多，比云梯威力大得多。然而缺点也显而易见：笨重、制作较困难。它归于云梯一类。

4. 其他器械

攻守双方都可应用的器械也不少，尤其在宋代前后发展更加充分，如在运动部队时运用的壕桥、火攻的器械、施放灰尘的车以及喷发火焰的猛

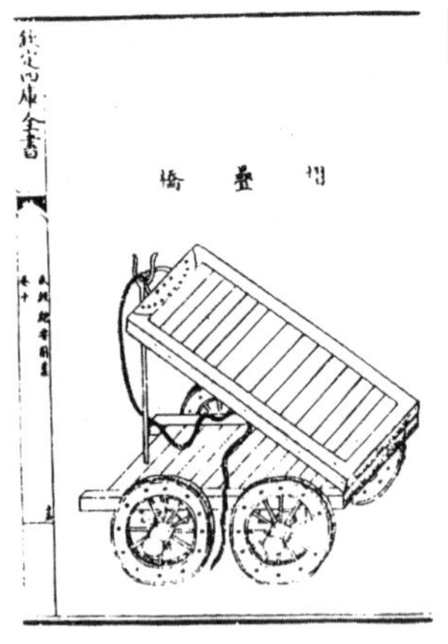

图5-98 《武经总要》中的折叠壕桥

火油柜等，以下摘要予以介绍。

（1）壕桥

在运动部队时用带有轮子的壕桥，轮子可以两个，也可以是四个，为运输方便，壕桥可折叠，称为折叠壕桥（图5-98）。

（2）火攻器械

中国古代常在战争中运用火攻，认为这是消灭敌人的重要方法之一。兵书《孙子》中“火攻篇”云：“凡火攻有五：一曰火人；二曰火积；三曰火辎；四曰火库；五曰火队。行火必有因，烟火必素具。发火有时，起火有日。”唐代《通典》关于火攻举了“火兵”、“火兽”、“火禽”、“火盗”、“火弩”等名目。因此后世制作了各种火攻器械，如专门盛放火种的“火车”（图5-99）、“火舸”，在战争中纵火的“火牛”（图5-100）、“火兽”、“火禽”等。宋时在军中还设有“火兵”专事火攻。从图5-100中可看出在火牛的尾巴上点燃火种，在牛身上捆着两把利矛，牛角上还捆着两把利刃，使牛快速奔跑冲向敌阵，敌方不敢阻拦，往往溃不成军。

因火攻决定胜负的战例很多，仅三国时就有：诸葛亮出山初立战功的“火烧博望坡”，东吴大都督陆逊导致西蜀一蹶不振的“火烧连营七百里”，最为著名的是“火烧赤壁”。传说曹操平定北方后挥师南下，一鼓作气欲灭东吴、西蜀。孙、刘两家联合在赤壁与曹操相持。孙、刘联军用火攻使曹军几乎全军覆没，这是历史上以弱胜强的一个著名战例。

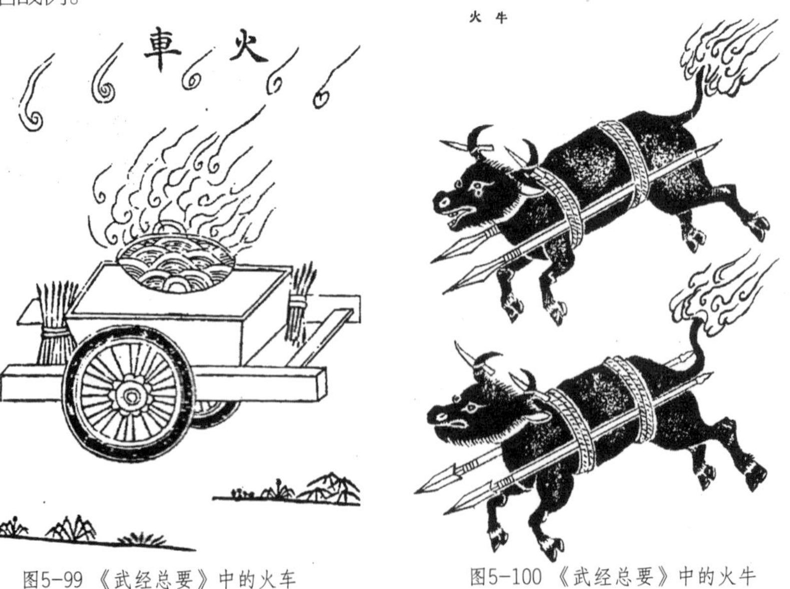

图5-99 《武经总要》中的火车

图5-100 《武经总要》中的火牛

（2）扬尘车

扬尘车（图5-101）可以在空中施放灰尘，“迷人眼目”。

（4）猛火油柜

猛火油柜（图5-102）的发明尤为引人注目。它是铜制的，能够存放三斤煤油，上部有个铜唧筒，将煤油从喷嘴——“火楼”中喷出，同时喷嘴用火药加热，所以煤油喷出时，“皆成烈焰”。猛火油柜的唧筒中，有用麻做的活塞，这应是记载早期的活塞。

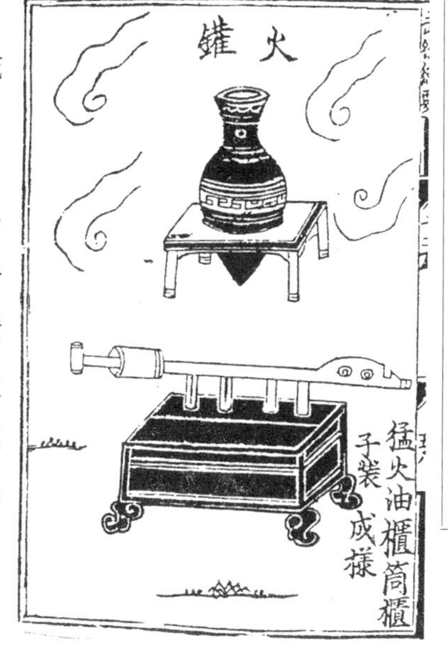

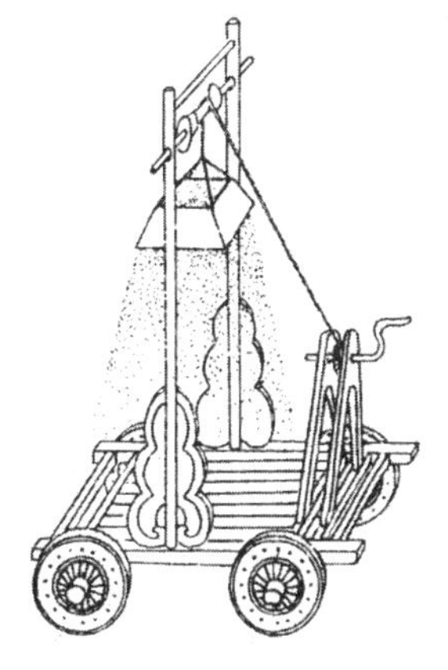

图5-101 《武经总要》中的扬尘车

图5-102 《武经总要》中绘的猛火油柜及其零件

三、火药与火器、火箭

火药是中国古代的四大发明之一，在科技史上占有重要的地位，推动了世界文明的进程。火药在公元8世纪左右即已出现，约在10世纪时用于实战后，改变了战场的面貌，《天工开物》中的鸟铳（图5-103）正是这种情况的反映。到15世纪之前，火药在中国得到了较快的发展。与此同时，火箭早期也取得了很大发展，并于元代出现了最早的喷气试验。

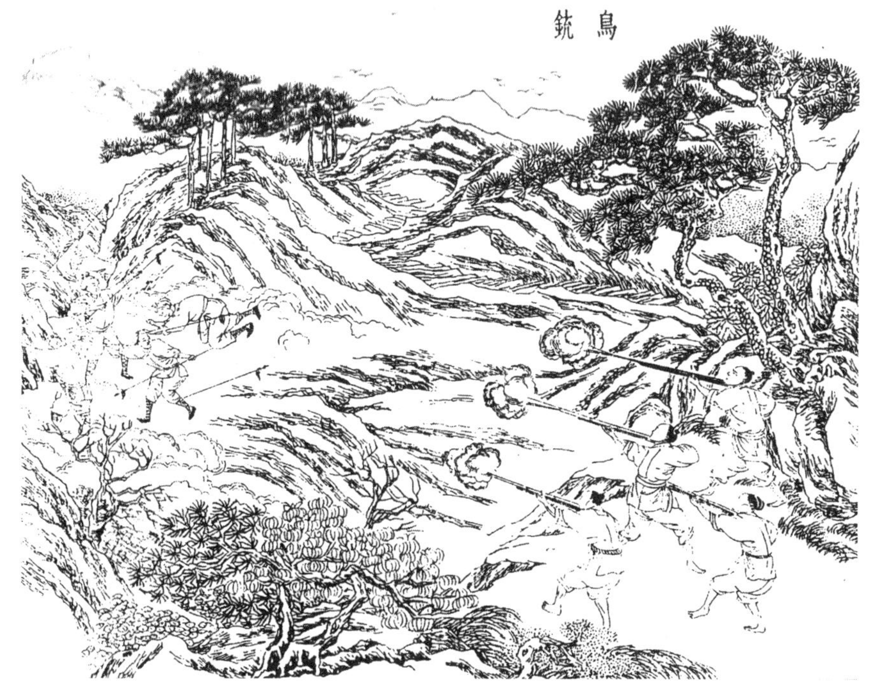

图5-103 《天工开物》中的鸟铳

1. 火药的发明

火药最早是出现在道家的炼丹炉中。道家一向重视医疗和养生之道，醉心于炼丹术，热切地寻求长生不老之药。在不断的探索、实验中，长生不老之药虽未获得，却积累了丰富的化学知识，从而促进了古代化学的发展，也促进了冶金技术的发展。英国著名科技史专家李约瑟博士说火药的发明 “来自道家炼丹术士的系统”，有很多材料“可以证明当时已涌现了颇为详尽的学说”。李约瑟博士原本从事生物化学研究，对中国道家炼丹术有浓厚的兴趣和精深的研究，他的中文姓氏即取自道家始祖李耳，并自取道号“十宿道人”。

在道家的著作与火药的配方理论中，经常提到“伏”与“不伏”，其“伏”字通“服”，可理解为制伏、伏帖，含有控制反应速度，以防反应过于激烈，甚至发生意外的燃烧与爆炸（图5-104）。但伏与不伏决定了炼丹的成败，所以道士们仍然孜孜不倦地从事这项研制。在《续玄怪录》（传奇小说，唐代李复言著，又名《续幽怪录》）中记述了北周至隋年间有名杜子春者游华山遇到的一则奇事：“……登华山云台峰。入四十里余，见一处，室屋严洁，非常人居。彩云遥覆，惊鹤飞翔其上。有正堂，中有药炉，高九尺余。紫焰光发，灼焕窗户。玉女九人，环炉而立；青龙白虎，分据其后。”这段记载描述了公元6—7世纪中国的炼丹实验室的情况。其后述杜子春做了个恶梦，梦见爱子暴亡，“不觉失声‘噫’，噫声未息……见其紫焰穿屋上，大火起四合，屋室俱焚”。杜子春遭到老道士责怪：“向使子无噫声，吾之药成，子亦上

图5-104 火药源于炼丹炉的意外爆炸

仙矣。”“子春强登基观焉。其炉已坏，中有铁柱，大如臂，长数尺。道士脱衣，以刀子削之。”道士的责怪并无根据，杜子春高声喊叫，与炼丹炉的意外爆炸无本质关联，事实上是杜子春从将暮到五更，进入了怪诞梦境，猛烈的爆炸声将他惊醒，爆炸的可能就是原始火药。这种情况对于炼丹术是大挫折。炼丹炉中发生意外的爆炸时有发生，但人们正是从一再发生的爆炸事故中总结出引起药物爆炸的规律，为了防止意外的爆炸，进行了无数次的实验，经过炼丹士们的反复努力，屡加改进，大约在8世纪初，人们逐渐掌握了各种原料的习性，终于形成了火药的合理配方并付之实用，为日后有目的地制造爆炸物（火药）做好了准备，并带来宋代火药制作技术的发展与成熟。

黑色火药的主要成分应是碳、硫和硝石，其中的碳和硫是还原剂，硝石是氧化剂，当它们混合一起时相互作用便会引起强烈的氧化反应，猛烈燃烧，有些情况下，会发生爆炸。有时在配方中还添加其他原料，当组成配方原料不同时，其性能也有不同，爆炸力也会发生变化，但其中硝石类药物是能否形成爆炸的关键，也作为黑火药是否形成的标志，所以古代配方要屡加调整，先后出现过多种配方，如在《武经总要》成书时曾同时列有三种火药配方。在道家的其他著作中也经常能看到火药的配方，到后来才形成了较理想的黑火药的配方，其性能也较好。火药最早用于生活和娱乐，首先制作炮竹、焰火。图5-105为明代小说《金瓶梅》插图“成架烟火”，从图中看也可能是今天所称的炮竹。南宋时有次皇后到钱塘江畔观潮，江上施放烟火“烟炮满江”，十分壮观。明代绘画《行乐图》中描绘了皇宫内施放烟火的情况（图5-106）。

图5-105 明代小说《金瓶梅》插图——“成架烟火”

图5-106　明代绘画《行乐图》中皇宫内施放烟火的情况

元代著名书画家赵孟頫（号松雪道人）的《松雪斋集》中有一首诗描述了施放烟火的情景："人间巧艺夺天工，炼药燃灯清昼同。柳絮飞残铺地白，桃花落尽满阶红。纷纷灿烂如星陨，燿燿喧辉似火攻。后夜再翻花上锦，不愁零乱向东风。"

火药发明后即被迅速传播开，其路程可能有三：陆上"丝绸之路"；海上"丝绸之路"；蒙古人西征。火药发明之后不久便传到阿拉伯地区，他们将硝石称为"中国雪"或"中国盐"，把火药和火器称为"契丹花"、"契丹火箭"、"中国铁"，据说"契丹"即指中国。然后可能经阿拉伯国家传到欧洲各国。欧洲国家使用火药的时间表，反映了火药的流向，约在14世纪时火药先后传到意大利、德国、法国、英国、俄国及欧洲其他国家。可惜的是，中国的火药及火器技术在之后放慢了发展速度甚至停滞了，慢慢地被西方反超，明代中后期，较为先进的火器制造技术又从西方返回了火药的"故乡"——中国，其中以佛朗机的影响为最大。

2. 古代火器

古代火器一般分为三种：燃烧类、爆炸类及放射（管状）类。

（1）古代燃烧类火器

继承古代战争中用火的传统，在火药发明之后，燃烧类火器最先出现，它是现代火焰喷射器的前身。燃烧类火器的种类很多，最早的燃烧类火器“火箭”，实际上是用于纵火的箭。在公元10世纪之前，人们将箭带上有燃烧的火药用弓弩发射（图5-107）；传统兵器矛被改制成带火药的火枪（图5-108），也称梨花枪，能适时喷发，兼具刺杀、燃烧的功能，有的还可以钩、叉。火枪在使用初期时效果很好，有的制成内藏火药的火球等。还将燃烧类火器的火药中掺进毒药，增加其杀伤力。

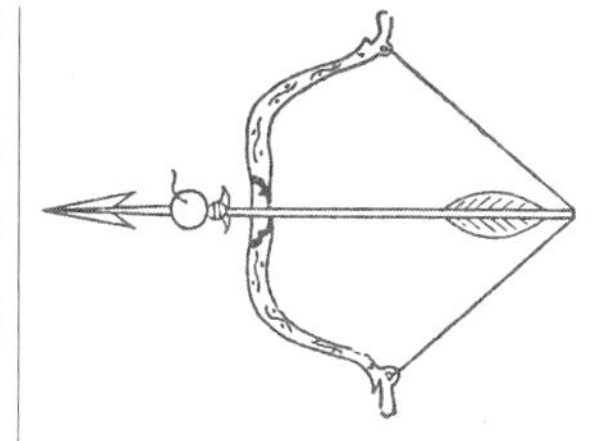

图5-107 最早的燃烧类火器——火箭

《武经总要》中绘有火砲图（图5-109），这时的火砲是用砲投掷火药包，而非投掷石块。

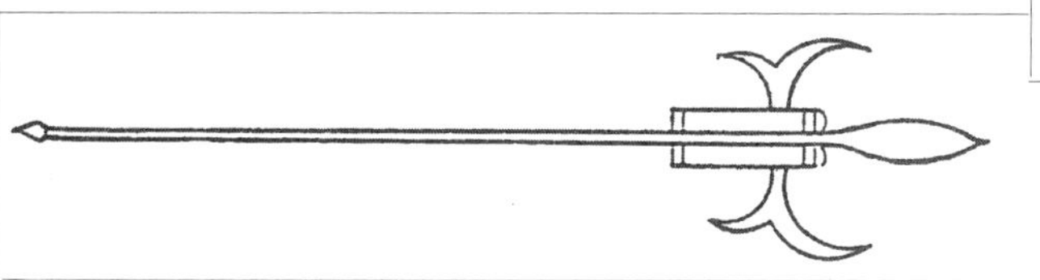

图5-108 明代的火枪

（2）古代爆炸类火器

爆炸类火器约于公元12世纪（南宋）时出现。开始时只用于地面，以后制成各种炸弹、地雷和水雷，也用于地下、水中。最早时弹体是用纸制作，以后才发展为泥、陶、木、石及铁。如《天工开物》中的“万人敌”（图5-110）就是一种泥制的炸弹，为了防止泥制外壳意外破裂，在炸弹的外面钉有木框。火器从燃烧发展到爆炸，说明了火药的进步。

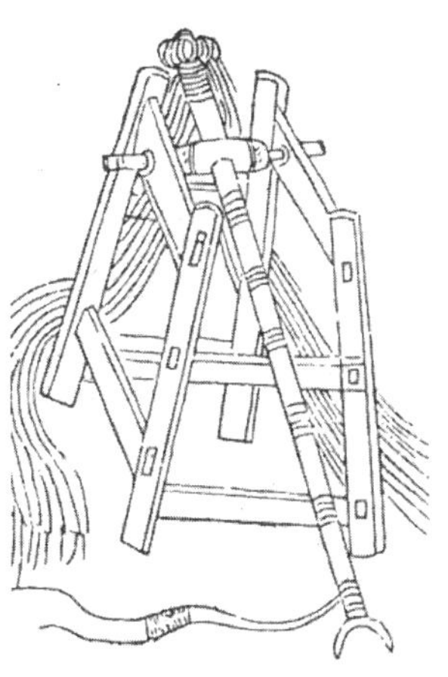

图5-109 《武经总要》中火药最早用于实战的“火砲”

据记载可知，爆炸类火器相当多，如炸弹一类有霹雳炮、火罐炮、震天雷、铁火炮、火疾藜、葫芦飞炮等，早期的炸弹大约出现于12世纪。

地雷大约在公元16世纪出现，这一类有石炮、炸炮、伏地冲天雷

图5-110 《天工开物》中表现“万人敌”爆炸时的情况

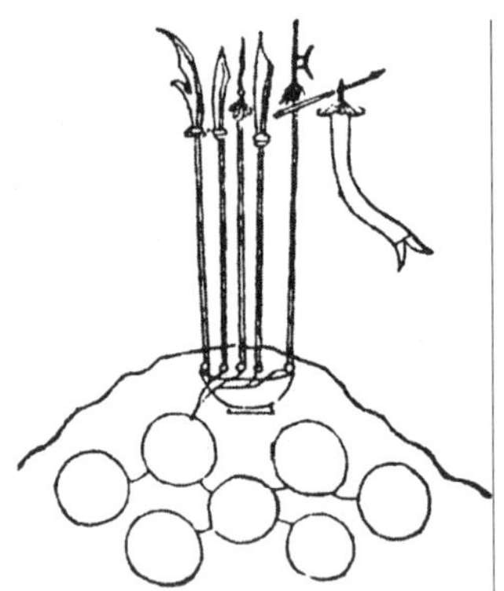

图5-111 《武备志》中的伏地冲天雷

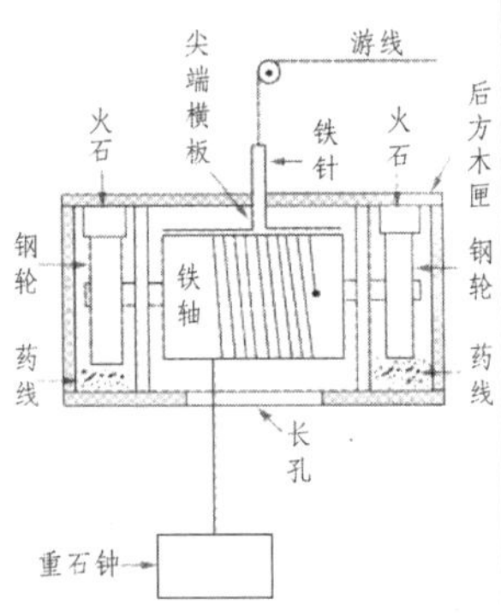

图5-112 《武备志》中引发爆炸类火器的一种钢轮引发装置

等，其外壳材料有陶、石及铁等。引爆装置是用线绳或竹管制成，引爆的方法有点燃、踏发、绊发、拉发等。如地雷中的伏地冲天雷（图5-111），是在地下埋放若干地雷，火线集中后，靠近火种，通过“机关”，与埋于土中的兵器（刀、枪等）相连，敌人来犯时，必然会拔出兵器，这就拉断了火线，使火线发火，引发地雷，杀伤来敌。

水雷大约也出现于16世纪前后，计有锚雷、沉雷、水底龙王炮、混江龙等。中国是当时世界上最早应用水雷的国家，在明代嘉靖年间曾出现过一种“锚雷”，它由三个铁锚定位，当敌船到达时，由潜伏在岸上的人拉动绳索，引发“锚雷”爆炸。

引发火药的方法很多，经归纳为：用人工点燃；用香火或其他火种引发；借助于钢轮引发。其中钢轮引发尤其高明，它有较高准确性，但具体方法又各有不同，如图5-112即是其中一例。当来敌踢动游线后，铁针随之提起，则石锤下坠，钢轮转动，打击火石发火，点燃药线，引发火器爆炸。

（3）古代放射（管状）类火器

这类火器约于公元12世纪出现，它的起源当以一种火枪为最早，它称为“突火枪”。实际上它是根长竹竿，内装火药，埋藏有引线，当敌人登城时点燃引线，引发火药，杀伤敌人。宋高宗时金人进攻德安府（现河北安陆）， 宋将陈规在守城时使用了最早的管状火器——“突火枪”。

放射类火器出现之后发展很快，种类很多，在战场上被大量使用，开始时称为铳，以后则发展成枪和炮。制造放射火器的材料，从开始时的竹、木，发展到以后用铜，再后普遍用铁。起始时的铳，威力及射程都不大，也不用弹，14世纪后才使用铁弹，17世纪又用了瞄准器。

现出土的元宁宗至顺三年（公元1332年）的铜火铳，上有铭文“至顺三年二月十四日讨寇军第三百号马山”，是举世公认现存最早的金属管状火器（图5-113）。《明史》记载元至正二十六年（公元1366年），在“大将徐达进攻平江（现江苏苏州）时，曾令士兵在葑门外架起敌楼，俯瞰敌人动静。并设火筒其上，一发连中”。城中守敌无不惊恐。后来张士诚的弟弟张士信也被盟军发出的“飞炮”击碎脑袋而亡。火筒即火铳，当时也称为铜将军。明朝诗人杨维桢有首《铜将军》称赞其威力：“铜将军，天假手，疾雷一击粉碎千金身。斩奴蔓，拔祸根，烈火三日烧碧云。” 图5-114是一种早期管状火器的复原图。

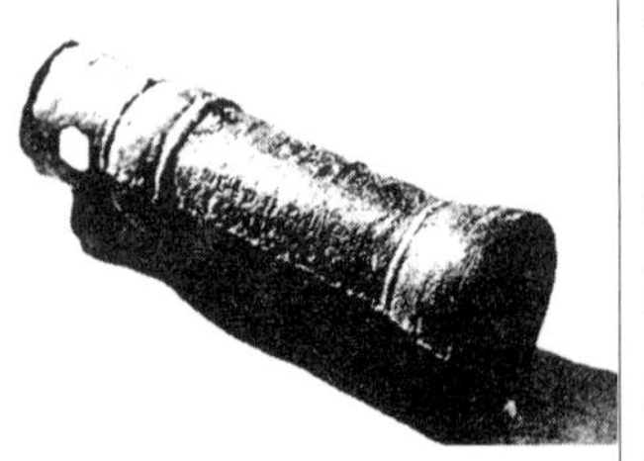

图5-113 目前所发现最早的金属管状火器

在《天工开物》中绘有两种炮，如图5-115所示，上面一种为“百子连珠炮”，炮身可以旋转自如，调节发射方向，由炮尾长杆操纵。下面一种是“神烟炮”，在发炮的火药内掺有毒药，增加杀伤力。

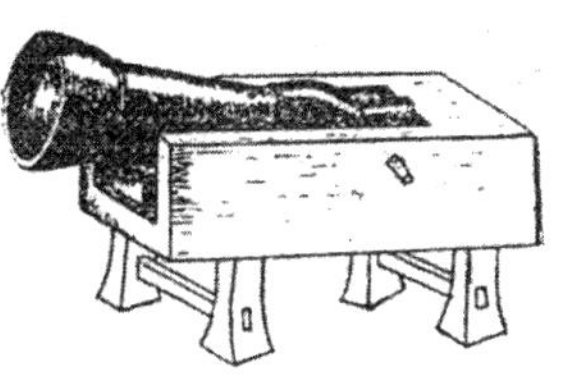

图5-114 一种早期管状火器的复原图

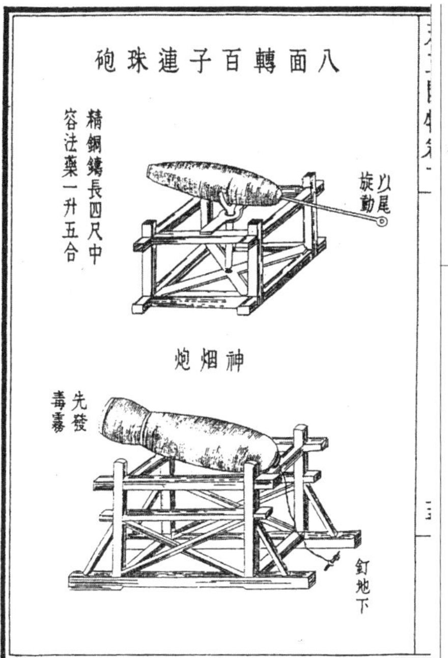

图5-115 《天工开物》中的两种炮“子连珠炮”及“神烟炮”

在枪的方面已出现了多管机枪的前身——“七星铳”（图5-116）。

（4）西方火器技术传入

在明代初年，中国的放射火器仍领先于世界，发展比较快，以后渐渐失去了领先的地位。西欧较为先进的火器反传到中国，许多人都知道佛朗机，图5-117即其中一例。佛朗机原本是葡萄牙语的译音，也用来指葡萄牙的火炮，后来用它泛指所有的西方火炮。

图5-116 《武备志》上的“七星铳”

明末（公元17世纪）时，崇祯皇帝命罗马耶稣会所派来华传教士汤若望设计火炮。汤若望还完成《火攻挈要》一书，介绍了西方先进的火器及生产技术，图5-118即是书中讲述西方火炮镗孔技术的插图。

图5-117 明代仿制的大样佛朗机

3. 古代火箭

（1）古代火箭起源

古籍所记载“火箭”实有两种：一种实指纵火的箭，另一种才是以火力推进的箭，只有第二种方是现代所说的火箭。根据古籍记载得知，这种火箭应起源于公元13世纪中期，即南宋。

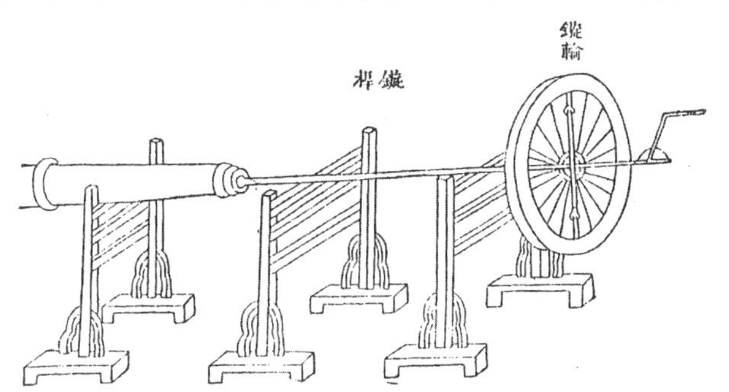

图5-118 《火攻挈要》中介绍的西方火炮镗孔技术

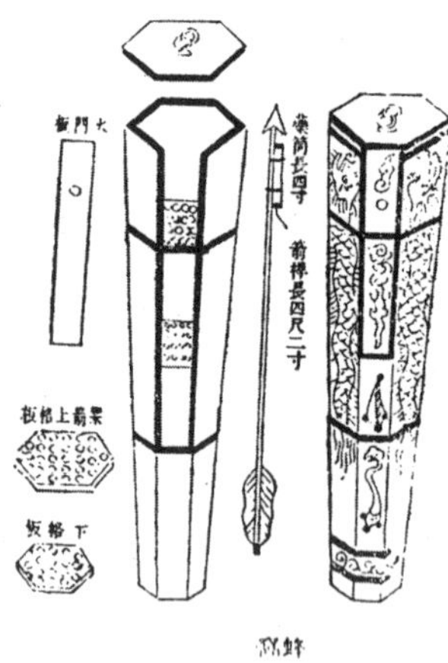

图5-119 《武备志》上介绍的多头火箭——“一窝蜂”

图5-120 《武备志》中绘的“神火飞鸦”

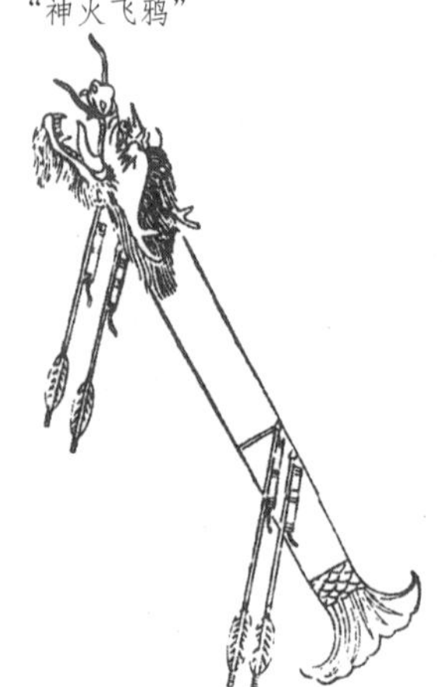

图5-121 《武备志》中绘的原始二级火箭 ——“火龙出水”

（2）多头火箭

随着火箭技术的发展，火箭的头数渐多，古籍上有9头、32头、36头、39头及百头的记载。明代《武备志》上的“一窝蜂”即有32头，每头射“三百余步”（图5-119）。

（3）原始导弹

导弹和火箭的不同，是导弹在飞向目标后，还发生爆炸或燃烧，摧毁目标。最早的导弹称为震天雷，约出现于14世纪时。《武备志》中所绘“神火飞鸦”（图5-120）即由翅下四个大起火，把飞鸦送达目的地，飞鸦体内炸药才爆炸。

（4）原始二级火箭

《武备志》中的“火龙出水”（图5-121）即是最早的二级火箭。该火箭做成龙形，用于水战。先引燃龙身下的四个大起火，使龙飞向目标，然后引发龙腹内的火箭，这些箭再射向目标。

（5）原始自动返回火箭

《武备志》中所载“飞空砂筒”（图5-122），即是一种自动返回火箭。先点燃一个起火将砂筒送达目的，并发生爆炸，砂筒所带细砂伤人眼目，而后引燃砂筒的另一起火，退回本营。

当然，这些火箭常把情况理想化了，实际情况不一定很理想，但这些想法都是极可贵的。

4. 最早的喷气飞行实验

在公元14世纪（元代）时，中国进行了世界上最早的喷气飞行实验，当时一位“万户”的官吏设计了这次实验。他把自己捆在椅子上，两只手各拿一个大风筝。在椅子背后，装有47个大起火。然后他叫人把椅子背后的起火全部点燃，他设想自己会和椅子一起由于起火的推力向

图5-122 《武备志》中绘的原始自动返回火箭——“飞空砂筒”

图5-123 外国著作所介绍的最早的喷气实验（采自《中国科学技术史·机械卷》）

前，并会借助风筝产生的上升力飞起。上述故事记录在外国著作《火箭与喷射》上，图5-123就是该书上的插图，可惜的是在古籍上未能见到。对于上述实验的结果自然可想而知，“万户”必在烈焰和浓雾中重重地摔了一跤，甚至头破血流。实验虽然归于失败，但这个“万户”是第一个想利用火箭进行飞行的人，国际学术界十分重视这个故事。

第五节 其他机械

这一时期的发明创造很多，如天文机械上计时的漏、水运仪象台、指南车、记里鼓车都有新的发展，又采取了一些新的减少摩擦与磨损的措施，锁的发展和应用更让人叹为观止，这些进展都十分引人注目。

一、计时的漏

这一时期古代的漏更得到了广泛的应用，皇宫大臣使用的漏尤为精美，在民间也需要随时地知道时间。在机械计时装置的精度大大提高之前，漏壶一直是我国古代重要的计时工具，更是文人墨客吟咏的对象。唐代大诗人顾况的《宫词》：“玉楼天半起笙歌，风送宫嫔笑语和。月殿影开闻夜漏，水精帘卷近秋河。”这是首宫怨诗，未得宠的宫女孤寂地在月光下，听着夜漏缓缓的滴水声，从半开的殿门中送来受宠幸的宫女的欢笑声。唐代大诗人杜甫也有“五夜漏声催晓箭”句，五夜即五更，诗中的箭指的是显示时刻的标杆。由此可知人们常用漏壶的运行来形容时光的流逝，而用铜壶滴漏的声音，代表今天钟表的滴答声。

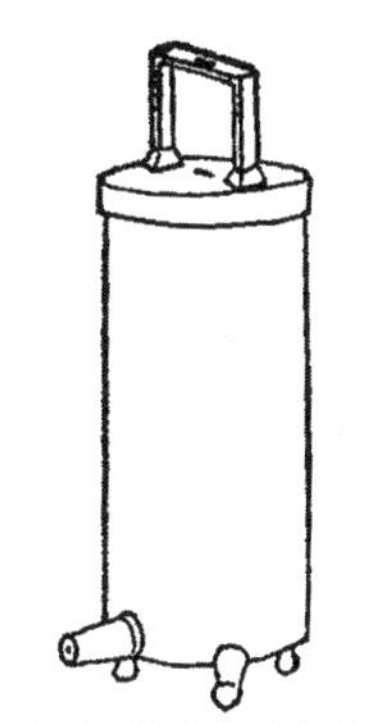

图5-124 陕西兴平出土的西汉漏壶

1. 西汉漏壶是我国现存最古老的漏壶

西汉之前漏壶的形式无从得知，按照情理判断，如前所述最早可能采用的是淹箭法，即显示水位的标尺淹于水中，用漏水的多少也即下余水位的高低来显示时间，这种方法的箭是静止不动的。此后不久就采用了沉箭法，也就是把标尺置于一个小型的“船”上，让小船浮在漏壶的水面上，箭就随着漏壶水位的高低上下运行显示时间，人观看箭上的标志较为方便。人们把这种漏壶称为沉箭漏。所见西汉时的漏都是沉箭漏。

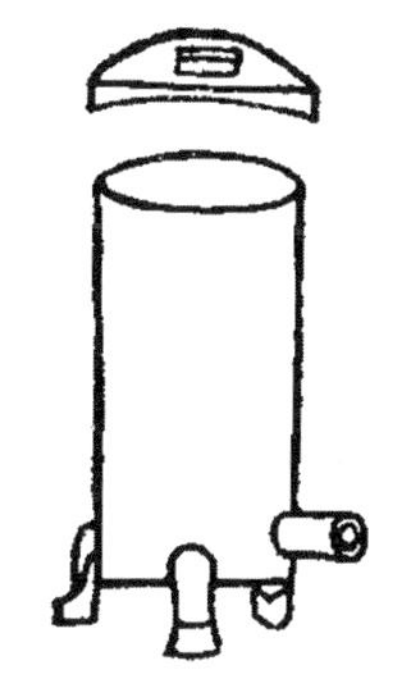

图5-125 《历代钟鼎彝器款识法帖》中西汉丞相府漏壶

考古中共发现三个西汉时的漏，大小稍异，外形与结构大体相似。图5-124是在陕西兴平出土的西汉漏壶。另外，宋代薛尚功所编《历代钟鼎彝器款识法帖》中保留了西汉时漏壶的图样（图5-125）和一点文字说明，漏壶上铭文：“廿一斤十二两，六年三月己亥，卒史神工谭正，丞相府。” 谭正可能是漏壶的制作者。

西汉时期的单级沉箭漏计时的准确性不会很高，这是因为这种漏壶要用壶内水位的高低来显示时间，水位的高低不同时，出水口的水的压力也就不同，必然造成出水的速度也很不相同，而随着时间的流逝，壶内水位的高低往往变化很大，造成出水的速度也变化很大，箭杆上（即计时标尺）的标志就不应是均匀分布的，但要分布得十分精确却是无法做到的。尤其当水位很低时，出水的流速极其缓慢，箭杆的下降速度也就极慢，使得箭杆上的时刻标志非常稠密，造成观察困难，确定时刻必然会造成较大的误差。另外所见西汉时的漏都是单级式的沉箭漏，也无法得到及时的补偿，这些因素也对计时十分不利。这就使得计时工具有待继续探索。

2. 古代漏壶的继续发展

为了解决单级沉箭漏计时不准确，必须进行改进，其改进的方法有两种：一是由沉箭漏改为浮箭漏；二是由单级改为多级。

图5-126 田漏（采自《中国古代的计时科学》）

前述沉箭漏的水是从下面流出的，浮箭漏则正相反，水是从上面注入的，随着水的不断注入，小船和箭杆便会不断地上升，它是以箭杆的上升显示时间的，但是注入的水必须均匀。《后汉书》载：“孔壶为漏，浮箭为刻，下漏数刻，以考中星，昏明生焉。”说这种漏壶在天文上的运用，表明浮箭漏在东汉时已有应用。也有学者认为浮箭漏出现要更早些，可能是西汉后期。

最早出现的浮箭漏可能只有一级，上由人工随时向漏壶内加水，力求使加水的速度尽量稳定，漏壶内计时的正确性也就比较稳定。

王祯《农书》中记有田漏：“田漏，田家测景水器也。凡寒暑昏晓，以验于星，若占候时刻，惟漏可知。……置箭壶内，刻以为节，既壶水下注，则水起箭浮，时刻渐露……乃于卯酉之时，上水以试之，今日午至来日午，而漏与景合，且数日皆然。”这可能是反映浮箭漏刚出现时的情景。这种结构简单的浮箭漏在民间可能应用的时间较长。但无法从其书中插图确知结构，图5-126的田漏图为《中国古代的计时科学》一书中的插图，但从该图看似乎也无法确知水注入水壶的确切方法，仅大体上反映了浮箭漏刚刚形成时的状态。

为要提高漏壶的精确性，便日渐出现了多级漏壶。不晚于东汉初年出现了二级漏壶；晋代有三级漏壶；唐代有四级漏壶（图5-127），元代也有四级漏壶（图5-128）。另据李约瑟博士《中国科学技术史》介绍，

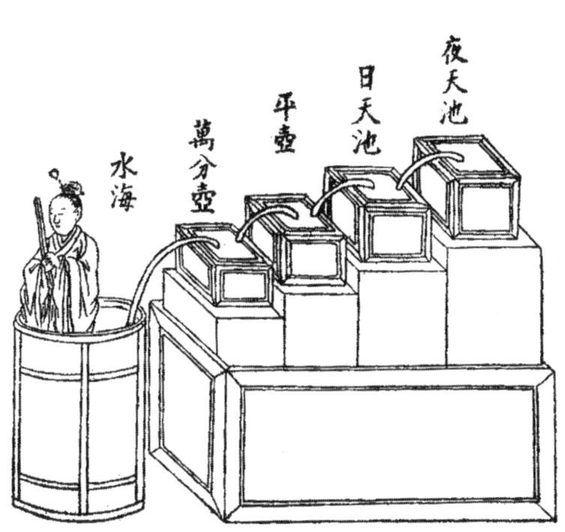

图5-127 唐代吕才四级漏壶

图5-128 元代延祐年间的四级漏壶

中国古代还有六级漏壶，可惜，至今未见实物。

当漏壶级别越多时，所引起漏壶出水的波动越小，计时的正确性越高。

3. 燕肃的莲花漏

采用多级浮箭漏无疑可以提高漏刻的稳定性，减小因漏壶水面高低不同而引起的误差。但漏壶不可能无限地增加，增加漏壶也会带来不便之处，譬如漏壶增加时，最上面的漏壶很高，加水时有困难。怎样才能使漏壶水面的高度保持恒定呢？从宋代开始，人们另辟蹊径，燕肃莲花漏的出现就是针对了这一问题。燕肃在宋天圣八年（公元1030年）制成莲花漏，第一次使用了分水壶来稳定水位。关于莲花漏的具体结构，史籍均未详载，唯从《六经图》中所绘简图（图5-129）能看出燕肃莲花漏的大体结构。图上有两个方壶，分别叫上匮和下匮，两匮都有渴乌（即虹吸管）向下引水，渴乌把下匮中的水引入壶中后，莲箭就往上升，从而测知时刻。边上有竹注筒，通到一个减水盎里，这个竹注筒实际上起了分水管的作用，它把下匮中超过一定水面的水引到减水盎里。只要从上匮注入下匮的水量稍大于下匮流出的水量时，水位会上升，当它上升到达分水口的位置时，水就从竹注筒口流出，使下匮的水面保持稳定。燕

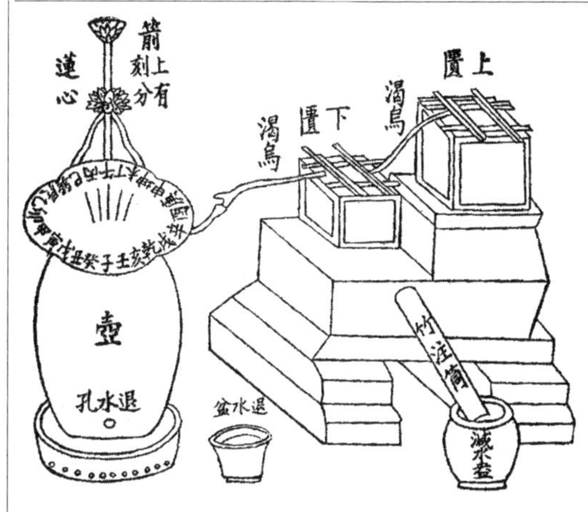

图5-129 北宋燕肃发明的莲花漏

肃所作的漏是以莲花图案装饰的，因此被称为莲花漏。

据《宋史》记载，燕肃，字穆之，青州益都（今山东青州）人。北宋进士出身，曾官至礼部侍郎（礼部的副长官，从三品）。聪慧多才、能诗善画，涉猎广博。从他的事迹来看，尤擅长机械，除上述莲花漏之外，还曾研制了指南车、记里鼓车等其他一些奇器。关于他研制的指南车和记里鼓车,《宋史》有较详的记载。

二、天文机械与水运仪象台

中国的历代统治者都认为，天文可以预示未来的命运，甚至可以转化凶吉，因而常对天文格外重视。在这一时期，天文学得到了很大的进展。唐代的一行、宋代的苏颂、元代的郭守敬等都在这一领域取得了辉煌成就。

1. 唐代一行的水力浑象

在汉代创制水力浑象后，三国及南北朝时都有人制成浑象，这些浑象也都由水力驱动，采用了齿轮传动，但都并未超过张衡的创造。直到唐代开元年间（公元8世纪），一行所创天文仪器才有了新的发展，它比张衡所创水力浑象更加精巧，也更复杂。

唐代一行所创水力浑象有两大特点：一是报时更加精确，每一时辰（今2小时）敲钟，每一刻（每昼夜的1/100）击鼓，并有两个可动的木人；二是该浑象除可演示各种天体外，还增加了日环、月环，表现日月的动作。报时、报刻及天体、日月的动作，都应步调一致，所以在一行的水力浑象上，必有更加复杂的齿轮系统。

关于一行水力浑象的内部齿轮系统，刘仙洲作过推测，即见图5-130，中国国家博物馆按上方案将其复原了出来。其传动系统可从图中看出：最左为水轮，齿轮A与水轮同步运转，先转至B，而后分动。从B—C带动浑象，每天转动一周；从B—D带动日环，每365天日环转动一周；从B—E带动月环，每月（29日）转动一周。报时、报刻及带动木人的齿

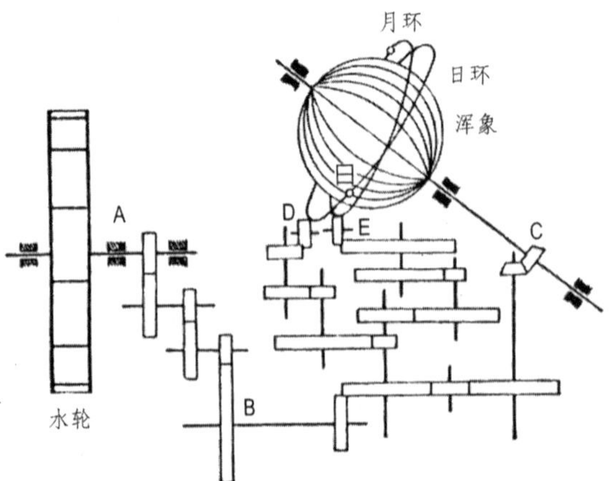

图5-130 唐代一行所制天文仪器的传动系统

轮，图上没有画出。

2. 北宋苏颂的水运仪象台

北宋哲宗皇帝曾命苏颂等研制水运仪象台。苏颂约于公元1088年先制作小样，1092年制成大样。水运仪象台异常高大，高达36尺多（约12米），底宽21尺（约7米），创造了中国古代天文机械的顶峰，更是机械史的重要成就（图5-131）。

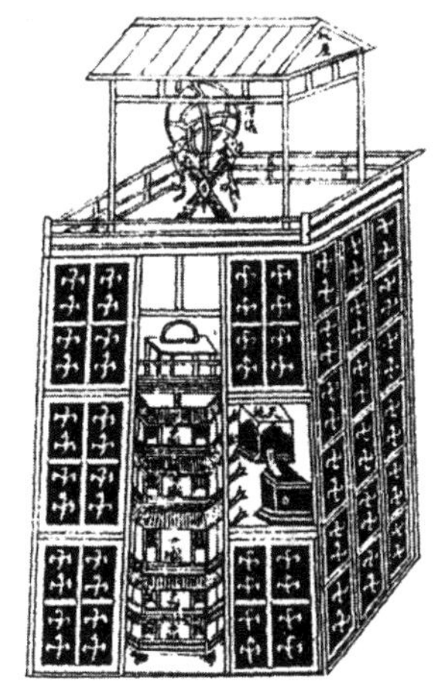

图5-131 宋代苏颂的水运仪象台的外形

（1）水运仪象台概述

水运仪象台实际上是座具有多种功能的天文台。台顶的屋顶做成活动的，它可以打开，不致影响观测。整座台分为三层：上层放置浑仪，用于观察天体运行；中层放置浑象，用以演示天体；下层除了放水轮、齿轮等内部机械外，还有用木人自动报时、报刻的装置。为了生动地演示时刻，下层之一边做出五层木阁，用木人分别击鼓、摇铃等精确报知时间。

（2）水运仪象台的动力及擒纵装置

水运仪象台是靠“水运”的，即它的动力来源于水。在水运仪象台上水循环不息，自成系统（图5-132）。

水运仪象台上，有打水人搬动“河车”，河车带动两级“升水轮”，将水提升到最高处。然后水经过三级漏水壶后，推动水轮，水又回到最低处，再由打水人将水提升到最高处。

在水运仪象台上的浑仪、浑象及自动报知时间的装置，均由水轮带

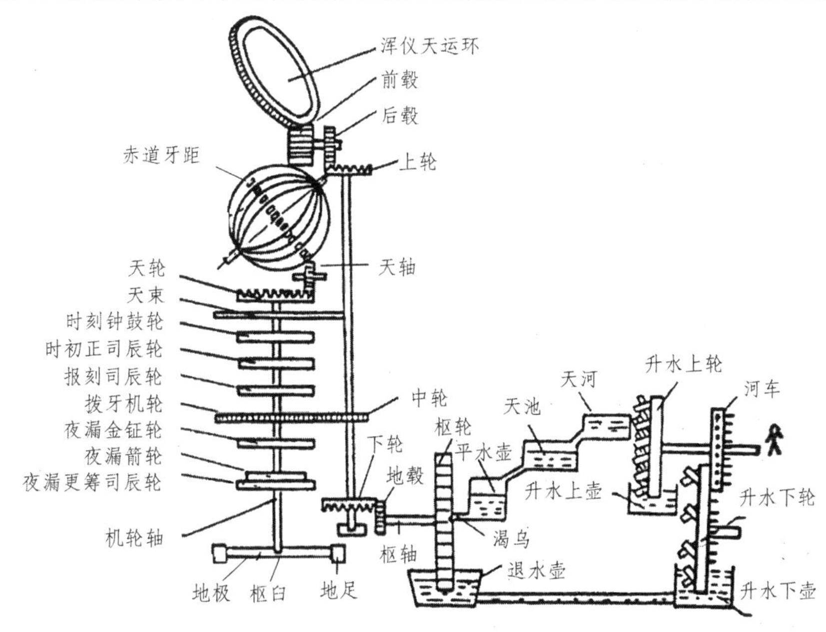

图5-132 苏颂的水运仪象台的水循环系统

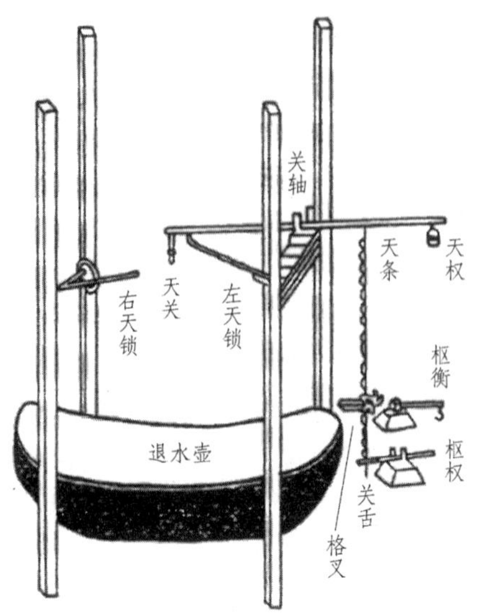

图5-133 《新仪象法要》中绘的水运仪象台上的擒纵装置

动，因而水轮运转的准确程度影响很大。为了控制水轮匀速运转，在水运仪象台上，有套水准很高的特殊擒纵装置——“天衡”（图5-133）。水冲动水轮时（水轮图上未画出），“天衡”就保证水轮匀速运转。当水轮静止不动时，水轮的轮缘即被“天关”卡住，水轮不动。水轮轮缘受水壶（图上未画出）受水未达一定重量时，水轮仍静止不动；但当水轮轮缘受水壶之水达一定量时，水轮轮缘使“格叉”下降，“天条”随之下降，通过杠杆，则“天关”随之上升，“天关”便不再卡住水轮，水轮转动一定距离。当水轮轮缘转过一个受水壶后，这个装满水的受水壶位置倾斜，部分水溢出，水轮重量减轻，“格叉”上升，“天条”随之上升，“天关”下降，重又卡住水轮，使水轮不动。“右天锁”的作用是防止水轮倒转；而退水壶的作用是接住受水壶倒出的水。

这套机构的构造与作用十分巧妙，它相当于日后机械钟表上广泛应用的擒纵装置，意义极为重大。

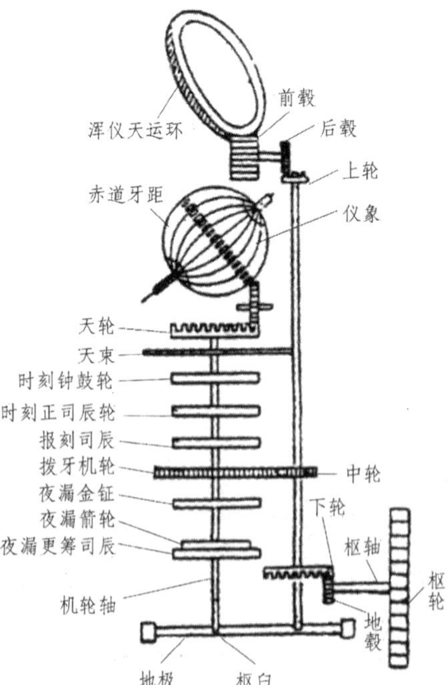

图5-134 水运仪象台的传动过程（采自《中国科学技术史·机械卷》）

（3）水运仪象台的传动系统

水运仪象台的传动系统，如图5-134所示，图上水轮在《新仪象法要》书中称其为枢轮，它和齿轮共装一轴，同步运转。传动分为三路：通过齿轮，带动浑仪观察天象；通过齿轮，带动浑象演示天象；同时通过齿轮，带动另一轴及一系列齿轮报时报刻。各齿轮都有各自不同的名称，以示区别。

（4）水运仪象台的研制

出于水运仪象台的重要性，研制者很多。中国国家博物馆于1958年首先将其复原成功（图5-135），现在很多博物馆也都有水运仪象台的复原品。

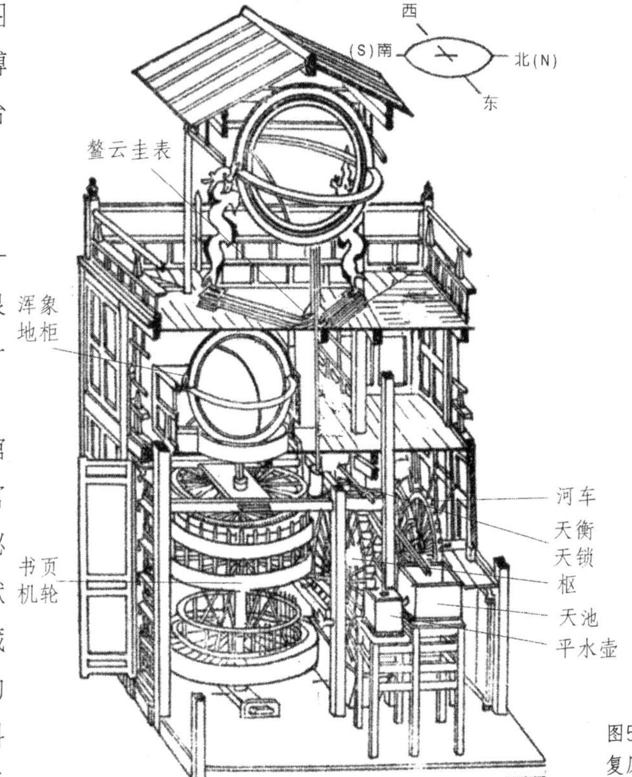

图5-135 中国国家博物馆所复原的水运仪象台

（5）苏颂其人

苏颂（公元1020—1101年），字子容，泉州南安（今福建泉州一带）人，23岁中进士，后官至宰相。在担任馆阁校勘、集贤校理等官九年多时间里，博览秘阁中各种藏书，回家默写出来，作为自己的藏书，积累了非常渊博的知识，他一生致力于科学研究，在药物学、天文学、机械制造等方面取得了杰出的成就。

仁宗嘉祐二年（公元1057年），苏颂奉命整理校定药书，完成了《开宝本草》的增补工作，共收药物1082种。稍后他编著了我国古代著名的《图经本草》二十一卷，将当时各地出产的药材用图文汇编起来，为人们在药物的鉴别、使用、学习和研究上提供了极大的帮助，此书具有较大的科学价值和实用价值。

宋元祐三年（公元1088年），在苏颂主持下，研制成水运仪象台，这是他在天文学上的杰出贡献。水运仪象台是座杰出的天文台，体现了我国古代机械工程技术的卓越成就。苏颂在研制水运仪象台的过程中，不仅体现了他渊博的科技知识，还显示出他卓越的组织科研活动的能力，起用有真才实学的人，吸收一些年轻人参与，博采以前各家研制仪器之长，加以创新，在机械结构上采用了民间的水车、筒车、桔槔、凸轮和天平秤杆等机械原理，把观测、演示和报时设备组成一个整体。正如他自己说的：“今则兼采诸家之说，备存仪象之器，共置一台。”水运仪象台上的擒纵装置，是现代机械钟表擒纵装置的前身，这是他最杰出的发明。苏颂撰写了《新仪象法要》，专为水运仪象台作说明。

3. 简仪

水运仪象台虽然是天文机械的伟大创举，在天文学上起了重要作用，但是它又有明显的缺陷：一是结构过于复杂，环节太多，各部分互相影响，可靠性较差，制造也很困难；二是零件太多，影响天体观测。此前的一些天文仪器，也有此类不足，沈括等人都有过这种议论。不断改进天文仪器是一种趋势，到元代便产生了郭守敬的杰作——简仪。简仪在公元1276年制成。

简仪针对原有浑仪的缺点而设计，结构简单，制造简便，利于观测，使用也方便，精确的程度明显超过以往，堪称是古代的又一伟大创造。根据《元史》记载可知：在简仪上，郭守敬安装了4个滚动圆柱，用以减少摩擦，这应是世上最早的滚动轴承，比西方约早了200多年。

郭守敬所制简仪的原物，在清初已被毁。现在南京紫金山天文台的简仪，是明正统四年（公元1439年）的仿制品，宏伟精良，供人观赏（图5-136）。

图5-136 南京紫金山天文台藏明代仿制的简仪（采自《中国古代科学技术展览》）

三、指南车与记里鼓车

此时指南车继续有很大的发展，在上一章讲述了指南车的起止年代、应用范围等，都涉及这一时期的情况。此一时期研制过指南车的人也不少，指南车的内部结构也可能各不相同。

1. 宋代指南车

在一些古籍中多有关于指南车的使用及外观的记述，唯见《宋史》有介绍宋代两种指南车的内部构造。但《宋史》所介绍的指南车的内部结构，均为定轴齿轮系统。定轴轮系指南车的致命缺点是误差很大，因它的传动比固定，活动度永为1，即工作时只允许两轮中一个轮转，一个轮不转。而且定轴轮系操纵比较繁难。

（1）燕肃的指南车

在宋天圣五年（公元1027年）时，燕肃造出指南车，该车独辕“方构”，上有“木仙人”、“引臂南指”。有“大小轮九”；两个“足轮”（即车轮）；足轮上各附一个齿轮“附足立子轮”；左右各一水平位置的小齿轮——“小平轮”；中间有一大齿轮——“中心大平轮”，大平轮中心有一“贯心轴”，上刻木为仙人，同时，辕后还有两个小立轮，当起平衡作用。直行时，木人指南。当车向右转时，右面车轮、附轮、右小平轮转动，带动中间大齿轮及其上木人手臂都左转，补偿车向右转的角度。同一道理，当车向左转时，左面车轮、附轮、左小平轮转动，带动中间大齿轮及其上木人都右转，补偿车向左转的角度。无论车转向何方，则木人手永远指南。

图5-137 中国国家博物馆复原的指南车

按照这一设想，王振铎于1934年复原成指南车，使指南车在失传千年后又重现，现陈列于中国国家博物馆。其外形如图5-137所示，其内部结构如图5-138所示。王振铎复原的指南车是九个轮，但《宋史》所说的立在辕下的两个小轮，他做成两个小滑轮。

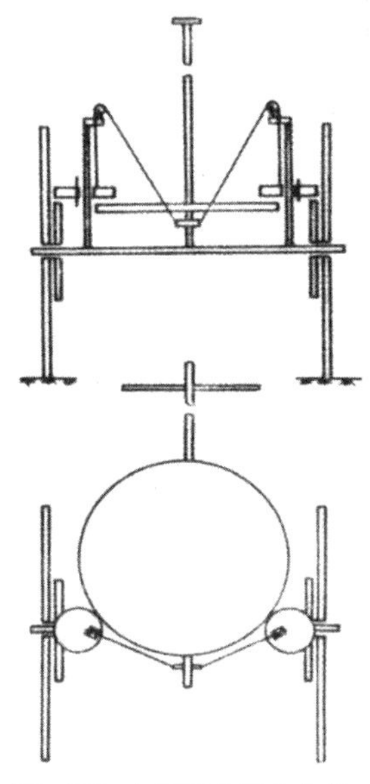

图5-138 中国国家博物馆复原的指南车的内部结构

（2）吴德仁的指南车

在宋大观元年（公元1107年），吴德仁也曾制指南车，比燕肃指南车高大复杂些。车上有十三轮，明确地叙述用了绳索及“小轮”（即滑轮），当车转弯时，“小轮触落”、齿轮啮合。吴德仁所制指南车比燕肃稍晚，又是同一朝代的，故研究者多以燕肃的指南车作为基础，认为吴德仁研制的指南车只是在燕肃的基础上改进而成。

图5-139 大英博物馆复原的指南车的外形

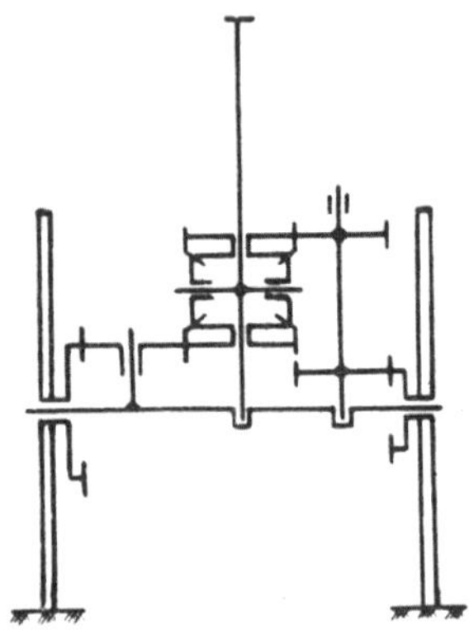
图5-140 大英博物馆复原的指南车的内部结构

（3）不同看法

对以上指南车，有人指出，燕肃指南车工作很不可靠，吴德仁研制的稍好些。对于王振铎的复原品有两个小滑轮，刘仙洲认为《宋史》中并未说燕肃指南车中有滑轮，他因此推断，燕肃的指南车应是靠调节齿轮中心距而实现自动离合的。即当车转弯时，一边齿轮中心距缩小、齿轮啮合，推动中间大齿轮及其上木人旋转，补偿车转的角度。

2. 差动轮系指南车

早就有人指出，以上的定轴轮系指南车，驾驭繁难、误差很大，无法如古籍所说“司方无误”，唯差动轮系指南车才可避免这一缺陷。英国学者郎基思特推断并制成差动轮系指南车，外形及内部结构如图5-139及图5-140所示。郎基思特的复原品，现存于伦敦的大英博物馆中。该指南车的内部结构，实际上由定轴轮系及差动轮系组成的混合轮系，现仍按习惯，称其为差动轮系指南车。差动轮系的活动度为2，可将两轮的不同运动合成为一种运动，再带动木仙人运动。

郎基思特并未明确复原品是复制何朝代的指南车，这就和古籍上的记载并无明显矛盾，因为无法知道宋代之外指南车的内部结构，既不能肯定其有，也无法肯定其无。

图5-141 误认为指南车即是指南针载于车上利用其磁性指南的

关于指南车还有件十分有趣的事，国外某影响巨大的百科全书上刊有指南车图形及说明，车上载有一个精美的大瓷瓶，上有木人，利用指南针的磁性恒指南方，这一插图显然十分新奇可笑，误将指南针与指南车混为一谈。但也反映出中国古代的优秀科研成果指南车、指南针及瓷器在世界上的影响之巨大。图5-141即是书中将指南针载于车上利用其磁性指南当作指南车。

3. 其他看法

尚有一些人提出不少种指南车的结构，近年以来，认为指南车内部为差动轮系的要更多一些，不一一列出。

4. 记里鼓车

王振铎在复原指南车的同时，还复原了记里鼓车（图4-142）。

他所复原的记里鼓车也是根据《宋史》中的记载，而外形根据山东孝堂山汉画像石中鼓车图案，从中更可得知，记里鼓车内有多个齿轮，组成齿轮减速系统，从而将车轮的转动变成信号：一里击鼓，十里击镯，报知有关人员。

图5-142 中国国家博物馆所复原的记里鼓车

四、中国古代减少摩擦与磨损的措施

中国的古车约出现于4000多年前的黄帝时代，随后出现了其他一些机械。在不少机械上都有滑动轴承，为了减少其摩擦与磨损，人们曾作出长期不懈的努力，包括在滑动轴承上应用金属轴瓦，在产生摩擦之处应用和改进润滑剂，以及变滑动轴承为滚动轴承。

1. 金属轴瓦的应用

前述公元前4世纪时，战国兵书《吴子》中所载："膏锏有余，则车轻人。"这是中国应用金属轴瓦的最早记载。其中"膏"是指润滑剂，锏即是瓦。这段记载十分明显：使用金属轴瓦的目的是把车轴与车轮毂间隔开，使两种木头之间的摩擦变成两种金属之间的摩擦，减少了摩擦和磨损。最早的金属轴瓦或为铜制，因为金属轴瓦刚出现时，铁器并未普及，后因铁的价格比铜低，随着铁器的普及，以后的滑动轴承均由铁替代。从以后各代记载看，铁制金属轴瓦的应用非常普遍。以后古代机械的金属轴瓦应用逐渐普及，除了在车辆上大量使用外，也应用于各种碓上，还在绞车、辘轳、滑轮、纺车等上都有应用。从考古资料得知，铁制的金属轴瓦生产的规格尺寸较多，也用叠铸法生产（图5-143），一次浇铸的金属轴瓦数个到数十个，可见其应用之广泛。

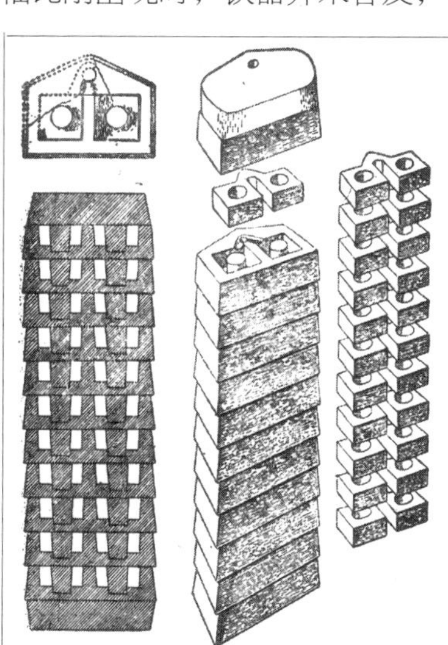

图5-143 河南温县汉代冶铁场用叠铸法生产方形金属轴瓦（采自《汉代叠铸》）

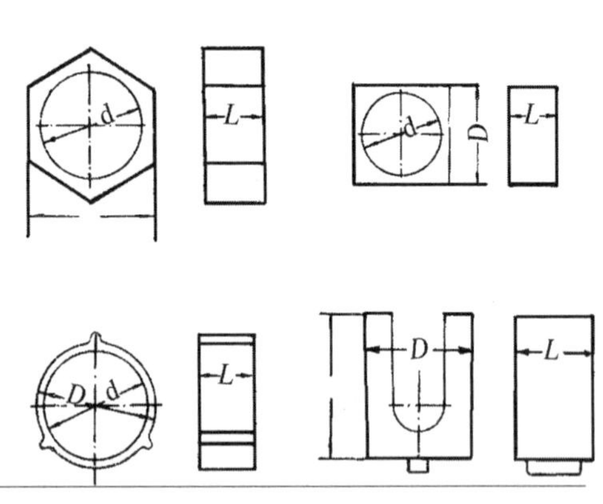

图5-144 四种金属轴瓦示意图

古代金属轴瓦的形状比较多样，每种金属轴瓦都可制成许多种尺寸，以满足各种各样场合的应用。根据考古资料概括出四种金属轴瓦：六角形、圆形、方形、半圆形，图5-144是四种金属轴瓦示意图。河南渑池出土过半圆形金属轴瓦（图5-145），它当是广泛地用于踏碓上。此外，还有一种滑动轴承应用长条形的金属轴瓦，这种滑动轴承是应用在车上的，其优点是加工较为简便，又便于储存润滑剂，抗磨损的性能较好，但与之相摩擦的另一个滑动轴承的表面强度不高，使之磨损较大，所以这种形状的金属轴瓦，考古上较少发现。

图5-145 河南渑池出土的半圆形金属轴瓦

滑动轴承一般是古代机械上的重要零件，而金属轴瓦的出现并广泛使用有效地减小了滑动轴瓦的摩擦与磨损，使古代机械的水平有了新的提高。

2. 石油用于润滑

在中国，对滑动轴承进行润滑，出现的时间很早，以前述《诗经》中记载“载脂载辖”为据，即以脂为润滑剂润滑车轮。早期用作润滑剂的是动物脂肪，后来也应用较稀的其他油脂，但也都是食用油。食用油的来源有限，而有些动物脂肪，如牛羊油，熔点较高，常温下处于凝固状态，使用起来很不方便，先要将油罐和轮毂进行烘烤，待润滑剂熔化变稀后再行润滑，每次润滑都费时费力。显然，它大大地影响了润滑工作的进行。解决的办法是寻找存在状态稀薄、来源充分的润滑油。用矿物油替代动物油、食用油进行润滑，正是顺应了这种需要。

我国是最早利用石油的国家之一，早在公元3世纪时，西晋张华所著《博物志》上已有矿物油用于润滑的记载：“酒泉延寿县南山出泉水，大如筥，注地如沟，水有肥如肉汁，取著器中，始黄后黑如凝膏，燃极明，与膏无异。膏车及水碓甚佳。彼方人谓之石漆，水肥亦所在有之，非止高奴县洧水也。”其“膏车及水碓”中“膏”字，应解释为动词“润滑”，此事发生地应是今甘肃玉门油矿一带。文中“高奴县洧水”，来源于《汉书·地理志》：“高奴县有洧水可燃”。唐朝段成式著《酉阳杂俎》也述：“高奴县石脂水，水腻，浮水上，如漆，采以作膏车及燃灯极明。”高奴县即今陕西延安附近。

上所提及的“石漆”、“洧水”、“石脂水”，就是石油。宋朝沈括的《梦溪笔谈》中述说更明确：“延境内有石油，旧说高奴县出脂水，即此也。”他极有远见地指出：“此物后必大行于世。”

这些记述足以说明，中国在西晋或更早，已发现并应用了石油。至今，全世界一半左右的能源依赖石油，单润滑一项每年就要消耗数以千万吨石油制品，确是“大行于世”，现在通用“石油”这一名词，也是沈括率先提出的。

3. 滚动轴承的出现

我国远在新石器时代已出现了利用滚子搬运重物，这也是以滚动摩擦代替滑动摩擦的实例，从某种程度说，这正是滚动轴承出现的先驱。自公元13世纪时我国正式出现了滚动轴承，《元史·天文志一》上记述有郭守敬造简仪法：“……百刻环内广面卧施圆轴四，使赤道环旋转无涩滞之患。”这说明郭守敬创用了滚柱轴承。英国查尔斯·辛格（Charles Singer）等著的《工艺史》（*A History of Technology*）第三卷第327页载着：“在达·芬奇（Leonardo da Vinci，公元1452—1519年）的笔记本上有关于滚柱轴承的草图，但是那时用的并不多。”在同一卷第658页上载有：“公元1561年 William Ⅳ的钟匠Eberhardt Beldewin制造了一个钟上曾采用了滚柱轴承。”这是所见外国应用滚动轴承的最早时间，而郭守敬制造简仪时创制的滚柱轴承是在公元1276年，比西方要早200年左右。

五、古代锁具

锁具因是人们的一种生活用品，制造锁具的人也名不见经传，一般人并不重视。但台湾成功大学副校长颜鸿森教授著《古早中国锁具之美》完全颠覆了这一观念。锁具蕴含了深厚的文化内涵，“锁具之美”令人惊叹不已。颜教授的书中不仅展示了美不胜收的中国古代锁具，更让人以小见大地看到锁具内含的中华文化，它综合地反映了中国社会的经济、文化、科技和艺术。这部著作以简约的文字、精美的照片，条理清晰地向人们揭示了中国古代科技史上一个被忽视的部分。以往，唯因锁具之小，制作人身份低微，有关资料十分欠缺，该书的出版正好弥补了这方面的不足，不啻为科技专著中的佳作。

1. 古锁的起源

在石器时代，原始人过着穴居生活，食不果腹、衣不遮体，终日担心

图5-146 《鲁班经》中的古代挂锁（采自《古早中国锁具之美》）

野兽的侵犯，并不操心物品的丢失，当时也不懂锁，只用重石挡住洞口即可。

之后原始人走向定居，渐渐有了剩余的食物和私人物品，需要贮藏、保护，他们可能采用绳结拴住；也可能用图画绘成凶恶的动物形状吓唬人，这只能称作原始的锁具（图5-146）。

大约在夏商周三代时期，出现了原始的木锁，这种锁的结构极为简单，只是用竹竿或木棍将门加以固定，使外人不能自由出入就行了。之后，随着铜器的普及，就出现了简单的铜锁，相传是战国时的鲁班改进了锁内的机关。

簧锁发明的具体年代，没有看到有确切的记载，但在蔡侯墓出土的遗物中发现有“锁形饰”，可知锁的发明很早。约到东汉末年才大量地使用金属锁，材料是以青铜为主，并在锁上刻绘了各种动物和昆虫的图案，造型也越益复杂起来。唐代时锁的制作工艺已相当发达，制锁材料用青铜、黄铜、铁、银和金。锁的种类、外形、雕花也更加丰富繁多。

按照古代民间习俗，用是否带钥匙来区分已婚或未婚妇女。所谓“出门的人”或“过门的人”，是指已婚的女子，她们可以带走钥匙，而未出门的人是指未婚的女子，因为她们未成年，也就不能带钥匙，民间“过门”一说就是由此而来。

纵观锁的历史，从汉代以来，古锁一直以金属制成的簧片锁为主，2000多年来，外观虽有不小的变化，但内部结构改进不大。直到公元1840年鸦片战争之后，西方制作的锁具不断地传入，且得到广泛使用，中国的古锁日渐衰微，遭到淘汰。

2. 古锁的种类和外形

古锁一般可分为广锁、花旗锁、组合锁三种。

（1）广锁

广锁是种横式锁具，常用于门、柜和箱等上面，“广”，《十三经注疏》上说：“东西为转，南北为广。”其材料大都是铜制，它的形状如图5-147所示，多正面呈凹字形，端面呈长圆形状。广锁端面一般上部为三角形或椭圆形，下部成方形；但也有的广锁的端面呈长方形。有些广锁做成各种形状，有的呈方形，有形似炮仗状，俗称“炮仗锁”，也有酷似一尾蜷曲的虾状，名为“虾尾锁”。

图5-147 广锁（采自《古早中国锁具之美》）

（2）花旗锁

花旗锁（图5-148、图5-149）常用于锁抽屉和箱柜，它的造形多种多样，有动物、植物、人物、乐器、字形及佛祖、神仙等和其他形状。其“花”是指花样，隐喻这种锁花式众多。“旗”是表现、显示之意。如《左传》说：“佩，衷之旗也”；《十三经注疏》中说：“旗，表也”。因其花样层出不穷、极具表现力而得名“花旗锁”。

图5-148 花旗锁之一（采自《古早中国锁具之美》）

图5-149 花旗锁之二（采自《古早中国锁具之美》）

它们除了含吉祥等寓意外，还兼有防护、装饰等功用。锁的材质大都是铜，精镌细刻、奕奕传神，富有传统的民族特色，极具艺术欣赏价值。

（3）组合锁

组合锁（图5-150）锁体呈横向圆柱体状。锁具常做有3～7个转轮，转轮的大小、轻重相等，它们被排列装置在圆柱形轴芯上，每个转轮上面刻有数字或文字，当将这些数字或文字转动成设定的字串时，锁便打开

图5-150 组合锁（采自《古早中国锁具之美》）

了。它是现今密码锁的前身。

3. 古锁的原理

古锁的原理分为两大类，其中广锁与花旗锁的原理相同，关键部分都是由簧片构成。这类锁的簧片是在用锁时，由人力将簧片置入锁体之内，簧片利用弹力卡住锁体，便完成了上锁动作，如图5-151 b、c所示。而图5-151a则表示锁的外形，也是上锁后的情况。欲开启锁时，将钥匙插进锁孔，钥匙的形状应当刚好能卡住簧片，使其收紧，然后将锁芯连同簧片从锁的体内拉出，从而开启了这把锁。锁芯上簧片的数量常用的有两个或三个，但有时也多达四五个，如果簧片数量较多时，要确保钥匙能压住每一个簧片的话，钥匙的形状就十分复杂了，制作要求就更高了。

为了加深理解簧锁的功能，这里引用北宋著名文学家欧阳修的笔记《归田录》中一段饶有趣味的文字来说明：“燕龙图肃有巧思。初为永兴推官，知府寇莱公好舞柘枝，有一鼓甚惜之，其环忽脱。公怅然，以问诸匠，皆莫知所为。燕请以环脚为锁簧，内之，则不脱矣。”这段文字是说，龙图（龙图阁待制，藏御书处官员，从四品）燕肃，具有奇异巧妙的智慧构思，当初在永兴担任推官（僚属）时，知府寇莱公（即寇准）喜好柘枝舞（一种舞姿矫健、节奏多变的西北少数民族舞蹈，大多以鼓伴奏。唐朝时以女子独舞，到宋时为多人队舞），有一面他十分喜爱的鼓上之环忽然脱落了，寇准不禁怅然若失，为修理此鼓他询问了众多匠人，大家都束手无策，不知道如何修。后来还是燕肃将鼓环脚置入锁簧内，鼓环就不再脱落了，完好如初。燕肃巧妙地利用锁簧来修理鼓，实在是聪明之极。

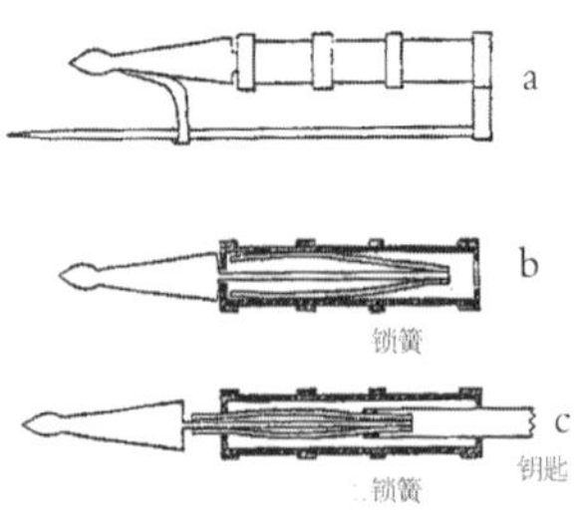

图5-151 广锁和花旗锁的结构原理

组合锁的原理较为简单，只需开锁人知道事先预设的语句或数目

字，转动锁上圆环达到这一设定界面，就能够将锁开启，如图5-152所示。

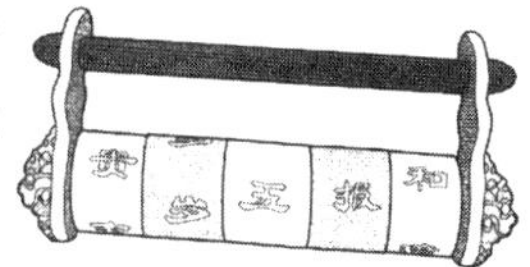

4. 关于锁的其他问题

锁的形状各异，丰富多彩，有的锁外表精美光洁，用细致入微的高超技艺雕刻了栩栩如生的图案和“长命百岁”、“恭喜发财”、“万事如意”等吉祥祈福的文字，在保护财物的同时又巧妙地糅合进美学原理及良好心愿，更使锁具成了家家户户喜爱之物。

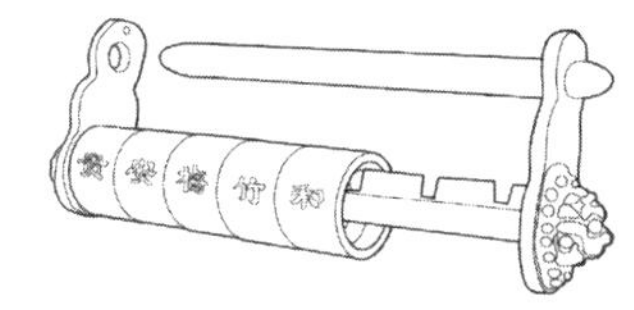

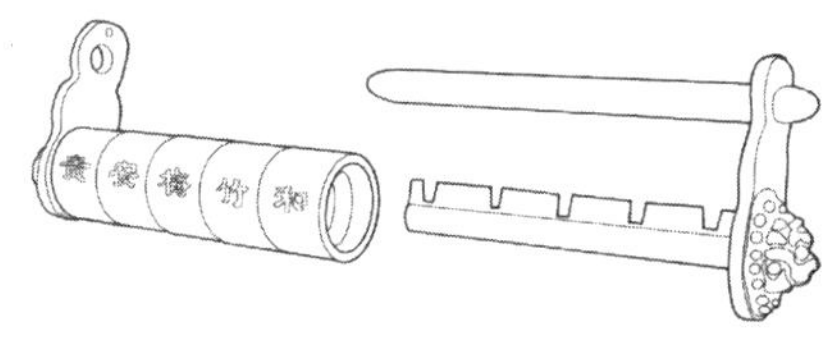

图5-152 组合锁的结构原理（采自《古早中国锁具之美》）

为了安全，更将锁的内部结构制作得尽量复杂，以至于相配合的钥匙也越来越复杂，而且有的锁尽量将锁孔藏在暗处，让人不易发现；用钥匙开锁的动作，也常常设计得十分复杂，有时甚至故弄玄虚，这样做的目的是为了让局外人无法开启锁具，即便有人得了钥匙，也不易找到锁孔，就是找到了锁孔也难以将锁打开，以此确保安全。

关于锁的材质，大多数是用铜制作，包括用青铜、黄铜和白铜，有时也用铁和钢制作，还见有用各种合金、银或金制作的，也有用景泰蓝制作的，使得锁更其精美绝伦。

诚然，再精密的锁具，即使是保险箱，总还是有人打得开，也即是“防君子，不防小人”。

六、赵州桥

赵州桥的影响巨大，在桥梁建筑和发展史上有着重要地位。

1. 建桥前情况简介

幅员辽阔的中国有着无数的江河溪谷，古人在谋求生存和劳动中很早就学会了架设和修建桥梁，在新石器时代，已会用石块或树干在小河沟上搭设简单的独木桥。到战国时期，在黄河流域和其他一些地区已普遍出现了架空桥梁。秦始皇时在长安城北修建了一座多跨梁式桥——中渭桥，其规模颇大，据《三辅旧事》云：“广六丈，长三百八十步，六十八间，七百五十桥，二百二十梁。”在汉代画像砖上有一些拱桥的形象图案，说明至迟在汉代已能建造拱桥。西晋太康三年（公元282年），在洛阳宫附近跨七里涧建造单孔的“旅人桥”，日用75000人，历时半年。据《水经注》载：“悉用大石，下圆以通水，可受大舫过也”，可见石拱桥的建造技术已达相当的水平。此时，根据地形特点建造的悬索桥，以及由于战争或临时需要修建的浮桥也都早就出现了。到隋唐时，随着社会进步，国力强大，经济繁荣昌盛，交通运输兴旺，我国桥梁史上掀开了新的一页，建造了不少桥梁，其中最著名的是赵州“安济桥”，俗称“赵州桥”，也名“大石桥”。

2. 赵州桥的选址、设计、施工及造型

赵州桥（图5-153）建于隋开皇中期（公元591—599年），跨越在河北赵州（今赵县）的洨河上，是现存最早的大型石拱桥之一。它首创了敞肩拱结构形式，融精美的建筑艺术与高超的施工技巧于一体，举世瞩目，享誉中外桥梁史。

（1）赵州桥的选址

桥的选址合理，桥基稳固牢靠。赵州桥设计者是隋朝工匠出身的李春，他通过周密的勘察，凭借自己多年的实践经验，选择在洨河边一片经多年冲积成密实的粗砂层作为大桥的天然地基，上面覆压了五层石料砌成坚固扎实的桥台，拱石就砌在桥台上面。据现代测算，密实的粗砂层每平方厘米能够承受4.5～6.6千克的压力，而赵州桥对地面的压力是每平方厘米5～6千克。由于大桥建筑在坚实稳固的基础上，尽管地基很浅，构造也较简单，却能承载住大桥载荷。据测自建桥至今，大桥桥基仅下沉了5厘米，说明当初选址是多么地符合科学原理。

图5-153 赵州桥

（2）赵州桥的设计

赵州桥的设计体现了高明的、创新的桥梁设计思想。根据赵州桥地处华北平原的地理环境，李春改变石拱桥传统的半圆形拱式，别出心裁地设计了一种割圆式（即圆弧的一段）桥型方案，减低了桥梁的坡度，便于陆上交通，满足了车辆行走的需要。他对“拱肩”进行了重大改革，把以往拱桥建筑中采用的“实肩拱”，改为“敞肩拱”，在桥两侧各建两个小拱作为拱肩，开创了“敞肩拱”桥型结构的先河，它在承载时使得桥梁处于有利状态，减少了主拱圈的变形，提高了桥梁的承载力和稳定性。“敞肩拱”不但节约了原材料，而且减轻了桥身的自重，从而就减少了对桥台与桥基的垂直压力和水平推力，加强了桥梁的稳定性；在汛期还有泄洪作用；而且大桥的形象比“实肩拱”要美观。

（3）赵州桥的施工

采用独具匠心的新颖砌置方法，方便施工和修理。建桥石材，李春选用附近州县出产的质地坚硬的青灰石，这种就地取材法省下了大量的人力、财力。他改通常的联结式为纵向（顺桥方向）并列式砌置石拱，即是将整座大桥沿着宽度方向砌置28道独立拱圈并列组合起来。

再则是措施周密，结构紧凑。每块拱石的侧面都凿有密而细的斜纹，增大其摩擦力。在相邻的两块拱石间的两头开槽，嵌入“腰铁”联结，拱石被连锁起来，每道拱圈的拱石铆合成一个整体。在桥台和桥脚联接处都采用铁件加固，并用9根铸铁拉杆横贯拱背，夹住了28道拱圈，加强横向连结。在外侧的拱石和两端小拱上，盖护拱石层，在护拱石间设置勾石勾住，增强了桥梁的稳定性。在桥的宽度上采用了少量的“收分”方法，就是从桥的两端向桥顶逐渐收缩宽度，这些措施使大桥成为一个牢固的整体。

（4）赵州桥的造型

赵州桥造型美观，是件艺术品。大桥雄伟端庄、奇巧多姿，桥面坦直畅固、风格新颖协调；大桥望柱、栏板上细腻、精美的雕刻，堪称隋唐时期的佳作，使凝聚着无穷智慧、巧夺天工建成的大桥成为了珍贵的艺术精品，也可能与以后的石窟建筑有一定的关系。

3. 赵州桥的意义

隋时栾州（赵县）是南北交通大道上要邑，北上可通涿郡（今北京西南），南下直达隋代皇都洛阳城，繁忙的交通被洨河横阻，十分不便。赵州桥修建后，大大地便捷了南来北往、川流不息的行人和车辆；桥下洨河水量丰沛，舟舸航运终年不断，使得水陆两路都畅通无阻。

图5-154 李春像（采自《中国古代科技名人传》）

赵州桥不仅是我国拱桥的典范，而且牢固地占据着世界桥梁史上光辉的一页。改“实肩拱”为“敞肩拱”，大拱圈的两肩上有两个小拱，增加了洪水季节的过水面积，有利于防洪。

赵州桥主拱圈的跨度有37.4米，是当时世界上跨度最大的单孔石拱桥。这样大的石拱桥如果采用半圆拱的话，桥顶要高达20米以上，桥高坡陡，车马行人上桥十分不便，李春创造性采用割圆式桥型，使得桥更扁、更低，使石拱的高度降低到7.23米。

赵州桥经历了1000多年漫长岁月的风雨洪水侵蚀和多次强烈地震等自然灾害的袭击，巍然屹立在洨河上。在中国桥梁史上具有承前启后的重要意义，证明了大跨度石拱桥在技术上的可能性。敞肩拱形式也为以后的桥梁建筑开创了新的风格。

遗憾的是，如李春这样有着杰出成就的建筑家并未引起人们应有的重视（图5-154），直到100多年后，唐代开元十三年（公元725年）中书令张嘉贞在《安济桥铭》中才简略地提道：“赵州洨河石桥，隋匠李春之迹也。制造奇特，人不知其所以为。”人们才得以知道，工匠出身的李春是赵州桥的设计建造者。除此之外，历史上关于李春的记述非常少，使后人难以考查他的生平。但是李春建造的赵州桥深入人民的心中，当地民间流传着许多关于赵州桥的神奇而美丽的传说，如说木工祖师爷鲁班建造了赵州桥，刚建成，张果老（八仙之一）骑着驴，遇见柴荣推着车，两人同到桥头，他俩问鲁班，此桥是否经得起他俩走，鲁班不明就里，说这么坚固的石桥，怎么会经不起？张果老的褡裢内装着太阳和月亮，柴荣的小车载着“五岳”，两人一上桥，赵州桥被压得摇晃起来，鲁班见状，急忙跳入河中，用手使劲推住桥东侧护桥，桥面留下了驴蹄印、车道沟，拱圈下留下了手印。柴荣因用力过猛，跌倒，一膝着地，压下膝印，张果老的斗笠慌忙中掉下，桥上被打了个圆坑。这个神话阐述了劳动者战胜了神仙，赞扬了赵州桥结构牢固、技艺高超、承载量大，连日、月、五岳的重量都经受得住，表述了人们对赵州桥的喜爱及对建造者的讴歌。

七、自动机械

古籍中，对各种自动机械的记载相当多，这可以看出自动机械在这一时期取得了新的进展，达到了很高的水准。自动机械可按其功能将其分为保卫陵墓、报知时间、捕捉野兽及自动表演等。

1. 保卫陵墓

此时许多墓中有射箭装置，当与前述战争器械中的窝弩相似。弩用于墓中，秦始皇陵中亦有，此时应用得就更多了，许多名人墓中都有安装，大多是利用墓门开启触动弩的引发装置，驱使弩放箭，以防有人盗墓。

据说有的墓中还装有“木人运剑杀人”。

2. 报知时间

前述宋代苏颂的水运仪象台即能自动报时报刻。此外，按《新元史》的记载，郭守敬也曾为大明殿制造灯漏，这种机械结构复杂、装饰华美，不但其上的龙、虎、乌龟能依时跳跃，还能让四个木人在一刻敲钟、二刻鼓、三刻钲、四刻铙。

此后元、明时亦有人在这方面有创制。

3. 捕捉野兽

此时用于自动捕鼠的记载尤其多。陶潜在《搜神后记》中的记载十分生动：在晋代时，湖南衡阳有个叫区纯的人，制作一种庞大的鼠笼称作“鼠市”，边长丈余，开了四个门，各个门都刻有木人把守，只让鼠进不让鼠出，待老鼠要出去时，木人会推门关闭。

沈括曾在《梦溪笔谈》中记载宋代（公元11世纪）时，有一李姓的“术士”刻有一木质钟馗，二三尺高，该木人左手执诱饵，右手持兵器，待老鼠取食时，木人用左手捉住鼠，右手兵器将鼠击毙。

还有记载可以捕捉猛兽，如古籍《维西见闻记》即载在地穴中缚着羊，四外张着几张弩，“张弦控矢”，虎豹来后下爪捕羊时，引发了弩机，从而将虎豹射杀。

此外，在《朝野佥载》一书中还记有：“刻木为獭”，在獭口中安放鱼饵，放入水中，则水中的鱼就到水獭口中取饵，通过机关，鱼就被水獭衔住。

4. 从事表演

前述在《列子》中已有歌舞伎从事表演的记载，此时利用机器人从事表演的记载既多又有趣，反映了这方面的技术水平又有了新的提高。

在《傅子》一书上，记载着三国时的马钧造“水转百戏”，是以水为动力，所制木人可以唱歌、吹箫，并表演掷剑、倒立等杂技动作，还能舂磨、斗鸡，变巧百端。

在宋代类书《太平广记》上，收有隋代《大业拾遗记》上的故事，更加神奇。所制水饰刻木为之，其上共有72种景致，不但有各种衣着打扮的木人，还有“禽兽鱼鸟”，“皆能运动如生”。可奏乐、跳舞、掷绳、舞剑……“皆如生无异”。尤为神奇的是木人可于船头擎酒、巡行敬客，直待客人饮酒后返还酒杯，木人再到下一客人处去劝酒，“皆如前法”。估计这可能是在水中安有“机关”。在隋代各种古籍中，就记有多种“水饰”，所用篇幅也很大。

在《封氏闻见记》一书中，还记录了唐代大历年间（公元8世纪），太原节度使辛景云下葬时，人们刻木为戏，进行道祭。有唐代开国功臣尉迟恭进行斗牛；也有汉初刘邦、项羽在鸿门宴上的情况，“机关动作，不异于生”。

5. 其他用途

机器人也用来做其他的事。在唐代古籍《朝野佥载》上，还记载当时洛州县令曾文亮极为好酒，刻了木人敬酒，并刻了木头妓女劝酒，如客人不肯饮时，木妓女连声唱歌催促。在这部书上，还记载大工匠杨务廉有“巧思”，他曾“刻木为僧”，在山西沁州行乞，木僧执碗，向行人作声云：“布施”，引得很多行人驻足观望，等候着木僧发声，木僧收入颇丰，达“日数千”。

在《古迹类编》中记有金代彰德府（现河南安阳），有个十分神奇的“密作堂”，堂有三层：底层刻了七个木头人，分别“弹琵琶”、“击胡鼓”、“弹箜篌”、“搊筝”、“振铜钹”、“拍板”、“弄盘”；中层是佛堂，刻七个木僧人，两僧手执香炉分立两处，另五僧绕佛而行，至佛前行礼膜拜，至香炉前则授受香火；上层也是佛堂，佛旁有菩萨、力士，周围有飞仙、紫云，往来交错。赞叹其“奇巧神妙，自古未有”。

另有些记载过于简单，含混不清，不予引述。

上述记载虽不少，但对其可靠性应做适当的分析，古文有些记载有夸张不实之处。一般而论，记载中有用水为动力、固定程序的，实现的可能性较大；动力不明、程序不固定的，实现的可能性较小；有些记载在电子计算机出现之前，是无法实现的。

第六节　科学家与科技名著

这一时期，科学技术有高水平的发展，取得了很多新的进展，所以这一时期著名的科学家很多，除了由于涉及本书主题而专门论及的马钧、祖冲之、一行、沈括、郭守敬、薛景石、王祯、宋应星外，有的如苏颂则在前面讲述水运仪象台时作了介绍。还有不少，如三国时陶弘景、葛洪在医学上都有重大贡献，还分别著有《神农本草经集注》及《肘后方》；名著《水经注》的作者郦道元在地学上取得了很大成就；而刘徽在数学上的成就非常大；隋代李春设计、建造的赵州安济桥，首创敞肩拱式结构，在桥梁史上翻开了新的一页；唐代和尚玄奘（唐三藏）远往“西天取经”，并于贞观十九年（公元645年）完成了《大唐西域记》，至今仍是研究历史、地理的重要文献。同时，古代名医孙思邈的《千金方》也有重要影响，明代李时珍著《本草纲要》；徐霞客壮游四方，著有《徐霞客游记》，都非常引人瞩目。军事方面，著名的兵家与兵书相映成辉，如唐代李靖撰《李卫公问对》、唐代曾公亮之《武经总要》、明代茅元仪之《武备志》，后两部书还绘有插图。

上述科技名著中以《本草纲目》最为引人注目，作者李时珍博览群书、深入实践、历经艰险、破除迷信，他获取并汇总了大量第一手资料，历时27年才撰成。此书共有52卷190多万字，收载药物1892种，药方11096个，附有插图1110幅。该书一经问世，它的珍贵价值立即就为人们所认识，先后被翻印数十次，并用日文、朝文、拉丁文、法文、俄文、英文等多种文字出版，不但使中国医学科学大大地前进了一步，也为人类的文明作出了巨大的贡献。李时珍不愧为当时的伟大的科学家。

一、马钧及其成就

马钧，字德衡（图5-155），三国时魏之扶风（现陕西兴平） 人，生卒年代不详，是我国古代杰出的机械专家。他勤奋刻苦、善于思索、勇于实践、注重动手，一生作出了突出的贡献。

据《三国志》记载，他首先改进了纺织机械中的织绫机，他先对原有的织绫机进行了深入细致的观察与研究，专心钻研、反复试验，终获成功，大大简化了机器，方便了操作，提高了效率，改进了产品质量。此外，他还改进了原有的龙骨水车，使之更加轻松，连儿童都能转了，效率也高了很多。

图5-155 三国时期杰出的机械专家马钧（采自《中国古代科学名人传》）

除了成功研制指南车外，马钧还制成“水转百戏”，它不但设计精巧、造型优美，而且他所制的机器人还能唱歌、跳舞，做许多复杂的动作，水准远远地超过原有的，这正反映出马钧及我国当时高超的机械水准。

此外，在战争器械方面，马钧也有极具价值的设想，如他认为诸葛亮连弩虽然巧妙，但“未尽善”，他可以做出类似器械，效率提高“五倍”；又如他还设想做出鼓轮状的发石车，可接连发出数十块巨石，射程达数百步，打击敌人。可惜的是，这些设想没有付诸实现，更没有推广。

《三国志》载三国时的名士傅玄高度评价马钧说，虽古之鲁班、墨翟，近之张衡，“不能过也”，并说马钧做“给事中”，实“用人不当其才”，“良可恨也”。

二、祖冲之及其成就

图5-156 中国南北朝时的著名科学家祖冲之

祖冲之（图5-156）是我国南北朝时的非常杰出的科学家，在数学、天文、机械等领域都有杰出的贡献，本书着重介绍其在机械方面的成就。

祖冲之（公元429-500年），字文远，原籍范阳（今河北涞水县北）。晋末，由于北方连年战乱，他祖上迁居南方——长江中下游地区。在南朝的刘宋时（约公元5世纪），这一带经济发展很快，科技也有较大进步，加之祖冲之聪明好学、刻苦勤奋，终于取得很大成绩。

据《南史》记载，宋武帝初年，平定关中（即陕西、巴蜀一带），得到晋末十六国之后秦国君姚兴的指南车，只有外形而内部空空如也。祖冲之为该空的指南车造了铜“机关”，使该指南车可以转弯抹角，而永远指向南方。当时有个北方人名叫索驭驎的说自己也能造指南车，南齐高帝萧道成让他们各自造指南车，在乐游苑比试，高低十分明显。索驭驎就把自己造的指南车烧掉了。

此外，亦如前述，祖冲之创制“千里船”——明轮船，实现了船舶动力的重大改革；祖冲之还在乐游苑制造水力驱动的碓与磨，创造多用水轮。此外，祖冲之还造有其他“奇器”，可惜不知道详情。从有关古籍看，祖冲之在天文、数学方面史料更多些，影响也更大些，他提出圆周率π的密率值比欧洲约早1000多年，著有《缀术》和《九章术义注》；天文方面编制了《大明历》；对音乐也有研究，是一位多才多艺的科学家。

祖冲之之所以在科学上有如此重大的贡献，原因之一是他重视前人的成就，注重吸收古代科学文化的丰富营养，又能通过刻苦钻研，有所发明创造，勇于攀登前人未曾攀登的科学高峰，终于取得辉煌的成就。

三、一行及其成就

图5-157 唐代名僧一行（采自《中国古代科学名人传》）

一行（图5-157），巨鹿（现河北巨鹿）人，本名张遂（公元673—

727年），21岁出家为僧，法名一行。翻译《大日经》，日后著有《大日经疏》。其时唐王朝十分注意网罗人才，皇帝多次“求贤”，不少学者奉召进京，一行精通历法和天文，也在被召之列。他于开元五年（公元717年）进京，充任唐玄宗的顾问。在京十年，致力于天文研究与改革，作出了突出贡献。

他制成天文机械黄道游仪，重新测定150多颗恒星的位置，发起在全国12个地点进行天文观测。计算出相当于子午线纬度的长度。根据观测结果绘成《覆矩图》24幅，并编成《大衍历》初稿，经人修改、整理，在他身后颁布施行。

四、沈括及其名著《梦溪笔谈》

沈括（图5-158），字存中，浙江杭州人。关于他的生卒年代说法不一，一般认为是公元1031—1095年。他是我国历史上一位杰出的科学家、政治家。成就卓越，在天文、数学、地学、物理、化学、生物、医学、水利、军事以及文学、音乐等领域都有精深的研究和独到的见解。也是一位文武双全的杰出政治家。他的著述很多，《宋史》介绍有22种155卷。沈括晚年在江苏镇江东郊筑梦溪园定居，在那里，他总结了自己一生的经历及科学活动，记载了古代人民在科学技术上的卓越贡献及自己多年的研究成果，历时8年，撰成不朽的科学巨著《梦溪笔谈》。

图5-158 北宋杰出的科学家沈括像

《梦溪笔谈》原有26卷，后又增加《补笔谈》3卷，《续笔谈》1卷，总计30卷。全书分17类，共609篇，其中一篇写一件事，即609条，有十几万字，将作者的心得体会以笔记文学体裁记载。关于科学技术的条目占1/3以上，所涉及的内容极为广博，如本书介绍的毕升的活字印刷、灌钢技术及冷锻瘊子甲、弩的误差分析，反映了我国古代在北宋时期科学技术所达到的辉煌成就。书中也提出了许多创见，是我国古代重要的学术宝库，在世界文化史上也有重要的地位，正如李约瑟博士所说：沈括是“中国科学史上的坐标”。

思考沈括所以能取得如此巨大的成就，除生性聪明外，当因为他勤奋好学，能博览群书，加之阅历广泛，留心观察，对许多事物进行深入实地考察，善于总结别人的经验，又勤于思考、勇于创新，终于取得了如此巨大的成就。

图5-159 元代著名科学家郭守敬（采自《中国古代科学名人传》

五、郭守敬及其成就

郭守敬（公元1231—1316年，图5-159），字若思，河北邢台人。他是古代博学多才的科学家，在天文、水利方面建树尤多，在世界科技史上也占有一定的地位。

在元世祖中统元年（公元1260年）时，29岁的郭守敬开始从事水利工作，先后16年间任副河渠使、都水少监、都水监、工部郎中等官职，主要致力于黄河流域、黄淮平原的水利及农田建设，主持设计了许多水利设施，深受人民赞扬。

到至元十三年（公元1276年），根据元世祖忽必烈的命令，设立太史局主管天文，郭守敬调至太史局，从事天文机械研究及新历制订的工作。他先后主持设计、制造了显示时间的圭表、观察天象的仪器、专以观测太阳位置的仰仪、演示时间的七宝灯漏以及水运浑象、日月食仪、玲珑仪以及其他天文机械共十余种。许多天文仪器上都有复杂、精巧的机械装置。据现在推知，七宝灯漏制成后陈放皇宫大明殿里，应有很高水准。由于郭守敬的这些杰出创造，也把我国古代的天文机械推向了一个新的高度。

郭守敬在研制多种天文机械后，设置、组织并亲自参与了观测工作，获得了许多第一手的资料，达到了最先进的水准。在此基础上编成新历法——《授时历》，并于公元1281年颁布施行，一直实行到公元1643年，是我国历史上使用最长的一部历法。

六、王祯及其所著《农书》

王祯（图5-160），字伯善，元代山东东平人。生卒年代未详。他先后在安徽旌德、江西水丰做县官，政治上无大建树，但所著《农书》流传千古 。

中国农业发展很早，也是世界上最大的农作物起源中心，积累有丰富的农业生产知识和经验，出现了许多有重要影响的农学家和农业科学著作。王祯所著的《农书》，总结了以前的经验，综合了北方旱田耕作技术及江南水乡的农业生产实践，内容系统、丰富、完整，是古代农业科学上不可多得的珍贵遗产。王祯是我国历史上一位享有盛誉的著名农学家。

图5-160 元代《农书》作者王祯（采自《中国古代科学名人传》）

王祯的《农书》共分三部分：农桑通诀、百谷谱、农器图谱。农桑通诀是总论性质，讲述了农业生产的历史及基本思想；百谷谱讲各种栽培技术；农器图谱则全面地论述各种农具，对许多农业机具还绘图加以说明，农器图谱约占全书的80%的篇幅，形成了该书的一大特色。我国农业机具的发展一向较为充分，到宋、元时期更形成了高潮。《农书》

中搜集旧闻即汇总了以前的各种农业机具，其中有的当时已经失传，如晋代曾使用过的牛转八磨，还绘出了复原图；又反映了当时通行的农具和许多新技术、新经验。所附插图306幅，无论是数量还是质量都超过了以往。在《农书》的农器图谱中，实际上也包含了一些手工业机械，如冶金用的水排，纺织机械中的水力大纺车、脚踏纺车，印刷机械中的活动排字盘等，使范围更加广博，充分展示了我国古代的卓越成就，影响很大。后代许多农书、类书所记农业机具的内容常以它为范本。

王祯还是活字印刷术的改进者，当时已有木活字，他设计了转轮排字架，活字依韵排列，排版时转动轮盘，以字就人。所著的《造活字印刷法》附载在《农书》之末，是我国最早的系统地叙述活字印刷的文献。

七、《梓人遗制》及其作者薛景石

元代产生了一部与众不同的著作——《梓人遗制》，这部著作继承了前人的木工技术，总结了当代的木工技术，作者充分利用了自己长期的实践经验，完成了这部古代著名的木工专著。后世只知作者是薛景石，字叔矩，山西万泉（现山西万荣）人，其长期从事木工操作又智巧好思，因此，他所著的这部著作极有特色。

这部重要的技术著作，以往未能得到应有的重视，于明代以后失传。在明代类书《永乐大典》中收录了该书，但可能已不是全书。从《永乐大典》中得知，该书收有6种纺织机械："华机子"——提花织机，"立机子"——立式织机，"小布卧机子"——一种较小的丝麻卧式织机，"罗织机"——专门织罗类的织机，以及2种用于维修的机具。书中对这些机械作了说明，介绍了这些机械的起源、沿革、功能、材料、工时等，并分别作了评述。该书图文并茂，异常深入，详细地说明了机械及部分零件尺寸与结构，使人一目了然，便于实践。类似的内容在以往的其他文献中虽也涉及，但无论是文字，还是绘图，都是属于文艺作品，远不及本书论述得详细，有不少内容更是现存的唯一材料。所以，《梓人遗制》一书有很高的历史价值。

八、宋应星与《天工开物》

宋应星（图5-161），字长庚，江西奉新人。生于明万历十五年（公元1587年），卒于清初。宋应星博学多能，但他一向对八股文不感兴趣，把精力放到深入调查研究生产技术的活动上，并取得了重大的成就，其撰写的《天工开物》是我国古代的一部杰出的科技著作，可说是世界上

图5-161 《天工开物》作者宋应星（采自《中国古代科学名人传》）

第一部有关农业及手工业生产的百科全书，对古代这方面的情况进行了比较全面、系统的概括与总结。从时间来看，《天工开物》一书撰成及刊印，正是在清初，中国在当时已失去了领先于世界的地位，它所反映的虽多是当时所采用的生产技术，但基本上反映了古代长期的情况，既很成熟又很先进。除《天工开物》外，宋应星还著有《谈天》、《论气》、《画音归正》、《野仪》、《思怜诗》等多种。

中国古代知识分子向有崇尚空谈、脱离实际的弊病，但宋应星却能脱离这个观念的桎梏，重视实际，熟悉生产技术，有真才实学。他把自己撰写《天工开物》之处称为“家食之问堂”，并敢于明言：“此书于功名进取毫不相关也”，指出高谈阔论不足为训。

《天工开物》全书分18卷，包括作物栽培、养蚕及纺织、染色、粮食加工、熬盐、制糖、酿酒、烧瓷、冶铸、锤锻、舟车制造、烧制石灰、榨油、造纸、采矿、兵器、颜料、珠玉采集等，几乎包括了农业、手工业的所有领域。我国一向重农，这方面发展非常充分，而我国又不重视工商，记述手工业的古籍极为罕见；加上《天工开物》一书又有一定数量的插图，使内容更深入；语言上严谨精确、清晰易懂，既很精炼，又有较强的科学性；也尽量避免了地区的局限，涉及地区较为广博，使该书的意义更巨大。

书中关于机械史的内容相当多，占有很大的比重，除“曲蘖”第十七卷讲酿酒外，其余各卷都有机械史方面的重要史料，有些卷，如“乃粒·第一卷”、“乃服·第二卷”、“粹精·第四卷”、“冶铸·第八卷”、“舟车·第九卷”、“锤锻·第十卷”、“五金·第十四卷”，其主要内容分别是农作物的栽培和加工、纺织服装、粮食加工、铸造、交通机械、锻造工艺、有色金属，更以机械工程为主。现据统计，该书机械工程方面内容所占篇幅约超过全书一半，比起其他古籍来，最全面，最丰富，也最重要。

全书共有123幅插图，与内容紧密结合、浑然一体，用来说明重要的生产工艺与设备，成为书中的重要组成。需说明的是，该书的初刻本，插图虽不十分精美，但相当清晰，表现力相当强。此外，书中还有相当多的数据，也很重要。

《天工开物》一书问世后，理所当然地受到了世界各国的重视，很快地传到了日本，接着法国就出现了摘译本，后又被译成了日、德、英等多种文字，成为研究中国古代生产技术的宝贵文献。

第六章

中国机械落于人后

(公元15世纪后—公元1840年)

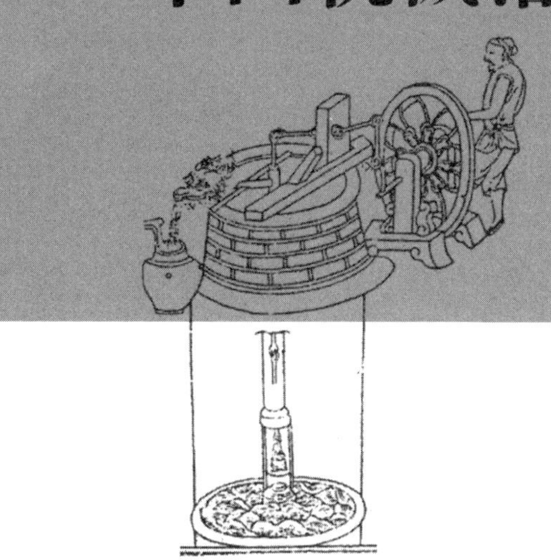

中国机械文明前进步伐缓慢、停滞，渐渐落于人后，时间应是明代中、后期。由先进变成落后是一个漫长的过程，因此难以将时间定得过短、过死。虽然各专业、各地区其落后于人的情况不一，但总体来说，这一时间中国机械落于人后的局面已成事实。

十五六世纪的希腊、罗马等国掀起了文学艺术复兴运动，轰轰烈烈的浪潮迅速席卷了整个欧洲，使欧洲从中世纪的封建社会向近代资本主义社会转变。近代自然科学就是从文艺复兴这一伟大的时代开始的。16世纪中叶，也即中国明代中期，西方的耶稣会传教士纷纷来华，在传教的同时带来了西方的近代科技知识的传授、推广。对中国科技近代化起了积极的推动作用。但应看到，当时近代科技知识的传播范围并不大，中国在封建制度统治下的变革是十分有限的。

从公元1723年开始，中国实施禁敌，即禁止对外贸易等闭关自守政策，阻止了先进科技的传入，固步自封，使科技更落于人后。以至于以后在鸦片战争中不堪一击，导致了中国近代史上一系列丧权辱国的辛酸事件发生。

第一节　中国前进的步伐慢了

明代中、后期，中国前进的速度相较于西欧明显地慢了，少有可观的成果。西欧较为先进的科学技术开始传入中国。到公元1723年，中国统治者开始实行为时百余年的闭关自守政策，中国与先进国家的差距越拉越大。

一、中国发展概况

针对元末连年战争、土地荒芜、租税过重、民不聊生、流离失所的情况，明代初年为医治战争创伤，采取一系列休养生息的怀柔政策：奖励桑农、减轻田赋徭役，鼓励经商通商。因此农业、手工业、交通运输、商业贸易等方面一度得到了较快恢复和发展。随着明朝政权的稳固，封建统治的加强，横征暴敛的错误做法又抬了头，工商业的发展受到抑止，使刚刚形成的资本主义经济萌芽不能迅速发展。这一时期的科学技术也就无有新的突破，不过是传统的科学技术的尾声，仅在陶瓷、建筑、中医等领域稍有发展，也使一些领域较久地保持了领先的局面。明代末年，明王朝矛盾重重，内扰外患，导致清兵入关，建立清朝。清

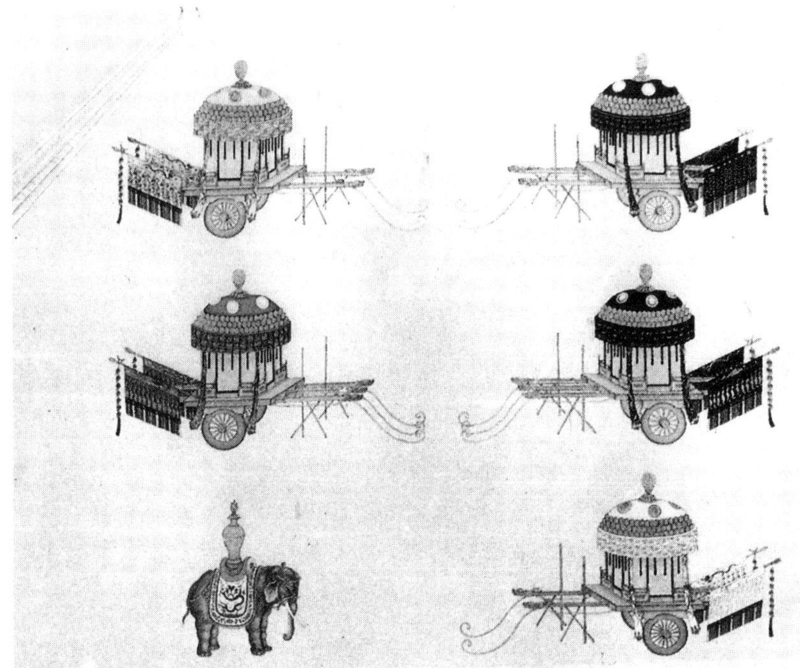

图6-1 清代皇室出行时使用的车辆

代建国之初，强化中央统治，镇压反清势力，也使经济受到摧残，限制很严，发展缓慢，只是工艺、古建、园林、纺织、瓷器等传统领域稍有进展（图6-1）。

1. 有关专业发展情况

这一阶段,大多行业仍沿用已形成的生产技术，并无什么创新，少数领域有一定新的发展，在世界范围内进一步扩大了影响。

图6-2 清代乾隆年间景德镇出品的粉彩镂空转心瓶

陶瓷业仍处于高度发展阶段，全国近半数省份有陶瓷烧制业，江西景德镇已成为全国的瓷业中心，所生产的瓷器质地优良、色彩丰富，远销世界各国（图6-2）。

建筑业上，在明末时产生了关于造园的理论著作《园冶》。从明清两代的皇宫建筑群上，更显示了历史悠久的木构建筑技术的辉煌成就（图

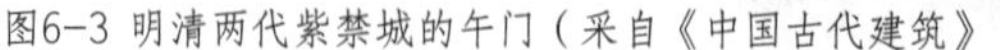
图6-3 明清两代紫禁城的午门（采自《中国古代建筑》）

图6-4 清代的皇家园林——颐和园（采自《中国古代科学技术展览》）

6-3、图6-4）。兄弟民族在宗教建筑方面也有不少的卓越成就，规模也更大了。明清时的造园艺术及技巧，具有我国的独特风格，并有进一步的提高与发展，达到登峰造极的地步，在世界园林艺术中自成体系。

在防止黄河泛滥上，中国古代有着丰富的经验，明清时又有新的进展（图6-5），理论上也多有建树。在修筑大运河、改造盐碱地方面，亦有新的成就。

数学上，随着这一时期商业的发展，提出了许多新课题，通过研究，在理论上有了新的反映，产生了直接用于商业的数学——商业数学。约在宋代产生珠算后，由于其算法简捷、运算迅速，明清两代时得到广泛采用，并流传到东亚各国，受到人们的重视与欢迎。

图6-5 清代的《黄河筑堤图》（图采自《中国古代科学技术展览》）

中医方面，继李时珍撰成中医巨著《本草纲目》之后，在这一时期的最大成就是创立了瘟病学，对传染病有了更深刻的认识，此前的传染病理论很简单与零碎，此时有了重大发展。此外，在人体解剖上也有创新发展。

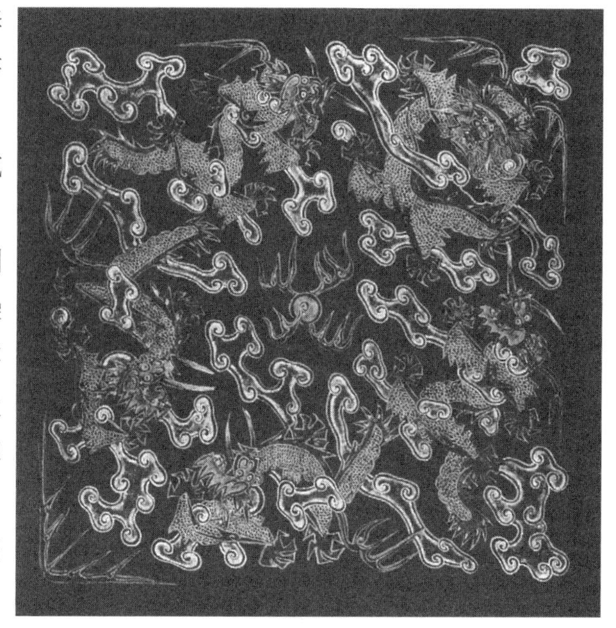

图6-6 清代皇室使用的斗方纸（采自《中国古代科学技术展览》）

中国的造纸业在“蔡侯纸”出现后，经历了产生、发展，达于鼎盛，成为一个独立的手工行业，纸的品种更多，质量更高，深受人们的喜爱。此时仍保持这一高水平继续前进，生产出高档的精美绝伦、色泽艳丽、经久耐用、防潮防蛀的纸张，供应皇室及一些高级场合应用，图6-6所示精美的斗方纸即是供清代皇室使用的一种。

但遗憾的是，这一时期在机械方面少有什么值得称道的成就。

2. 中国落后原因的简要分析

关于中国由先进转化为落后的原因，许多论者提出了多种看法，各说不一。

长期的封建统治暴露出越来越多的问题，积弊亦越发严重，诸多社会因素，严重影响了生产力的发展，许多国策规章，不利于新兴的资本主义的萌芽成长。

中国自古很注意选拔人才。隋代开始实行科举，到唐代建立了科举考试制度。因元代是少数民族统治，科举制一度中落。明清朝又达于极盛，内容虽有变化，但自然科学从来没有受到重视。由于明清朝实行严格的思想统治，长期执行以形式死板的“八股文”取士，束缚了人们的思想，造成中国知识分子脱离实际，崇尚空谈，墨守成规，轻视工程技术，致使自然科学领域人才匮乏，缺乏创造性及进取精神。

中国科学技术领域中，历来轻视实验，重视经验及感性认识。这或因它刚一诞生，以及整个发展过程都着重于解决具体问题，急功近利。这种情况妨碍了古代科学技术的进步，科技知识一直没能抽象出来，发展成为独立系统的理论。古代在墨子等人的著述中，虽包含有远比实践深刻的理论思维，但这些极有价值的探索，并未得到发展。

曾有人提出，是中国的方块汉字造成了基本的逻辑弱点；也有人认为自给自足的观念，以及平衡、稳定、连续的思想形成的惰性，造成积重难返等。

以上这些说法都有一定道理，反映了一些实际情况，无疑值得人们进一步思索，也是人们学习中国机械史时所应考虑的问题。

关于中国的落后，是与西方相比较而言，这就涉及西方科学技术与耶稣会。

二、西方科学技术与耶稣会

1. 西方科学技术开始“腾飞”

中国发现的指南针用于航海后，促进了世界航海业的发展。在公元13世纪时，指南针在欧洲得到了广泛的应用，接着各种火器也得到了普及，大大提高了航海业的发展。首先是哥伦布等人远航成功。大约在公元14世纪前后，欧洲资产阶级登上了历史舞台，它最初以复兴古代思想文化为主要内容，这就是人们所说的意大利文艺复兴时期。意大利率先出现了群芳争艳、万紫千红的局面，之后扩大到德国、法国、英国等欧洲国家，主要思潮是人文主义，这实际上是反封建、反宗教的思想解放运动，摆脱教会在思想上的束缚，也为自然科学的快速发展创造了条件，新思想、新观点、新学说相继出现，逐渐产生带有民族特点的文化。涌现伽利略、哥白尼、哥伦布、麦哲伦、达·芬奇、拉斐尔、米开朗琪罗、但丁、卜伽丘、莎士比亚等这一时期的杰出代表。

约在16世纪前后，因为贸易中心的转移及战争的破坏，意大利一落千丈，西班牙、荷兰、德国、法国一度呈现繁荣，但都未能持久，只有英国保持了领先的局面。

英国资本主义出现后，便积极地支持和帮助科学技术，使科学技术得到迅速发展，先后出现了培根、笛卡尔、牛顿、波义耳等一批杰出的科学家，为科学技术的高速发展打下了基础。英国在17和18世纪的产业革命，使手工业发展成为机器工业，也对全世界产生了深远的影响，而机械正是英国产业革命的开路先锋，是当时改变世界面貌的主力。

2. 耶稣会及传教士

耶稣会是基督教的一个派别。基督教与佛教、伊斯兰教并称为世界上的三大宗教。基督教又有天主教（即旧教）、新教、东正教及一些较小的派别。主要分布在欧洲、北美洲、南美洲、大洋洲各国，并于唐代（公元7世纪）、元代（公元13世纪）传入过中国。到公元16世纪时，人们极端不满基督教的腐败，兴起了规模宏大的宗教改革运动。迫于当时的形势，旧教也锐于改革，耶稣会即是旧教改革的产物。

耶稣会于公元1534年创立，宗旨是重振罗马教会。1540年获得罗马教皇承认。从耶稣会的一系列活动分析，可以看出它有以下两个鲜明的特点：一是重视科学技术的作用，这一点超出了新教，成员中很多人精通自然科学；二是重视海外传教，尤其重视在印度、中国、北美、南美传教，努力扩大其势力范围，用意在于同欧洲资本主义的殖民扩张活动结合起来。正如在该会下达的批示中说，“要把奴隶变为忠诚的基督徒”。所以在公元17—18世纪时，曾有不少耶稣会传教士来华，这是中国科技史上的大事，有着重大的影响，但也是一项“高级的投机活动”。

耶稣会是从16世纪中叶，即明代中叶开始来华，到公元1723年中国将之驱逐出境为止。他们深知中国是文化悠久、经济力量也不弱的大国，要左右中国，就必须花较大的力量，近代科技就是他们的敲门砖。因此当时来华的传教士，都有一定的科技知识，有人统计过，其中较有影响的有40多人。他们所带的资料一般较新，还在北京设立了一个图书馆。其中较为著名的传教士有以下这些（按出生年代为序排列）：

利玛窦（Matthoeos Ricoi）：公元1552—1610年，意大利人，于1592年来华。

龙华民（Mcolas Longobiardi）：公元1559—1654年，意大利人，于1597年来华。

庞迪我（Did de anojw）：公元1571—1618年，西班牙人，于1599年来华。

阳玛诺（E mmanuel Diaz）：公元1574—1659年，葡萄牙人，于1610年来华。

熊三拔（Sabbathinus de Ursis）：公元1575—1620年，意大利人，于1606年来华。

金尼阁（Nicalas Tmigault）：公元1577—1626年，意大利人。

邓玉函（Joannes Terrenz）：公元1576—1630年，瑞士人，于1621年来华。

艾儒略（Julius Aleni）：公元1582—1649年，意大利人，于1613年来华。

汤若望（Jean Adam）：公元1591—1666年，德国人，于1620年来华。

穆尼阁（Nicoas Smogs lenski）：公元1611—1656年，波兰人，于1646年来华。

南怀仁（Fendinaudus Verbiest）：公元1623—1688年，比利时人，于1659年来华。

戴进贤（Lgantius Loglen）：公元1680—1746年，德国人，于1716年来华。

他们带来了西方比较先进的科学技术，与皇亲国戚、达官贵人都有一定的接触，有些人还得到皇帝的赏识，如汤若望、南怀仁都曾担任过钦天监监正（即天文方面的最高官吏）的要职，对国家有一定的作用。

但也必须看到，耶稣会的活动有着巨大的局限性，传教士的一切活动都是为了教会的利益，思想也受到教义的束缚，接触的范围只是清廷的中上层，而专业范围也有限。有些科学技术的新观点，与中国的传统守旧思想相抵触，难以产生较大的影响。

三、耶稣会传教士带来的科学技术知识

按这些知识是否属于机械来区分为两大部分：总的情况与机械史料，分别加以介绍。

1. 总的情况

从明代万历年间到清代乾隆年间，西方传教士所带来的科技知识包括天文、数学、地学、物理学、火器和机械等。

（1）天文

传教士中介绍天文知识的人较多，所介绍的天文知识也较为丰富。首先是利玛窦介绍的先进的天文理论、日月蚀原理、西方测知的恒星、一些星球的体积、一些天文仪器的原理和制造等；并在此基础上修订历法。著有《浑盖通宪图说》、《经天谈》、《乾坤体义》等 。

龙华民也主持修订历法，其工作体现在《崇祯历法》中。

以后汤若望在主持钦天监时著《新法表异》，详细介绍了新历法的优点，并修复了多种天文仪器。

至康熙时，南怀仁在钦天监革新了六种天文仪器，并写成《灵台仪

象志》，用文字及图画说明了这些仪器的原理、制作和用法。

至乾隆时，戴进贤在钦天监时，传入德国天文学的新成就，并写成《历象考成后编》，首先介绍了太阳与日、月距离等新成就。

（2）数学

数学方面最主要成果是利玛窦口译、徐光启笔述了《几何原本》，这是传教士所译的第一本科学著作。利玛窦所用的底本是他的老师、德国数学家克拉维斯（Clavius）的注解本。全书共15卷，利玛窦只译了6卷，也许他认为已可达到笼络人心的目的，就没有向下译了。同时利玛窦还和李之藻合作编译了《同文算指》。这些著作都对中国数学界有较大的影响。此外还有《圆容较义》一书，是论述图形关系的几何学著作。

作为近代数学前驱之一的对数，是传教士穆尼阁在南京传教时传授的，在他身后，从他学习的人，才把他传授的知识编成《历学会通》，使这些知识在历法计算上得到了应用。

（3）地学

利玛窦来华后，也将世界地图带进我国，并加以修改，以中国位于地图的中心，且用汉字注释，使之更符合中国人的阅读习惯。他所改绘的世界地图，多次修订刊印，以公元1602年的《坤舆万国全图》最为完善。

此后，传教士庞迪我、艾儒略、南怀仁及蒋友仁等也都绘制了世界地图。

此外，利玛窦还著有记述陆地测量的著作《测量法义》。

（4）物理学

物理学是各种专门技术的基础。如传教士汤若望所著《远镜说》一书，传入了西方光学。书中介绍了望远镜的原理、制造和用法，对折射、透镜等现象也作了解释。

在力学方面，对许多基本原理都作了分析。

（5）火器

在这方面比较著名的事件，是在明末清初时，出于战争的需要，传教士汤若望、南怀仁都曾受命负责设计、制造火铳。仅汤若望即率先造出重炮20门，崇祯亲自观看了这次成功的试放，极为高兴，并当场下谕，要他再造500门，还命他将火炮的制造方法传授给“兵杖局”。事后，汤若望著《火攻挈要》一书，讲述了火炮的原理、安装、制造、使用，以及火药、炮弹、地雷等。此外，南怀仁还著有《神武图说》一书。

火器方面因有一定保密性，故所见资料不全，如现知当时有《火攻奇器图说》一书，未能见到原书。

2. 机械史料

关于这一时期的机械史料来源，可归纳为两方面，来自各学科著作及专门著作。

专门的机械著作历来不多，所见机械著作只有《泰西水法》及《远西奇器图说》。

（1）各学科著作中的机械史料

这些学科（不含机械）中的机械史料，不很集中，分布较广，主要散落在天文、物理及火器等著作中。

天文方面：讲述天文机械的结构和制造时，都会有机械史料。如传教士南怀仁不但致力于天文仪器的改革，且著有《灵台仪象志》一书，书中用了较多的图画，说明这些天文仪器的原理、结构、制造。天文仪器一般都比较精密，要求较高，故在书中介绍了保证加工精度的各种工量具。图6-7即为其中的一部分。图6-8则为对天文机械上的零件进行研磨的情况。图6-9及图6-10为加工天文机械零件的过程中用的起重方法。

图6-7 《灵台仪象志》中介绍的一些量具　图6-8 《灵台仪象志》中介绍的研磨方法

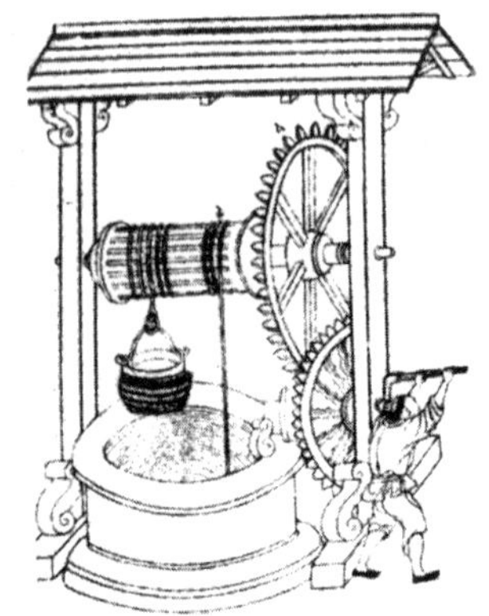

图6-9 《灵台仪象志》中所介绍的加工天文零件所用的起重方法

物理方面：不少专业的基本原理多为物理学的知识。如传教士邓玉函的《远西奇器图说》一书中就先讲了重心、比重、杠杆、滑轮、轮轴、斜面等的基本原理，各种机械都是这些原理的应用。另外，传教士汤若望的《远镜说》，也先讲了光学知识，再讲望远镜。

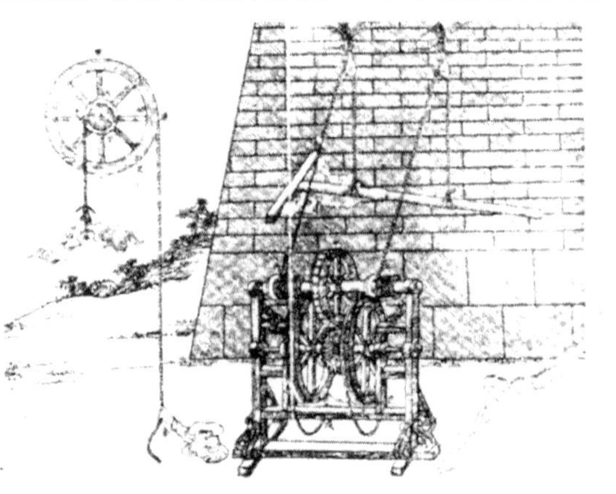

图6-10 《灵台仪象志》中介绍的另一种起重方法

火器方面：为保证火器的制造，汤若望在《火攻挈要》一书中，介绍了火器内孔的方法——镗孔技术（图5-118）。同时也介绍了加工火器过程中所用的起重方法（图6-11）。其他机械史料不一一列出。

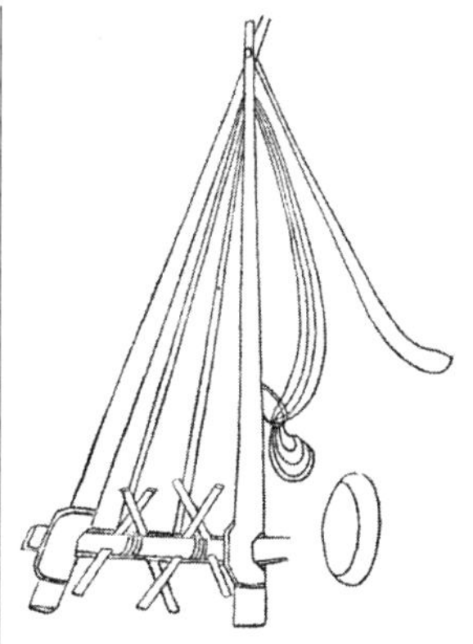
图6-11 《火攻挈要》中介绍加工火器时所用的起重方法

（2）《泰西水法》

“泰西”二字原指西方，顾名思义，可知《泰西水法》一书主要讲述西方诸国的取水、用水方法。此书由传教士熊三拔口述、徐光启笔录而成。但从书的序言可知，此书当有传教士利玛窦的意见。

全书有“本论”及五卷内容。

“本论”即全书的总论，介绍了基本原理。

第一卷：“用江河之水”。主要介绍从江河中取水的方法和各种机械。对所用从江河中取水的机械称为“龙尾车”（即螺旋式水车），并在书中介绍了西方的螺旋取水器（图6-12）。

图6-12 《泰西水法》中所介绍的螺旋取水器

第二卷：“用井泉之水”。主要介绍从井泉中垂直取水的方法和各种机械。所用的机械称为“玉衡车”和“恒升车”（都是活塞式水车）。

第三卷；“水库记”。主要介绍蓄水方法及所用的各种机械。

第四卷：“水法附余”。主要介绍了有些问题的解决方法，如温泉治病、用水配药等。

第五卷：“水法或问”。主要回答了一些有关水的问题，如地下水、潮汐、浮力等。

该书附有近20幅插图。对科技书籍而言，插图尤为重要，但所见到的版本图画质量不高，机械的结构无法看出，加之该书过于专，涉及面不广，这些都影响到该书的价值。

（3）《远西奇器图说》

该书也被称为《奇器图说》或《远西奇器图说最录》，也有称其为《机器图说》的。中国古代常将高水准的神奇发明称为“奇器”或“欹器”，其中机械发明占很大比重。

该书叫“图说”，可知书中图占了较大比重。不仅图的数量很大，而且十分重要。该书由传教士邓玉函口述、王征译绘，它特别注明了绘图的人。该书述及问题很广，应用价值很大，是科技发展史的重要著作，对中国机械史的研究更加重要。该书共有三卷。

第一卷：先介绍关于力、比重、平衡、运动等基本原理。接着从天体讲起，介绍了重力、重心、容积、比重、平衡、浮力等。用图约60幅。

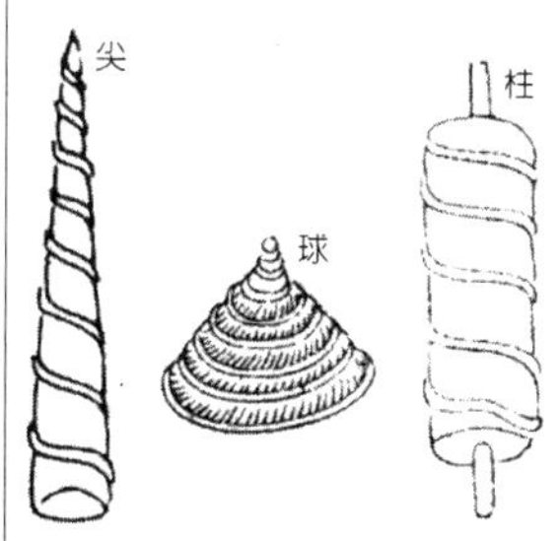

图6-13《远西奇器图说》中介绍的螺旋线的形成

第二卷：介绍了等臂和不等臂杠杆的平衡原理以及杠杆的应用；滑轮的平衡原理以及辘轳、绞车的力学关系，常用的轮轴；还介绍了螺旋线的

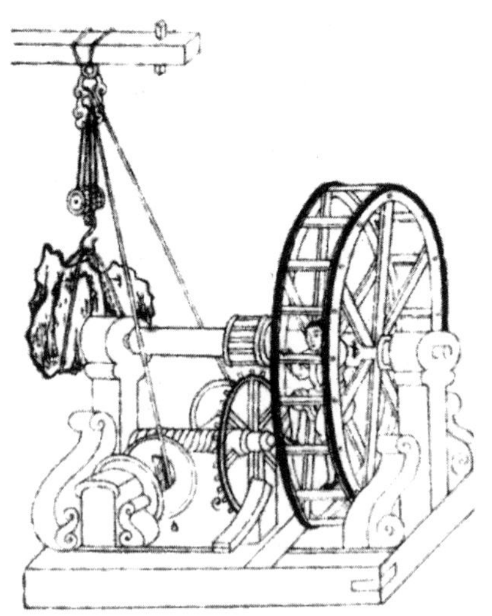

图6-14 《远西奇器图说》中介绍的一种起重方法

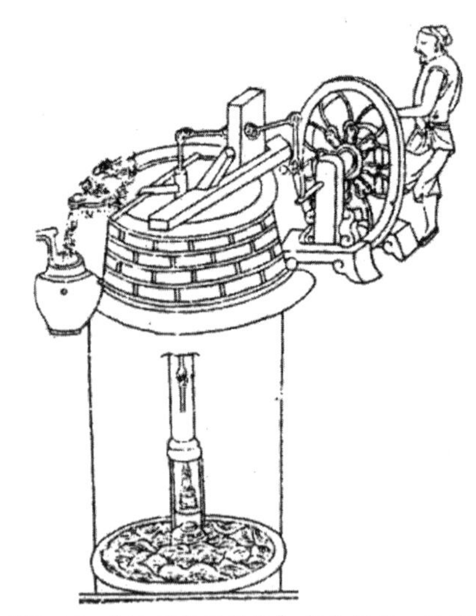

图6-15 《远西奇器图说》中介绍的一种取水方法

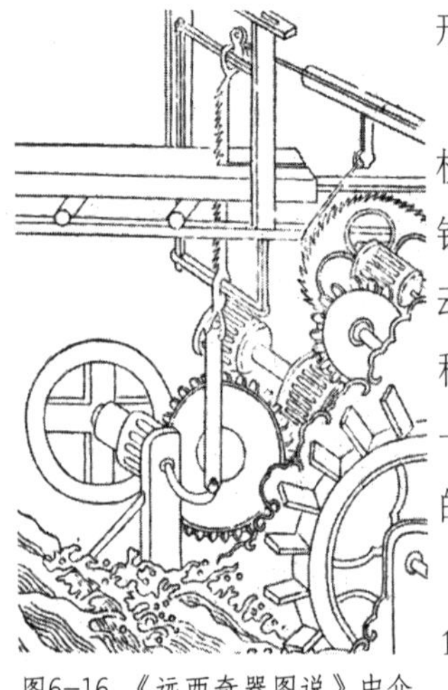

图6-16 《远西奇器图说》中介绍的一种锯木方法

形成（图6-13）及斜面的力学关系。这一卷有图60余幅。

第三卷：有多种机械，包括起重机械11种（图6-14），牵引重物的机械4种，提升重物的机械2种，取水的机械9种（图6-15），转磨15种，锯木的机械4种（图6-16），加工石料的机械1种，转动碓的机械1种，转动书架的机械1种，耕作机械1种及水泵（即书中称“水铳”）4种。对各种机械的结构不但绘有图共54幅，而且有扼要的“图说”加以介绍。这一卷介绍了多种“最切要、最简便、最精妙”的实用机械，堪称是全书的精华。

由于该书的重要，许多中外学者对之进行了研究，知该书在公元1627年出版，所据的原书如下：

意大利人拉梅里（Agostiho Ranelli）的《论各种工艺机械》，公元1588年出版。

贝松（Jacpuas Besson）的《数学和机械工具博览》，公元1578年出版。

费冉提乌斯（Faustus Varantius）的《新机器》，公元1615年出版。

宗卡（Vittenio Zonca）的《机器和建设的新天地》，公元1621年出版。

从时间来看，书中所反映的应是公元16世纪的西欧机械。在翻译时，按照原文译，又照原书抄绘了图形，并把图中的人物改画成了中国人，名称术语也按中国的习惯译出。对比原书不难看出：《远西奇器图说》中图的质量与原书有较大的差别，细节不如原书清楚，有时还有一些差错。如《远西奇器图说》一书的“取水第一图”，就抄自拉梅里书中的螺旋式水车，其传动过程是水车以水轮甲驱动，槽轮乙取水后，通

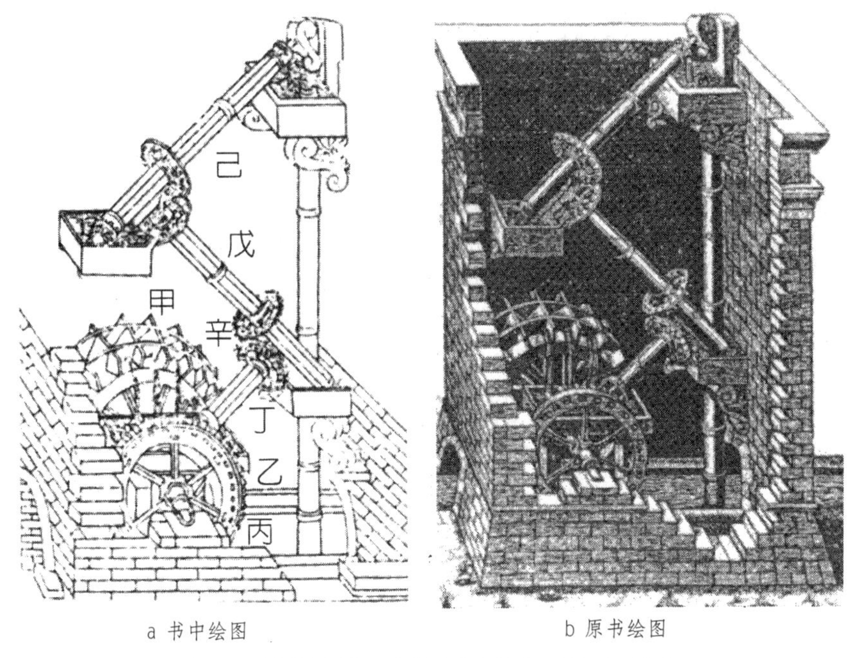

a 书中绘图　　b 原书绘图

图6-17 《远西奇器图说》中介绍取水方法所绘图与原图比较

过丁一戊一己，送至上面水槽中。而丙、辛、等均是传动齿轮。通过此例，即可将两图加以比较（图6-17），说明王征等人的描述，基本上忠于原作，但不很充分，也有些错误。

就在王征翻译《远西奇器图说》的前后，他还著有《诸器图说》一书，介绍了中国所创制的多种器具，有虹吸、鹤饮、轮激、代耕、自转磨、自行车等，这些器具大多是机械。据王征《诸器图说》的自序中说，是他自己设计，有的已造，正在使用；有些尚未使用。另从有些设想分析，该书不排除受到西方一些"奇器"的启发。也有人指出，《诸器图说》一书中的有些设想，如自行磨、自行车等，若仔细研究可知，有些问题很难解决。

还有人说，看到过王征《诸器图说》的手抄本，内容丰富得多，列有24种机械目录，如水轮自汲、大船自去、风轮转重、风车行远、云梯直上、云梯斜飞、机浅汲深、机小起沉、自转常磨、自行兵车等，其他还有螺旋转梯、榨油活机、袖箭、袖弩等，都属机械发明。但因未见到该书手抄本，故未知其详。

所见《远西奇器图说》与《诸器图说》两书，历来合刻，这也使人便于将两书进行比较。可以看出，当时远西的奇器，不但种类远较中国多，而且结构复杂、省力省功、水准较高，即如风磨、鹤饮（图6-18、图6-19）。推断所用材料也较多，使用了金属。

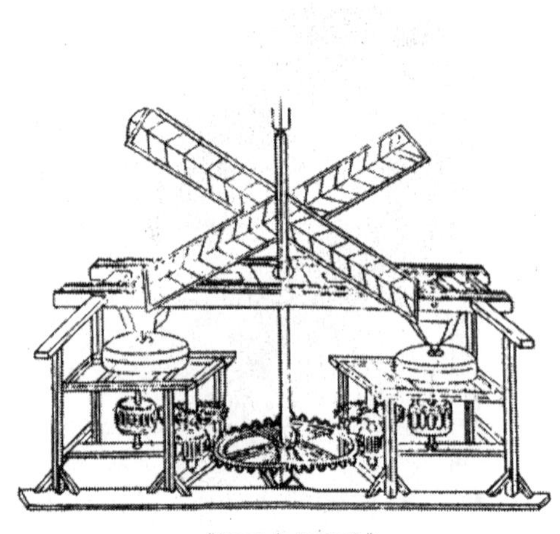

a 《远西奇器图说》

b 《诸器图说》

图6-18 《远西奇器图说》及《诸器图说》中的风磨比较

a 《远西奇器图说》

b 《诸器图说》

图6-19 《远西奇器图说》及《诸器图说》中的鹤饮比较

四、中国机械落于人后

综观这一时期的古籍，可以看出，此时的中国机械与西方机械相比，种类已远比欧洲少，结构简单、制作粗糙。从不少当时欧洲书籍里，已屡见直、斜和圆锥齿轮、凸轮、塔式风车、离心式水泵、风泵、曲柄导杆机构，带有轮子的犁等。但这些东西在中国则属新知识、新设计，十分罕见。欧洲这些东西的普遍使用，不但说明设计的先进，同时也说明制造水准、测量技术也较先进，保证了这些设计能够实现。同时，比较书中所见插图，也表明中国及欧洲在绘图技术方面的差距。

这一时期的中国机械少有进展，有限的新发明大多来自西方。这种情况表明：此时的中国机械已经丧失了领先的局面，落于人后了。

第二节 闭关自守使中国丧失宝贵机会

从公元1723年开始中国实行了闭关自守的政策，导致与先进国家之间的距离越来越大了。

一、闭关自守政策的发生过程

1. 传统观念的作用

我国古代长期的封建社会中，历来对科学技术不予重视，视其为“奇技淫巧”，大约在明末、清初，耶稣会传入了一些较先进的科技知识，情况稍有改变，但传统观念毕竟根深蒂固。

耶稣会传教士的活动，受到一些士大夫的极力反对，他们提出传教士所宣传的教义与儒家思想不合，但他们反对传教士的同时，连同传教士所带来的先进的科技知识也一古脑儿地反对。他们曾一再上书弹劾传教士，指责他们私传邪教，图谋不轨，甚至为此而痛哭流涕。当康熙年纪尚幼之时，曾判处了汤若望等人的死刑。后汤若望与部分人又获赦免。在康熙四十六年（公元1707年）时，康熙也曾将福建省的传教士驱逐出境。

当时朝廷中也有人推崇了传教士的活动。他们积极翻译、介绍西方科技知识，利于科技知识的传入、推广，也和保守势力进行了争辩，起了良好的作用，值得称道。但他们过高估计了传教士的作用，对传教士的工作坚信不移，有些言词过于偏激，把中国古代科技成果说得一钱不值，全无是处；把传教士所带来的科技知识中有些陈旧的甚至是过时的，也说成新知识，如说中国古代数学“荒陋不堪谈”，说传教士带来的历法是“二三百年不易之法”，这种极端的态度，后果并不好，往往适得其反。

只有少数人能取其精华、弃其糟粕，有分析地吸收外来文化。

2. 闭关自守政策开始执行

据《清史稿》戴，康熙兴趣广泛、知识丰富，看问题较为客观，对自然科学了解也比较多，这是传教士有条件活动的原因之一，此时传教士也取得了一些成绩。在康熙逝世之后，情况发生了急剧的变化。

在康熙末年，围绕着继承王位的问题，展开了激烈斗争。此事关系到皇亲国戚、达官贵人的切身利益，因此牵连了许多人。康熙六十一年（公元1722年），康熙逝世后，争夺王位的斗争进一步激化。第二年（即公元1723年）雍正登基。他认为有些传教士反对他，与某些皇子勾结，参与了谋夺皇位的斗争，因此，对传教士深怀不满。

当时的闽浙总督满宝素知雍正厌恶耶稣会传教士，于是他借福建福安县有人控告当地教会之事，首先驱逐了本地的传教士，并上奏皇上，建议禁绝天主教。他奏称“邪教偏行、闻见渐淆”，“请将各省西洋人，除送京效力人员外，余俱安置澳门”，“其天主堂改为公庙”。因雍正不重科技，于公元1723年11月22日下谕“令其迁移，给限半年”。从此，闭关自守正式开始（也称闭关锁国）。禁教之令下后，各省官吏为迎合上意，大力执行雍正旨意。当时各省驱逐的耶稣会传教士约50多人，这些人多被逐至澳门“看管”，不许传教士“妄自行走”。只有在钦天监供职的个别传教士继续留职。各地天主堂约三百，或废灭，或改做别用。

到公元1725年，罗马教皇曾派特使来华。公元1726年，葡萄牙国王也派特使来华，送给雍正珍贵的礼物，请雍正放松政策。雍正厚待来使，但对禁教之事，或“语多傲慢”，或“虚与周旋”，禁教的态度并无改变。

3. 闭关自守的过程

中国奉行闭关自守政策的时间，为公元1723—1840年，到鸦片战争为止，为时100多年。公元1773年时，罗马教皇曾下令解散耶稣会。到公元1785年，罗马教皇又宣布恢复了耶稣会。但耶稣会传教士在中国的处境并没有得到改善，遂致几乎完全中止了西方科技的传入。

清代乾隆五十八年（公元1793年）时，英国派特使马戛尔尼（Lord Macartney）来华，要求通商和互派使节，但清政府则认为这些要求“与天朝体制不合，断不可行”。并认为“天朝物产丰盛、无所不有”。因此，不需仰仗外国。在清代嘉庆二十一年（公元1816年）时，英国再度提出要求通商，又遭到清廷拒绝，并提出外国“后毋庸遣使远来，徒烦跋涉”。这种可笑的妄自尊大、顽固的闭关自守，令人啼笑皆非。

实际上，当时的中国已很落后。英国特使马戛尔尼来华后说，中国人看到他衣袋中的火柴可以燃烧，竟大为惊异。而于少数学科之外的科学知识，则甚劣于他国。中国机械学原很发达，现已“无所优良”。有意思的是马戛尼尔明确指出：“洋兵长驱而来，此辈能抵挡否？”这时，鸦片战争已经临近了。

由于清朝的腐败，在正常的通商渠道遭到杜绝后，走私活动日益严重，其中鸦片的走私更为猖狂，危害尤大，直接导致了鸦片战争的爆发。

二、闭关自守的恶果

1. 经济崩溃

长期封建统治根深蒂固，新兴的资本主义经济得不到发展，黄河泛滥，人口激增，皇室穷奢极欲，尤其是大量鸦片输入，白银外流，致使财力枯竭。到清代嘉庆年间（公元1796—1820年），国库已是入不敷出，年年亏空。广大民众更处于水深火热之中，民不聊生、矛盾激化，清廷政权摇摇欲坠。

2. 官府更加腐败无能

清廷原机构重叠，官场腐败，官员很多不能照章办事，尤显无能。由于鸦片大量走私，官吏贪污受贿、营私舞弊几达极点。

3. 军事更衰败

清朝军队的官兵未受专门的军事教育，素质不高。由于长期因循守旧，所用武器多很落后，主要兵器仍是些刀、矛、弓、矢之类的冷兵器。不少官兵吸食鸦片，造成体质虚弱、纪律涣散、指挥无能、缺乏战斗力，遭遇强敌，几乎不堪一击。清廷从巩固自身出发，意欲整顿，但也无计可施，无能为力。

4. 思想更僵化

清初时，过分注重思想统治，屡兴文字狱，且盛行科举考试，迫使知识分子脱离实际，去考证古典文献。闭关自守的政策，限制了人们接受新思想，更助长了这种脱离实际的风气，这就在学术界形成了乾嘉学派。这一学派有着严谨、认真的优点，在古典文献的考证上作出不少成绩，但这种脱离实际的学风，大大阻碍了科学技术的发展。

5. 科学技术更落后

由于闭关自守政策，使先进的科技知识的传入几陷停顿。在西方突飞猛进的时候，妄自尊大的中华帝国却依旧在封建主义的道路上蹒跚而行，科学技术更显得落后，与先进国家的差距也更大了。

第三节　科学家与科技著作

这一时期，由于中国科学技术明显落后于西方，中国只在少数方面有一定的进展，在有限的领域中，出现了少数科学家与科技著作。考虑到内容与机械的关系，以及连续性，故这一章只介绍与西方科学技术传入有一定关系的人和事。与机械关系较为密切的只有徐光启和王征及他们的著作。

一、徐光启及其著作

图6-20 明末著名科学家徐光启像（采自《中国古代科学名人传》）

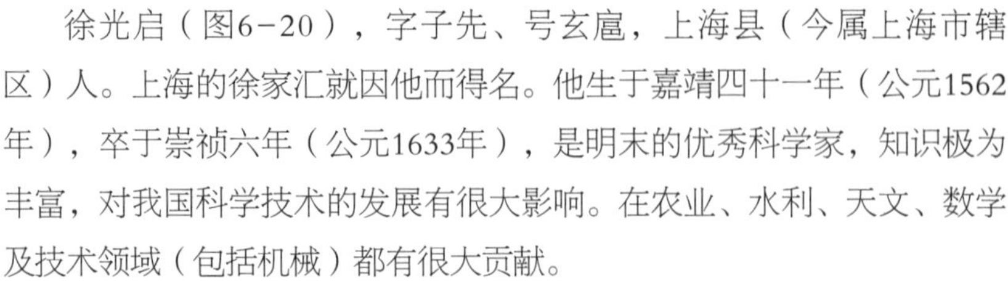

徐光启（图6-20），字子先、号玄扈，上海县（今属上海市辖区）人。上海的徐家汇就因他而得名。他生于嘉靖四十一年（公元1562年），卒于崇祯六年（公元1633年），是明末的优秀科学家，知识极为丰富，对我国科学技术的发展有很大影响。在农业、水利、天文、数学及技术领域（包括机械）都有很大贡献。

徐光启青年时曾中过秀才、举人，也曾以教书为业维持生计。他一生勤奋好学、生活俭朴。42岁时在南京加入天主教。次年进京考取进士，进翰林院任庶吉士（主要入馆学习），也得以向传教士利玛窦等人学习研究西方科技知识，共同翻译了不少著作，如《几何原本》、《测量法义》、《泰西水法》等，是介绍西方科技的先驱。继而，徐光启也曾在詹事府、礼部任职，以后升任礼部左侍郎、尚书及内阁大学士，直到逝世。

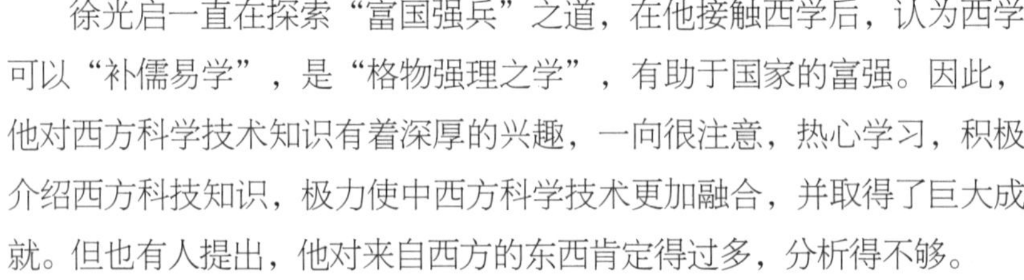

徐光启一直在探索“富国强兵”之道，在他接触西学后，认为西学可以“补儒易学”，是“格物强理之学”，有助于国家的富强。因此，他对西方科学技术知识有着深厚的兴趣，一向很注意，热心学习，积极介绍西方科技知识，极力使中西方科学技术更加融合，并取得了巨大成就。但也有人提出，他对来自西方的东西肯定得过多，分析得不够。

徐光启极力主张“农本”的思想，主张“富国必以本业，强国必以正兵”，为此，他曾多次上书言志。在明天启五年（公元1625年），他遭受排挤而被免职，于时开始编著农业巨著——《农政全书》，直到他去世后，该书才于公元1639年刊行。《农政全书》共60卷，50多万字。书中转录以前文献229种，较完整、系统地总结了此前的农业成就，集已有的农学之大成，在我国传统农书中空前绝后，对以后农业发展也有一定的借鉴作用。在他的科学活动中，也以该书的编著最为重要。该书中的农业器具、水利灌溉技术等部分，都有不少机械的内容。

徐光启历来十分重视西方的天文学，至崇祯二年（公元1629年），朝廷让他主持修定历法。这项工作以西法为基础，冲破保守势力的阻挠，进行了认真规划与安排，至崇祯六年（公元1633年），终于编成100

多卷的《崇祯历法》。该历法吸收了近代天文学的知识，突破了传统天文历法的桎梏，奠定了以后300多年的天文历法的基础，也使研究、吸收西方科学技术知识走上了一个新的台阶。

综观徐光启的一生，可以说他是这一时期中国科学家的杰出代表，多方位、多领域地融合了中西方的科学技术知识，起到了承前启后的作用。他既是科学工作的组织者，也是宣传者与实践者。在科学史上有崇高的地位，永远值得人们的纪念。

二、王征及其科学著作

王征，字良甫，号葵心，又号了一道人，陕西泾阳人。明末有成就的机械专家，生于明隆庆五年（公元1571年），卒于崇祯十七年（公元1644年）。古代科学家中，虽有不少人涉及过机械工程领域，但都非专事机械工程，而王征堪称中国的机械工程专家，翻译了《远西奇器图说》，又编著了中国第一部机械工程专著《诸器图说》。

少年王征就有“为国为民”的志向，他很早就学有所成，16岁时中了秀才，24岁中举。以后，他在近30年时间里，9次到京师去考进士，未能考中。但就在此时，他得以在京师结识了传教士利玛窦、邓玉函等人，并与徐光启等学者接触，加入了耶稣会，为他日后编译机械著作创造了条件。

天启二年（公元1622年），王征已52岁，才得以考中进士。后因母亲逝世，回原籍守孝。这之间与传教士邓玉函、龙华民、汤若望等人多有来往。

天启七年（公元1627年），王征译的《远西奇器图说》与他所著《诸器图说》同时刊行。

这些年，王征做过官，也因涉及谋反获罪流放，遇赦归家。

崇祯七年（公元1634年），王征在家乡创立“仁会”，以衣、食等为工作要务。并在家追忆往事、著书立说。

崇祯十七年（公元1644年），因李自成攻占北京，崇祯自杀身亡，王征闻知后竟七日不食而死。

王征所译著书籍相当多，除《远西奇器图说》、《诸器图说》外，还著有《尺牍》、《尺牍遗稿》、《奏议》、《文集》、《经集全书》等几十种。但大都不是自然科学方面的，影响也不及《远西奇器图说》和《诸器图说》。

从王征的自序中得知，他自幼就表现出对机械的浓厚兴趣，对古代传说中的飞车——“奇肱”、天文仪器“璇机”、指南车及诸葛亮所创木牛流马、连弩等，反复琢磨，意欲“仿而成之”，甚至于常年累月“眠思坐想”，以至于荒废了“学业”，但也正因此，他日后才在机械方面取得了不朽的成就。这样的机械工程专家，历史上非常少见。

关于他的情况，有些史料中还有些十分神奇的传说，如说他所作“木偶”可以耕种、汲水，他可以“驱所制木偶”做很多事，他所制“机械人”、“宛然如生”等。这些记载未必可靠，但可烘托他在机械上的重大贡献。

第七章 近代机械文明

(公元1840年—公元1949年)

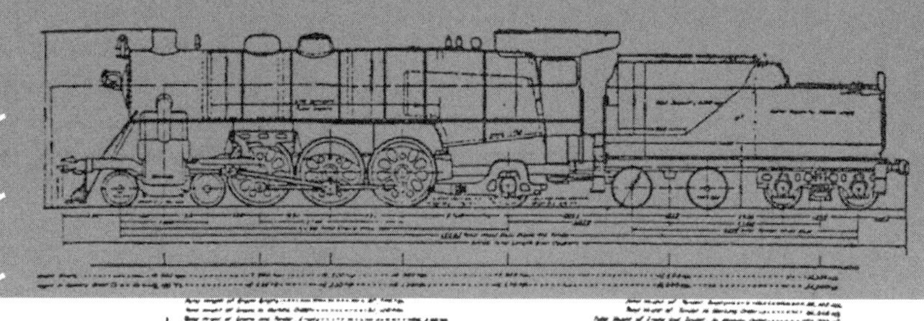

鸦片战争是中国机械史由古代进入近代的标志。在这一时期中，由于西方科学技术知识和设备的大量涌进，中国机械史的面貌发生了巨大的变化。对这一时期的情况分为三个阶段来介绍。

第一，近代机械的兴起：主要是从国外引进机械制造技术，创办军事工业，仿制兵器、船舰以及少量其他机械，初步开展机械工程教育。第二，抗日战争前机械的情况：初步奠定了民营机械工业的基础，掌握了一般机械设备的仿制技术，在机械设计制造、工业生产、研究、教育诸方面的建制已初步形成。第三，抗日战争时与战后的情况：改变了机械工业的格局，改进了设计制造技术，并充实了机械工程教育。而后，中国进入现代机械时期。

第一节　近代机械的兴起

这一阶段是从鸦片战争到辛亥革命，直到第一次世界大战爆发。第一次世界大战对中国经济（包括机械）的影响，比辛亥革命要更大些。

一、近代机械兴起时的形势

1. 鸦片战争的失败

中国在15世纪之后，发展速度明显放慢，而西方科技却快速前进。大约在18世纪时，首先在英国出现了近代机械，随即在欧美迅速发展。其标志为：在科学方法上，将经验、实验和理论结合起来，代替了原先过于着重经验的传统方法；在材料上，以钢铁等金属材料为主，代替了以木材为主，木材只居于次要地位；在动力上，以热力、电力机械为主，代替了原以人力、畜力为主的局面；在制造工艺上，以各种金属加工机床和量具，代替了习惯使用的简单工具；在生产管理上，以集中的工厂，代替了分散的手工业作坊等。然而，由于清廷的不当政策，西方先进的近代机械工程技术不能及时地传入中国。

在公元1840—1842年之间，发生了鸦片战争。经济高速发展的西方，日益向外扩张，攫取资源和市场，西方列强用坚船利炮，打开了中国封闭的大门，也彻底粉碎了中国的闭关自守政策。此后，西方列强对中国的侵略战争越来越多，仅大的就有六次。清廷在鸦片战争失败后，被迫和西方诸国签订了一系列不平等条约，西方利用这些条约，割据中国领土，掠夺中国财产，欺压和剥削中国。

2. 早期改良主义思潮

鸦片战争前后，由于西方对中国的野蛮侵略和清廷的腐败无能，引起国民的强烈不满。在鸦片战争后，知识界出现了一股改良主义思潮，其代表人物为龚自珍（公元1792—1841年）、林则徐（公元1785—1850年）、魏源（公元1794—1857年）等人。他们坚决反对西方列强对中国的侵略，更感到需要学习西方的先进科学技术，他们编译了一些书籍介绍西方的政治、经济、历史、地理等，著名的有魏源的《海国图志》、徐继畬的《瀛环志略》等。但此时未见有机械方面的著作。

在不触动原有社会的基础上，主张实行局部改革，这在当时历史阶段是有一定的进步意义的。

3. 洋务派与洋务运动

在19世纪60年代到90年代的大约35年间，清廷认为失败的主要原因是西方诸强的船坚炮利，因此上层统治集团中出现了洋务派，主张依靠外国援助开办近代工业，其目的是巩固清廷摇摇欲坠的统治地位。他们标榜“自强”、“求富”，掀起了兴办洋务的热潮，购置洋枪洋炮、兵船战舰，兴办工厂、矿山，修建铁路，创办学堂、电报局等。其代表人物有恭亲王奕䜣、曾国藩、李鸿章、左宗棠等，他们摒弃清廷过去的妄自尊大的态度，采取了向西方学习的政策，显然符合西方诸强的利益，因而有些行动能得到西方列强的配合。但西方列强更看重的是自身的利益，在他们看来，中国保持落后对他们更有利。洋务派的活动虽也有一些积极的作用，如开办了江南制造局、福州船政局、各省机械局等近代军事工业及轮船招商局、矿务局、电报局、机器织布局等，并派遣留学生出国深造，形成了前所未有的新的生产力，但此举绝不能使中国摆脱贫穷落后。因技术和原料依赖进口，加深了各国列强对中国的控制，又因企业的封建性与垄断性，阻碍了中国民族资本的发展，只是养肥了一些贪官污吏和“洋老板”，把中国拖上了半封建、半殖民地的道路。

在清廷出现洋务派的同时，也受到另一批人千方百计的反对，可以称为洋务运动的反对派，这些人以醇奕、倭仁、李鸿藻等为代表。这些反对派感到难以接受坚船利炮、火车、机器等新事物，甚至无法接受男女同厂工作，认为“有伤风化”。在洋务派活跃时，曾花费巨款购买了许多艘战舰，建立北洋水师，但这些战舰在水战中屡遭重创。在公元1894年中日甲午海战中，北洋水师遭到毁灭性打击致全军覆没。洋务派遭到朝野上下的一致抨击，洋务运动至此完全失败。

综观这一时期的情况，近代机械也像近代科学技术一样，中国与世界总算融为一体，只是中国跟在西方先进国家后面，亦步亦趋地缓慢前进。

二、创办近代企业

1. 接触“船坚炮利”

美国人富尔顿（R. Pulton）首先把蒸汽机装在船上，制成实用的轮船，公元1807年8月试航成功。此后，欧美都不断地改进轮船，应用范围不断扩大。到公元1840年鸦片战争时，外国兵船仍多为帆船，但结构坚固，尺寸庞大，火炮的威力也大，而轮船只用于通讯联络，但已可看到其机动性好，“旋驶如风”，使很多人“恐慌不安”，甚至有的人认为是怪物。到公元1841年初，已有轮船参战。到公元1856年第二次鸦片战争时，以蒸汽机为动力的轮船，已成为敌舰的主力，在水战及航运上都发挥了重要作用。从西方返回的丁拱辰已感到西方火炮轮船的厉害，他写成《演炮图说》予以介绍。公元1843年，他又修订成《演炮图说辑要》（图7－1）。此外，魏源在公元1842年出版的《海国图志》的序言中，更明确提出：“夷之长技有三：一战舰、二火器、三养兵练兵之法。”并提议投资设厂，制造火炮、轮船、蒸汽机、火车、风锯、水锯、自转碓、龙尾车（水泵）等，一二年后，就“不必仰赖于外夷”。但当时，能够有这种认识的只是少数有远见卓识的人，许多人仍然妄自尊大，拒不承认自己的落后。所以，吸收先进技术的想法在当时并未成为国策，但这些看法对以后的洋务运动有一定的影响。

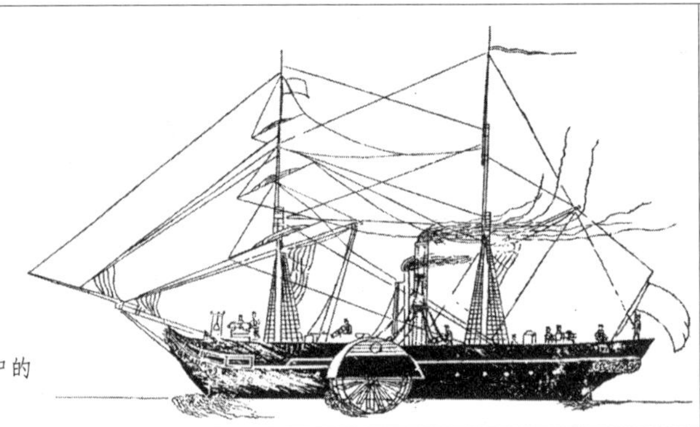

图7-1 《演炮图说辑要》中的轮船

2. 外资首先兴办企业

公元1842年8月，中英签订《南京条约》后，中国开放了通商口岸，对外贸易大为增加。公元1843年10月，又按英方意愿制订了海关税则，为外商向中国倾销商品创造了条件。同样为谋求经济利益，外国也开始在中国兴办企业。

首先是公元1845年大英轮船公司在中国开辟了英中航线。该公司职员柯拜（John Couper，公司监管修船的英格兰人）抓住商机，于同年即在广州利用租得的一个船坞，扩建成柯拜船坞，从事修船业务。之后，各国外商为在华谋利，竞相开办各种企业，如公元1850年，英商用手摇印刷机印制《北华捷报》。到60年代，外商在上海用机器缫丝、碾米、磨面；在东北榨油、制豆饼等。公元1876年，英商在上海试用火车。公元1880年，英商在河北胥各庄办修车厂，后该厂迁往唐山，改名唐山修车厂……开办企业的范围，开始在广州、上海等沿海地区，以后逐渐深入内地；企业的业务范围，最早是船舶修理、缫丝，以后扩展到茶叶加工、制糖、皮革加工、食品加工、制药、印刷、卷烟等；此外，对许多城市公用行业，如电灯、自来水、煤气等，外资也投资设厂。很多厂引进了西方先进的技术与设备，而所用的设备，许多属于机械的范围。

此外，外资为开展对华贸易，如办理机器进口业务，在华开设了不少洋行，比较著名的有：英国喜克哈葛里夫公司（Hicks Hargraves Co.）的蒸汽机、内燃机等；美国西屋公司（Westinghouse Elec.Co.）、德国西门子公司（Siemens A.G.）的电机；英国柏拉脱公司（Platt Bros.& Co.of Oldham）、道卜生巴罗机器厂（Dobsen Barlow Ltd.）、推司公司（Messrs Tweedale）的纺织机械等。卖给中国厂商的机器中，有些不过是旧货，甚至旧机器涂上新漆，当作新机器卖给中国（图7–2）。

图7–2 进口的最早汽车（采自《中国近代机械简史》）

3. 清廷积极创办企业

清廷洋务派首先看到了开办企业的巨大价值，并身体力行。公元1855年9月，著名的洋务派李鸿章，就曾认为机器可制造“耕织、印刷、陶植诸器”。

公元1861年12月，曾国藩在对付太平天国而设的江南大营（安徽安庆）中率先创办军械所，修造枪炮弹药。还曾在公元1862年让徐寿、华衡芳等人试制小轮船。李鸿章也很重视开办工厂、制造军火。派英人马格里（Sir Halliday Macartney）于公元1862年在上海松江兴办洋炮局，次年该局迁往苏州，并购置了英国制造的蒸汽机及“镟木、打眼、铰螺丝、铸弹诸机器”，这亦是蒸汽机、车床等首次进入中国。

公元1863年，从美国归来的容闳，根据自己在美观察所得，向曾国藩提出先打下“普通基础”。以“制造机器”为例，提议先建立有各种加工能力的“总厂”，以此为“母厂”，然后设立有各种生产能力的“子

图7-3 江南制造局大门

厂”，再由这些子厂“通力合作”，这样就比从国外购买设备便宜得多了。曾国藩采纳容闳的建议，派他赴美采购设备百余台。他同时又购买了美商科而（T. J. Falls）在上海虹口开办的旗记铁厂，合并了另两个洋炮局，于公元1865年夏设立江南制造局（图7-3）。该局下设8个厂，生产各种机器、船只、桥梁、锅炉及各种设备。此后江南制造局不断扩充，至公元1891年时，已达人员3500余人、机床662台。据统计，在公元1867—1904年间，江南制造局共生产各种枪69808支，各种炮587门，兵船8艘，机器设备约700台。

此后，直到公元1911年，清廷共创办了二十几个局或厂，其时间及名称举例如下：

公元1865年，创办苏州洋炮局，后改为金陵机器局；

公元1866年，福州船政局；

公元1867年，天津机器厂；

公元1869年，福州机器局；

公元1872年，兰州机器局；

公元1874年，广州机器局；

公元1875年，山东机器局；

公元1875年，湖南机器局；

公元1877年，四川机器局；

公元1881年，吉林机器局；

公元1883年，神机营机器局；

公元1884年，云南机器局；

公元1885年，台湾机器局；

公元1892年，汉阳枪炮厂；

公元1894年，陕西机器局；

公元1895年，新疆机器局；

公元1898年，山西机器局。

以上这些局，多以生产军械为主。以后，随着铁路运输业的发展，各有关部门，相继开设了一些铁路工厂，如吴淞机厂、京张铁路机厂、津浦铁路工厂等（图7-4）。

清廷的官办企业一般由洋务派操办，符合清廷的基本国策，所以财力雄厚、条件优越，能较快地投入较大的资金和人力，办得快、影响大，分布的地区较广，技术较为先进。一般购置的都是先进设备，有时还聘请一些外来的技术人员，也为中国发展近代机械输送了不少技术骨干。但另一方面，官办企业并无长期、系统、全面的规划，有时管理较为混乱，决策不够科学，往往各行其是，各自为政。尤其是清廷又担心发展近代工业会有损于一些传统，有一定的顾虑；加上朝廷普遍存在的腐败与官僚主义，导致官办企业效率低下、发展速度缓慢。其后，更由于战争屡遭失败，对外赔款，官吏贪污浪费等原因，使洋务派威信扫地。清廷对各局、厂投资日益减少，致使多数局、厂萎缩，勉强维持。

图7-4 清代末年的火车

4. 民营企业的兴起

洋务派更认识到了“洋机器”的巨大价值，李鸿章在公元1865年9月曾预言：“数十年后，中国富农大贾，必有仿造洋机器制作以求利者。”民营企业也发源很早，在公元1839年，即有陈淡浦在广州创办陈联泰号，但它最初只是制缝针、修器械的手工作坊，其子陈濂川发展父业，于公元1876年购买了3台车床，以及刨床、钻床各1台，将作坊改名为陈联泰机器厂。据说上海的发昌机器厂，于公元1869年已应用了车床。又如广州陈启沅，于公元1873年创办机器缫丝厂。到19世纪末，民营企业大约有百余

图7-5 上海求新制造机器轮船厂一瞥（采自《中国近代机械简史》）

家，行业包括机器制造、缫丝、纺织、面粉、火柴、造纸、印刷及自来水、电灯等。其中影响较大的有：上海的求新制造机器轮船厂（图7-5）、大隆机器厂，汉口的扬子机器厂、周恒顺机器厂（今武汉汽轮机厂前身）等。公元1904年创办的求新厂建在上海南码头，它的创办人朱志尧，曾赴欧美游历。求新厂初创时，20余台设备主要购自英国。朱志尧十分重视人才和技术，苦心经营，所以其厂发展很快。到公元1910年时，求新厂的资本增至30万两白银左右，员工500多人，下有算法绘图房、模样锯木厂、铜铁熔铸厂、汽锤打铁厂、机器厂、锅炉厂、轮船厂、火油引擎厂、铁路车辆厂等。从中即可看到其生产情况，主要产品有轮船、蒸汽机、锅炉、内燃机、榨油机、织布机、铁路客货车、铁桥等。

民营厂虽有一定的发展，但其规模、技术、资金都无法与官办企业、外资企业相比，民营厂的规模也往往相差很大。由于中国丧失了关税自主权，民营企业在国内市场难以得到必要的保护，处境异常艰难。

三、开始仿制国外近代机械

这一阶段产品的主要特点是，开始仿制欧美机械，以动力机械来取代人畜或水力。机器的材料也从以木为主，变成以金属为主，如在上海，湖北汉阳、大冶，辽宁本溪、鞍山，北京石景山等地，都办有钢铁企业，但许多材料要靠进口。材料不同了，所用的加工方法也不同了。当时还无力发展设计、科研能力。

1. 清廷的被动态度

早在公元1866年6月25日，洋务派的左宗棠曾提出应“触类旁通”，“凡制造枪炮、炸弹、铸铁、冶水，有适民生日用者，均可次第为之”。还有些人认识到了“造耕织机器的重要”。但这些主张受到了不少人的反对与责难，将“仿制各种日用器具”指责为“心术不正”，

“创造邪议，专以夷变夏”，不希望看到旧秩序有任何触动。因此在甲午战争之前，关于仿制各项日用器具的想法，并未成为国策。

直到甲午战争惨败后，情况才发生了一些变化，清廷商部（1903年设立）下属的通艺司（负责工艺、机器制造、铁路、开矿等工作），鼓励商人引进技术，创设实验工厂。公元1906年，商部下令各省设工艺局和劝工陈列所等。次年，又倡导各省办实业学堂。这些措施使仿制的范围扩大，仿制工作有所进展。但由于外资与官办企业的垄断、保守势力的抵制等原因，这些姗姗来迟的决定，作用有限。

2. 仿制动力与交通机械

领教了西方的坚船利炮，先仿制的器具除枪炮外，主要是轮船和有关的动力与交通机械。

（1）轮船及其原动机

中国最先试制成功的轮船是“黄鹄”号。公元1862年，曾国藩曾在安庆的江南大营军械所命徐寿、华衡芳等人仿制轮船。徐寿等先制成小样，后制大样。公元1865年试航成功,曾国藩将其命名为“黄鹄”号，该船长55尺，重25吨，时速20余里。

稍晚，江南制造局制成轮船多艘，船上蒸汽机的马力不断加大。至公元1908年，该厂还制成了船上使用的柴油机。但当时中国自造的许多动力机械和机床上一些材料不能自给，需仰仗进口。

当时，福州船政局在制造兵船及船用蒸汽机方面成绩显著，一名英国海军军官曾认为其技艺可与英国产品媲美而无愧色，由此可见，该局工艺水准之高，于造船方面在世界上并不落后。该船政局还在公元1899年造出当时最快的兵船鱼雷快艇，时速达23海里，如图7-6所示。

图7-6 福州船政局“建安”号鱼雷快艇（采自《中国近代机械简史》）

尚知天津机器厂于公元1880年制造潜水艇，同年中秋节试航，该艇行动灵活，并可从水下发射鱼雷。

小型轮船也是民营企业发展较早的产品。公元1876年时，上海发昌机器厂制成并出售小轮船。以后的上海求新制造机器轮船厂、汉口的扬子机器厂、广州的陈联泰机器厂等，也都出售自制的小轮船，标志着小轮船的生产厂家日益增多。即如求新厂在公元1908年所造“新泰”号钢板客货快轮，能载重300吨，载客300人，时速11英里，发动机为300马力蒸汽机。

轮船上也应用内燃机，从公元1980年起，江南制造局已造出装有柴油机的轮船。

（2）火车发动机

中国铁路建设开展较晚，到公元1876年（世界上第一条铁路建成半个世纪之后），中国才修建第一条铁路。这条铁路归英商所有，从上海市区到吴淞口，全长20公里。但这条铁路并未正式营运，因人反对，清廷购下后拆除。到公元1880年，清廷才同意修建从唐山到胥各庄的铁路，作运煤之用，全长十余公里，于公元1881年正式通车。铁路上的机车车辆也有相应的发展。

到公元1881年，胥各庄修车厂中，工人利用简陋的设备，制造出中国第一台蒸汽机车“中国火箭”号，全长5693毫米。同年6月9日上路行驶，牵引力有100吨。

此外，民营的求新厂、扬子厂也都生产铁路客货车辆。

（3）航空方面的尝试

在公元1894年，谢缵泰设计、制造铝壳飞艇，试飞成功。飞艇的上升力一般由气囊产生，飞艇推进力由发动机产生，因而所需动力比飞机小。这次试飞远在世界上飞机发明（公元1904年）之前，意义很大，可惜他的工作没有得到清廷的重视与支持（图7–7）。

图7—7 谢缵泰设计、制造的飞艇（采自《中国航空史》）

（4）其他动力机

公元1908年左右，广州均和安机器厂制造8马力煤气机取得成功。此外，求新厂也曾造过煤气机。

公元1910年，求新厂曾制成25马力的煤油发动机，达500转/分，每小时消耗煤油5千克，“用于碾米、抽水、轧花等机，无不相宜”。

另外，天津的直隶工艺总局所属教育品制造所，还于公元1905年时制成电动机。

3. 仿制各种机床

在当时所建各厂中，普遍仿造各种车床，主要用于自身发展生产之用。对此，曾国藩曾在记述江南制造局的情况中写道：“就原厂中洋器，以母生子，诸类旁通，造成大小机器卅余座（台）。”文中所记，就是中国最早仿制车床。据统计，公元1867—1904年间，仅江南制造局所仿制的各类机床就有700多台，种类有车、钻、刨、锻、齿轮加工机床及卷板机、剪板机、翻砂机、起重机、抽水机、轧机、发电机等，适用于多种需要。

各机器局、厂，也广泛仿制各种机床，以作发展生产之用。

一些民营厂此时也仿造了多种机床，但其目的有所不同，部分产品用于自身发展生产，而大部分用于投放市场获利。民营厂生产的多为小型机械，产量也不大。

4. 其他机械

民营厂为了获利，根据社会发展的需要，生产了其他一些机器。这类产品的生产一般也多为仿制，有的作了些改进，个别的为新研制。如广州陈联泰机器厂，即将有人在越南所见、由法国人开设的厂中的缫丝设备，又收集一些废旧设备加以改进，制成缫丝机，使之成为陈联泰号的重要产品。又如上海求新制造机器轮船厂的创办人朱志尧，曾在公元1896年设计了一种棉籽榨油机，制成后使用效果良好。再如求新厂又制造过一种可剪钢板机，又可同时在钢板上冲眼，并剪三角钢。

从地区来分，上海地区的民营厂，制造的各类机械尤其多。如上海的永昌机器厂，到19世纪末已能仿制全套的缫丝机。上海求新厂也可仿制织布机、碾米机、榨油机、各种轧机，该厂还为上海的一家自来水公司生产过大型水泵，每分钟出水28750磅，与之配套的蒸汽机达200多马力。这对于民营厂尤其少见。此外，上海还仿制过摇袜机、印刷机、制冰机等专做城市生活用品的机械。

上海以外的地区，则较多地仿制新式农具和农产品加工设备，如公元1897年南通人张謇办厂，制造了面粉机、榨油机、碾米机和一些纺织机具。公元1905年，汉阳周恒顺机器厂制造过成套制茶砖机及榨油机。河北也制造过一些农机。

限于人力、财力、物力上的不足，民营厂的工作即使是仿制，遇到的困难也很大，如上海锡记铁工厂，仿制日本轧花机（棉花去籽的机器）时，将有些零件由锻造改为铸造，有的由模锻改为手锻，有些零件则改为代用品外购，才得以制成。

四、近代机械书籍的翻译

对西方科学技术书籍的翻译出版，是西方科学技术传入中国的重要方式。

1. 传入概况

我国较大规模翻译西方科学书籍的工作，于19世纪60年代才有计划地进行。

首先是公元1847年，在上海由英国人经营的“墨海书馆”曾出版过一些科技书籍，其中有些是西方科技名著，有些知识是第一次传入中国。但数量有限，内容大多是数学、生物、力学方面。

公元1862年，根据清廷决定，在北京设立了“同文馆”。公元1863年，上海仿照北京设立了“广方言馆”。公元1864年，广州也设立了“广方言馆”。

公元1868年，江南制造厂又调徐寿、傅兰雅（John Fryer，美国人）等人设立译书馆，翻译出版了不少科技书籍，数量较多，范围也广，其中有较多机械书籍，反映出当时机械在应用技术中所占比重较大。

有人做过统计，自清代咸丰三年到中华民国建立（即公元1853—1911年），共见有468部西方科技著作被译成中文。这些出版物可分为六类：

总论及杂著：44部

天文气象：12部

数学：164部

理化：98部

博物：92部

地理：58部

以上这些书籍翻译出版，利于近代科技（包括机械）的传入，有助于培养中国的科技人才，也统一、确定了一些科技名词，便于以后科技翻译工作的开展，大大有利于中国近代科技的发展。但也应看到，当时翻译工作的水准不高，外语人才很少，因此翻译工作一般由两人共同完成：先由一名外国人口授，再由一名中国学者笔录成文。直到20世纪初期，较多留学生归国，这种情况才有了大的改观。另外，当时西方一些最新科技成果的介绍，也不够及时。

2. 所翻译出版的机械工程书目

从目前所见，江南制造局所设立的译书馆中，翻译了不少机械工程著作。这是因为成立翻译馆的目的，是翻译“有裨制造之书”，侧重于应用，尤重制造。该馆于公元1868年6月成立，40多年中，共译书234种，其中有关机械的书籍不少，有《汽机发轫》、《汽机新制》、《汽机锅炉图说》、《兵船汽制》、《汽机命名说》、《器象显真》、《西画初学》、《匠诲与规》、《制机理法》、《金工教苑》、《机工教苑》、《铸金论略》、《机动图说》、《纺织机器图说》、《农器图说》、《工程机器器具图说》、《造瓷机器择要》、《金类器皿具图说》、《机器造冰法》、《开煤器法图说》、《铁甲丛谈》、《造管法》、《考试司机》等。

另有一些是翻译工作的工具书，如《汽机中西名目表》等。

许多内容是以中文形式，首次介绍到中国。

五、机械工程教育和学术团体、学术期刊

1. 机械工程教育

（1）海外留学

海外留学的第一人是容闳，他是广东香山（现中山）人，于公元1850年留学美国耶鲁大学，公元1855年学成归国。出国学的是文学，与机械工程无关，但他对教育比较重视，一再建议清廷选儿童“送赴泰西”留学。后清廷终于采纳了他的建议，于公元1872年、1875年共选120名儿童赴美留学。到公元1881年，清廷又担心幼童被“同化”而撤回国内，使海外留学工作又半途而废。这批幼童中最后得以学成归国、确有成绩的仅詹天佑一人。

后来，经得清廷同意，一些省也曾派人赴欧美留学，总计约百余人，所重多为直接与军事有关的技术，学习普通机械工程的并不多。

（2）兴办学校

洋务派感到人才的重要，而人才的培养必须结合与办实业的需要。公元1866年，左宗棠首先在福州船政局奏设了学堂。公元1913年，改名为海军制造学校，教学内容有机器制造、蒸汽机、船舶和飞机制造等。

公元1896年，江南制造局开设了工艺学堂，1905年工艺学堂与广方言馆合并，名为工业学堂，是年又改名为兵工学堂。其设有机械专科班。

到公元19世纪90年代之后，在一些城市中出现了一些新式学堂，其中有的已达到了大学水平，并设有机械方面的课程。公元1895年10月，盛宣怀在天津办中西学堂（又称北洋西学堂），即今天天津大学的前身。该校聘请了一些美国学者来任教，并以美国耶鲁大学为蓝本，设有法律、采矿、冶金、机械、土木工程四科，学制四年，从而开创了中国的高等教育。第二年，即公元1886年，盛宣怀又在上海创办南洋公学，即今日上海交通大学的前身。以后，中国现代的高等学校、中专都渐渐多了起来。

公元1896年时，盛宣怀向清廷建议，各省都设一所学校，这个建议被采纳。公元1903年，清廷制定《大学学堂章程》，统一规定机器工学科课程23门：算学、力学、应用力学、热机学、机器学、水力学、水力机、机器制造学、应用力学制图及实验、计画制图及实验、蒸汽及热力机、机器

几何学及机器力学、船用机关、纺织、机关车、实事演习；特别讲义、补助课有电气工学、电气工学实验、冶金制器学、火器及火药、房屋构造、工艺理财学。其中以机器工学、计画制图实习最为重要。第三年专重实习。还需在毕业时递交毕业课艺及自著论说、图稿。从此，机械工程教育便有章可循。

此外，自19世纪中叶后，各类学校中，包括一些私塾，也都增加了自然科学的内容。公元1905年，清廷宣布废除了科举制度。

2. 机械学术团体

中国学术团体的建立，可以追溯到19世纪80年代。最早的应是著名化学家徐寿所创“格致书院”，这应视为中国最早的学术团体。稍后，北京也在公元1895年成立了“强学会”。以后全国各地也陆续成立了一些学术团体，但都是综合性团体，机械只是其中内容之一。

到公元1908年，广州市电业局工程师冯俊南发起由机械工程技术人员成立“机器研究社”，这应是最早的机械工程学术团体，是专事研究的组织。后来这个组织在公元1911年易名为“机器商务联社”，公元1914年又易名为“中国机器总会”，似乎学术研究的成分有所减少。

3. 学术期刊

这一阶段尚无专门的机械工程期刊，只有自然科学方面的综合期刊。公元1857—1858年时，上海的墨海书馆曾出版《六合丛谈》；上海的格致书院在公元1876—1890年间出版《格致汇编》，其中机械工程的内容都占有一定的分量。

第二节　抗日战前的情况

1914年，第一次世界大战爆发，西方列强忙于战争，无暇东顾，为东方国家提供了发展的良机。东邻日本正是抓住了这一良机，为今后继续发展打下了牢固的基础，成为战争的“暴发户”。世界大战时，输入中国的机械产品和其他商品的数量锐减，扩大了国产工业品的市场，中国工业大有发展，民营工业发展尤快。在辛亥革命后，由于政局动荡，居于统治地位的北洋军阀等，忙于争权夺利，浪费了这大好时机。此后的南京政府，曾采取了一些措施发展工业，在一定范围内起了一定的作用，但总的讲效果有限。

一、机械工业的发展

1. 指导思想与组织管理

孙中山先生历来重视工业。他在公元1919年北伐大元帅去职后，即在上海创办《建设》杂志。他发表的《实业计划》，提出利用必要的外国资金和外国技术，兴办机械工业、制造船舶、机车车辆、农机具、纺织机械、矿山机械等。他主张“发达国家资本，节制私人资本”。在其他场合他还提出：“现在是一个机器的世界，要懂得造机器，同时要懂得分配机器生产出来的产品。”孙中山当时所制订的《实业计划》，后来国民政府“各种政策，多本此为方针”（陈立夫语）。

南京政府也曾制定实施了一些鼓励机械工业发展的措施。如公元1928年颁布《奖励工业品暂行条例》，公元1929年颁布《特种工业奖励法》，公元1932年颁布《奖励工业技术暂行条例》等。这些政策都起了积极作用，公元1929年实行了关税自主，市场的需求和政府的扶持，使机械企业有所变化，民营企业变化尤大。

从20世纪20年代末期起，国民政府的实业部、铁道部、全国经济委员会、建设委员会都创办了一些机械工业。公元1931年，“九一八”事变后，国民政府设立国防设计委员会，公元1935年4月易名为资源委员会，工作重点由调查研究转向重工业建设，提出由政府集资，引进国外先进技术，创建基本工业，增强国防力量，防备日本的全面侵略。公元1936年3月，该委员会拟定了《重工业建设计划》，准备发展冶金、燃料、机械、电气等工业，预计五年完成。该计划于7月获国民政府行政院批准，并予执行。该计划提出：“以机器制造为机器工业中心”，以后，“平均每年可产飞机发动机300具，汽车800辆”，战时“并可与兵工厂联络制造枪炮”。该计划还对厂址选择、技术、生产、人才等方面，都提出许多意见，如技术方面，即明确提出购买仿制权，或与国外厂家进行技术合作，聘请需要的外国专家，选派技术人员到国外实习，引进机器设备，由仿制，逐步过渡到自己研究、设计等。可看到上述计划中所列正是机械工业的基础，也是当时中国的薄弱部分。遗憾的是，由于日本军国主义野蛮的侵华战争，遂使这一雄心勃勃的强国计划未能得以完成。但计划中在筹建工厂，引进技术，培养、选用人才等方面，摸索出了许多有效的办法，积累了经验、罗致了人才，为以后的工作打下了基础。

意欲提高工业的生产水平，实现大批量生产，必须实现一定程度的标

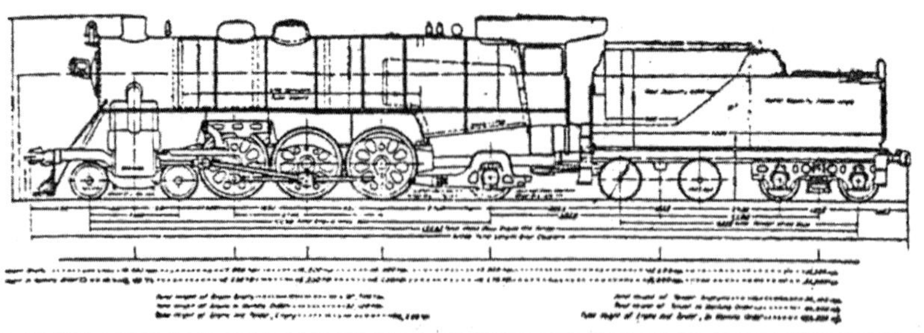

图7-8 铁路技术标准委员会所制定的四六二机车标准（采自《中国近代机械简史》）

准化。铁道部门率先在公元1917年成立“铁路技术标准委员会”，詹天佑任会长，美国人克拉克（Clark）担任顾问。该委员会在公元1920—1921年，制定了机车、客车标准，机车制造规范、车辆材料规范等。这是中国近代工业最早的技术标准（图7-8）。

公元1931年4月，国民政府实业部工业司向行政院建议成立“工业标准委员会”，下分设土木、机械、电气、染织、化工、矿冶六组。该委员会于公元1932年3月正式成立，简称CIS。其中机械组有33人。委员会成立后，着手翻译外国标准，并制定中国的工业标准。

2. 机械工业的情况

在这一阶段中，实施了一些有利于机械工业发展的措施，使已有的企业规模扩大，技术进步，又兴办了一些新的企业，遂使总的生产能力及产品质量都有提高。

（1）官办企业

北洋政府及国民政府先后接管了清廷原有的老企业，如江南制造局、福州船政局以及一些铁路、机车车辆厂和兵工厂等。每当政局动荡时，各种势力都很重视军需品生产，兵工厂发展尤其快。福州船政局后改为马尾造船所，还曾设海军飞机工程处，每年造飞机两三架，后又并入江南造船所（即原江南制造局），每年可生产飞机数十架。后在浙江杭州及广东、广西等地都生产了飞机。

公元1921年，在沈阳办了东三省兵工厂，实力雄厚，又几经扩充，到20年代末，已拥有机器设备8000余台、员工20000名左右，生产多种武器及机车、车辆、汽车等，并设有理化试验室，内有成套的试验、检测仪器设备，还附设兵工学校、科学研究会。当局还在沈阳创办迫击炮厂，该厂曾想试制汽车，得到张学良的支持，从他处获得一些科研经费。可惜的是，该厂在“九一八”后，落入日军之手。

“九一八”事变之后，日本为把东北变成侵略基地，向东北输入了大量的资金和技术，在东北创办了不少机械厂。这些工厂大都集中在沈阳、大连等地，使东北沦为对中国进行经济掠夺和军事侵略的基地。

公元1933年，在山西太原成立了西北实业公司，由阎锡山任总经理。该公司实力相当雄厚，有机器设备2870台、员工7600余人，生产机床、机车、车辆、电动机、抽水机、农业机械、纺织机械及枪炮等。

（2）民营企业

这阶段民营企业发展更快，在上海、广东、江苏、湖北等地都形成了机械加工的制造基地，一些外资企业的活动也融入其中。这些厂的产品五花八门，以适应市场的需要，生产机床、内燃机、发电机、电动机和各种农业、纺织、轻工机械等。但也要看到，中国民营企业一直十分弱小，规模小、资金少、设备简陋，主要从事修配工作。

近代中国的整个机械工业十分落后，当时产值约是美国的几百分之一，而且自给能力很低，经济命脉被外国资本控制，受世界经济的影响较大。

二、仿制技术初步提高

近代工业在这一阶段取得了一定的经验，虽仍以仿制为主，但仿制技术有了提高，渐向大、高、新发展，表现为尺寸、功率都加大了，精度提高，设计及科研能力虽仍薄弱，但已开始出现、发展。

下面对此阶段的主要机械产品情况作一介绍。

1. 各类机床

伴随发展中的工业的需要，此时仿制了不少机床，不但自身生产需要，有时还成批生产，供应市场。毛坯加工机床有锻压、冲压（图7-9）、剪切、铸造机械等 。冷加工机床有皮带车床、三角筋车床、牛头刨床、龙门刨床、卧式铣床、立式铣床、立式钻床、摇臂钻床及磨床等。还能制造一些精密机床及专用机床，如上海华生电器厂仿制过美式自动螺丝制造机，上海华德灯泡厂仿制过美式拉钨丝机。公元1920年，上海王岳记机器厂仿制英国铣齿机，专营铣齿业务。并有五十几台国产机床，在第一次世界大战时销往中南亚。

图7-9 上海中华铁工厂制造的双压式冲床（采自《中国近代机械简史》）

这时少数工厂还曾仿造过测量工具：如曾有少数工厂仿制过简单的样板、测量工件，南京的金陵兵工厂还曾仿制过千分尺。

国产机床的商品化是机械水平提高的重要标志。如上海荣錩泰机器厂，即曾在公元1915年仿制过英国的脚踏车床，生产出售，这是中国第一次出售自制机床。该车床是协作完成的，样机是荣錩泰厂自用的英国车床，并由该厂承担车削加工；茂昌木模作坊制造木模；邢永昌翻砂厂制作铸件；车床上的导轨由俞宝昌机器厂用手摇刨床刨制；车床床头箱的齿轮由公兴铁厂铣制。到公元1924年时，这种车床已售出200多台。

这时虽以仿制为主，但对有的产品作过一些局部的改进，在这方面上海大隆机器厂特别有成绩，它曾在公元1932—1935年间，设计、制造了16英尺龙门刨床、四铣头龙门铣床和磨床，这是目前所知的最早的磨床产品。

图7-10 20世纪20年代末江南造船所为万吨舰、船制造巨型蒸汽机（采自《中国近代机械简史》）

2. 动力机械

（1）蒸汽机

此时的蒸汽机已有明显的提高。例如江南造船所从公元1918年开始，为万吨运输船只的需要，曾按美国图纸，制造了四台巨型主机，这种立式蒸汽机的功率达3000马力（图7-10）。

江南造船所还曾造大功率、高速蒸汽机，如在公元1920年造装在“隆茂”号客轮上的主机，功率达3300马力，转速达300转/分。

当时民营厂生产的蒸汽机功率多为数马力到数百马力。

（2）内燃机

内燃机仿制技术也有提高。如公元1917年，江南造船所从美国购买了“高伦”汽油机的专利权，决定成批生产5～500马力汽油机，燃料可用煤油或煤气。制成后因竞争不过外来产品而停产。

公元1912年，上海新中工程公司仿制了德国36马力双缸柴油机，即狄塞尔发动机。这是中国最早的狄塞尔柴油机产品，它开始时用了一些德国零件。

公元1918年，上海鸿昌机器厂仿制了德国柴油机，功率为12马力。

此外，民营企业仿制内燃机的技术也有提高，但一般民营企业所生产的内燃机功率不大，效率及精度也不及进口货。

（3）电动机与发电机

上海华生电器厂在这方面成绩特别显著。在公元1916年建厂后就曾制造直流电动机及发电机。1918年开始造交流电动机。1922年生产的直流发电机，功率有8千瓦。1926年，该厂就能生产容量达150千瓦的交流同步三相发电机。到20世纪30年代初，华生电器厂所制造的功率为75千瓦的三相同步发电机，与新中工程公司制造的柴油机配套，安装在上海南翔电厂发电。1936年，华生电器厂还为汉口周恒顺机器厂制造了500千伏安、2300伏、500转/分的交流三相发电机，这应是当时中国设计、制造的最大的发电机。

此外，1925年后，上海华生电器厂所生产的电扇，已可同美国通用电器公司在上海所制造的电扇相抗衡，畅销国内并南洋等地。上海益中机器公司华成电器厂当时所造发电机、电动机，使用效果不逊于进口货，声誉甚佳。

中国最早的水力发电设备，安装在福建的夏道电站，水轮是上击式，发动机功率为3千瓦。

3. 交通运输机械

（1）船舶

中国近代船舶制造开始得很早，此时已达到一定水准。公元1918年夏，第一次世界大战进入最后阶段，美国向上海江南造船所订造了4艘万吨运输舰，图纸和材料均由美方提供。于公元1920年6月30日，江南厂造的第一艘万吨运输舰“官府”号下水，该船为全遮蔽甲板型蒸汽机货轮（图7-11）。主要技术参数如下：全长443英尺，船宽55英尺，满载平均吃水27英尺10英寸，满载排水量14550吨，载重10200吨，指示马力4430.75马力，主机功率3000马力，满载航速11节，试航航速13.86节，有30吨起货机一台。该舰的实际技术参数都满足了合同要求，船速还超过了合同的标准。至公元1922年，4艘运输舰全部造毕，成功地显示了中国的造船实力。但中国技术人员中仍缺乏独立科研及设计能力，这种情况直到20年代末才有改变。

图7-11 江南造船厂在第一次世界大战期间所造万吨运输舰（采自《中国近代机械简史》）

总的来讲，许多中国企业大都购买外国旧船，国内订购新船的不多，材料又受外商控制，从而限制了造船能力的发挥与提高。

（2）火车机车车辆

20世纪30年代，中国已初步具备了制造铁路机车、车辆的能力，自给率达：机车的6%，客车的59%，货车的62%。其中制造能力以北宁路的唐山机厂最强，到公元1937年，共制机车62辆。不过中国的机车、车辆制造都有装配的成分，不少零件及原材料都是外购进口货。

1925年，在上海近郊的窄轨铁路运输上，首先采用了小型内燃机车。

图7-12 清华大学在公元1935年装配的2吨载货汽车（采自《中国近代机械简史》）

（3）汽车

公元1931年，沈阳民生工厂根据外国载货汽车进行测绘，仿制成功我国首辆民生牌载货汽车。这辆汽车自重约2吨，载重1.8吨，发动机汽油机功率65马力，最高时速64公里，但车的许多主要零件，如发动机、后轴、轮胎等，均是外购。1935年，清华大学机械工程系也曾组装成一辆载货汽车（图7-12），与民生牌汽车类似。

在公元1933年，山西省汽车修理厂也曾制造过3辆载货汽车，为此曾受到阎锡山的的奖励。

汽车的使用和发展，一直受到石油供应情况的制约，一些石油不能自给的国家，很早就开始寻找石油的代用品。中国在抗战前，石油的自给率只有约0.2%，因此中国技术人员一直注意降低汽油油耗，积极寻找石油的代用品。早在公元1925年，开始这项研究，当时留法归来的张登义首次制成煤气汽车，1932年，他在郑州市郊试车，时速达40公里。1937年，张世纲用植物油代柴油作为汽车燃料，取得成功，可使汽车时速达60公里，汽车平均每公里耗油0.17千克。

（4）飞机

公元1919年，北京南苑飞机修理厂制成第一架双桴双翼水上飞机，试飞效果极佳。

公元1934年时，位处南京的航空委员会第一飞机修理厂制成中国自造的最大飞机—— “爪哇”号双翼侦察机，最高时速达277.8千米，最大飞行高度5181.6米。这架飞机的发动机等购自国外。

此外，中央杭州飞机制造公司截至抗日战争前，按美国图纸生产了25架全金属轻型轰炸机，其中发动机等由美国供应。

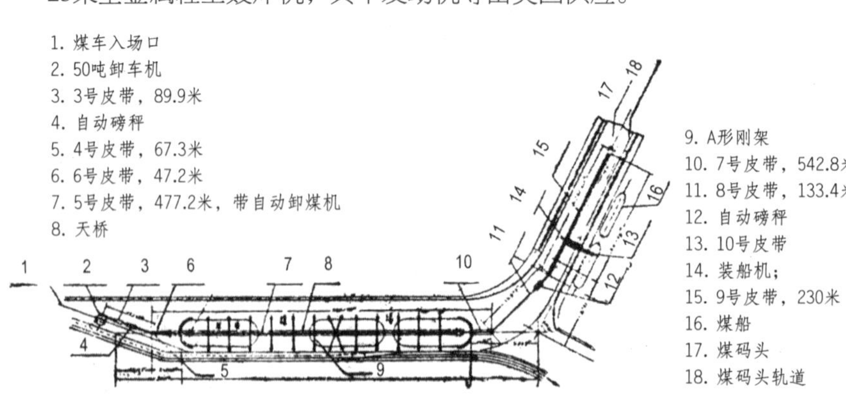

图7-13 江苏连云港码头上安装的大型皮带运输机（采自《中国近代机械简史》）

中国当时不能自己生产飞机发动机。仪表、起落架、螺旋器及一些材料如铝皮等大都来自国外。

（5）其他运输机械

抗战前夕，曾研制过较大的运输机械，江苏连云港码头曾安装了一套大型皮带运输机，将由火车从陇海线运来的煤转运到船上（图7-13），它连续运转，实现了卸车、称重、运送、装船全部机械化，这套设备于公元1934年开始研制，1937年投入运转，效果甚佳。运输能力为400吨/时，皮带件长超过1634米，宽度762厘米，以电动机为动力。抗战爆发后，它即被拆除，运往内地。

4. 农业机械

农业机械一般较简单、粗糙，便于制造，而且市场广阔，所以生产厂较多，包括一些不大的民营厂，产品的种类也较多。到20世纪30年代已可仿制耕种机械中的新式犁、耙及播种机等；田间管理机械中的除草器、中耕机、手压喷雾器等；灌溉机械中的离心式、螺旋式抽水机等；收割机械中的割谷机、剪草机、搂草机等；粮食加工机械中的砻谷机、打谷机、玉米脱粒机、碾米机、磨面机、榨油机等，还有一些农产品的加工机械。

5. 纺织机械

在中国近代工业中，纺织工业发展较快，纺织机械的量需要比较大；又因纺织机械一般受力较小，除锭子外，其他零部件运动速度不高，制造精度和对材料要求也不高，故许多机器厂在仿制纺织机械方面都做过较多工作，有不少尝试，对有些产品做过些改进，并获得些成就。尤以上海大隆机器厂的成绩最为引人注目，能制造几十种纺织机械（图7-14），如在公元1922年时，该厂以日本产品为主，参考英、美产品的优点，结合本国要求，生产一种织布机，可织平布、斜纹布等。

图7-14 上海大隆机器厂所生产的纺纱机（采自《中国近代机械简史》）

6. 其他机械

当时中国的机械厂还曾制造过不少其他机械，多以仿造为主，有的有所改变，制造的厂家多是民营企业。这些机械用于印刷、造纸、橡胶、火柴、制革、化工、医疗等，还生产过一些通用机械及零部件，如阀门、风扇、滚筒等。有的产品还曾出口，销往国外。

但总的看来，中国近代机械仍以仿制为主，与世界机械工业水平相比有一定的差距。首先对技术，尤其是对基础性问题缺乏研究，机械人才严重不足，原材料（尤其是重要的原材料）、制造手段（特别是精密加工）、大型毛坯生产手段及较精密的量具都较缺乏，所以，中国机械产品的精度、效率、寿命都不高，难以生产高速、高温、高精度及大型机械，为此，每年仍靠大量进口 。

三、机械工程的机构与教育

1. 机械工程的机构

公元1926年所成立的中央研究院，下设有工程研究所，尤其受到工业界的重视。

公元1930年，国民政府工商部在南京成立，中央工业试验所内有机械组，也是中国最早的机械工程研究机构，该组任务为：研究工业原料、改进制造技术、鉴定产品。公元1932年8月，开始出版《工业中心》月刊。到抗日战争前，该机械组以所设机械实验工厂为基础，进行材料试验、动力试验、机械设计与制造方面的研究工作；在机床方面，研制过脚踏冲床、牛头刨床、锯床、钻床等；动力方面研制过木炭代油机、小型柴油机、小型三轮汽车发动机等，也为该所研制过一些设备。

有些省也成立了工业试验所，如山西（1917年）、河北（1929年）、湖南（1933年）、陕西（1935年）等省，有的所内设有专门机械方面的机构。

此时，在有些大学中，也开展了机械工程的科研。机械史的研究也在此时开始。

2. 中国机械工程学会

詹天佑在1912年发起成立“中华工程师会”，内设有机械干事。1918年陈体诚等留美学者发起成立“中国工程学会”。1931年上述两会合并为“中国工程师学会”，总会设在南京，积极开展各学科（包括机械）的学术活动。另外，1934年月，杭州成立了“中国航空工程学会”。同年10月上海成立“中国电机工程学会”。1935年6月，上海成立“中国自动机工程学会”。这些学会都和机械关系较为密切。

1935年秋，庄前鼎、刘仙洲等发起成立“中国机械工程学会”，1936年5月在杭州正式成立。黄伯樵（江苏太仓人，同济大学机械系毕业，德国柏林大学博士）、庄前鼎（上海人，交通大学机械系毕业，美国康奈尔大学硕士）为首任正、副理事长，会址设在南京。学会下设专业组：原动机、自动机、普通机械、矿冶机械、铁道机械、航空机械、造船、兵器、纺织机械、农业机械、化工机械等。学会还在1937年出版了《机械工程》季刊，后因战争而停刊，这是中国最早的机械工程学术专刊。学会为促进机械工程学术发展做了不少工作，起了一定作用。

学会的学者们，曾在早期进行了一项极有意义的工作：由于当时科学技术从不同渠道大量涌入，所以名字十分混乱，有的名字译名多达十几个。中国工程师学会曾在1928年8月，委托学者编成了《机械工程名词草案》，内容2000多词条。1932年又编成《机械工程名词》。1934年编成《英汉对照机械工程名词》，词条增加到11000条。以后屡次增订，1936年9月为21000多条。1941年，经教育部审定为17956条。这一工作统一了中文机械工程名词，深受人们的欢迎。

3. 机械工程教育有了发展

（1）高等机械工程教育

中国科学技术与工业的发展，迫切需要大量的专业人才，而高等教育的水准高低，决定了整个科学技术水准的高低，中国要培养出一流的科技人才，就必须大力发展高等教育。

1918年，北洋政府在福州船政局开设了“海军飞艇学校”，下设飞机制造、潜艇制造、轮机制造三个专业，从内容看，这并非一般的机械工程教育。这个学校只办了几年，培养了一些专业技术人才。

1921年在南京成立的国立东南大学，设有机械工程系，当时该系7名教授都是留美归国者。预科及本科共修业五年，高年级才分为动力组及管理组。20年代末起，机械工程发展较快。到1936年时，已有19所院校办有机械工程系或专业，其中实力较强的院校为交通大学、清华大学、中央大学、浙江大学、同济大学、山西大学、武汉大学、中山大学、北洋工学院等。

在抗日战争前，各校机械工程系都没有培养研究生。1936年，中央大学机械工程系开办了特别研究班，招收机械、电机、土木诸系的本科毕业生。

（2）教师及教材

清代晚期高等学校（学堂）中的技术性课程，主要由外国人任教，使用外文教材。

民国后，高等学校中的技术性课程，则主要由留学归国人员任教。如

1936年清华大学机械工程系18名教师中，只有1名外国人，其余17名皆为中国人。但所使用的仍为外文教材。

到20世纪20年代后期，中国学者开始编写了一些中文教材，以求“学术之独立”。如冯雄的《机构学》（1933年）和《机械设计》（1934年）；何乃民的《汽车学纲要》（1930年）和《高等汽车学》（1936年）；顾复的《农具学》（1927年）和《农具》（1933年）；蔡昌年的《水力机》（1933年）等。刘仙洲的工作尤为突出，他陆续出版了《机械学》（1921年）、《机械学习题解答》（1922年）、《内燃机关》（1924年）、《蒸汽机》（1926年）、《内燃机》（1930年）、《机械原理》（1935年）、《经验计划》（1935年）、《热机学》（1936年）、《蒸汽表及莫理尔图》（1936年）等。这些教材不仅便于教学，也促进了机械工程学在中国的发展和传播。

（3）实践基地

为使机械工程毕业生尽快担当起实际工作，学校应当安排足够的实践教学环节，然而多数院校实验设备少、条件差，影响毕业生的质量。为此，许多教师呼吁加强实验与实习，当时交通大学机械学院院长王绳善强调：“机械工程是学理与手艺并进的”，必须“将学理与手艺混而为一，才有所发明”。这在一个“文人不与手艺为伍”、一向轻视劳动的国家里，上述说法是观念上的大转变，对学生的成长有重要的积极影响。

概括当时改变传统旧观念的作法，一是加强自身实践基地建设，附设实习工厂；二是加强学校与工厂的联系，把“学校与工厂合于一气”；三是使毕业生与工厂发展新产品结合起来，鼓励机械工程系毕业生到机器厂中去干一番事业。这些做法收到一定的效果。

到1936年止，全国机械工程毕业生近1500名，以北平大学、交通大学最多，但远不能满足实际需要。此时的中等技术学校仍发展缓慢，只有一部分中技培养了少数机械方面初等技术人员。职业技术教育也只能以师傅授徒方式传授技术，故培养的技术人员文化水平不高，看机械图的能力较差。

第三节　战时与战后的情况

在这一阶段，机械工业的布局，发生了较大的变化，设计与制造技术又有了些提高，产品也发生了变化，教育等方面继续发展。

一、机械工业的变化

1. 抗战时的变化

抗战时，沿海及中部一些地区工厂纷纷内迁，处于战争后方、包括共产党管理区的机械工业大有发展，而沦陷区的情况也有较大变化。

（1）沿海及中部有些工厂纷纷内迁

抗日战争全面爆发前夕，国民政府曾出面进行了调查。至1937年，全面抗战爆发，7月28日资源委员会决定与有关工商人士接洽商议。8月9日，决定工厂重要设备内迁至后方，并复工生产，次日就得到政务院批准。同年，沿海地区工厂即开始行动。随着正面战场的节节败退，需要内迁的地区不断扩大，有些沿海工厂被追迁徙多次。当时，虽然对内迁工厂采取了一些扶持与协助，有些设备也成为内地机械工业的中坚，但总的讲，仍损失很大，无法达到往日的最高水准。当时内迁的安全地区是大后方：四川、湘西、广西、陕西、鄂西、贵州、云南等地，以重庆的内迁单位最多。

（2）后方机械工业的发展

这里所说的“后方”，仅指国民党管理地区。由于战争的影响，使重要设备及原材料大多难以进口，国民政府只依靠自己的工业基础，维持并发展经济。为此，先后颁布了《工业奖励法》、《特种工业股息及辅助条例》、《工矿业奖励暂行条例》，修订《奖励工业技术暂行条例》以及《奖励工业技术补充办法》、《专利法》等。并通过有关政策，行使专利保护，减免出口税和原料税。采取了鼓励科技创造的措施，再加上许多任务厂内迁后，职工抗日热情高涨，后方机械工业的能力明显增加，尤其直接为战争服务的应用技术大有发展。

有人统计，到抗战胜利时，后方机械工业的工厂数为1016家，工人45424人，工程师2000人，这个统计不包括兵工厂、飞机厂等单位。

（3）共产党管理的地区机械工业的发展

早在20世纪30年代初，红军就在苏区开办了小兵工厂，修造军械。红军长征后，自1935年起，先后创办了一些兵工厂、农具厂，制订、执行一些优待知识分子的政策。一批懂科技的知识分子来到边区，成为工业建设的重要力量。抗日期间，共产党管理区有百人以上的兵工厂50多家，共有员工约超过万人。这些厂用不算先进的设备，因陋就简地修造枪炮、医疗器械、压制药片机、印刷机、铸字机，还生产其他一些设备和一些零部件，装备了一些工厂。这些工厂艰苦奋斗，为发展经济、扩充武装、克服困难支援战争作出了贡献，也为日后的发展培养了一批人才。

（4）沦陷区的机械工业

1937年，日本关东军特务部颁布了《产业开发五年计划》，开发利用东北资源，为其侵略战争服务。日本在东北投资迅速增加，开办了一些新厂，这些厂都是日本企业在华的分厂，重要技术都由日本人掌握，有些关键零部件也来自日本。但总的讲，东北机械工业还是有所壮大，这些厂主要分布在东北的沈阳、大连、鞍山、长春、抚顺等地。

后来，随着战争的发展，沦陷区逐渐扩大，设厂的区域也有扩大。

2. 抗战胜利后的机械工业

抗战胜利后，机械工业随之发生了变化。

（1）战后机械工业计划

抗战后期，国民政府即已开始编制战后的经济建设计划。首先是1940年，中国工程师学会着手编制工业计划。1943年4月，又根据蒋介石的命令，召集政府机关、工矿企业、大学、科研机关、学术团体等的代表，举行会议，讨论并通过了《战后经济建设计划》。至1945年，中央设计局会同资委会，又根据上述“计划”制定了《重工业五年计划》。计划中规定战后五年机械工业产量为：锅炉36万热面平方米；蒸汽机15万马力；内燃机22万马力；汽轮发电机35万千瓦；水轮发电机30万千瓦；电动机130万马力；金属切削机床1万台；手提工具机4种；工具量具560万件；滚动轴承200万件；机车100辆；客货车2600辆；柴油汽车3万辆；汽油汽车3万辆；飞机700架；飞机发动机3000台；轮船9万吨；员工近20万。后来经济部中央工业试验所还拟发了《战后机械工业复员计划大纲》。这些文件说明：国民政府确曾为战后振兴机械工业做过努力。

实现上述计划，需要正常的社会秩序及和平的环境。然而，1946年6月，内战全面爆发，这一计划也就不可能实现了。

（2）战后工业的调整与生产状况

战后，尤其是内战爆发后，物价上涨，通货膨胀严重，外国也不敢在华投资，对外贸易入超惊人，军费开支巨大。这时许多任务厂纷纷迁回原址，国民政府几乎停止了对后方工厂的扶持。很多厂内迁后，不能生产或只能勉强开工，一些工作人员又趁机贪污腐化、中饱私囊。东北的设备，大批被苏联作为战利品运走，不少厂丧失或减少了生产能力。在接收的日伪及美国物资中，虽有少数较好设备，如曲轴磨床等，但大都残缺不全，或损坏而无法使用。致使机械工业生产很不正常，只在很有限的范围内有所发展。新厂建设缓慢，情况不佳。

全国工厂最多的是上海，其次为天津、武汉、台湾、重庆、南京、沈阳等。1947年生产状况较好些，这一年机械产量为锅炉600台；蒸汽机126台；内燃机20214马力；交流发电机21700千瓦；交流电动机51293千瓦；各类机床19011台；棉纺机220000锭；机车22辆；客货车267辆；自行车14000辆。以后的年产量更少些。

据沈鸿估计：到1949年10月1日为止，全国约有各类机床9万台。这就是中国机械制造业，经过近代100多年的艰难发展所达到的规模。

二、仿制技术继续提高

抗日战争阶段及稍后，机械工业的生产不够正常，但仿制技术仍有所提高，新开发出一些适合实际需要的新产品，有些产品批量有些增加，向更大、更精密方向有所前进。但这一阶段，中国机械的研究、设计则进展不大。

1. 机床与工具

机床的仿制技术明显提高，能仿制精度较高的机床与工具。

如中央机器厂按瑞士产品，仿制了精度较高的铣床及齿轮铣刀、滚刀和千分尺等，还仿制了精密块规。此外，该厂还曾仿制了各种滚珠轴承、砂轮、钻床夹头及其他一些工夹具。有的厂也仿制了工具磨床、铲齿机和一些专用机床。新中工程公司还曾建成煤气机生产线，有的改进很有特色。

有些厂仿制的机床更大了，如中央机器厂所造成的龙门刨床长度达4.3米，宽达1.02米。

以中国机器厂为例，到40年代末，即可造各类机床十余种，部分锻压、铸造设备，以及铣刀、车刀、麻花钻头、三角卡盘、丝锥、砂轮和千分尺等。图7-15即为这一阶段所生产的龙门刨床。

图7-15 抗战胜利后上海恒新公司制造的14英尺龙门刨床（采自《中国近代机械简史》）

沦陷区所办厂，经济命脉由日本技术人员掌握，日本投降时，一般焚毁了技术档案，而后有的机器又被苏军运走，情况不详。

2. 动力机械

抗战时，后方机器厂据当时能源情况，制造了锅炉、煤气机、发电机、水轮发电机、蒸汽机、电动机等，成绩不小，有些产品的质量可与进口货媲美。还曾提出了一些有价值、有新意的设计方案，因地制宜，取得了一些较好的经济效益。抗战时，中央机器厂仿造成瑞士250马力的煤气机，是当时国内最大的内燃机。地处重庆的上海机器厂还制成300马力卧轴混流式水轮机，安装在青海西宁电站。

沦陷区也有一些突出的产品，如：日伪在东北建造小丰满水电站时，曾安装了4台7万千瓦和2台1500千瓦水轮发电机组，这是当时中国境内最大的水轮发电机组。1945年上半年，上海公用电机厂还曾制造了300马力的四级滑环防滴式电动机。

3. 交通机械

（1）汽车

抗战时，原材料供应更加困难，因地制宜地解决了一些问题，使有些产品产量有了提高。如新中工程公司曾建立了发动机批量生产线，用以和交通机械发展配套。该公司还用煤气机改装了几辆汽车，中国工程师学会为此表彰了有关技术人员——支秉渊，授予他金质奖章。

抗战时，尤其是太平洋战争爆发，石油供应也很困难。中国一方面注意节油，另一方面积极寻找代用品。中国汽车公司华南分厂（设在桂林良丰），还曾以桐油为燃料，改装过奔驰2.5吨汽车。煤气汽车此时也得到了推广。

在沦陷区的东北，日方厂中每年可组装2万辆汽车，还曾生产过消防汽车、农用汽车。此外，战时天津也装配过汽车，但产量不高。

（2）飞机

从公元1943年起，国内组装过飞机发动机。

而战时在沦陷区的东北，日方厂中曾装配成战斗机10架，高级教练机200架及750马力飞机发动机200台。有些飞机的发动机由日本国内生产。

（3）船舶及机车车辆

战时，后方在船舶和机车车辆方面并无明显进步。因受地理条件限止，战时所造船舶以小型船只为主。

沦陷区内，主要是沿海地区仍修造大型船只，机车，车辆制造技术也有明显进步。到1943年，东北的机车、车辆生产能力较高，可年产机车117辆。所生产机车时速达到过80公里，牵引着当时亚洲第一的高速列车“亚西亚”号奔跑。

战后，交通机械的情况也没有明显的变化。

4. 其他机械

生产纺织机械多的都是小厂，小型纺织机械的制造尤为活跃。较大的纺织机械虽也可制造，但很少使用。在沦陷区内则较多制造大型纺织机械。

战时，在开发玉门油矿时，所用炼油设备完全是自己设计、制造。此外，值得一提的是，此时还生产过轧钢机、光学镜片研磨机和一些试验设备等。

在沦陷区内，日方为开发东北资源，曾制造过多种矿山机械，如凿岩机、鼓风机、抽水机、卷扬机、运煤车、运输机等。东北还曾按日本标准生产过螺钉、铆钉、垫圈等标准件。

战后中国机械产品无明显变化。

三、机械工程的科研、教育与标准化

1. 机械工程的研究

（1）大后方的情况

抗战时，不论是国民党还是共产党管理的地区，中国人不得不靠自己发展工业，科研工作受到了重视，克服了资料缺乏的困难，规模比以前大，设计能力也有发展。

中央工业试验所先后设置了机械设计、动力、材料、汽车、燃料等共17个试验室，以及机械制造等11个实验工厂。还在有些省会中设立了分所或工作站。试验所开展多方面的研究工作，如设计、制造设备、帮助建厂、指导小厂或小手工业，还曾取得过一些专利发明。

1939年，航空委员会还在四川成都设立了研究所，先后研制了木制、竹制教练机。但总的来说，因当时投资不大，设备陈旧，所以成绩有限。清华大学在1940年建成了国内唯一的可供试验的风洞，口径为5英尺。

战时，1938年11月，还在重庆成立了纺织机试验所，主要是因地置宜改良纺织机械，曾研制了一些小型纺织机。

战时各级学会，注意积极推进技术工作，尤重解决实际问题，并参与了标准制定、专利的研究。1941年，中国机械工程学会成立了七个分会，会员983名。战时，《机械工程》停刊，《机械通讯》继续出版。1944

年，在重庆成立了中国农具学会。同时，共产党管理区也在1941年成立了机械电机学会。

战时，国民政府鼓励大学与工业界合作，参与解决实际生产中提出的问题，工厂中的工程技术人员也到大学去兼课。

一般工厂中，研究力量仍较薄弱，只有少数技术人员能注意研究、收集资料，开发新技术、新产品。

（2）沦陷区的情况

日伪曾于1935年3月在吉林长春成立大陆科学院，现知，在1937年即设有机械研究室、机械工作试验室17室，规模不比国民党的中国工业试验所小。有些日方工厂中也有规模较大的研究机构，有开发新产品的一定能力，非后方可比。

（3）抗战胜利后的情况

抗战胜利后，机械工程的研究反不及战时活跃，原因是人们忙于搬迁、调整、恢复生产，加上局势动荡，经费紧缺等故，难以有所发展。

2. 机械工程教育

抗战时，大学纷纷内迁，社会对人才的迫切需要，工科教育尤受重视。到1940年时，各大学的机械系有学生1806名，占学生总数的17.9%，达到了较高的比例。但经费、实验设备及图书资料，特别是新书刊，十分缺少，条件很差，限制了教育的发展。

1939年，中央大学机械工程系主任张可治教授招收了首名研究生杨立洲。杨于1941年7月毕业，成为国内培养的第一位机械工程硕士。

1940年，延安自然科学院成立，成为中国共产党创办的第一所培养科技人才的大学。1941年开始在物理系中培养机械工程学生，1944年正式设机械工程系，在抗战胜利前，该系有学生42名。

抗战时，后方也发展了技工的培养工作。

抗战胜利后，原内迁的一些学校又迁回原址复课，教学情况有所好转。出国留学的也多了，他们在以后的实践中取得了不少成绩。

3. 机械工程的标准化

中国所用的机器来自许多国家，标准互不统一，工业界迫切要求实现标准化。1940年颁布的《中国工业标准草案》中，即有机械方面标准152种，包括制图、螺纹、螺母、螺钉、垫圈、轴、带轮、锉、钻、孔轴公差、验规、套筒等。1942年6月，更成立了机械工业标准委员会，下分机械基本标准组、机械原件组、工具及工作机组、动力组、车辆组、船舶组等，分头开展工作。

另外，有些大的企业还曾制订了企业标准，但这种标准一般只在企业内使用，局限性很大。也有人翻译了一些国外标准作为参考。

沦陷区内一般则采用日本国标准。

第四节 科学家詹天佑

中国近代机械工程的主要内容是由外国引进，因而少有卓有建树的科学家，唯詹天佑是其中佼佼者。此时也未见有影响巨大的科技名著问世。

图7-16 詹天佑像

詹天佑（公元1861—1919年），原籍安徽，本人出生在广东省南海。12岁时考取了容闳倡议的“留美幼童预备班”，赴美留学。1878年进入耶鲁大学土木工程系，学习铁路工程。1881年回国，到福建水师学堂做过驾驶、英语教学、测绘等工作。1988年被调到唐津铁路工地，为祖国铁路建设工作（图7-16）。

詹天佑在京沈线上工作时，以建造滦河大桥的工程最为出色。由于桥基地质情况复杂，滦河涨水时流速又太大，打桩十分困难，英、日、德等国技术人员均告失败，詹天佑另选了桥址，用人潜入深水调查，想方设法，终于解决了这一难题。在他主持下，建成中国第一座近代铁桥，全长305米。

为表彰詹天佑的出色成就，1894年，英国工程师学会选他为会员。在当时中国科学技术尚很落后的情况下，这种现象十分可贵。

詹天佑还为中国工程技术做出了更为出色的成绩，在他主持下，独立建成京张铁路。京张铁路全长200多公里，桥长共7000余尺，中隔高山峻岭，石峭弯多，地形复杂、工程艰巨。当中国人拟自己修建京张铁路的消息传出后，一些外国人当作笑谈，声言建造这条铁路的中国工程师还未出世。詹天佑担当京张铁路的总工程师后，不辞劳苦，带领工程技术人员和他的学生，经过仔细勘察后，选定路线，减少铁路坡度及山洞长度，所修最长的隧道为1091米。在设计过程中，他提出不少新奇想法，做出不少有独特创造的成果。施工中他更是以身作则、就地取材，解决了遇到的许多难题，也使成本大为降低。

京张铁路于公元1905年9月动工，在1909年8月建成，比预定的时间提前了2年，经费结余20万两白银，所用费用只有外国承包商索价的五分之一。詹天佑原提出的“花钱少、质量好、完工快”三个要求都做到了。

京张铁路建成后，他又为中原、四川等地的铁路建设贡献力量，直到逝世。

詹天佑一向注意我国技术力量的培养，教育了不少青年工程技术人员和学生，劝他们“勿沽名而钓誉”、“行远自迩，登高自卑”。詹天佑的成功实践与言辞，为后人留下了宝贵的经验和教训。

第八章
研究过去 思考未来

研究历史是为了探索发展规律，总结过去的经验教训，使读者了解机械的发展过程后引起对机械应有的重视和浓厚的兴趣，进一步思考一些带全局性和规律性的问题，为未来的发展提供有益的借鉴。

本章的内容阐述中国古代科学技术（包含机械）领先的时间，中国历史上人才的巨大作用以及他们的成功之道，各朝各代的“取士”方法与科举制度的得失，传统机械是否还有生命力等问题，从而说明事业兴旺发达的关键因素是人才。

第一节　中国科学技术领先的时间

广大的炎黄子孙，尤其是科技工作者（包括机械专业人员）都非常关心繁荣昌盛的文明古国其科学技术是否曾经处于世界领先地位？对此，有人深信不疑，有人则心存疑惑；即使深信的人，对在曾经领先的具体时间的认知上不够统一和明确。基于此，有必要予以充分阐述，这一问题与机械科技文明也有密切关系。

一、中国科学技术连同机械开始领先于世的时间

埃及古国，由于著名的尼罗河灌溉而农业发达，在6000年前建立了奴隶制国家，约在5000年前出现了统一的埃及王国，修建恢宏壮丽的金字塔，这些金字塔是古埃及奴隶们智慧和血汗的结晶，同时也是当时埃及科学技术高度发展的丰碑。由于尼罗河灌溉和修建金字塔的需要，埃及的几何学也有了相当的发展，当时埃及还掌握了将尸体制成木乃伊保存下来的特殊方法，从而促使埃及的医学有了高度的发展。5000年前两河流域（目前的西亚地区）出现了苏美尔人建立的奴隶制国家。他们的农业很发达，而且远在4000年前使用了铁器。在地中海的东岸，相当于现在叙利亚的沿海地区出现了腓尼基王国，商业尤其是对外贸易十分繁荣，如此等等。应当说在此之前，中国古代的科学技术并没有领先的地位，中国约5000年前的黄帝，仅是一个原始部落的首领，直到夏代，中国才进入了奴隶制社会，中国在原始社会（新石器时代）以及奴隶制社会（夏、商、周三代）发展很快，并在世界上最早进入了封建社会。

英国李约瑟博士率先提出了“中国古代科学技术曾长期领先于世”这一观点。他编撰的恢宏巨著《中国科学技术史》（台湾地区译本的书名为《中国科学与文明》），共分7卷。1954年出版了第一卷“总论”，

其中曾一再提到中国科技的领先时间。关于具体领先时间，他的看法并非一成不变，随着社会的发展和研究工作的深入而有所变化。总的认为中国科技领先的时间要更早、更长些。这些看法极为重要，也与历史事实相符。

李约瑟博士是享有国际声誉的生化专家，在当时众多国家对中国还不甚了解、关心并藐视中国的环境下，他以一位科学家的良知，敢于独树一帜地肯定中国古代为世界文明所作出的巨大贡献，震惊了世界并引起大家对中国应有的重视。在工作中他结交了中国许多学者和普通老百姓，彼此之间建立了深厚的友情。之后也对中国一直很关注，成了中国人民的老朋友。如今李约瑟博士已经仙逝，我们遵循他的基本想法与根据具体情况有所变化的思想方法，提出了一些修正和补充，这是历史发展的必然结果，想必也是李约瑟博士的意愿。

考古中发现的秦陵铜车马，可作为中国科学技术成熟并领先于世的标志，秦汉时期的一系列重要发明，正是科学技术领先的明证。许多影响重大的杰出发明，有些李约瑟博士已经提出，有些因故则没有提出。

1. 李约瑟博士已经提出的杰出发明

李约瑟博士在其《中国科学技术史》第一卷“总论”的第七章中用26个英文字母为标号列举出中国古代杰出发明以及这些发明传播到国外的时间。在这些发明中属于秦汉时期的就有九项之多。现以原书排列为序列举如下：

（1）龙骨水车，原书标号为（a）。出现时间：东汉。

东汉时出现的龙骨水车，在农村广泛地用于排灌，它可以由人力、风力、畜力和水力带动，因而类型和结构极为多样。由于应用地区很广泛，在各地的名称也不相同，分别被称为：翻车、水车、水蜈蚣、水龙、踏车、拔车等。

（2）水力的应用，原书标号为（b）。出现时间：汉前。

东汉时出现了利用水力的重要发明——连机水碓，它是以水力作为动力进行谷物脱粒的设备。在有些地方它也被用作粉碎机。这种机械在古代曾被广泛应用。它的出现，为中国水力的应用开辟了广泛的途径。

（3）水排，原书标号为（c）。出现时间：东汉。

汉代出现的水排，是利用水力进行冶金鼓风的设备，其上的卧式水轮由水力驱动，带动大绳轮，再通过绳带传动及曲柄机构带动木扇，为冶金炉鼓风。它已具备了发达机器的特点：由原动机—传动机构—工作机所组成。水排的出现，则标志着发达的机器，在中国汉代已经产生。

（4）风扇车，原书标号为（d）。发明时间：西汉。

汉代出现了风扇车，是产生并利用风力清选粮食的设备，也是离心风力的一种应用。

（5）平织机（也称斜织机），原书标号为（f）。发明时间：东汉。

汉代的纺织业，“纺”和“织”都有巨大进展。汉代出现的平织机，使“织”的操作工艺得到改进，工作条件大为改善，织布的质量和速度都有提高。“纺”的方面，出现了高效的手摇纺车，它应用了绳带传动，使纺纱的质量和速度都有显着提高。抗日战争时间，八路军在延安大生产运动中，这种纺车曾被广泛应用。汉代还出现了远比一般织机复杂的提花织机。

（6）独轮车，原书标号为（h）。发明时间：西汉。

在宣扬西汉时董永卖身葬父孝行的故事中提供了足够的证据，使人们知道独轮车出现于西汉。它使运输工具小型化，在崎岖山道、乡间小路上都能通行无阻，大大增加了运输工具的机动性及应用范围，也为日后木牛流马的出现提供了基础。

（7）被中香炉，原书标号为（q）。发明时间：西汉。

汉代还有可以在被中使用的香炉，兼有取暖和熏香的作用。它的结构异常巧妙，在被中无论被怎样翻转滚动，炉内香盂都不会倾翻，与今天航空、航海中广泛使用的陀螺仪的原理是一样的。

（8）纸，原书标号为（y）。发明时间：东汉。

东汉时有一项几乎是家喻户晓的杰出发明——蔡伦造纸，它是中国古代的“四大发明”之一，蔡伦总结了以前的造纸经验，进行了大胆革新，使取材更为广泛，工艺上也比以前完备、精细，是中国文明史上的一件大事，它推动了文化知识的传播和提高，为世界文化的进步作出了巨大贡献。

（9）瓷器，原书标号为（z）。发明时间：东汉。

中国的陶器虽在七八千年前即已出现，但真正的瓷器则在东汉时出现。它是对世界产生巨大影响的重要发明。

2. 李约瑟博士未提及的杰出发明

正如李约瑟博士在书中列举了26项杰出发明后所说：“我写到这里用了句号，因为26个字母已用完了，可是还有许多例子，甚至还有重要的例子可以列举。”下面即以出现的时间为序补充5例。

（1）秦陵铜车马，出现时间：秦。

人所共知，20世纪80年代考古上有一起重要的发现——秦陵铜车马，这两具铜车马一具是战车，一具是安车（休息睡眠用），它们按秦始皇生前所乘的车辆用1比2比例制造。形态逼真、造型优美、结构复杂而完善，表现出很高的科技水平和制造技术，有着丰富的内涵，这一重要发现举世惊叹！它正是中国古代科学技术走向成熟的标志，证明当时先进的制造业已经出现。面对这一发现，人们因此深信不疑：制造技术能够达到如此高水平的民族，是什么样的创造发明都可能产生的。

（2）三脚耧，出现时间：西汉。

汉代农业机械上出现了三脚耧，这是一种播种机械，将撒播发展成为条播，可以同时完成“开沟”、“播种”和“覆土”三项工作，大大提高了播种的效率，利用它可以“日种一顷”，需要多具犁才能配合它的工作，使原来后进的工序一跃成为先进的工序。这项发明创造，为农业的发展作出了巨大的贡献。在广大农村，它一直沿用至今，存在了2000年以上。

（3）指南车，记里鼓车，出现时间：西汉。两者常被同时使用。

汉代出现了指南车、记里鼓车，这两种车辆上，都有很复杂的齿轮减速系统，它们的出现，标志着齿轮在中国已得到了广泛的应用。在指南车上，有自动离合系统，当指南车转弯时，齿轮就能自动地工作，这一发明，引起了全世界的注目。而在记里鼓车上还有可使木人自动击鼓的机构。

（4）地动仪，出现时间：东汉。

汉代张衡在科学上的贡献值得一提，他所制造的地动仪，可以正确地测知地震，而他制造的水力天文仪器——浑象，可以准确地演示天象。

当然，还有许多例子，甚至重要的例子不胜枚举。事实雄辩地证明，中国在秦汉时期的发明创造很多，对人类历史的进程有巨大的贡献。

二、中国科学技术连同机械何时结束领先

关于领先时间的下限，有人认为是13世纪；也有人认为是15世纪，哪种说法更确切？无论是13世纪还是15世纪，中国科技快速发展的势头，有所减缓，这是个不争的事实，但中国古代科技何时才丧失了世界领先的地

位呢？中国科学技术结束世界领先的时间约为明代中后期，即公元15、16世纪。

科学技术的发展，不但与当时的社会条件和环境等情况有关，也与此前的社会条件和环境等情况密切相关，还与世界上总的情况相关。13世纪是中国历史上南宋至元代初期，总的看来，这一时期科学技术的发展还未算很慢，个别学科甚至出现了发展的小高潮。例如13世纪前后，在纺织机械方面，元代产生了水力大纺车，使纺纱技术有了突飞猛进的发展。天文机械方面有水运仪象台和简仪，创造了天文仪器的最高成就，意义很重大。另外，此时的瓷器达到炉火纯青的地步。冶金技术也继续有新的发展，建筑和造桥技术更趋成熟，战争器械也有明显进展，宋代后火器广泛用于实战，到元代时火器技术的进步尤为显著。这时指南针得到了普及。雕版印刷盛行。从而可以看出：并无足够的事实可以说明13世纪就结束了领先于世界的局面。

15世纪正值中国明代中期，中国的封建社会已经历了约2000年，长期封建统治的积弊起着越来越大的消极作用，扼杀了一批重要的发现、发明，禁锢了知识分子和能工巧匠的活跃思想，限制了科学技术的继续进步，这一时期除了重修万里长城及郑和下西洋之外，几乎没有可观的发明创造，至此中国科学技术才结束了领先地位，时间约为15世纪，或提15、16世纪更为稳妥。

此时的欧洲发生了极大的变化，资本主义开始萌芽，航海业首先起飞；意大利掀起了文艺复兴运动，人们思想获得了很大的解放，大大地促进了科学技术的发展。在研究方法上，重视实验研究，也更注重理性认识，注意寻找事物发展的规律性，科学技术的许多方面取得了重大的发展。在农业、矿产、钢铁、纺织、交通运输等关系到国计民生的重要领域都发生了重大的变化。15、16世纪的西方，正值改变世界面貌的产业革命的前夜，西方世界正为此而积蓄力量，科学技术的进步十分明显，出现了培根、笛卡尔、牛顿、虎克、波义耳等一大批杰出的科学家。

稍后，明代中、晚期到清初，基督教旧教中的耶稣会传教士相继来华传教，这个组织重视并热衷于科学技术与海外传教，借此扩大其影响，赢得人心，因而他们将欧洲先进的科学技术成果带到了中国，当时他们还在北京兴办了一所小型的图书馆，存放他们带来的及所撰写的科技著作，根据他们所带来的当时西方的科学技术分析，此时欧洲的科学技术总体上已超过了中国，这种情况说明，中国科学技术的领先已经结束。

另有一例很有说服力：明代晚年战乱频繁，为了抵御清兵入关和镇压农民起义，崇祯皇帝曾命令德国传教士汤若望负责设计、制造火炮，汤若望先制成20门炮，试放时崇祯亲临现场观看，试放极为成功，崇祯甚为高兴，当场下旨命汤若望再造500门。后来汤若望写成《火攻挈要》一书，阐述了西方的火器技术，包括火器原理、火药、火炮的制造技术、炮弹、地雷等，并首次介绍了西方的镗孔等技术。一定程度上表明西方的科学技术已开始领先于中国。

三、科技领先缘于机械的重大作用

首先看中国机械文明的发展过程。

石器时代：中国机械萌芽。这一时期机械是工具，一些简易的石器和棍棒，由人体和手工操作组成工作机构从事耕种和狩猎。

即： 工作机构

夏、商、周三代：中国机械快速发展。尤其是这一时期后期的机械渐渐复杂，常由两部分组成：由人力和畜力驱动带动工作机构，如耕犁、滑轮、取水的辘轳、桔槔、制陶转轮等。

即： 人、畜力 —— 工作机构

秦汉：中国古代机械文明达于成熟。此时机械由三部分组成，用风力、水力、畜力或人力通过齿轮、绳带、突轮、连杆传动等方式带动工作机构工作，例如连机碓、水排、指南车、纺车、天文仪器等。

即： 人力、畜力、水力、风力 —— 传动机构 —— 工作机构

从三国到明：中国古代机械文明保持高水准持续前进。

从明末到鸦片战争：中国机械文明步伐缓慢，几乎停滞不前。

从鸦片战争到中华人民共和国成立：以引进为主的近代机械时期。

从中华人民共和国成立到现在：现代机械时期。这时机械更加复杂，由四部分组成，除原来的动力机、传动机构、工作机构外，还有日益复杂的操纵机构，控制着各部分的工作。

即：
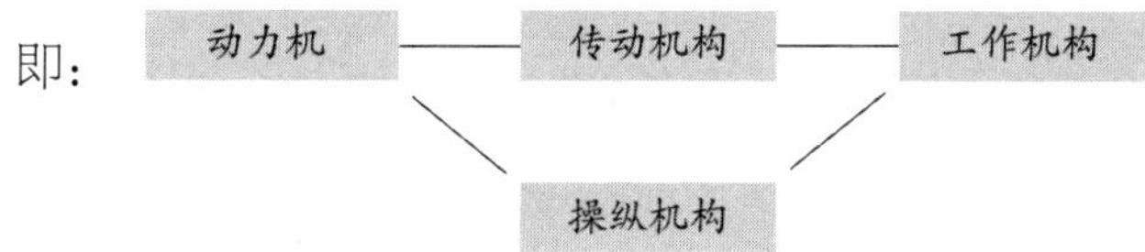

从这一过程可以看出，中国在自己独特的历史条件和地理环境中，所形成的古代机械文明的水准很高，发挥了巨大作用；并且自成体系和特点，从内涵到外形，都有别于其他国家，使人一望可知。其特点可概括为以下几方面。

首先，从中国古代机械文明的发展过程中，可以看到中国古代机械的种类多、数量大、水平高、影响深远，在长达一千六七百年的时间里，中国科学技术，包括机械领先于世，更确信无疑！古代有不少机械成果是中国首创，如古车的设计与制造、农耕机械、冶金机械、齿轮系统、灌溉技术、计时器、陀罗仪、水力利用、纺织技术、陶瓷制作、印刷技术、材料工程、船舶制造与航行等方面都有中国的杰出创造发明，这是中国机械文明史的独特成就，也为世界文明的进步作出了巨大贡献。

其次，中国古代机械的许多杰出发明的产生，都是顺应了社会发展的需要。在封建社会形成前后，我国即产生了不少杰出发明，如铜车马、指南车、记里鼓车、被中香炉、龙骨水车、连机水碓、风扇车等，指南车、铜车马、被中香炉等专为供帝王和达官贵人应用，古代冶金技术、战争器械等也由官方直接管理，我国第一部技术专著《考工记》就产生于封建社会即将形成时，它记录了许多手工业的技术程序、官定规范和指标。这种情况足以让人们认识到，中国古代机械文明的发展，受到客观环境尤其是官方的巨大影响。

再次，中国古代机械的发展，还偏重于解决实际问题。农耕机械如灌溉机械、粮食加工机械、播种机械、纺织机械等都直接用于解决衣和食的问题。还应看到，理论上的探索，虽然历史上也有人问津（诸如墨家），并曾取得了一些成就，但都未得到充分发展，整个古代科学技术，包括古代机械都被“务实”的传统所控制，如指南车、记里鼓车、铜车马及有些天文机械等，虽水准很高，但也是直接为帝王所用，从而使中国古代的科学技术，未能达到理性科学的高级形态，对社会发展未能产生更大的推动作用，亦未能产生近代科学技术。

四、历史上几个相关的问题

中国科学技术领先于世的时间问题，与很多问题相关，现着重简要论述如下几个与现实及发展密切有关的历史问题。

1. “闭关自守”使中国完全失去了追赶西方的宝贵机会

雍正对西方在华传教士一向无好感，他更怀疑这些传教士介入了康熙晚年时众皇子争夺皇位的激烈斗争，且没有支持自己，因此在他继承皇位的当年（公元1723年）下谕禁教，命各地官员将所有外国传教士（除负特殊使命者外），一律先行驱逐到澳门“看管”起来，不许他们“妄自行走”。至此，清廷“闭关自守”（也称“闭关锁国”）政策正式开始。此后曾有西方特使一再来华，请求雍正放松政策，雍正虽厚待来使，但他“语多傲慢”、“虚与周旋”，禁教态度并无改变。

闭关自守政策使走私活动尤其是鸦片走私更加猖獗，清廷国库空虚，经济崩溃，官场极其腐败无能，军事力量更衰落，思想僵化，民怨沸腾，科技与国力都与先进国家不可同日而语。

2. 历史上的乾嘉学派

在乾隆、嘉庆年间，学术考证在学术界占据了绝对地位。当时开设的“四库全书馆”聚集了300多名学者，在学术界及社会上都有较大的影响，史称“乾嘉学派”。这些饱学之士，学风严谨、认真，在具体研究中能够实事求是，运用了比较、分析、归纳等方法。乾嘉学派的出现与发展，与清初大兴文字狱不无关系，这迫使读书人远离现实，走一条考证古籍的比较保险的道路。乾嘉学派的主要内容为：校注，包括补充、改正有关资料的整理，其次为辨伪、辑佚。乾嘉学派在这些方面用功很深，悉心钻研，取得的成绩很大。虽然他们在古典文献方面做出了斐然的成绩，但他们在研究方法上专事考证，看法上墨守成规，对过去坚信不移，远离现实社会，缺乏创新精神，这无疑对科技的发展，起了消极与阻碍的作用。

3. “康乾盛世”之说有局限性

一度盛传“康乾盛世”，尤其是不少文艺作品更是不遗余力地宣传这一观点，事实上“康乾盛世”之说有很大的局限性。一般说改朝换代后，新朝建立之初，出于巩固自己的统治需要，汲取前朝的教训，在医治战乱创伤、稳定生产、发展经济等方面做出不少努力，这是一个普遍的现象。清初经济虽比较兴旺，但并无证据说明超越了前朝，经济与科技上都没有什么可观的成就。康熙个人确实对科技较为重视，但掩盖不了清代康乾年间经济落后、国力衰败、民不聊生、饥民哀号、统治集团穷奢极侈的事实。因而不能说康乾年代是中国古代社会的盛世。

有些人之所以认同“康乾盛世”这一说法，或因人们与清朝年代相距比较近，较为熟悉；尚有不少前清遗老遗少，坊间流传的故事、传说都比较丰富；还因清代统治者较讲究享受生活、排场，搞了许多设施，不少园林建设达到了较高水平，因时间和内容都与人们的生活距离较近，家中不少老人耳闻目睹一些而已。

4. 鸦片战争中国必败无疑

鸦片战争是中国近代史的开始，这是一段屈辱的历史。其时中国已十分落后，“落后就要挨打”。如前所述，清代末年，清皇室不顾国库空虚、饿殍遍野、经济行将崩溃，动用了大量人力、财力修建园林，过着奢侈糜烂、醉生梦死的日子；官场腐败，民不聊生，闭关自守政策使中国经济、科技等方面与先进国家的差距越来越大。军事上因循守旧、头脑僵化、指挥无能；官兵缺乏专门训练，素质低下，军队纪律涣散，不少官兵吸食鸦片，体质孱弱，斗志低落；军事器械陈旧落后，不堪一击。清廷为挽救摇摇欲坠的腐朽政权，试图整顿脆弱的统治秩序，实乃积重难返，回天无力，面对西方的利炮坚船，一败涂地。

当时中国已非常落后了，清廷仍固步自封，愚昧地坚持“闭关自守”政策。嘉庆二十一年（公元1816年）时，清廷再次拒绝英国的通商要求，并提出外国“后毋庸遣使远来，徒烦跋涉”。英国特使马戛尔尼在18世纪末，返回英国时说：当中国人看到他的火柴能够燃烧时，竟大为惊奇。他当时就一针见血地预言：“洋兵长驱直入，此辈能抵挡否？”其时鸦片战争已经临近，马氏已经看出一旦发生战争，中国必败。在如此险恶的形势下，清廷的这种妄自尊大的态度，可悲而又可笑。以后的事实果然如此，鸦片战争的失败，再次证明了“落后就要挨打”，只有国富民强才无人敢欺。

第二节　中国历史上的经验教训

一、科技发明是推动历史前进的动力

科学技术（包括机械）是社会文明发展的重要动力，中国古代机械的发展与社会发展有不可分割的密切关系。历史上常将重要的科学技术的进展，看作是社会发展的代表，作为衡量社会生产力发展的重要标志。翻开人类的历史，证明科学技术（包括机械）的进步，对社会发展所产生的巨大影响。这种情况绝不是一种偶然的现象，而是普遍的、带有规律性的现象。

社会是科学技术存在的环境，对科学技术发展起着决定性的作用。

社会上的观念、方针、政策等形成科学技术生存的条件，社会的需求是科学技术发展的动机。而科学技术的进步，又会促进社会的发展，科学技术与社会互相影响、互相促进，正视科学技术对社会发展的巨大作用，才能明确科技工作者肩上的责任。

对机械学科而言，与相邻学科以及社会都有密切关系，会直接或间接地影响社会，机械史上这类例子很多。如金属材料的出现及其推广，大大促进了社会的发展；战车制造技术的提高，影响到战车的数量与质量，也直接影响当时各诸侯国的强弱、盛衰；耧的出现，大步提高了播种工作的效率和质量，有助于汉代国力的强盛；龙骨水车的出现，把间歇提水变成了连续提水，而连机水碓的出现，不但节约了成本，也明显提高了效率，极大地有利于农业的发展；如此等等。机械史上的重要发明，都对社会进步起到明显的作用，也势必影响到其他学科的发展。

正是科学技术的进步，促进了生产力，也推动着中国社会向前发展，造就了中国古代社会长期的繁荣富强。尽管朝代不断更迭，从秦、汉到元、明，中国一直保持了领先于世界的地位，先进的科学技术是保持国力强盛的重要基础。发达的农业科学技术使以农业为基础的社会结构异常稳固，也使人口得以繁衍，社会更加昌盛。高超技艺制作的青铜、钢铁制品成为稀世珍宝；中国的造纸、火药、指南针、印刷术四大发明举世闻名；中国是瓷器的故乡，丝绸之路通向世界各国……这一切无不归功于先进的科学技术。

科学技术的进步，促使生产力的提高和生产关系的改变，意识形态深受影响而随之改变。科学技术的发展，既产生了巨大的物质力量，也产生了巨大的精神力量。伴随着科学技术的产生与发展，新的思想也就随之出现，成为新制度的精神武器，是新的思想解放运动的先声，为新的生产关系及新的制度鸣锣开道，呐喊助威。

尽管无数事实证明了科学技术对历史发展的巨大作用，但对于这一放之四海皆准的道理，在中国历史上却长期不被重视，历朝历代的统治者大都未能清醒地认识到它是推动社会巨轮的伟大动力，往往将其有意或无意地忽略了。中国唐宋以后的统治者为了培养与选拔接班人，以“八股文”选拔人才，造成思想僵化、崇尚空谈、脱离实际。统治者只为自己政治上的需要，关心少数科学技术成果，而忽视许多重要的科学技术的成果，甚至在很多情况下，只把科学技术看作是“奇技淫巧”，或只把科学技术成果看作是猎奇的玩物；更有将其作为粉饰“太平盛世”的点缀品，对科学技术影响社会的巨大作用则完全看不到，大大贬低了科学技术应有的地位。这些科学技术成果中，有很多是古代机械的成果。

历史一再证明：当科学技术有条件发展的时候，国家就繁荣昌盛；当科学技术受轻视、怠慢甚至践踏的时候，国家就要蒙受巨大的损失。

二、历史上各种人物在发明中的地位和作用

历史上各式人等的发明创造，对历史的进步起一定的作用。如何看待他们的发明创造呢?

1. 如何看待帝王将相的发明创造

根据古籍记载，在中国历史上，尤其是在原始社会到奴隶社会交界时期，帝王将相的发明特别多，可以说具有垄断地位。人们常把在这一时期中的发明创造归功于黄帝、蚩尤、仓颉、神农氏、尧舜、禹以及他们的亲属。单就黄帝名下的发明创造就非常之多，本书已提及的就有车、船、指南车、杵臼、水井、漏壶等。之所以有这种传说，反映了当时的历史情况，这一说法有合理性。对于黄帝的每项发明大可议论，古籍上的每条记载也未必都有很高的价值，但古籍上所记黄帝发明很多，这确是个不争的事实。如何看待他们的发明创造呢？这是因为黄帝是当时庞大部落的首领，有巨大号召力的原因，应当说他具有超人的力量和智慧，在战胜天灾人祸中表现出强大的能力，万事都必须他亲自动手，奋勇当先，因此可能他更重视科学技术的发明，并享有很高的口碑，把发明创造的荣誉归功于他也就是理所当然的事了。帝王将相发明的条件比一般人要好一些，也利于发明成果的传播与推广。但可惜的是，帝王将相从事科学技术发明的时间并不长，只是历史上的一页，随着生产力的发展、“剩余”的增加、物资的丰富，他们与劳动大众的距离渐行渐远，甚至有时形成对立的局面，在观念上也发生重大的改变。帝王将相不再把发明创造作为一种荣誉，反而觉得这是很不体面的事，所谓“劳心者治人，劳力者治于人”说的就是这个道理。因此在三代之后，在古籍上就不大看到帝王将相发明创造的事了。

历史上明智的帝王知人善任的例子非常多，对发明创造有很大的影响，如赵过创制三脚耧，他创造的时间是汉代初期即公元前90年前后。汉代为了平定战事、稳定边疆而穷兵黩武，以至于国家穷困、国库空虚，针对这种情况，汉武帝明智地任命赵过为“搜粟都尉”（即相当于农业部长），为国家筹措粮食。赵过发明了三脚耧，一下子解决了农业

生产的难题，大大地提高了播种的效率和质量。尤其难能可贵的是赵过还"教民耕殖"，身先士卒亲自下田劳作。这对于一位封建社会的高官是十分难得的品行，诚然也要赞叹汉武帝这项任命的明智之举。三国时西蜀任命诸葛亮为统兵元帅北伐中原也是高明之举，诸葛亮发明了行驰栈道的木牛流马，既解决了军中粮食补给的难题，又大壮军威。以后，《三国演义》更将此事渲染得有声有色，给后世的研究者提供了无限的想象空间，也给后世的爱好者提供了无尽的话题。关于帝王用人的话题还有不少，又如汉武帝任命太监蔡伦监制供奉，为蔡侯纸的产生提供了条件。宋代苏颂，按照皇帝的意愿主持制作了极为复杂、异常精巧的水运仪象台，创造了天文机械的最高成就。明末崇祯皇帝敢于任命西方的传教士汤若望监制火炮，汤若望采用西方科技监制火炮成功，只是为时已晚，此举未能挽救明朝覆灭的命运。从而可以看出，一旦帝王用人得当、重视科技，就能取得很好的效果。也应看到帝王们大都在不得意的情况下，才重视科技的，重视科技常常并非是其基本国策。

与上面所说相反的例子也可以举出不少。帝王从政权需要出发常常用人不当，对科学技术缺乏正确的认识，甚至于糊涂到加罪于科学技术的发明。现举一件典型的事例，据《明史》记载："……明太祖平元，司天监进水晶刻漏。中设二木偶人，能按时自击钲鼓。太祖以其无益而碎之。"这一水晶刻漏是何结构？有何价值？后世无人能知其详，唯叹可惜。这个事例足可说明有些帝王对科学技术无知、轻视，扼杀甚至断绝了科学技术的创造发明。对科学技术的发展十分有害。

在中国2000多年的封建社会里，形成了轻视科技的传统，这一传统根深蒂固，后来任谁也无法改变这种不良的风气，如《清史稿》载康熙皇帝"……为古今所未觏"。他在中国历史上在位的时间最长，对中国的历史、文学、美术都有很高的研究与鉴赏能力，在天文、历算、测量、医学等方面了解很多，自然科学知识较为丰富。利于先进科技知识的推广，但他对科技的贡献十分有限，这是因为他虽然喜爱自然科学但更加看重自己的政权与皇位，其行动又受到习惯势力的阻挠与牵制，他的根本目的还在于巩固政权，维持统治。康熙的时代正值清兵入关不久，清王朝的主要精力用于防范汉族人民的反清活动，为此清朝大兴"文字狱"，警惕汉人与西洋人接触，并未改变以往的错误做法，当然也不可能出现令人向往的新局面。

2. 高官决定一方政策

这里的“一方”，既指行业又指地域，以上论及的赵过、蔡伦、诸葛亮等影响所及都是行业，下面所谈的几位都是地域的长官，如：李冰父子、杜诗、西门豹以及合浦珠还的故事。

都江堰是驰名中外的水利工程，李冰父子是这一伟大工程的组织与主持者。都江堰工程位于岷江的中游，整个工程由分水堰、飞沙堰和保瓶口三部分组成，规模宏大，地区重要，布局合理，兼有防洪、灌溉、通航三大作用，它建成于战国时期，发挥着重要的作用。岷江发源于成都平原北边的岷山，沿江两岸山高谷深，水流湍急，到灌县以后进入一马平川，以往每到夏季常常是西涝东旱，泛滥成灾，在战国秦昭王五十一年（公元前256年）时，李冰被任命蜀郡守，李冰到任后，亲眼目睹灾民的痛苦，下决心根治岷江，变害为利，首先他率领儿子，不惧山高地险，实地考察，弄清水情地势等情况，制定了根治岷江的规划方案，他组织上万民工开山凿石，历尽艰险，终于建成了这一杰出的工程。虽然修建的工程是在2000多年以前不太发达的古代，却在规划、设计与施工上都具有高度的创造性和科学性，使成都平原十多个县的农业生产面貌彻底改变，成为“沃野千里”的天下粮仓，获得“天府之国”的美称。此外，李冰在为郡守期间还主持了其他一些水利工程，为成都平原的发展作出了重大贡献。对此不但史书有载，民间还流传着关于李冰父子许多传说和故事，充分表达了人们对李冰父子的歌颂与怀念，都江堰工程被载入史册。

再如南阳太守杜诗，他既是地方官又是功力强大的水力冶金鼓风机——水排的发明人。对中国、世界文明的发展都有重要的贡献。我国在新石器时代晚期就出现了青铜冶铸技术，在3000多年前已使用铁器，冶铸技术的发展与鼓风技术的进步有着密切的关系。传说春秋末年吴国能工巧匠铸剑时，用“童男童女三百人”进行鼓风和装炭。以后出现用畜力带动的鼓风设备——马排，所用的畜力相当可观，需要“每一熟石，用马百匹”，严重阻碍了冶金工业的发展，改善鼓风方法成为亟待解决的难题。汉光武帝刘秀于建武七年（公元31年）调任杜诗为南阳太守，杜诗到任后看到当地因战火频繁，大量农民破产，成批土地荒芜，鼓风技术落后，致使农业生产和冶铸都受到严重阻碍，他倾听、吸取冶铁工匠们的意见，总结前人经验，设计并制造成水排。由于水排大大加强冶铁炉的鼓风能力，为冶铁技术的进步，也为以后的机械设计、制造技术的发展和文明的进步创造了条件，具有深远的影响。他的这一发明再我国机械文明史上具有重大意义，也大大促进了南阳地区的经济发展。

在魏文侯时（公元前424—前387年）西门豹任邺（今河北临漳县）令，该地位于太行山东部，漳水自西向东流经，每到雨季，时常泛滥成灾，当地的劣绅与女巫串通，装神弄鬼地玩弄“河伯娶妇”的把戏，挑选女孩投入漳水“嫁”给河伯，借此诈骗勒索钱财。百姓为使女儿逃避被投河，纷纷破财消灾，贫家女则难逃恶运。邺令西门豹亲临现场破除这一残杀少女的迷信骗局，借口所选的少女不够美貌，要劣绅和女巫派人与河伯商议延期娶妇，不由分说地将劣绅和女巫的徒弟先后投入水中，吓得劣绅、女巫跪地求饶。另一方面，西门豹决心根治水患，发动群众，建成大型灌溉农田的工程“漳水十二渠”，共开凿了十二条大渠，广设“水门”——水闸，调节水量，变水害为水利，造福乡里。经西门豹的后任继续努力，终使这一地区日益富庶起来。

《后汉书》记述了“合浦珠还”一事：广西合浦郡近海，当地百姓不种谷物，依靠采集海中珍珠谋生（下水采珠的情况可参见图5-70），商贩贸易交流繁茂，但由于“先时宰守”及他的下属肆意贪污受贿，榨取民脂民膏，甚至“诡人采求”，强求勒取百姓所采珠宝，致使大量的珠宝未经贸易外流到其他地区，造成“行旅不至，人物无资，贫者死饿于道”的境地，反映当地已到了极端贫困、民不聊生的贫败之象。东汉桓帝时，孟尝任合浦郡太守，到任即“革易前敝，求民病利”。他革除以前官吏贪污的弊端，解除百姓的忧患，为他们求取利益。“曾未逾岁，去珠复还。百姓皆反其业，商货流通。”很快扭转了局面，不到一年，珠宝外流制止了，互通有无的贸易又活跃起来，百姓们重新回到原来的生活轨道，安居乐业。后来孟尝因为生病，自己上书辞职，被朝廷调任，正当他启程之时，当地的官吏和百姓闻讯后牵住他车子不放行，请求他不要离去。孟尝见无法走，只得趁夜色坐乡民的船离开合浦。

历史上有不少这一类生动有趣的故事，足以说明地方官吏及行业管理人员，如果关心民生、体察民情、知识广博、重视科技、决策正确，必然能为官一任，造福一方，得到百姓的拥护和爱戴。今天的科技问题远比古代要复杂得多，这就希望决策者的知识更广博、决策更慎重。

3. 布衣科学家尤为可敬

这里的“布衣”，是指平民百姓以及少数下级官吏。如撰写《农书》的王祯，做过“县尹”，撰写《天工开物》的宋应星做过县里的“教谕”。

（1）布衣发明家的一般情况

中国古代有许多杰出科技成果是布衣们发明的，他们在生产劳动中充分地发挥了自己的聪明才智，有许多发明创造，促进了生产力的发展，对历史的进步作出了贡献，但可惜的是他们大都未能留下姓名，即使留下姓名的少数发明家，后世能知道其生平事迹的更加寥若晨星。

人所共知的中国古代四大发明，究其发明人，后人只知道两项半！所知造纸经由蔡伦总结前人经验改进而成的，并且也知道他的生平事迹。关于指南针及火药的发明，可说至今一无所知。对于毕升发明的活字印刷术，他生前并未得到应有的重视，人们偶然在《梦溪笔谈》卷十八的记载中得知的："升死，其印为予群从所得，至今宝藏。"意即直到毕升死后，他所发明的活字辗转流传，被沈括的亲属（泛指兄弟子侄）偶然而得，这批活字才得以被沈括珍藏，也使后人从《梦溪笔谈》记述中得知印刷的发展过程和毕升活字印刷的工作方法。可惜的是关于这项重要发明的发明人毕升的生平事迹后人就难以知晓了。大家都知道明初有两件彪炳青史的壮举：一是重修万里长城，二是郑和七下西洋。至今人们将万里长城赞为飞腾的长龙，它成为中华民族的象征。但对万里长城的规划、设计与施工等等情况无人知晓，对于修建万里长城的工程技术人员更是一无所知。郑和七下西洋的遭遇更是不幸，当时基于明初的社会稳定、经济发展，造船和航行技术的先进，统治者以郑和下西洋的壮举显示国力的强大与富庶，郑和宝船携带了大量的金银珠宝、瓷器、铁器等物沿途分送各国，而带回来的则是一些专供王宫大臣享用的奢侈品，耗资巨大，得不偿失，当时就有人指责这是项"弊政"。后来此举更遭到朝野上下的极力反对，以至于终止了远航，甚至连郑和下西洋的档案也被付之一炬。幸有同行人出书述说此事，稍稍弥补了这一损失。采取这种绝对的做法是错误的，它不利于经济贸易和科学技术的发展，应该反对的是讲究排场、不计盈亏的贸易，只求皇室享乐的"弊政"，而不应当采取全盘否定的做法。与此相反的也有一例：与郑和下西洋时间相近的葡萄牙人达·伽马（Vasco da Gama）的远航，盈利高达60倍，正反事例，引人沉思。

后世能够得知发明者姓名的创造发明约分为两类，一类是生前有论著，依靠论著的流传，其姓名和部分事迹还能被后世得知，如撰写《本草纲目》的李时珍、撰写《农书》的王祯、撰写《天工开物》的宋应星、撰写《梓人遗制》的薛景石、撰写《徐霞客游记》的徐霞客等，但由于古代科学技术历来不受重视的原因，虽然他们在科学上有巨大贡献，却无人为他们立传，更无人为他们出版专集，因此有关他们的事迹也只能从他们的出版物中了知一二。第二类是有实物遗留下来的，如在洨河上屹立千年、沟通水陆两路交通的安济桥（即赵州桥），因百姓受惠而生发出许多故事，后世才得知是工匠李春建造。汉代的被中香炉，由于它的精美和巧妙神奇的结构，后世才得知是丁缓所造。再如传播与普及纺织技术与设备的黄道婆，她改进的轧车等纺织设备造福一方而千古留名。这些人的生平事迹虽被忽略了，但他们还能侥幸地留下名姓，更多的布衣发明家则被历史尘埃所湮没，如连机水碓、水轮三事、风扇车、筒车、桔槔、滑轮、明轮船、水力大纺车、多锭纺车等，遍寻古籍，也难以知道他们的情况，对此不能不说是中华民族文明史的缺憾。

（2）客观地看待我国的古籍

中国的古籍是指辛亥革命之前出版的书籍，有人估计其数量约为8万～10万种之间，应该说，历史悠久的中国还是比较重视历史记载的国家。但与此相比，古籍中科技史料占的比例相当少，收集科技史的资料异常困难。出现这种情况其根源应当远自汉代，那时大力宣传读书就是为了做官，而隋唐以来科举制度的建立更将这一思想制度化了，在知识分子中形成了根深蒂固的观念：苦读经书、立志做官、光宗耀祖。这一观念反映在古籍上必然是轻视科学技术，以及一切与“四书五经”无关的内容，也就造成科技史料的极端缺乏。原本科技史料就很少，再加上后世的失传，使得少而又少。

古籍的种类和数量虽然浩瀚，它们的记载也常比较混乱，需予以区别，例如关于车的发明，很多古籍如《古史考》、《世本》、《物原》都有记载，但所载古车的发明人竟有七八人之多，再如有关指南车的发明，《史记》等五种古籍都说始于黄帝，而《尚书》等四种古籍又说是周公（周文王之弟）所作，还有些书说的是其他人、其他朝代发明。对此只能根据各方面情况综合分析推断。为什么会发生这种情况呢？原因是多方面的。一般古籍的作者都系文人墨客，掌握的科技知识较少，未能正确记述，而多有渲染夸张之词；还因为古籍在流传过程中有时会粗制滥造，以谬传谬，对此应加选择。一般而论善本应更为可信，应优先选用，史书中则有正史、别史、杂史、野史之分。正史的撰写较为慎重，也更重要些，例如关于木牛流马的记载，正史《三国志》有记载，小说《三国演义》上更有神奇的描述，但它们的重要性绝然不相同，如研究木牛流马，应根据正史《三国志》，而不能根据小说《三国演义》。

一般说，中国古籍中有插图的较少，而科学技术上一些问题往往缺少图画不易说清楚。如古籍上有时说："左右龟鹤各一"、"三寸少半寸"等句子，不对照图画，就会得出不同的结论。直至较晚期的古籍上，有些著作插图渐多，如宋代的《武经总要》、明代的《天工开物》、《武备志》、《农政全书》、元代的《梓人遗制》、王祯的《农书》等书上，插图才渐渐多了起来。

三、历史上科学发明家的成功之道

总结成功的发明家，都具备三大要素：第一是天赋。也就是天生的条件。必须承认人的天赋是有差异的，这是客观事实；第二是勤奋。这是任何科技发明必不可少的条件。无论他的智商高与低，不勤奋、不刻苦必将一事无成。第三是机遇。但不能坐等机遇，而要迎接机遇、寻找机遇，甚至于有条件地去创造机遇。不要寄希望于侥幸取胜，或者意外得利，更不能投机取巧。要取得十分的收获，需付出十二分的努力。二分的努力用于补偿意外的挫折和困难，万事留有余地还不够，而是要留足余地，这样才能确保永远立于不败之地。

1. 献身科技 孜孜不倦

墨子和鲁班都是中国春秋战国时期著名的科学巨匠，他们两位之间曾经发生过一场激烈的辩论，墨子发表了十分精辟的言论，对此事《墨子》一书上记有较详的记载：鲁班在楚国为楚王制造云梯，准备进攻宋国。墨子闻讯后，星夜从齐国启程，行走十天十夜赶到楚国去劝阻。楚王与鲁班向墨子炫耀武力。墨子解下袍带充当城墙，胸有成竹地与鲁班进行攻防较量，鲁班使出浑身解数九次进攻，墨子皆不慌不忙地抵御住。鲁班攻城招数以尽，面对墨子的坚固防守束手无策，而墨子的防守法还绰绰有余，楚王与鲁班输得心悦诚服。墨子说自己来楚地，他的学生已在宋国严阵以待，作好充分的准备。楚王与鲁班遂放弃了攻宋的计划，并说，就是给我宋，我也不要了。此时，墨子说："利于人谓之巧，不利人谓之拙。"他在2000多年前提出了一个科学家所应遵循的重要标准，堪称是一切发明家的座右铭。

历史上的发明家都是为人民做好事，如墨子和鲁班的创造发明就很多，还有许多科学家为后世留下了篇幅浩大的科技著作，如《梦溪笔谈》即有30卷共17类609条，约十几万字，是内容极其丰富的科技巨作；李时珍的《本草纲目》则有52卷，收载药物达1800余种，插图1100多幅等，其中与“中国古代机械文明史”的研究关系最为密切的《天工开物》，全书共分18卷，除“曲蘖第十七卷”外，其余各卷都有机械史料，据初步统计，该书中记载机械工程方面的篇幅约占一半以上。与其他的古籍相比，该书对机械工程的记载最丰富、最全面，也最重要。如此众多的发明和巨著决不是一朝一夕能完成的，必穷毕生精力所为。

历史上的许多发明家的研究工作常要冒着生命的危险，如李时珍为研究医药学多次冒着生命危险，他从古籍得知白花蛇“其走如飞，牙利而毒”，是异常贵重的药材，为探索真相，便冒险攀登峭壁，进入罕无人迹、荆棘丛生的深山将其捕捉回来解剖比较，写成《白花蛇传》。为研究曼陀罗草的毒性，多次吞服不同量亲自体验药效，得出结论：把曼陀罗和火麻子配合服用，可作为外科手术麻醉镇痛剂用。为研究大豆的解毒性，用小狗试验，结果小狗死了，他不顾家人反对，不惜多次舍身冒死吞毒，总结出大豆加上甘草能够解毒。正是如此才获取了大量第一手资料，作出了叹服中外的成就。

现在人们都重视诺贝尔奖金。诺贝尔是19世纪瑞典的著名化学家，近代炸药的发明人，他为了发明炸药曾做了无数次试验，以至于多次引起意外的爆炸事故，他的弟弟也在一次意外爆炸中身亡，他自己也多次受伤，因此他的研究工作被迫远离城市，在船上进行，到1875年他研制的近代炸药终于成功，并被广泛地用于开矿和枪炮弹头的射药。诺贝尔不但是位杰出的科学家，也是位能干的企业家，他在欧洲和美洲都设有炸药工厂，通过生产和销售炸药发了大财，但他终生未娶，在他死后，根据他的遗嘱，用他财产的利息奖励世界各国对物理、化学、医学、文学以及对和平事业作出贡献的人。诺贝尔奖金从1901年开始颁发，至今100多年来为促进科学的发展、人类的进步作出了贡献。但是与此相比，中国火药的发明人则默默无闻，他们中的许多人也为火药的发明献出了自己的生命，后人既要感谢诺贝尔的杰出贡献，也应怀念我国古代的这些无名英雄。

这里还要澄清一个流传已久的错误观点，许多人都认为艺术创造才会有灵感，而科技活动不可能有灵感，实际上科技活动同样会有灵感，在从事某项科技活动时，科技工作者熟知有关情况，对某问题经过长期的思考，精力高度集中，忽有所得，思想有超常的发挥，迸发出智慧的火花，一下子忽然开朗，思考良久的难题融会贯通，被桎梏的全身顿获解放，这就是灵感。

2. 破除迷信 勇于创新

古代有成就的科学家之所以能有作为，还因为他们能勇于创新，敢于“标新立异”，坚持己见，从不墨守成规，人云亦云。例如马钧能在大庭广众之下，违背温文尔雅之风，不惜与人争吵，坚持唯物主义观点，认为前朝有指南车，自己也可造出指南车来，并终于获得了成功。又如宋应星能在《天工开物》序言中声明：“此书与功名进取毫不相关也。”表现出敢于树敌，甚至在受人反对时也毫无畏惧，不惜向保守势力挑战，勇于发明创造，这种精神对于科学家而言必不可少。尤其是有关科技发明的先进思想，甚至于被人认为是奇谈怪论，如战国时的机器人、鲁班的飞鹊、奇肱飞车、元代“万户”的喷气飞行实验等更容易受到人们的非议，却常常具有巨大的价值。

宋代的燕肃是莲花漏的发明人，他在莲花漏中首次使用了“竹注筒”和“减水盎”，以此使漏水壶的贮水量更加稳定，漏壶的出水量也更加稳定。使漏的计时的准确性大为提高，燕肃的莲花漏无疑是一项重要发明，在燕肃向宋朝廷呈报莲花漏之后，经历了六年之久才获得承认。先后经历多次测验，首获司天少监肯定，认为“并合天道”符合天文实际，然而宋王朝和司天监的一些守旧官僚无视莲花漏减水盎的优越性，因其与当时的崇天历不同而加以反对，再次证明科学的发展、发明往往经历艰难曲折的斗争。

科学家要做出非凡大业，首先必须要有非凡的勇气。明代李时珍为撰写《本草纲目》毅然退出太医院。他在明世宗嘉靖三十一年（公元1552年）35岁时开始编写工作。以后不久被推选进入了太医院，利用工作之便博览群书及珍贵的药材，对他的著书立说工作有一定的帮助。但是当时皇帝期盼“长生不老”药，因而方士活动张狂，社会庸医跟风，太医院一些太医为迎合上之所好，无心钻研、关心医药学，整天谈论炼丹升仙之类，对李时珍提议重修本草的建议，予以讥笑和嘲讽，太医院官员甚至骂他“擅动古人经典，狂妄已极”。为了潜心研究医药学、撰写《本草纲目》，他退出太医院，头戴斗笠，肩背药筐到处采集药物标本，虚心向人请教，“收罗百氏”、“访采四方”，广泛搜集民间治病经验。

历史上的发明家此类例子还有很多，恕不一一列出，由以上几例已可看出他们都是有勇气的创新者。

3. 基础宽厚 随情而定

历史上的许多著名的科学家，一般都具有广博知识，如同把“金字塔”的基础打得坚实、宽阔，才能把塔修建得高大宏伟。本书介绍过的张衡、沈括、祖冲之等人，从留下的著述、成果表现出他们多方面的才能。也有些人习惯上不被认为是科学家，如诸葛亮被认为是政治家、军事家、思想家，但他却发明了木牛流马；曹操被认为是政治家、军事家，同时又是出色的诗人，他却发明了霹雳车。由于他们在其他方面的成就更加耀眼，以至掩盖了他们在机械方面的杰出成就。他们所表现出如此博学多才、光彩照人，正因为他们的基础坚实而广博。

主持水运仪象台研制工作的苏颂具有极为广博的知识。《宋史》说他：“颂器局闳远，不与人校短长，以礼法自持。虽贵，奉养如寒士。自书契以来，经史、九流、百家之说，至于图纬、律吕、星官、算法、山经、本草，无所不通。尤明典故，喜为人言，亹亹不绝。朝廷有所制作，必就而正焉。”这段记载中所列种种学说苏颂能够无所不通，此言或有夸张，但他的知识确实广博，这点后人深信不疑。还可增加一例说明这一问题：宋仁宗皇祐五年（公元1053年），苏颂34岁时，调到京城开封，担任馆阁校勘、集贤校理等官，负责编定书籍，前后共有九年多时间里，他利用这一机会发奋读书，不仅博览了秘阁中各种藏书，每天背诵二千言。回家后默写下来，作为自己的藏书，多年如一日，从不间断。积累了渊博的知识。了解以上这些就能知道苏颂研制成功水运仪象台创造了天文仪器的最高成就也就十分自然了。

《天工开物》的作者宋应星的学问也十分渊博，他是乡试的第三名，他对农业生产、手工业生产、商业活动都很重视，他还写了许多诗文来表述自己的观点。他认为当时明王朝所处的形势已危在旦夕，说“世代江山几裂完”。他还写有几十首思怜诗来反映农村和农业生产的情况，描写农村高利货盛行，农民民不聊生。

怜愚诗之六

青苗子母会牙筹，吸骨吞肤未肯休。

直待饥寒群盗起，先从尔室报冤仇。

怜愚诗之三十九

人到无能始贷金，子钱生发向何寻？

厉词追索弥年后，生计萧条起绿林。

宋应星还曾写诗极力反对宿命论，反对横行乡里迷信活动，倡导科学思想，他曾作云：

神州赤县海环瀛，同日同时万口生；

佣丐公卿齐出世，先生开卷细推评。

又云：

耳目相同男子官，聪明差异万千端；

群生尽葬愚公谷，阅尽方知智者难。

这些诗文利于宋应星的基本观点的发挥与传播，也使得他的人生更加丰富多彩，也更加辉煌。

还可举出沈括的事例，他既能撰写《梦溪笔谈》如此光辉巨著，又写有大量极为精彩的诗篇，遗憾的是不知何故，他生前并未出版自己的诗作专集，直到驾鹤仙逝千年之后，才有大学者胡道静先生收集了他佚散的诗词作品50首左右于1985年镇江举行的学术交流会前出版，这本诗集，由另一位大学者、书法家顾廷龙先生题写书名，使诗集相映成辉。这本诗集来之极为不易，出版之时，道静先生已是耄耋老人，正如他在该书的后记中说："检蒐共逾周甲之数，中更四凶之灾，毁而重集。然老病衰颓，脞务煎逼，殊未措意。"通过这本诗集，后人才能读到道静先生费时六十载所收集的沈括诗集。篇幅所限，本书仅引四首以飨读者。

于宋代嘉祐六至七年间（公元1061—1062年）沈括在安徽当涂作《江南曲》：

新秋拂雨无行迹，夜夜随潮过江北。

西风卷雨上半天，渡口微凉含晓碧。

城头鼓响日脚垂，天际笼烟锁山色。

高楼索寞临长陌，黄竹一声无北客。

时平田苦无人耕，惟有芦花满江白。

这首诗不但对江南秀美的景色不断赞叹，同时也表示他关心农耕的本色。

沈括在熙宁四年至十年（公元1071—1077年）在汴京作《秋千》：

香入熏炉禁火天，芙蓉深苑斗秋千。

身轻几欲随风去，却恨恩深不得仙。

此诗更能全面地反映沈括的情怀。

元丰五年至八年（公元1082—1085年） 在随州（即湖北随州）作

《汉东楼》：

野草粘天雨未休，客心自冷不关秋。

寨西便是猿啼处，满目伤心悔上楼。

此处沈括觉得“客心自冷”可能与自己家庭不美满有关。

元祐三年（公元1088年）至绍圣二年（公元1095年）在润州（江苏镇江）作《游花山寺》：

经旬花雨喜新晴，病马缘畦取次行。

老态只因随日至，春心无意与花争。

山川满目浮烟台，楼阁侵天暮霭横。

嗟我有身无处用，强携尊洒入峥嵘。

此时的沈括已是行将归土的花甲老人，体质病弱，形容枯槁，瘦削不堪，但他仍感叹自己“有生无处用”，希望能做更多的事。科学巨著《梦溪笔谈》就是在这种情况下写成的。

为全面地了解沈括，有两件事需提及：一是他曾积极地参与当时宰相王安石变法运动，随着变法的失败，沈括遭到降职、外迁，以后又被选用。他一生的精力与王安石变法关系密切；二是据《萍州可谈》记载，沈括家庭与婚姻极不美满，他的继室张氏凶悍异常，沈括常遭殴打与责骂，吵闹不休，有次沈括的胡子也被拔下，这与他晚年的身体和编著工作都有关，可以设想他的晚年如果幸福一些的话，《梦溪笔谈》一书可能还能写得更好。

其实历史上的发明家大都知识丰富、多才多艺，这方面的事例很多，例如汉代发明家张衡也是著名的文学家；南北朝时的发明家祖冲之精于音乐；宋代发明家燕肃擅长书画……这些发明家正因为他们基础雄厚、思想活跃、性格奔放、富有情趣及创造精神，利于较快地转向，有着更多的成功机会。

第三节 历史上人才的培养与选拔

历史上的教育制度与教育方法，许多人都很感兴趣，因为这与今后人们的成长与求职关系极为密切，很能引发人们进一步的思考。首先要明白教育的含义，从广义上说，凡是有目的地增加人的知识、技能，影响人的品德这一类的活动都称为教育。从狭义上说，教育就是指学校教育：有目的、有计划、有组织地传授知识、技能，发展智力、体力，培养思想品德，为社会输送有用的人才。

一、隋代以前的教育与历史上的取士方法

1. 原始社会

在长达100多万年的原始社会里，生产力低下，劳动极为简单，只有采集、狩猎等方式，那里并没有文字，所谓教育不过是老人向后辈传授劳动技艺。后来随着生产力的发展，社会也有一定的变化，家庭结构较为稳定，这个时期的教育渐渐倾向于家庭教育。由于家庭的发展和劳动的分工，教育的内容也有所不同，在原始社会的后期，即新石器时代生产有了较大的发展，劳动分工也更加明显，这时期的知识和教育都远比以前丰富。常常是男人与女人；儿童、老人和成人都从事不同的劳动，因他们得到的知识常与参加的劳动和生活密切有关，必然他们所受的教育不同，所获得的知识也就不同。在原始社会向奴隶制社会过渡的时候，生产有了较大的发展，劳动成果丰富，渐渐出现了一些享有特权的人员。脑力劳动和体力劳动渐渐分离，有一部分人能受到较好的教育，获得较多的知识，教育也成了少数人的特权，教育与生产劳动的距离也越来越大了。

2. 奴隶社会

中国奴隶社会是夏商周三代，未见到古籍上记述这时期有专门的教育机构，当时的教育机构可能与官府混为一谈的，各级官吏便是教师。教师也就是官吏。即所谓“学在官府”。奴隶主的子弟才享有受教育的特权。在奴隶社会后期，也就是周代，将教育的内容归纳为六艺：礼、乐、射、御、书、数。其中礼、乐是培养政治思想和道德修养的；射、御是配合车战教育作战的技术；书、数是传授文化知识。从教育内容可以看出，其目的完全是为了培养奴隶主的接班人。但据此也可看出两点：第一，教育的内容很重实践，当时的战争胜负，是由车战起决定性作用的。第二很重视自然科学。之所以如此，因只有重视实践、重视自然科学，才能培养出合格的接班人，适应社会的需要。

3. 封建社会

（1）战国时“百家争鸣”

春秋战国时期奴隶社会开始崩毁，尤其到战国时，随着农业生产力的提高，中下层贵族及广大自由民竞相开垦荒地，使私地数量猛增，效

率提高，土地私有的结果，使封建生产关系逐步形成，封建的私有制基本确立，新兴的地主阶级渐渐地掌握政权，他们打破了奴隶主阶级对教育的垄断，“学在官府”的局面不复存在，私学骤兴，社会上涌现出大量的“士”。“士”一般受过礼、乐、射、御、书、数等“六艺”的教育，他们依附于不同阶级、不同阶层和社会集团，为之著书立说、四处游走呼号。诸侯各国为了达到生存或称王称霸的目的，对知识分子大都采取了一些宽松、优厚的“礼贤下士”政策，养“士”之风盛行，养“士”成为自己的智囊团。传说战国时著名的四君子之一孟尝君有“食客三千”。整个社会无形中形成了思想上解放、学术上自由的百家争鸣的局面。各家都积极地宣传各自的观点、实现自己主张。他们大都不同程度地关心科学技术，为达到政治目的汲取资料，私学大量出现，培养了一大批新兴的统治者，造就并发展了春秋战国时期学术上的百家学说争鸣的繁荣现象，而孔丘是私学的开创者，也是春秋战国时期学术蓬勃发展的开路人，他所创立的儒家学派，对后世影响巨大。如他提倡教育目的是“学而优则仕”，他力主的教育内容是“四书”、“五经”、“六艺”。但他的“有教无类”的观点有着极大的积极意义，他主张凡是愿意学习的人，只要能交一定的学费都可以受到教育，顺应了当时的历史条件。这使教育对象大为扩大，促使文化教育大发展。

几乎在孔丘创办私学的同时，春秋战国时期私学已相当繁荣，如墨、道、法各家都有私学。从师的人很多，许多诸侯顺应这一潮流，通过办私学和养士来发展、壮大自己的势力。战国形成的“稷下学宫”是这种风气的必然结果。所谓“稷下学宫”出现于战国时期的齐国，当时齐威王和齐宣王，顺应历史潮流，大举“稷下”之学，“稷”即是齐国国都稷门，齐国在稷门旁设立的学宫，被称为“稷下学宫”，当时的稷下学宫成为各国的文化圣地，是各派学者荟萃中心。它招纳了许多文人、学士，也吸引了众多学子，是培养封建官吏的重要场所，肩负教育、研究两重任务。“稷下学宫”是我国封建社会第一个由政府设立的官学。概括“稷下学宫”，有以下几个特点值得后人重视：第一，它容纳了不同的学派，利于百家争鸣，使各种学术思想之间互相交流、互相影响、互相批评、互相辩论，收到了“胜者不失其所守，不胜者得其所求”的效果。第二，知识分子待遇优厚、地位很高，有利于读书和研究学问的风气发展。第三，“稷下学宫”起到了智囊团的作用。学宫里的知识分子可以自由议论、讨论，各抒己见，提出各种有益的见解，供决策者参考。第四，允许人才流动。教师

图8-1 明代刻本《帝鉴图说》中的焚书坑儒

可以随处讲学，学子可以自由寻师，来去自由，学制不限。利于师生扩大眼界、增广见闻，促进人才的成长。可以说“稷下学宫”创办时期是先秦学术发展的一个顶峰，对我国以后的文化教育事业有很大的影响。

（2）秦代忽视教育

秦始皇统一中国后统一文字，实行“书同文”；统一车距，实行“行同轮”；统一度量衡，融汇各民族的风俗习惯，这些对后世的发展起到了积极的作用。但是他采纳李斯的建议,实行“禁私学、以吏为师”，又不设官学，完全取消了学校教育，又对知识分子采取“焚书坑儒”的残暴政策，完全扼杀了知识分子的积极性与创造性，这是秦代的极大错误，也是秦代灭亡的重大因素（图8-1）。

（3）汉代“独尊儒术”——为封建教育打下了基础

汉代接受秦代灭亡的教训，比较重视教育，官学和私学都有较大的发展，在教育的各个方面，都为后世打下了基础。尤其是在汉初，诸子百家都有一定的地位，战国时形成的“百家争鸣”的局面得以继续，但到公元前140年刘彻（汉武帝）当政时，采纳了董仲舒、公孙弘等人的建议，实行了“独尊儒学”的政策，禁绝了“百家争鸣”的局面，以“一花独放”替代了“百花齐放”的局面。曾有论者将“独尊儒学”的局面归罪于董仲舒等人的建议，这一观点或许有失偏颇，因“独尊儒学”的建议更利于汉武帝的集权统治，“独尊儒学”的局面比“百花齐放”的局面更易于掌控。汉代的官学有中央和地方两种，于公元前124年正式创立了中央最高学府“太学”，应当以此作为中国古代高等教育的起始，现有论者认为中国的高等教育起自1895年 “北洋西学堂”的创立，“北洋西学堂”的创立应当说是中国近现代高等教育的起始点。另外，汉代太学创立时，就把太学的教师称为“五经博士”，可知中国博士之称由来已久。

从上可知，汉代非常重视教育，大大促进了汉代的教育与学术研究的发展，太学学生的来源一是地方官吏的考查推荐，二是皇帝与地方官吏直接征聘，即如大科学家张衡就是通过地方官吏的推荐进入太学的。当时的太学即是传授知识的场所，又是研究学术的地方。太学在我国、在世界的教育史上具有重要的地位，也大大促进了汉代国民经济的发展。但是也要看到，汉代的教育观念也造成了一些不利的影响，简而言之，可以把这种不利的影响归纳为二：第一，把读书与做官紧密地联系在一起，汉代的官吏很多来自太学，太学对考试十分重视，不规定学习年限，通过考试才能毕业，按照考试成绩的高低授于一定的官职。这与日后占据统治地位的“学而优则仕”直接有关，以后读书人更念念不忘“天子重英豪，文章教尔曹。万般皆下品，唯有读书高”。第二，太学的教师称为“五经博士”，汉武帝更要“独尊儒术”，这就规定了教学的内容只能是儒家的经典，又经世代发展，科举制度更把举仕的内容规定为“四书五经”，使得知识分子研读的内容更加狭窄、更加空泛，也更脱离实际。随着时间的流逝，这些缺点更加明显，恶果也越加严重。宋代皇帝赵恒（宋真宗）的《励学篇》更直白道：“富家不用买良田，书中自有千钟粟。安居不用架高楼，书中自有黄金屋。娶妻莫恨无良媒，书中自有颜如玉。出门莫恨无人随，书中车马多如簇。男儿欲遂平生志，五经勤向窗前读。”他在诗中明确指出通向荣华富贵之路的关键是苦读“五经”，可谓把读书做官论发展到了极致。

汉代的“察举”和“征聘”一直受到汉代官吏中贪官污吏的干扰，出现了许多徇私舞弊的情况，如《抱朴子》所说：“举秀才，不知书；察孝廉，父别居”的奇怪现象。

（4）三国到隋初实行“九品中正”制

“九品中正”制是曹操之子魏文帝曹丕根据时任吏部尚书陈群的建议而决定实施的。所谓“九品中正”制，本质上与汉代所实行的举荐人才的方法大体相同，它是由中央选派官吏名谓“中正”，由中正负责举荐这一地区的读书人。中正将自己辖区内的人才分为三类九等，三类即上、中、下类。每一类又分三等。上类：上上、上中、上下；中类：中上、中中、中下；下类：下上、下中、下下。中央政府再根据中正评定的情况授予一定的官职，这在当时多少改变了汉代以来由少数人操纵、左右“察举”和“征聘”的局面，也确实选拔出了一些较有才能的人充实官僚机构。但是随着时间的推移，许多地方中正一职已名不符实，中正的工作渐为世家望族所把持，待人处世既不公也不正，从而又出现了“上品无寒门，下品无势族”的积弊。“九品中正”制完全沦为维护豪门利益的工具。科举制度就在这种情况下产生了。

现在评论一个人，常说某人的人品如何如何，或者说某某的人品是上上，或说某某人品下下，这些说法的源头即由“九品中正”制而来。

二、科举

1. 科举制度的起源

（1）科举源起于何时

随着时世的变迁，旧有的名门望族渐趋没落，新兴的势力日益上升，新旧势力之间的矛盾加剧，“九品中正”制已不能适应新的形势，为顺应封建经济的发展，加强中央集权，扩大政权的基础，在隋文帝时由“科举”方式替代了“九品中正”。

“科举”这一名称的来由，是指分科举士，当时实行的科举考试是分科进行的，各科的内容与考题都有所不同，从此在中国的选举史上揭开了新的一页，影响重大的科举从此开始了。首次科举考试大约是在隋代大业五年（公元609年），但由于隋代短暂，科举考只举行了一次。

到了唐代，将科举取士这一方法予以制度化，每次考试的年限和科目都大体稳定。关于科举的起源有不同的说法，有论者说科举起自隋代，也有论者说科举起自唐代。这两种说法都有一定的道理，应当说，科举起自隋，但隋代只是偶一而为之，并未形成一种制度，到了唐代才正式将科举制度化了。

科举制度本是取代“九品中正”制的历史产物，与“九品中正”制相比较，它更为进步、更为合理，也更符合历史发展的需要。当时它的出现曾遭到了原有的既得利益者及豪门望族的诅咒和极力反对，甚至有官员上书妄图取消这一制度，由于唐代皇帝的坚持，科举制度才得以保存下来。

（2）唐代的投献制度

唐代取士方法，不仅看科举考试的成绩，还要有著名人士的推荐，于是许多考生纷纷奔走于名公达官之门，向他们投献自己的作品，这些作品有诗、文、小说等，这里面不乏佳作，确实有些作品表现了考生的非凡才能，如流传的唐诗中大概就有数百首佳作是投献诗作，有如杜牧的名作《阿房宫赋》，是投献作品中的佼佼者。关于投献诗，更是个饶有趣味的故事：朱庆余把自己的诗作投献给了唐代大诗人张籍："洞房昨夜停红烛，待晓堂前拜舅姑。妆罢低声问夫婿，画眉深浅入时无。"这确是一首词藻流畅华美的佳作，初看，似一首情爱诗，但一看这首诗的名称，才得知它却是一首言词意别的绝妙投献诗。当时的水部员外郎（相当于现在副部长）张籍不但是位大臣，还是个酷爱诗歌、爱才、有才气的人，看到朱庆余的诗后不胜喜爱，立即还诗一首："越女新妆出镜心，自知明艳更沉吟。齐纨未足时人贵，一曲菱歌敌万金。"诗中说"越女"，指朱庆余，因他是浙江杭州人。"齐纨"指他的服装（隐喻文章）虽不时尚（没堆砌华丽词藻），但一曲菱歌（诗作）敌万金。果然不出所料，由于朱庆余出色的才能及张籍的推荐，在唐敬宗宝历二年（公元826年） 他便一举考取了进士。这段师生的唱和也传为美谈，成为流传千古的佳话。能写出这类佳作的人毕竟是少数人，实际情况是投献诗多而滥，甚至窃取别人的作品冒名顶替、欺世盗名，致使科场滥竽充数、乌烟瘴气。

唐代所实行的考试与推荐相结合的取士方法，确实使一些有才能的人崭露头角，一度起过积极的作用。但也为达官贵人营私舞弊打开了方便之门。例如唐明皇当政时期，天宝年间（公元742—756年），有一次是礼部侍郎达奚珣主持考试，本不准备录取宰相杨国忠之子杨暄，杨国忠身为国舅，权倾朝野、飞横跋扈，闻知此信大发雷霆，咆哮责骂达奚珣是"鼠辈"，达奚珣惊恐万分，只得违心录取了杨暄，并使他名列前茅，才平息了风波，躲过此难。另据《旧唐书》载，在唐懿宗咸通（公元860—874年） 末年，有次主持考试的礼部侍郎高湜对于历史上种种考试舞弊现象深恶痛绝，他所主持的考试屡屡受权贵的干扰，气得他忍无可忍，将乌纱帽扔于地上，才愤然录取了一些有真才实学的人。由此可知权贵对科举的干扰到了何种严重的程度。

发生以上舞弊现象的原因，是因状元在当时是一种极高的荣誉，吸引了众多的知识分子，将此称为"登龙门"，一跳龙门就可以身价百倍，可谓"一步登天"。

2. 科举制度的发展

公元960年赵匡胤建立宋朝，他进一步发展了隋唐的中央集权，为了选拔大批人才充实官僚机构，使得科举制度进一步有了发展。宋朝在中央设有国子监，在各州县也都设立了学校，科举考试的内容和方法也多有变化，反映出宋代将科举制度屡经修改，使之更加完善。

（1）三级考试制度的确立及“天子门生”说

宋代初年的科举考试只有各州和中央二级，后来又增加了殿试，由皇帝亲自主持，确立了三级考试制度。殿试是科举考试的最高一级，所有殿试通过的人就成为“天子门生”，这是“天子门生”一词的由来。宋朝所以增加殿试的用意，据《宋史》记载，宋太祖（赵匡胤）对近臣道：“昔日，科名多为势家所取，朕亲临试，尽革其弊矣。”正因为皇帝亲自主持殿试，进士及第备受人们的重视，享有极高的荣誉。

（2）八股文

八股文是由宋代确立、明清两代专用于考试的一种特殊文体，这种文体的内容《明史》载明“专取《四子书》及《易》、《书》、《诗》、《春秋》、《礼记》五经命题”，这种文体限定为儒家经典“四书五经”，经历了一个较长时间的发展，形式和内容越来越固定不变。很多人不知，八股文是由改革家、宋朝宰相王安石提出的。他的原意是根除科举制度的弊病进行改革，随着王安石变法的失败，他提出的一系列建议大被都废除，而奇怪的是他创立的八股文却得到后人的赏识，也使得科举制度的消极因素得以继续增长。尤其是将八股文作为科举考试的主要内容后，更使科举制度成为禁锢思想、摧残人才的工具，据朱熹《三朝名臣言行录》载，王安石因此感到后悔说：“本欲变学究为秀才，不谓变秀才为学究。”与他的本意适得其反。但不管如何，我们还是把王安石作为八股文的创始人。

八股文的腐朽风气，产生并增长了无病呻吟、矫揉造作的坏习气，贻害无穷。这种风气直至今日还不时能见到。

（3）锁院、糊名和誊录

由于唐代有名人推荐和考生投献的风气，考试作弊非常严重。宋代为了防止权贵干扰、考官徇私、师生结党，曾采取了一系列的措施，先后实行了锁院、糊名和誊录等方法。锁院之法大约是在淳化年间（宋太宗赵光义当政时期）开始实行。是说在科举考选期间，考官与外界隔离，与家里亲友也都不能见面。锁院时间约50天。糊名是指殿试时将考卷上的考生姓名、籍贯等资料都密封起来。糊名的方法逐渐扩大，后来三级考试都执行这一方法。但是糊名之法还是有漏洞，阅卷人可以根据笔迹确认考生，所以后来实行将试卷另行誊录，考官阅卷时就连考生的笔迹也无法辨认了，这对于防止考官徇情舞弊确有很大的作用。但到后来，随着朝廷的腐败，科举舞弊层出不穷，锁院、糊名和誊录之法也就流于形式了。

（4）名落孙山

据范公偁的《过庭录》述，宋时吴地人孙山赴他郡考举回来，与他结伴去考试的乡邻的父亲，向他打听儿子的成绩，孙山道："解名尽处是孙山，贤郎更在孙山外"。在科举分三级考试中，通过乡试合格，称为举人，从孙山的回答中可以断定孙山已是举人了，因为乡试中榜第一名称为"解元"，诗中"解名尽处"指的是榜尾。也有人称榜尾的人为坐红椅子的人，这是说古代重要的文件包括榜文写好后要请主持该事的官吏看过，他看后提起朱笔打上一个大大的对号，孙山是榜尾，朱笔就勾在他名后，所以他也就是坐红椅子的人。这实在是一个高级的幽默。

3. 元代科举一度中落

元代政权是以蒙古贵族为主体组成，有自己一套选拔和使用人才的方法，对科举取士并不重视，这与此前的唐宋和此后的明清相比，自然就相形见绌。元代初期并未实行科举，后来沿用前朝旧例，也用三级考试进行科举，但将蒙古、色目人与汉人、南人分开，在考试的程式、内容上都有不同。成绩的评定也不相同。然后各出一榜，分别公布。中榜者所授官职也不相同。从科举方面看，民族歧视相当明显，因此遭到一些汉人子弟的不满与抵触，致使元代科举的局面冷冷清清，对科举考试而言，元代是一个中落期。

4. 明代科举制度达于鼎盛

明代皇帝，尤其是开国皇帝朱元璋对知识分子十分重视，深谙人才对于夺取政权、巩固政权的关系重大。早在明王朝建立之前，他就网罗了一批有才学的知识分子为他效力。明王朝建立后，便开科举士，即时揭开了明代科举的序幕，考试的内容与方法大体沿用旧制。因明王朝建立之初，官员缺额很多，朝廷急于用人，甚至让一些举人免于会试，直接赴京选官，这样选拔举荐出来的人有些缺乏实际经验和行政才能，为此，便又实行更严格的科举制度。明朝对办学也十分重视，据《明史》记载，朱元璋认为："治国以教化为先，教化以学校为本。"由此进学校读书成为科举的必由之路，使读书和做官更紧密地结合起来。明代的学生尤其是中央学校的学生以后出任中央和地方大员的多不胜计。

明代的学校有两类：中央和地方办学。中央的学校原名“国子学”，不久改为“国子监 ”，“国子监 ”规定每天学习200字以上，每月考试一次，学规也非常严格，除了挨打外还有戴枷、开除、监禁，充军直至杀头。洪武二十七年（公元1394年），监生赵麟写了一张“大字报”批评学校，朱元璋认为他“诽谤师长”，下令将其杀死，并在国子监前立一长竿，枭首示众。因违反校规被杀头的事，可谓古今中外仅此一例。

另一类是地方学校，为府、州、县所办。学生通过多次考试在科举的道路上一级一级地向上爬。官学的学生可以每人每月由国家发给食米六斗。所有地方学校的学生数量一定十分庞大，这笔开支还是十分可观的。

明代的科举制度盛极一时。据统计，明代宰辅170多人，由翰林出身的占十分之九。所以《明史》说，明代 “科举视前代为盛，翰林之盛，则前代所绝无也”。明代科举也分三级：乡试、会试、殿试。广为流传的“连中三元”之说就是这么形成的。这是因为乡试的第一名称为“解元”；会试的第一名称为“会元”；殿试第一名称为“状元”。在三级考试中都获第一名即称为“连中三元”。明代沈受先在《三元记》中述：“玉帝敕旨：谪下文曲星君与冯商为子，连中三元，官封五世。”从上文可知能够连中三元的人是极其困难的，曾有人统计，整个明代近280年中能连中三元者仅有两人：洪武（明太祖朱元璋）年间的许观和正统（明英宗朱祁镇）年间的商辂。但也有人认为连中三元是指射箭，而元即圆，此说毫无根据，因为古代练习射箭用的箭靶称为“射侯”，而“射侯”上的线条是由直线构成的方框并不是圆形的。

5. 清代科举由盛到衰

清廷原本未实行科举制度。满族是北方游牧民族，江山是靠武力打下的，故崇尚武功，轻视读书，入关后他们对明朝的规章十分抵触，敌视明朝有节气的知识分子，对俘虏中的知识分子一经查出“进行处死”。随着清朝政权的巩固并逐日壮大，对知识分子的作用渐渐重视，也采用考试的方法，选拔录用人才。《清史稿》载，公元1644年顺治年间，大臣范文程（公元1618年投奔努尔哈赤，参与军国机密，官至大学士、太傅及太子太师）奏疏建议采用明王朝科举取士的制度：“治天下在得民心。士为秀民，士心得，则民心得矣。请再行乡、会试，广其登进。”清朝统治者采纳了他的建议，于公元1645年举行乡试。清代的科举制度即从此开始。清代沿袭了明代的旧制，以府、州、县的学生作为清代科举来源，在学校中举行一系列的考试，总称为“童试”，而后才能参加科举考试。清朝科场为防止舞弊制订了极其严格的条规，据《清朝文献通考》载：规定“生儒入场，细加搜查。如有怀挟片纸只字者，先于场前枷号一个月，问罪发落。如有请人代试者，代与受代之人一体枷号问罪。搜检员役知情容隐者同罪”。再如《钦定大清会典事例》载：考生入场“皆穿拆缝衣服，单层鞋袜，止带篮筐、小凳、食物、笔砚等项”，其余别物一律不准携带，如此等等。即便这样，也未能杜绝科举舞弊案的频繁发生。

清朝科举舞弊案的特点是案情重大、发生频繁、时好时坏。每次清廷严厉惩罚后的短暂时间内舞弊之风稍有收敛，不久又死灰复燃、有增无减。现仅举一例当可看出全貌。此事发生在康熙五十年（公元1711年）：辛卯科江南乡试发榜后群情激愤，因为除苏州13人外，榜上有名的皆是扬州盐商子弟。苏州生员1000多人集会，推举丁尔戬为首，他们将财神像抬入府学。有人用主考左必蕃、副主考赵晋的姓写了一副对联讽刺：“左丘明两目无珠；赵子龙一身是胆。”也有人将纸糊成贡院匾额，上将“贡院”改写为“卖完”。两江总督噶礼将丁尔戬等拘禁，准备按诬告罪。此事闹得纷纷嚷嚷，康熙觉得案情重大、影响面广、牵涉人多，其中有高官，理当认真处理，于是派户部尚书张鹏翮会同两江总督噶礼、江苏巡抚张伯行、安徽巡抚等详审。不想参与此案审理的噶礼与张伯行因牵扯到个人利益各持其词，发展到互相攻击，彼此参奏对方。

康熙将两人解任，令张鹏翮会同漕运总督确审。消息传出，噶礼与张伯行属下分成两派，“兵为总督者多，秀才为巡抚者多”，形成两座鲜明的壁垒。有些处理的决定甚至连康熙的命令也无法实施。又因主审张鹏翮顾忌到儿子是噶礼的下属，袒护噶礼，更使此案无法秉公处理。

康熙认为张鹏翮等人的审理不清，令九卿再议。经九卿会议商定，才将江南科考案基本弄清。但未涉及噶、张互参内容，仅以两人“俱系封疆大臣，不思和衷协恭，互相参讦、殊玷大臣之职”为名一并革职，可说各打五十大板。康熙裁决噶礼革职，张伯行为官清廉，革职留任。

在康熙一再坚持谕令严处此案下，经一年多时间的审理，至此江南乡试科场舞弊案才得以基本理清，并得到严肃的处理。先后有八个人判处极刑（其中三人斩立决，五人秋后处决）。主考左必蕃因失察革职，同案查出代笔、夹带文字者一律枷责。

从这一案件的发生、发展和处理过程中，也反映出它所处的大环境，折射出各色人等的不同态度和各自的嘴脸。科举制度在历史上曾经起过积极的作用，但到后来完全成了制约历史前进的消极因素，尽管朝廷一心要网罗人才，如唐太宗李世民看到新科进士时说："天下英雄入吾彀中矣!"（弓箭射程之内称为彀中），而经办的官吏及贾士绅居心叵测，各怀鬼胎，诸多考生将科举作为进入官场的敲门砖，一生扑在研习无用之学上。正如唐代经学家赵匡批评的"所习非所用，所用非所习"。科举制度历来遭到有识之士的反对，但也有许多人极力维护着它，《满清稗史》说他们"非不知八股为无用，而牢笼志士，驱策英才，其术莫善于此"。这寥寥数语，充分暴露了清朝统治者的险恶用心。皇帝将其作为网罗人才的方法，王公大臣将它当作敛财的手段，众多考生将其看成往上爬的阶梯，一干衙役看作生财之道。致使科场舞弊案屡禁不止。随着社会的发展、历史的前进，科举制度的种种弊病日益严重，抨击科举之声不绝于耳，如明清时著名思想家顾炎武说："八股之害，等于焚书。而败坏人才，有甚于咸阳之郊。所坑者，但四百六十余人也。"明清著名哲学家李颙说：这是"以学术杀天下后世"，说后果比"洪水猛兽"还厉害得多。《红楼梦》作者曹雪芹说八股文"不过是后人饵名钓禄之阶"。在《红楼梦》、《老残游记》、《儒林外史》等书中也都有类叙述。到鸦片战争之后，科举的弊病更加显露无遗。许多有远见卓识之士认识到光搞船坚炮利不行，还必须改革政治、废除八股。康有为曾向光绪皇帝力陈科举之害，他认为赔款二万万，"不赔于朝廷而赔于八股"；割让土地，"不割于朝廷而割于八股"。此外，李鸿章、张之洞、刘坤一等人也都递呈要求废除科举的奏折。迫于各方面的巨大压力，慈禧、光绪终于在1905年决定"自丙午科为始，所有乡、会试一律停止"。在中华大地上延续了1000多年的科举制度终于顺时而亡、寿终正寝。

三、科举与科技

科举制度继承了汉代独尊儒学的精神，在创始之初又以儒家经典"四书"、"五经"为主体，自宋代确立"八股文"后，对科举作文的格式有严格要求，后来随着历史的发展，科举的内容和形式更加僵化，远离真才实学，形成"学非所用，用非所习"的局面。科举制度在百姓心中形成了统治的局面，众多学子前赴后继、飞蛾投火般对之趋之若鹜。科举阻碍科技的发展的阻力日益增大，仅有如宋应星、李时珍等少数知识分子，才能彻底摆脱科举制度的裹挟，坚持自己的科技活动，并且作出不朽的贡献。但他们仅是知识分子中极小一部分。中国古代科技在明代中后期丧失了世界领先地位，可说科举制度是一大原因。在科举制度的熏陶下，致使中国的知识分子染上崇尚空谈、自命清高、轻视实践、追名逐利等恶习，这些品行不利于科技的发展，在今天仍有一定市场，其负面影响也不容小觑。

从科技史上看，一些科技名人在科举制度统治下考试大多不佳，只有撰写《梦溪笔谈》的沈括、主持研制水运仪象台的苏颂以及研制了指南车、记里鼓车、莲花漏的燕肃等少数人，是科举考试中的进士，但他们的科研活动与科举考试之间并没有什么关联。他们拥有共同的特点：雄厚广博的知识、活跃敏锐的思想，多才多艺、便于迅速转向，才能获得巨大成就。另外，曾经写作《诸器图说》，并翻译《远西奇器图说》的王征，也曾中过进士，但他为考取进士参加考试竟达九次之多，直至52岁时才得中进士。此时的他已垂垂老矣，为此他消耗了自己美好的青春年华和锐气志向，和许多读书人一样，为浪得虚名的科举考白白消耗宝贵的精力和时间。

科举考试虽偶有医科和数科的考试，也仅仅是为了给朝廷补充太医和天文的工作人员。科举中有时也有武科，但也是以儒家经典为主，同时还要考马、步、弓箭、刀枪等一些无用的技艺，直到晚清，清王朝在鸦片战争及其他一些对外战争中屡遭失败，在光绪二十四年（公元1898年）有人奏请武科考试改用枪炮，这一建议仍遭到兵部否决。八国联军入侵后，公元1901年清朝统治者才承认武科“所习硬弓、刀、石及马、步射，皆与兵事无涉，施之今日，亦无所用”。下令“永远”停止。认识到这一点，为时已太晚了。

撰写《天工开物》的宋应星对科技的发展作出重大贡献，而他也仅在科举考中得中举人，之后，他毅然放弃考试，专心于科技活动，撰写了科技巨著《天工开物》。他对科举制深恶痛绝，在《天工开物》序言结尾处说：“丐大业文人，弃掷案头! 此书于功名进取毫不相关也。”表现出他与科举制度决绝的决心，因此他才能做出如此巨大的成绩。

科技名人李时珍的遭遇另有不同，他在乡试中没能考取举人，后又毅然退出太医院，但他留下的《本草纲目》一书，充分地显露出他的才能，如此有才华之人，竟然连乡试都未能通过，实在是对科举制度极大讽刺。

还有更多的人不愿为官，如徐霞客等人，拒绝科举考试的束缚，坚持自己的科技活动。

所有在科技上作出一番成就的知识分子，大都设法摆脱科举制度的束缚，勇于创新，敢于独当一面，完成自己的宏大志向。

第四节　传统机械大有可为

19世纪中叶以来，近现代机械先后传入中国，有些地区和行业近现代机械逐步取代了传统机械。20世纪的中期后，人们更认识到实现机械化是必由之路，近些年来更为此投入了大量的人力和物力，但也要看到用近现代机械完全取代传统机械是一个漫长的过程，传统机械在一个较长时间内仍将发挥作用。

一、应当承认经济和技术上的巨大差异

19世纪中期以后，近现代机械广泛地传入中国，开始是上海、广州等沿海城市和长江中下游地区，然后沿着交通线逐步向内地扩展，到20世纪中期以后，中西部地区的发展也较有成效。因中国地域宽广，必然存在着发展不平衡，这一现象在有些地区和行业中还相当突出。如以地区而论，沿海地区较为发达，中部地区次之，西部地区发展慢些；如以城乡而论，城市尤其是大城市的发展较快，广大农村发展较慢；如以专业而论：城市中原有的手工业部门大都发展成为先进的工业部门，运输起重行业也大都发展较快，军事工业从原来的古代战争器械迅速发展成为先进的军事工业部门。从而可以看出，在中西部地区的广大农村中传统机械（古代机械的遗留）应用仍较多，在这些地区有较多的农业机械（耕犁、耧车、风扇车），也有一些运输机械（大车、独轮车等），水利资源丰富地区有较多的传统的水力机械（龙骨水车、踏碓、水磨），木材供应充分地区也有较多的木质的传统机械（龙骨水车、踏碓、水磨、风扇车等），在有些地区的传统机械淘汰速度就快一些，许多现代化的城市几乎难觅传统机械的踪影。传统机械适合与传统的生产技术同时存在，传统机械消失了，相应的传统技艺与文化遗存也就湮没了。随着众多传统机械的快速消亡，相应的传统技艺与文化也随之失传，如何正确看待这一问题，值得我们深思。

人们都知道中国人口众多，也有说中国地大物博，但中国的绝对面积虽然比较大，若按人口平均计算，则人均土地并不多，其中可以耕种的土地更少了。说中国物博，人均支配就少了，何况有些资源并不丰富，绝对经不住众人浪费。人均耕地少，人均水力资源也少，石油、电力等资源紧张，农业生产必须坚持走精耕细作、提高单产的道路，这无论是中西部地区、边远山区，还是发达地区，都应精打细算地使用资源。

二、传统机械将与现代机械长期并存

在耕地面积无法增加的情况下，欠发达地区与发达地区、农村与城市之间的经济收入差距较大，电力、化肥、农药等支出成为农民的沉重负担，因此在有限的土地上、尤其是在那些坎坷不平的山坡、丘陵上使用价廉、易修造的传统农业机具，必将成为这些地区农民的自然选择，在有些地方人力、水力、畜力机械仍有用武之地，在有些情况下，它们往往比现代机械更容易推广，因此现代化农业机具不可能完全取代传统机械。据统计，中国农业作业和加工量的50%以上是由传统机械完成的。其原因概括如下。

1. 因地制宜 价廉物美

农业生产使用的水车、风扇车、龙骨水车、踏碓、水磨等，及纺纱织布用的纺车、织机等传统机械的零部件大都用木、竹、石和部分铁件制作，这些材料一般能就地取材，易得价廉，很少采用一些价格较高的金属材料，由于操作不复杂、搬运方便，采用畜力、风力或人力就能够使其运转，且很实用并能满足当地的需要，比现代机械使用电力、石油等能源的开支节省得多（图8-2）。

2. 制造与维修方便

传统机械的构造较为简单，当地的一些木匠、铁匠、石匠对这些常用的传统机械的结构十分熟悉，维修技术娴熟，使用者大都懂得合理使用和保养这些机具以延长其寿命，有的甚至自己就能动手修理。较之昂贵的现代机械往往需要系统的售后服务和维修体系成本低得多。

3. 较强的适用性和通用性

传统机械大都有一物多用的功能，适用性特别强。不同的自然条件、不同的地区地形地貌，它们都能根据不同的要求随机应变而发挥功能。如一把简单的锄头，可用它翻地、起垄、开沟、中耕、收获；又如耧车，

图8-2 宁夏黄河岸边的筒车（采自《传统机械调查研究》）

无论是小麦、高粱、玉米、大豆还是芝麻或粟等不同大小的种子它都能播种，还能根据不同的土地和播种的需要，分为单脚、双脚、三脚、四脚的耧；水碓不仅用于舂稻谷，也可以舂捣瓷土，造纸时又作粉碎原料用；再如耧铧，沙性土壤用蝙蝠铧，黏性土壤用泥鳅铧，在退水沙地用犁耧铧，潮湿黏土用镢耧铧，而湖滨涝洼地则用孔耧铧。完全是因地而异。

4. 操作简单熟能生巧

操作和使用传统机械的人，往往长期生活甚至从小生长在这一操作环境中，耳濡目染、自然而然地掌握并能熟练地操作它们。农民和手工业者通过长期劳动的实践，积累了丰富的经验，掌握了娴熟的生产技巧，并通过传承方式保存下来。相比之下，现代机械的操作需掌握一定的机械知识，必须经过专门的技术培训才能上岗。对此年轻人尚能接受，对上年纪、文化低的人就勉为其难了。

传统机械十分适合中原和南方一些地形复杂、实行多熟制、间作、套作地区的需要，传统机械的制造和维修技艺和操作在一些边远、贫困和山地等劳力过剩、人均耕地少、小规模家庭生产方式地区，以一种既经济又实用的有效的方式。

三、传统机械的改造之路

传统机械在数千年的时间里，对历史的发展和社会的进步作出了巨大的贡献，其自身也在发展过程中得到不断的完善。但也要看到，中国古代向有因循守旧的习俗，缺乏创新精神，限制了传统机械的发展，使它在某些方面不能适应新形势的需要。

农业现代化，是农业发展的必由之路，如同所有的传统文化一样，农业现代化与传统机械并非互不相容，需要努力寻找传统机械走向现代化的改革道路，推陈出新，改造使之适应新的形势，为四个现代化立新功。

1. 传统机械前进的两条道路

传统机械继续前进有两条道路：在有些地方随着现代机械的发展，传统机械被逐步淘汰，这是历史的必然，这并非是坏事，不必为此而惋惜。这种变化如果能适应新的形势，应给以肯定；在另一些地区传统机械可走另一条道路，即对它不断地进行改造，使其能适应新形势的需要。不必一刀切，一切从实际出发，实事求是地认识农民的迫切需要和合理要求。例如传统机械所用材料的改进就大有可为，每年春耕之前，农民都要对去年使用的传统机械予以检查和维修，因它们闲置已久，干湿不匀，致使变形和损坏，为此要花费不少的精力和时间，有时还需要请人修理。如果改用有一定强度、不易变形而又较轻的材料，就能使这些传统机械的性能有较大改进，材料的改变，制造方法和技术也要作相应的改变。在有些情况下，这或许是合适的。

2. 使传统机械更加合理与统一

中国传统机械在长期的使用中变化较少，在与时俱进的今天，有些地方显得不太合适，而不同地方的传统机械有较大的差异，这是因为传统机械大都出自农村木工之手，他们往往采用以师授徒的方法，代代传习，加之这些制作工人的文化水平不高，少有改进，这方面存在有巨大的空间，希望能对一些传统机械进行分析，改进设计，使之生产出更合理、更适用的机械。以往对传统机械的改造不够重视，未能给予应有的注意，希望这种情况能得以改进。

3. 大力扶持传统机械的改造

认识到对传统机械的改造的重要性，就要对其进行一定的人力和财力的投入。既要改进设计又要宣传与推广，希望有关人员能重视传统机械的改进，创造出有中国特色的传统技术。

可以预见，在今后一段很长时期内必然是现代机械与传统机械并在，希望两者能相辅相成，使之更适合于中国农村情况，把先进的现代农业生产技术与传统精耕细作的农业技术结合起来，创造出中国特色的农业技术，使农业的单产保持并创造出更高的水平。

结语

人才是关键

机械文明史上许多创造发明的生动事例无可争辩地告诉我们，人才实在太重要了。中国古代科学技术，包括古代机械长期领先于世，为推动社会进步发挥了巨大的作用，之所以能创造出如此光辉的成就，正因为有一大批杰出科学家的创造发明，对发展科技、促进社会进步、增强国力起了巨大作用。

楚汉相争结束、汉高祖刘邦称帝后感慨地书下名篇《大风歌》曰："大风起兮云飞扬，威加海内兮归故乡，安得猛士兮守四方。"老实说从艺术性而论，这首诗并无很多话可说，实在有"大白话"之感，而它流传千古的价值在于道出了一个开国帝王的心声。在刘邦的家乡江苏沛县，还留有古迹"歌风台"，相传就是刘邦当年大宴乡亲、即席吟诵"大风歌"之处。从诗句中明确得知，在战局甫定的情况下，刘邦最想办的两件事：一是回到家乡探望朝思暮想的亲人与休戚与共的乡亲，也就是衣锦荣归；二是感叹人才的难得。他打败强大的楚霸王项羽，靠的是英勇善战的韩信等一干将士和足智多谋的张良、萧何、陈平等一批谋士。俗话说打江山难，守江山更难。他要为定国安邦网罗英才。2000多年过去了，现在的情况与当时截然不同，但人才难得这一点却是相同的，纵观各朝各代概莫能外。

中国有13亿人口，但优秀人才并不多。学校老师教授知识，希望学生们成为栋梁之材，学生一旦离开学校踏上社会后的表现各不相同，有的人成为有用之材，有的则不尽如人意。人才应基础雄厚、知识广博、思想活跃、富于理想、勇于创新、敢于独树一帜、能够独当一面。

进行中国机械文明史研究的目的之一，是充分认识科学先辈的丰功伟绩，学习他们的理想、信念、道德和严谨的治学态度与方法以及他们献身科技、钻研创造、顽强刻苦的品质，探索他们的成长规律，研究、了解人才成长所需的条件，有意识、有目的地创造利于培养优秀人才成长的环境。

学校是培养人才的地方，学生需要扩大知识面。有的人过早地确定了专业方向，甚至有选择地接受知识，造成在成长过程中，知识发育严重“偏食”；客观条件也有局限性，以致不少年轻人知识面窄、基础单薄、文化素养不高，缺乏一些基础知识，有的连基本、通俗的文稿也写不好，势必严重地影响他们的成长与发展。机械行业与工程技术界的情况一样，不少人缺乏文史方面的知识，对有些必要的知识，如专业史方面的知识，知之甚少，甚至一无所知。认识不到这种现象的危害，造成视野不开阔，思想不够活跃，严重影响到他们的创造性及工作能力的培养和发挥，这对他们学习专业知识也有很大的不利影响。培养造就人才，如修建金字塔，基础厚实才能修得高，基础宽阔才能牢固，学校有责无旁贷的重任，应当帮助年轻人把基础打得尽量厚实、宽阔，唤起他们献身科学的巨大热情，激励他们努力克服困难，不断前进，更好、更快、更多地培养出优秀人才，争取早日重现我国机械学科的辉煌局面。

历史上的发现、发明的生动事例，大大地丰富了教学内容，为科普教育提供了素材，反对落后、愚昧、迷信等形形色色的糊涂观念，鼓励人们更好地为发展社会服务。

有的人存有民族虚无主义情绪，认为我们总不如别人，这不符合实际情况，中国古代机械作为中国古代科技的一部分，曾长期领先于世，只是近几百年来才落于人后的。年轻人认识中国机械发展的辉煌业绩与曲折进程，会更加理解我们的现状和前景，认清自己肩上的任务，在未来的时代中建立更大的功勋。

“文明”的反义词是“野蛮”，讲究文明，就会远离野蛮，许多危害社会的不良行为的产生，常常是源于野蛮。小而言之，文明能够增加一个人的品位，增加人的魄力和才智；大而言之，文明能够使社会和谐与稳定。历史在不断前进，有了个人和全社会的文明，明天将会更加美好。

圣经故事说亚当和夏娃在伊甸园里得到了一个出色的苹果，帮助创造了人类。传说中第二个出色的苹果掉落到牛顿的头上，使他发现了地球万有引力定律（从科学角度讲自然没这么容易）。时下笑说第三个出色的苹果，只被乔布斯咬了一口，即产生了一系列的发明。我希望第四个出色的苹果能掉落到中国境内，更希望这个苹果被我的同行中的某位幸运的年轻人获得，幸哉。

附录

一、 插图目录
二、 中国机械史大事记

一、插图目录

第二节　运输机械与战争器械

第三节　农业机械

第四节　其他机械

第三节　手工业机械

第四节　战争器械

第五节　交通运输机械

第二节　手工业机械

第三节　起重运输机械

第四节　战争器械

第五节　其他机械

第六节　科学家与科技名著

第六章 中国机械落于人后（公元15世纪—公元1840年）

第一节 中国前进的步伐慢了

第三节 科学家与科技著作

第七章 近代机械文明（公元1840年—公元1949年）

第一节 近代机械的兴起

第二节 抗日战前的情况

二、中国机械史大事记

旧石器时代

石器：砍砸器、刮削器、尖状器、石球等。

约10万年前发明了原始的投石器。

约2.8万年前发明了弓箭。

在旧石器时代晚期原始人类走向定居，带来建筑、生产工具、生活用品等诸方面的巨大变化。

新石器时代

石器：有可以进行农业、木工、狩猎、捕鱼、纺织、制陶等劳动的石器共6类30多种。

从距今7000—8000年前遗址中得知此时已有原始陶器。

从仰韶文化（距今5000—7000年前）遗址中，发现“攲（即奇）器”——小口大腹尖底壶（罐）。

从甘肃新石器时代遗址中发现了石刃骨刀。

在新石器时代后期已应用了铜。

新石器时代已出现了独木舟。

新石器时代已有了原始的纺织机械——踞织机。

新石器时代已有了原始的制陶机械——转轮。

夏代

人工冶炼铜已很发达，已有多种精美的青铜制品。

出现古车，并制作成战车。

出现谷物脱粒用的粮食加工机械——杵臼。

商代

先应用天外来客——陨铁，制成铁刃铜钺。

船只已用于水战。

开始牛耕。

已有从井中汲水的“桔槔”，它是杠杆的一种应用。

已有运送部队通过壕沟的壕桥。

周代（西周、春秋、战国）

周初应用了从井中汲水的辘轳。

西周开始冶铸铁。

周代已有了滑轮。

周代应已有了弩——以机械装置控制发射的弓。

春秋时儒家代表人物孔子创办私学，促使教育事业兴旺。极大地利于“百家争鸣”的局面形成。当时除儒家外主要学派还有墨家（代表人物是墨子），道家（代表人物为老子）等。

春秋时的鲁班发明很多，被后世尊为工匠的祖师爷。

春秋时已有了侦察车——巢车。

春秋时已有掩护士兵挖掘地道攻城的轒辒车。

春秋时的投石器已由狩猎工具转变为兵器——砲。

春秋末年应已应用了石磨。

春秋约已有了水战时在船上使用的“拍竿”、“钩拒”。

春秋战国之交产生对中国科学技术有重大影响的名著《考工记》。

战国时已出现应用磁铁的指极性创制的“司南”。

战国时已有了楼船。

战国时李冰父子修建都江堰。

战国诸雄各筑长城互相防范。

秦代

从秦始皇陵中出土的兵马俑和铜车马震惊了世界。

秦代已有了可自动放箭的伏弩。

秦始皇“焚书坑儒”，提倡“以吏为师”抹杀了教育。

汉代

西汉时皇帝的仪仗车中已应用了指南车、记里鼓车。

西汉时汉武帝采纳了董仲舒等人的建议“独尊儒学”，对后世产生了极大的影响。

汉武帝时，赵过发明播种机械三脚楼。

汉代出现了当时先进的纺织工具——手摇纺车及斜（平）织机，并开始有提花织机。

四川出现了盐井及深井开凿技术。

西汉时董永已使用了独轮车。

汉代已有了可以产生风力清洗粮食的风扇车。

汉武帝已使用羊车（用羊拉车）。

汉代已出现了高大的楼船。

西汉时有了被中香炉。

东汉时太监蔡伦创制了“蔡侯纸”，促使文化事业大发展。

东汉时张衡创造水运浑象，上有复杂的齿轮系统。

东汉时张衡研制了地动仪。

东汉时已有了加工粮食的连机水碓。

东汉时已有了冶金鼓风用的水排。

东汉时毕岚发明了龙骨水车。

东汉时出现了真正的瓷器。

东汉末年曹操在著名的官渡之战中发明了砲车。

三国

出现了进攻时撞击城门的撞车。

诸葛亮发明木牛流马，这一发明引起了后世的广泛兴趣。

三国时马钧制“水转百戏”，以水力驱动，可自动表演。

魏晋南北朝

晋代出现了“牛转八磨”，用一头牛可带动八个磨同时工作。

南北朝时祖冲之发明明轮船，实现船舶动力的重大改革。

南北朝时祖冲之首先采用了多用水轮——“水碓磨”。

出现了一边行车，一边磨面、舂米的自动机械——磨车、舂车。

隋唐

隋代时火药在道家的炼丹炉中问世。

隋代时李春在河北赵县洨河上建成安济桥（赵州桥）。

隋代开始实行科举，唐代将其发展成科举制度。

唐代出现了可从井中垂直提水的井车。

唐代时一行发明比前更精确、更复杂的天文仪器。

唐代耕犁已发展定型，史称“江东犁”。

唐代进攻时用的云梯已有两节，下置六轮，四周密封。

唐代开始用绞车开弩，弩的力量明显增加。

宋代

将指南针搬上船，有助于海上航行及海上“丝绸之路”的开通。

已有侦察敌情的“望楼”，防守用的“千斤闸”、“狼牙拍”，运动部队的“折叠壕桥”，进攻的多种武器如搭车等。

怀丙和尚从晋南黄河中打捞几万斤重的铁牛。

沈括撰成名著《梦溪笔谈》，书中将可以燃烧的油脂定名为“石油”，石油一名沿用至今。

已有冷作工艺制成“瘊子甲”。

苏颂发明的水运仪象台达到天文机械的顶峰。

火药开始用于实战，首先制成燃烧类火器——“火炮”。

出现了新的印刷技术——毕升发明活字印刷。

约在宋代出现了立式“大风车”。

出现了最早的管状火器，开始时用竹管制。

出现了爆炸类火器。

已有用于自动捕鼠的机械装置。

南宋出现了原始火箭。

出现了活塞式风箱。

元代

已有应用很广的灌溉机械——筒车及高转筒车。

出现水转九磨，用一个水轮同时驱动九扇磨工作。

出现“水轮三事”，用一个水轮驱动做三件事。

出现以水力驱动的“水转大纺车”，纺纱效率极高。

制成金属管状火器。

出现了最早的喷气飞行实验。

王祯的《农书》问世。

郭守敬制成新的天文仪器——简仪。

明代

明代重修万里长城，成为中华民族的象征。

郑和七下西洋，显示了造船、航海技术的进步，展现了明代国威。

宋应星撰成科学巨著《天工开物》。

李时珍撰成《本草纲目》，这是中国古代最伟大的药物学巨著。

已有磨玉车。

出现了原始火箭及导弹。

出现了原始的二级导弹。

出现了原始的自动返回导弹。

明代的“水轮三事”，创造了水力农业机械的最高成就。

清代

中国制造的轮船“黄鹄”号，于1865年试航成功。

约从1867年开始仿造了各类机床及其他机械。

中国的铁路在1876年通车。

1895年中国出现了第一所大学。

中华民国

20世纪20年代开始实行标准化。

1919年中国制成第一架飞机试飞成功。

20世纪20年代，中国学者开始用中文自编教材。

1920年中国所造第一艘万吨轮下水。

1921年高校中东南大学首先设机械工程系。

1931年中国仿制汽车成功。

1935年“中国机械工程学会”成立。

1939年，中央大学开始培养硕士研究生。

到1949年全国约有各类机床9万台。

主要参考文献

古代书籍（年代·作者·书名）

周·作者不详·《诗经》
春秋·孔子及孔门语录·《论语》
春秋·墨翟·《墨子》
春秋·老子·《道德经》
春秋·管仲·《管子》
春秋·孙武·《孙子》
春秋末年·作者不详·《考工记》
战国·吴起·《吴子》
战国·吕不韦等·《吕氏春秋》
战国·作者不详·《山海经》
西汉·刘安·《淮南子》
西汉·司马迁·《史记》
西汉·班固·《汉书》
东汉·宋衷·《世本》
东汉·许慎·《说文解字》
东汉·刘熙·《释名》
西晋·陈寿·《三国志》
南朝宋·范晔·《后汉书》
唐·杜佑·《通典》
唐·陆龟蒙·《耒耜经》
宋·沈括·《梦溪笔谈》
宋·马端临·《文献通考》
宋·苏颂·《新仪象法要》
宋·曾公亮·《武经总要》
宋·高承·《事物纪原》
宋·欧阳修，宋祁·《唐书》
宋·薛景石·《梓人遗制》
元·脱脱等·《宋史》

元 · 王祯 · 《农书》
明 · 宋濂 · 《元史》
明 · 罗颀 · 《物原》
明 · 李时珍 · 《本草纲目》
明 · 茅元仪 · 《武备志》
明 · 宋应星 · 《天工开物》
明 · 徐霞客 · 《徐霞客游记》
明 · 徐光启 · 《农政全书》
明 · 汤若望 · 《火攻挈要》
清 · 陈梦雷，蒋廷锡等 · 《古今图书集成》
清 · 张廷玉 · 《明史》
清 · 麟庆 · 《河工器具图说》

现代书籍（作者. 书名. 出版地址: 出版单位. 出版年份）

刘仙洲. 中国机械工程发明史（第一编）. 北京: 科学出版社. 1962.
刘仙洲. 中国古代农业机械发明史. 北京: 科学出版社. 1963.
李约瑟（英）. 中国科学技术史. 北京: 科学出版社. 1975.
上海博物馆中国原始社会参考图集编辑小组. 中国原始社会参考图集. 上海: 上海人民出版社. 1977.
中国天文学史整理研究小组. 中国天文学史. 北京: 科学出版社. 1981.
赵连生. 小百科全书. 济南: 山东科学技术出版社. 1981.
申漳. 简明科学技术史话. 北京: 中国青年出版社. 1981.
张润生. 中国古代科技名人传. 北京: 中国青年出版社. 1981.
杜石然. 中国科学技术史稿. 北京: 科学出版社. 1982.
申力生. 中国石油工业发展史. 北京: 石油工业出版社. 1984.
中国农业博物馆. 中国古代耕织图选集. 北京: 中国农业博物馆. 1986.
沈鸿. 中国大百科全书 · 机械工程. 北京: 中国大百科全书出版社. 1987.
郭可谦，陆敬严. 中国机械发展史. 北京: 机械工程师进修大学. 1987.
姜长英. 中国航空史. 西安: 西北工业大学出版社. 1987.
郭盛炽. 中国古代的计时科学. 北京: 科学出版社. 1988.

王振铎. 科技考古论丛. 北京: 文物出版社. 1989.
张柏春. 中国近代机械简史. 北京: 北京理工大学出版社. 1992.
陆敬严. 中国古代兵器. 西安: 西安交通大学出版社. 1993.
中国建筑史编写组. 中国建筑史. 北京: 中国建筑工业出版社. 1997.
华觉明. 中国古代金属技术. 郑州: 大象出版社. 1999.
李约瑟（英）. 中华科学文明史. 上海: 上海人民出版社. 2003.
陆敬严, 华觉明. 中国科学技术史（机械卷）. 北京: 科学出版社. 2000.
陆敬严. 图说中国古代战争战具. 上海: 同济大学出版社. 2001.
陆敬严. 中国机械史. 台北: 越吟出版社. 2003.
颜鸿森. 古早中国锁具之美. 台南: 财团法人中华古机械文教基金会. 2004.
张荫麟. 中国史纲. 北京: 九州出版社. 2005.
张柏春. 中国传统机械调查研究. 郑州: 大象出版社. 2006.
陆敬严. 新仪象法要译注. 上海: 上海古籍出版社. 2007.
陆敬严. 中国悬棺研究. 上海: 同济大学出版社. 2009.
株式会社日中艺协（日本）. 中国古代科学技术展览. 日本奈良: 株式会社大広. 1988.

后记

编写《中国古代机械文明史》的起因，缘于我校（同济大学）机械与能源工程学院领导李理光教授及我校出版社副总编张平官编审，先后光临寒舍，希望我撰写一部机械文明史，以应文化事业大发展、大繁荣之需，计划在2012年校庆时出版。自忖曾与北航郭可谦教授编写过《中国机械史讲座》和《中国机械发展史》，又与中科院自然科学史所华觉明教授主编过《中国科学技术史·机械卷》，之后应台湾成功大学副校长颜鸿森教授之命，在台湾出版了《中国机械史》，在这些编写过程中积累了一些资料和经验，心想虽然时间稍微紧一些，撰写此书不至于难度太大。在获得了上海市文化发展基金会的资助后，更增添了编写的信心。然而具体编写时，立刻发现低估了此事，由于本书编写角度和范围均与以往不同，拓展了机械的文化内涵和外延，单就篇幅就增加了许多；另外随着时间的流逝，编写的内容也须与时俱进，为此，勉力为之，蹒跚地在生荒地上耕耘。

为使本书能适应工程界同行的阅读习惯，立意史料殷实可靠、阐述简洁流畅，内容充实、面广，插图新颖有趣。希冀读者在阅读时有新鲜感，并有所得。如今尽己所能赶写了出来，至于究竟如何，悉听高见。

这二十多年来疾病缠身，动了几次大手术，常自嘲“小病不算病，大病才有味道。”好几次病危，也曾遵医嘱写过遗嘱。约两年前，我在《中国悬棺研究》的“后记”中，说自己在“苟延残喘”，还为自己打气：“说不定喘来喘去还能喘出几本书来”。应说，当时的底气不太足，毕竟那时还在癌症治疗中。直至今日，果又“喘”出了一本书。癌症手术，迄今已六年，可说过了生死关，我的底气也稍足了一些，庆幸自己“老机器”还可以运转一段时间，还能做些有益的事。

有人问我战胜疾病得以长寿之道，我说自己“只有73岁，不能算长寿”。但却有“大难不死”的经验：第一，“能吃能睡，没心没肺”。因为我的精力有限，只能挑选最重要的事情做。也即是“抓大放小、抓主放次”。第二，“自讨苦吃，自己与自己较劲”。坚持锻炼不马虎，更不轻易地原谅自己，也不千方百计地为自己开脱。锻炼时也要“三保”，保质保量保时间，将它当作吃饭睡觉一样雷打不动。

所谓经验，说说容易，真正实施就难了。如果一家人都“没心没肺”，什么都不操心的话，就乱了，甚至过不下去了。我之所以能够不操心，是把该操心的事都推给了妻子。她是我生活、工作、医疗的“秘书”，这本书得以问世，首先得归功于她。我常谓：天长地久、终身相伴也是一种浪漫。

我深深地感谢杨槱院士，在我年轻时，他早已是位蜚声海内外的著名学者，几十年来，他给了我无数的帮助。如今，他虽已九秩，仍思路清晰，举动轻健，反应敏捷，感谢他亲书序言，为本书增光添彩。

数十年以来，作者的机械史研究工作，先后得到上海市科学技术委员会、中华人民共和国机械工业部、中国人民革命军事博物馆、中国科技馆、（美国）中国改革与开放基金会、国家自然科学基金会、（台湾）中华古机械文教基金会及同济大学的关心与资助。

本书的出版，得到上海市文化发展基金会的资助，得到同济大学机械与能源工程学院以及同济大学出版社的支持与帮助。

非常感谢同济大学机械与能源工程学院院长杨志刚、李理光和书记于航对我的信任与支持，且他们十分关心我的生活和工作，及时化解我的困难，本书才得以完成。

还应感谢本书的责任编辑张平官老师、李小敏老师和美术编辑陈益平老师，他们为本书的顺利出版，事无巨细、不厌其烦地多次来寒舍与我当面沟通，做了大量本应是作者做的事。

我也犯过年轻人的通病：自视过高，把一切事看得过于容易。随着岁月的增长方始明白“众人拾柴火焰高”的道理，几乎世上任何事，单靠个人的单斗独打，没有别人的帮助是办不成的，也后悔未能早些懂得这一道理。

谨此一并致以诚挚的谢意。

陆敬严写于苏州河畔耕耘圃

2012年3月28日

作者简介

陆敬严

男，1939年6月生，江苏宿迁人。上海交通大学毕业，同济大学教授。长期从事机械设计、机械史、科技史的教学和科研工作。

主持研究的主要课题有：国际合作项目"中国悬棺研究"；国家自然科学基金项目"中国古代动力机械考查、考证、研究与分析"，"中国古代机械史研究"，"中国齿轮研究"，"中国古代战争器械研究"，"立轴式大风车及龙骨水车研究"，"中国古代机械复原研究"等，各项成果分别通过部、市、馆级鉴定，有11种复原研究模型在中国革命军事博物馆、中国科技馆陈列展出。在山西夏县宇达青铜文化产业园内主持创建"中国古代科技馆"。

出版著述有：主编《中国科学技术史·机械卷》；编著《中国机械史讲座》、《中国机械发展史》、《中国古代兵器》、《〈新仪象法要〉译著》、《图说中国古代战争战具》、《中国机械史》（中国台湾）、《中国悬棺研究》及《中国古代机械文明史》等8部；参编《中国科技史文集》（美国）、《非西方文化百科全书》（美国）、《中国科技史与哲学研究》（美国）、《〈天工开物〉研究》、《纪念刘仙洲文集》、《中国文化史三百题》、《上海版书评选》、《教学法系讲座汇编》、《多元文化中的科学史》等9部。

在国内外发表论文有《八十年来指南车的研究》、《中国古代摩擦学源流考略》、《木牛流马辩疑》、《蒲津大浮桥考》、《中国悬棺综论》、《中国悬棺升置技术研究》、《中国古代机器人》、《中国齿轮始于何时》、《中国古代被中香炉》、《销连接探源》、《教师的两项基本功》等86篇。发表科普、诗文作品数百篇。

曾多次获得部、市级奖，入选《共和国专家成就博览》、《世界名人录》、《中国百业英才大典》、《世界文化名人辞海》、《中华人物辞海》、《世界科技专家（中国卷）》、《世界优秀华人教育家名典》、《中国专家大辞典》等典籍。被中国机械工程学会及中国科技史学会评为优秀论文作者。享受国务院特殊津贴。